KB117492

초보 엄마 아빠가 함께 보는

임신·태교
출산·육아
대백과

임신·태교·출산·육아 대백과

지은이 후디스 임신·육아 연구소
펴낸이 임상진
펴낸곳 (주)넥서스

초판 1쇄 발행 2013년 12월 20일
초판 5쇄 발행 2014년 9월 15일

2판 1쇄 발행 2016년 7월 20일
2판 10쇄 발행 2023년 3월 2일

출판신고 1992년 4월 3일 제311-2002-2호
주소 10880 경기도 파주시 지목로 5
전화 (02)330-5500 팩스 (02)330-5555

ISBN 979-11-5752-897-4 13590

www.nexusbook.com

초보 엄마 아빠가 함께 보는

임신·태교 출산·육아 대백과

후디스 임신·육아 연구소 지음

넥서스BOOKS

Contents

Step 3 ★ 건강한 임신을 위한 영양, 생활 가이드

Step 4 ★ 출산 전 관리, 산후 조리

Part 2 태교

Step 1 ★ 엄마와 아기가 행복해지는 태교

Step 2 ★ 부성 태교에서 아빠의 역할

Step 1 ★ 출산 준비

Step 2 ★ 출산 과정

Step 1 ★ 신생아 돌보기

Step 3 ★ 홈메이드 이유식

부록 ★ 워킹맘 특별 코치

Part 1
임신

엄마와 아기가 280일간의 임신 기간을
건강하게 보내기 위해서는 임신 전부터 엄마가 될 준비를 해야 한다.
성공적인 계획 임신 방법, 임신 기간별 태아와 엄마의 변화,
임신 중 라이프스타일, 출산 전후 관리법까지
소중한 아기와 엄마를 위한 모든 정보를 소개한다.

임신 10개월

엄마의 변화와 태아의 성장

참고 자료: 유아건강교육, 가족영양학

개월	엄마의 변화	태아의 변화	영양 포인트
1~2개월	**유산 주의** ●임신 8~9주부터 입덧 시작 ●유방이 단단해지고 유두가 검어진다. ●태반이 아직 제대로 형성되지 않는다.	키 약 0.4~5cm 체중 약 0.4~2g ● 체내 장기가 거의 완성되는 중요하고 민감한 시기 ● 임신 3~4주부터 두뇌 발육 및 심장 박동 시작	**엽산 섭취** ● 엽산은 뇌와 척추 등 신경계 생성에 중요한 역할을 담당하므로, 임신 전부터 충분한 엽산을 섭취한다. ● 시금치와 같은 푸른 잎 채소, 브로콜리, 아스파라거스, 오렌지주스 등에 풍부하며, 생과일, 살짝 데친 채소 등이 더욱 좋다. ● 임신을 모르는 상태에서 약물, 알코올 등을 섭취할 수 있으니 주의가 필요하다.
3개월	**입덧 관리** ●입덧이 가장 심한 시기 ●태아의 급격한 성장으로 소변 횟수 증가 ●변비 등의 증상도 생길 수 있다.	키 약 6~9cm 체중 약 10~20g ● 배아에서 태아로 넘어가는 시기 ● 머리, 몸, 손과 발의 구분이 생긴다.	**수분 및 비타민 B_6 보충이 필요한 시기** ● 구토로 인한 수분 부족 방지를 위해 과일, 채소, 유제품 등을 자주 섭취한다. ● 현미, 육류, 바나나 등에 풍부한 비타민 B_6가 입덧 완화를 도와줄 수 있다. ● 공복 시 입덧이 심해질 수 있으므로 떡, 크래커 등 간식거리를 준비하는 것이 좋으며, 태아의 두뇌 발달을 돕는 호두, 잣, 해바라기씨 등의 견과류도 좋다.
4개월	**변비 관리** ●입덧이 사라지고 식욕이 증가한다. ●외관상 배가 나오기 시작한다. ●요통이나 질염이 나타나기 쉽다.	키 약 10~15cm 체중 약 70~120g ● 태반이 완성되는 시기 ● 내장 기관이 급격히 발달하며, 성별을 구별할 수 있다. ● 외부 자극에 대한 반응도 가능해진다.	**입덧이 사라진다** ● 임신 초 호르몬 변화와 자궁의 커짐 등으로 변비가 나타나기 쉽다. ● 변비는 임신 후반기로 갈수록 심해질 수 있으며 식사량을 줄이는 요인이 될 수 있으므로, 적절한 수분 및 섬유소 섭취로 변비를 예방한다. ● 임신 중에는 음식을 완전히 익혀 먹는 것이 좋으며, 날생선과 덜 익힌 고기, 조개류 등을 먹을 때 주의한다.
5개월	**빈혈 주의** ●태동을 느낄 수 있다. ●기형 확인을 위한 양수 검사 가능 ●본격적인 체중 증가 ●복부에 임신선이 생긴다.	키 약 16~25cm 체중 약 130~300g ● 외부 소리를 들을 수 있다. ● 신경 세포가 급격히 발달한다.	**철분 보충 시기** ● 임신기 빈혈은 매우 흔한 증상이다. 입덧이 가라앉는 이 시기부터는 본격적으로 철분 등 혈액 세포를 생성하는 영양소의 보충이 필요하다. ● 간, 계란, 육류, 해산물에 풍부한 철분은 과일과 채소에 풍부한 비타민 C와 같이 섭취하면 더욱 흡수가 잘된다.

6개월 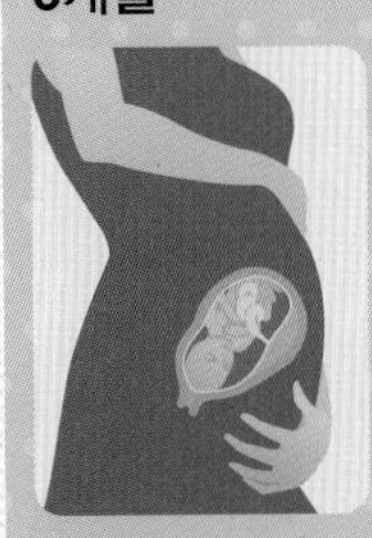	뼈 건강에 주의 ● 태아는 물론 산모도 안정된 시기 ● 임신 전보다 체중이 5~6kg 증가 ● 임신으로 변화된 체형에 맞게 임신용 속옷 및 겉옷을 입는 것이 좋다.	키 약 26~35cm 체중 약 500~600g ● 피부 아래 지방질이 쌓이기 시작하고 배냇털이 온몸을 덮고 있다. ● 눈을 감고 뜰 수 있으며 방향을 바꿀 수 있다.	칼슘 섭취 시기 ● 태아는 모체로부터 받은 칼슘으로 뼈를 만들게 되므로, 임신기 모체의 칼슘 섭취는 태아와 모체 뼈 건강 유지를 위해 매우 중요하다. ● 충분한 칼슘 섭취를 위해 멸치 외에 우유 및 산양유, 요구르트 등을 하루 2컵 이상 마시는 것이 좋다.
7개월 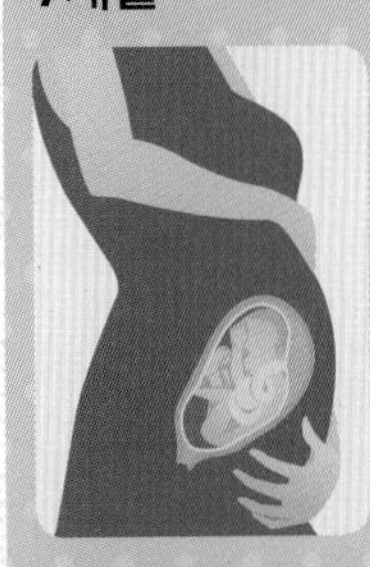	임신중독증 주의 ● 식욕이 더욱 좋아짐에 따라 체중도 더욱 증가 ● 골반의 압박으로 변비가 심해질 수 있다. ● 혈액순환이 원활하지 않아 다리에 쥐가 자주 난다.	키 약 36~39cm 체중 약 1kg ● 태아는 울고 숨 쉬고 들이마시고 엄지손가락을 빨 수도 있다. ● 콧구멍이 열려서 호흡 시작 ● 이 시기 조산하여도 적절한 관리 하에 생존 가능하다.	단백질 섭취, 싱겁게 먹을 것 ● 단백질이 부족하면 태아 성장에 좋지 않고 임신중독증의 원인이 될 수 있다. 생선, 두부, 살코기 등을 매끼 30g씩 더 먹는다. ● 짜게 먹으면 부종을 유발하고 임신중독증에도 좋지 않으므로 염분이 많은 김치, 장아찌 섭취는 줄인다.
8개월 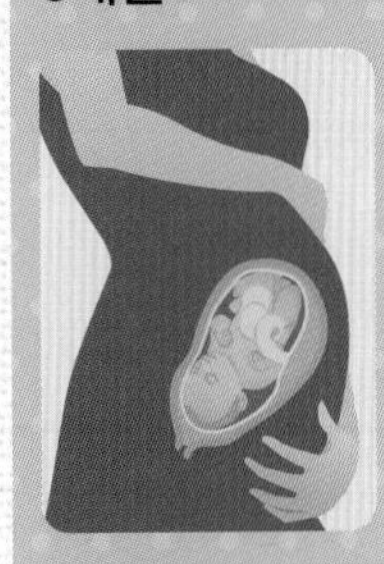	숙면을 취할 것 ● 태아가 자라면서 자궁이 더욱 커져 내장 전체가 위로 밀려 올라가고 위장을 압박해 신물이 올라오는 등 속쓰림이 생기는 경우가 많다. ● 폐 등이 압박을 받아 숨쉬기 어렵고 불면증이 생기기도 한다.	키 약 40~44cm 체중 약 1.5~2.1kg ● 태아는 매우 빨리 자라며, 동작은 점차 줄어든다. ● 몸 전체에 지방층이 발달하여 자궁 밖 온도 변화에 적응할 준비를 한다.	식사량과 횟수 조절 ● 1회 섭취하는 식사량을 줄이되 횟수를 늘려 위에 부담을 주지 않으면서도 충분한 양의 식사를 할 수 있도록 한다. ● 불면증이 있다면 숙면에 방해가 되는 카페인이 함유된 커피, 차, 콜라 등은 제한한다.
9개월 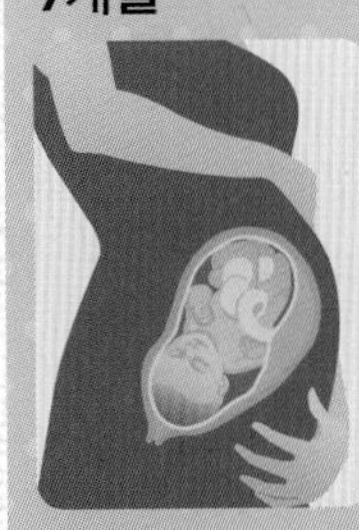	체중 관리 ● 심장 압박으로 호흡 곤란이 일어나기도 한다. ● 배가 단단해지고 배뇨의 횟수도 증가한다. ● 얼굴에 기미, 주근깨 등이 생기기도 한다.	키 약 45~48cm 체중 2.4~3.0kg ● 출산을 위한 준비로 머리가 골반 아래에 위치한다. ● 손톱이 자란다. ● 피하 지방의 증가로 피부 주름이 없어지기 시작한다.	고지방식 주의 ● 지나친 체중 증가는 정상적 분만을 방해할 수 있으므로 임신 전 체중 대비 적절한 체중 증가가 될 수 있도록 주의한다. ● 튀김, 볶음 등 고지방식보다는 소화 흡수 잘되는 찜, 구이 등의 조리법을 택한다.
10개월 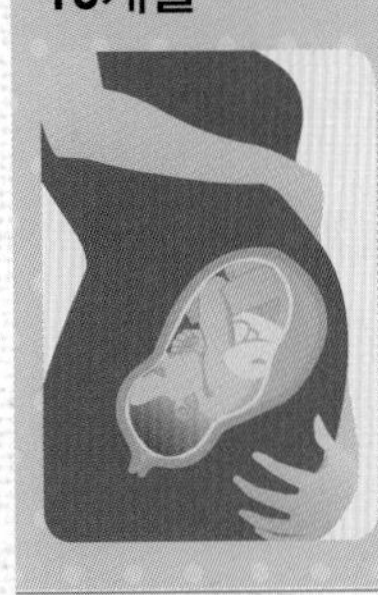	넘어짐 주의 ● 태아가 밑으로 내려가 전에 비해 숨이 찬 정도는 덜해진다. ● 질과 외음부가 부드러워져 늘어나기 쉽게 되고 분비물도 많아진다. ● 체형상 배가 나와 중심이 잘 잡히지 않으므로 넘어짐 등에 주의한다.	키 약 50cm 체중 약 2.7~3.4kg ● 태아의 체중은 일주일에 100g씩 증가하다 출생 약 1주일 전 성장이 중단된다. ● 안구의 홍채가 수축과 이완을 하기 시작한다.	비타민군 섭취 ● 모체는 물론 태아의 당질, 단백질 대사를 위해 비타민 B군이 많이 필요하다. 엄마의 임신 시 피로감 해소를 위해서도 중요하다. ● 비타민 B군 섭취를 위해 채소류, 현미 등 통곡물류, 돼지고기, 유제품 등을 고루 섭취한다.

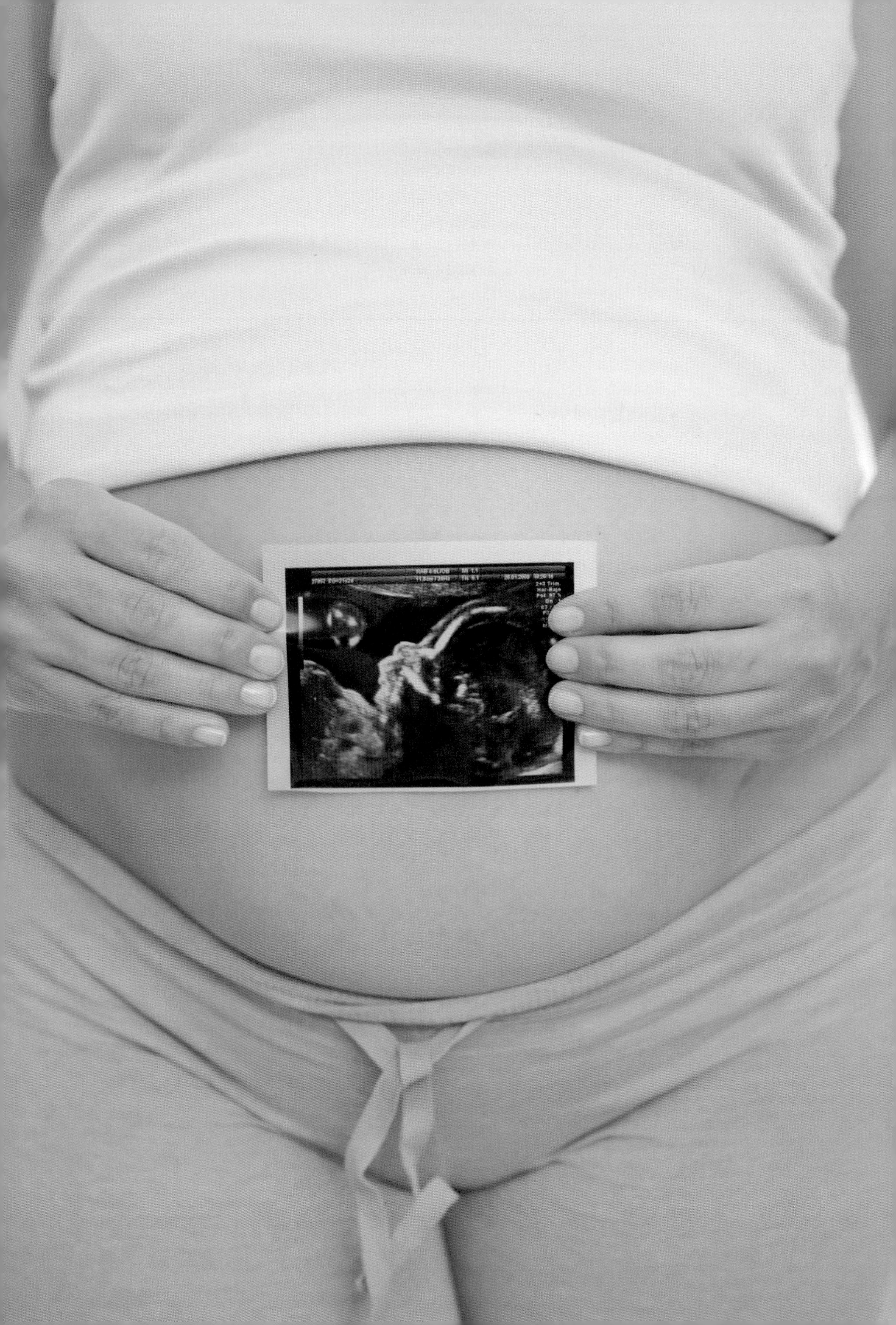

Step 1

성공적인 계획 임신

'아기를 낳고 싶다'라고 막연히 생각해 보지만 막상 노력해도 마음대로 되지 않는 것이 바로 임신이다. 반면 준비하지 않은 시기에 임신이 되어 당황하는 엄마들도 많다. 어떠한 경우든 임신하려는 모든 엄마들에게 꼭 필요한 것은 바로 '계획 임신'이다. 계획 임신으로 건강하고 안정적인 임신, 출산을 시작하자.

계획 임신과 시기

계획 임신은 부부의 가족 계획 안에서 임신을 준비하는 것이며 이를 위해 임신 전 부부의 건강을 충분히 돌보아야 한다. 임신에 대해 알면 알수록 내 몸이 얼마나 소중한지 느끼게 된다.

계획 임신이 필요한 이유

계획 임신은 건강한 아기의 탄생을 위해 미리 부부가 계획하여 임신과 출산을 준비하는 과정이다. 임신하기 전 산모의 몸 상태를 미리 체크함으로써 임신 중 일어날 수 있는 여러 합병증을 줄이고, 건강한 아기가 태어나도록 도와주며 출산 후 산모의 회복에도 영향을 준다.

반면, 계획 임신을 하지 않으면 우선 임신 자체가 잘 되지 않는 불임이 올 수 있다. 또한 임신 후에 미처 예기치 못한 질병이 발견된다면 임신 때문에 치료를 적극적으로 하지 못하고, 태아나 산모에게 나쁜 영향을 미치는 질병을 가졌다면 여러 가지 합병증을 유발할 수 있다.

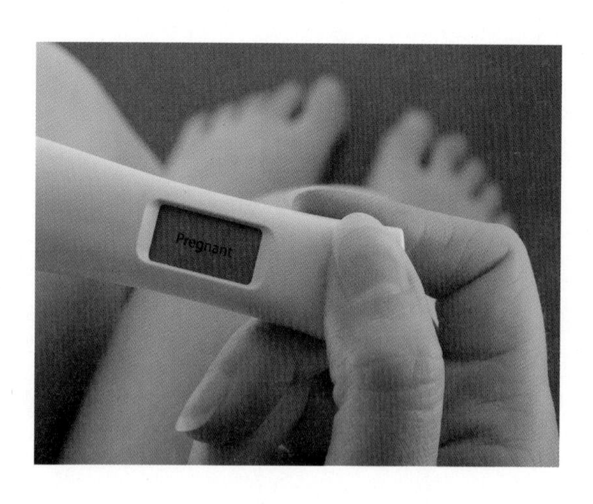

임신 준비 기간

계획 임신은 출산 전 최소 6개월 정도 전에 시작하는 것이 바람직하다. 그 이유는 부부가 임신을 위해 건강을 체크한 뒤, 만약 치료할 질병이 있다면 임신 전에 가능한 치료를 먼저 해야 하기 때문이다.

또한 태아에게 영향을 줄 수 있는 질환의 백신이 있다면 예방 접종을 미리 해 두는 것이 좋으며, 최근에는 임신을 계획한 시점부터 엽산을 미리 복용하는 것도 권장하고 있다.

임신 시기 정하기

많은 여성이 계획 임신을 할 때 가장 먼저 고려하는 사항이 바로 임신과 출산 시점이다. 최근에는 건강상의 이유뿐 아니라 만삭 기간이나 산후 조리 기간이 너무 덥거나 추운 것을 피하기 위해 계획을 세운다. 한여름에는 아무리 더워도 산후풍이 걱정돼 함부로 선풍기 바람을 쐴 수가 없다. 아기 역시 너무 더우면 축 처진다. 한겨울에는 임신중독증에 걸리기도 쉽고 산후풍에 시달릴 수 있다. 아기는 감기 등 호흡기 질환을 앓는 경우가 많다.

입덧이 가장 심한 계절을 보통 초봄에서 여름으로 보는데 입덧이 크게 걱정된다면 이 시기에 임신 초기를 겪지 않도록 계획한다. 보통 엄마들이 꼽는 임신 출산의 가장 좋은 시기는 7~8월에 임신해서 4~5월에 출산하는 것이다.

한편 첫 아기와 둘째 아기와의 터울을 적당히 두기 위해, 계획 임신을 하는 부부들도 많다. 또한 부모가 될 마음의 준비, 경제적인 여건, 주변 환경 또한 임신 시기를 정하는 이유로 작용한다.

달력을 보며
임신과 출산 시기를
계획해 보세요~

임신을 위한 몸만들기

임신을 위해서는 여성은 물론 남성도 금연과 금주를 통해 건강 관리를 해야 한다. 산모의 흡연과 알코올 섭취는 태아에게 치명적이기 때문이다. 부부 모두 적절한 운동으로 체중을 관리하는 것도 중요하다. 비만은 불임에도 영향을 줄 뿐 아니라 임신 부종, 임신중독증, 임신성 당뇨 등에 악영향을 미친다.

산전 검사

산전 검사는 결혼 전 또는 임신 전에 전염병이나 유전 질환이 있는지를 확인하고 부부의 건강 상태를 전반적으로 점검해 보기 위한 것이다. 산전 검사는 계획 임신의 첫걸음이라 할 수 있다.

특히 임신을 위한 산전 검사에서는 자궁경부암 검사와 함께 초음파 검사를 받아야 한다. 자궁의 형태, 난소낭종의 유무 등을 파악하고, 피검사로 빈혈, 성병, 간염 항체 유무, 풍진 항체 유무 등을 체크한다. 의사의 소견을 들은 뒤 필요하다면 예방 접종을 실시한다. 소변 검사도 실시하여 당뇨나 단백뇨 등을 알아보고 질 분비물 검사를 통해 성병 검사도 해보는 것이 바람직하다. 치과 질환이 있다면 미리 검진을 받고 가급적이면 치료를 마친 뒤 임신을 계획하는 것이 좋다.

건강한 임신을 위한 생활 수칙

임신을 준비할 때 섭취하면 좋은 영양소

임신 전에도 체중 관리가 필요하므로 채소, 과일과 단백질이 풍부한 음식을 많이 먹고 적절한 운동을 함으로써 건강한 상태를 유지하는 것이 필요하다. 더불어 엽산을 미리 복용하는 것이 좋은데 엽산은 태아 기형 예방과 임신부의 빈혈 예방에도 도움을 줄 수 있다.

임신 전 좋은 운동과 삼가야 할 운동

임신 전 의사들이 권하는 운동은 과격하지 않으면서 체중 조절에도 도움이 되는 운동으로 수영, 걷기, 체조, 요가 등이다. 이런 운동은 임신 중에도 임신부 체중 관리에도 도움을 줄 수 있는데, 임신이 확인된 후에는 그 양을 임신 전의 50% 정도로 유지하면서 무리하지 않는 범위로 하는 것이 좋다.

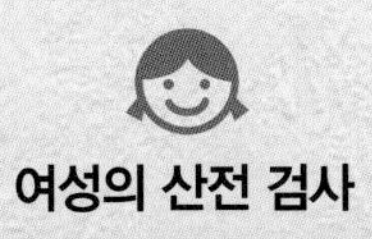

여성의 산전 검사

검사	내용
혈액형 검사	혈액형 검사는 RH 음성으로 인한 위험과 분만 시 수혈 상황을 위해 꼭 필요하다. 또한 산모가 RH 음성이고 남편이 양성이면 다소 위험이 따를 수 있다. RH 양성인 첫째 아이를 낳으면 태아의 혈액이 엄마의 조직에 조금 섞인다. 이로 인해 모체의 면역 조직체가 RH 양성에 대한 항체를 만든다. 그런데 또다시 RH 양성의 둘째 아이를 가졌다면 이 항체가 태반을 통해 태아의 적혈구를 공격하게 된다. 그러면 태아의 체내 적혈구가 터지는 현상이 발생한다. 그 결과 빈혈이나 황달을 가진 아기가 태어나고, 심하면 사망에 이르기도 한다.
풍진 검사	풍진은 감기와 비슷한 증상을 보이는 질병이다. 열이 나고 임파선이 붓고 발진이 생기기도 한다. 임신부가 임신 초기에 풍진에 걸리면 태아에게 백내장, 청력 장애, 심장 질환, 발달 장애 등의 선천성 이상이 생길 수 있다. 임신을 계획한다면 반드시 풍진 항체 검사를 미리 받고, 항체가 형성되지 않았다면 백신 접종을 받아야 한다. 또한 접종 후에 바로 임신을 하면 태아가 감염될 염려가 있기 때문에 접종 후 1개월 안에는 임신을 피해야 한다.
간염 검사	엄마가 간염을 앓고 있다면 모체의 혈액 등을 통해 아기도 감염이 될 수 있다. 간염은 본인조차 간염에 걸린 사실을 모르는 경우가 많기 때문에 임신 전에 미리 검사를 받아야 한다. 간염 예방 접종은 약마다 다르지만 보통 3회를 맞아야 한다. 엄마가 간염 보균자이거나 임신 후에 간염에 걸렸다면, 출산 후 바로 아기에게 면역 글로불린과 백신을 접종해야 아기의 간염을 예방할 수 있다.
매독 반응 검사	매독은 임신하기 전에 반드시 치료해야 한다. 임신 전이나 임신 후라도 14주 안에만 치료하면 아기에게는 아무 문제가 없다. 만약 매독에 걸린 여성이 임신을 하면 5~6개월 정도에 유산을 하거나 사산을 할 가능성이 높다. 또한 선천성 매독 장애아를 낳을 수 있다. 매독 장애아는 저능, 청력 장애, 발육 부진, 허치슨 병 등의 증상을 보일 수 있다.
빈혈 검사	임신 중에는 태아에게도 철분이 필요하기 때문에 임신 전보다 철분 필요량이 훨씬 많아진다. 평소 빈혈 증상이 있는 여성들은 임신에 대비하여 미리 빈혈을 치료해야 한다. 하지만 빈혈 증상은 빈혈이 심해지기 전에는 쉽게 발견되지 않으므로 빈혈 검사를 하는 것이 좋다. 빈혈을 치료하지 않은 채 임신을 하면 출산 시 흔히 있는 출혈로 수혈을 받을 수도 있다.
치과 검진	임신을 하면 호르몬의 영향으로 평소에 보이지 않던 구강 질환들이 나타나는 경우가 많다. 따라서 임신을 준비한다면 치과 검진으로 문제점을 발견하고 치료를 미리 해 두는 것이 좋다. 일반적인 치과 치료는 임신 중에도 가능하지만 일부 약물은 태아에게 전달되므로 약물 선택에 특히 유의해야 한다. 특히 충치 치료와 스케일링 등 잇몸 병 예방 관리는 임신 전에 미리 하는 것이 좋다. 사랑니도 염증을 일으킬 가능성이 높다는 의사의 소견이 있다면 임신 전에 뽑는 것이 좋다.

남성의 산전 검사

검사	내용
성 기능 검사	남성의 발기 이상은 일반적으로 신체적인 원인이 70~80%이며, 나머지 20~30%는 정신적인 원인이다. 이에 반해 신혼 때의 발기 이상은 70~80%가 정신적인 원인에서 비롯된다. 신체적인 원인은 당뇨병, 뇌하수체 종양, 성염색체 이상 질환, 내분비계 이상, 음경 동맥 손상, 음경 발기 조직 이상, 음경 정맥 이상 등이다. 정신적인 원인으로는 성관계에 대한 긴장감, 사회생활이나 가족 관계로 인한 스트레스 등이 있다.
전립선염 검사	전립선염은 20~40대의 비교적 젊은 연령의 남성에게 흔히 발병하는 질환이지만 원인이 명확하지 않아 치료가 쉽지 않다. 전립선염을 앓으면 성행위 도중이나 사정을 할 때 통증을 느끼는 사정통이 생길 수 있고, 심리적인 위축으로 발기 장애가 있기도 한다. 또한 평소 소변이 자주 마렵거나 잔뇨감이 심한 등의 배뇨 장애도 올 수 있다.
정자 검사	정자 검사에서는 정자 수와 정자의 운동성을 확인한다. 정액 1ml당 정자 수는 보통 6천만 개이다. 정자 수가 3,000만 개 이하인 정자 과소증과 정자가 전혀 없는 무정자증은 자연적인 임신이 힘들다고 봐야 한다. 이런 경우에는 시험관 아이를 낳아야 한다. 또한 정자가 1초당 30미크론 이하로 움직이면 운동성이 약하다고 진단한다. 이 외에 정자의 꼬리가 잘리는 등 기형인 경우에는 정밀 유전자 검사를 받는 것이 좋다.

임신 전 주의해야 할 질병

임신은 건강한 여성에게도 몸에 큰 변화와 부담을 안겨 주는데, 지병이 있는 여성이라면 더욱 걱정이 될 수밖에 없다. 병이 있어도 임신을 해도 되는 걸까? 태아에게 어떤 영향을 미칠까? 병이 있다면 임신 전에 의사와 충분히 상담을 해야 하고, 병원을 고를 때도 자신의 병을 치료할 수 있는 전문의가 있는 곳으로 선택해야 한다.

갑상선 질환

갑상선 질환을 앓고 있다면 임신 전에 의사에게 반드시 알려야 한다. 뒤늦게 임신을 알았다면 갑상선 기능을 꾸준히 점검해야 한다. 치료를 잘 받으면 출산에 큰 지장이 없다. 그러나 증세가 심한 사람은 임신중독증의 위험이 높고, 약물 치료 때문에 태아의 발육 장애나 사산 등을 일으킬 수도 있다.

모유 수유를 계획하는 산모가 항갑상선제를 복용하면 약물 성분이 모유에 녹아 나오기 때문에 이 경우에도 의사와 상담해야 한다.

고혈압

고혈압을 앓고 있다고 임신을 못 하는 경우는 거의 없다. 증상이 가벼울 경우(최고혈압 140mmHg, 최저혈압 90mmHg 전후) 신장 보호를 위해 염분을 제한하고 안정을 취하면서 규칙적으로 생활하면 얼마든지 임신과 출산이 가능하다.

하지만 혈압의 상하 변동이 심하거나 중증인 경우, 신장염 후의 고혈압, 이전 임신 때 임신중독증의 후유증으로 나타나는 고혈압은 태반의 기능 악화로 태아가 충분히 자라지 못해 미숙아가 태어나기도 하고, 태아 사망이나 조산의 위험도 있으므로 임신을 피하는 것이 바람직하다.

당뇨병

당뇨병이 있다면 임신 후기에 반드시 의사의 관리를 집중적으로 받아야 한다. 당뇨 증세가 있는 채 임신을 하면 임신중독증, 양수 과다증, 신장 장애나 기타 감염증, 출산 후 심한 출혈 등이 생길 수 있다. 심지어 분만 전 태아 사망률도 높아진다.
당뇨병 치료에서 가장 중요한 것은 혈당 조절이다. 식이 요법이나 인슐린 요법으로 혈당치를 조절하면 산모와 태아의 합병증을 최소한으로 줄일 수 있다.

신장염

만성 신장염이 있다면 임신으로 병이 심해지기도 한다. 만약 혈압과 신장 기능이 정상이면 임신이 가능하다. 그러나 신장이 제 역할을 하지 못하면 유산, 조산의 위험이 높고, 임신중독증이 나타나기도 한다. 임신이 가능해도 반드시 안정을 취해야 하며, 염분이 제한된 식단을 짜서 먹어야 한다. 임신 전에 치료를 받고 병이 나은 경우에도 혈압 검사와 소변 검사로 건강을 체크하고, 임신 여부를 의사와 상담해야 한다.

심장병

과거에는 심장병 환자들은 임신을 포기해야 했다. 하지만 요즘에는 웬만한 중증이 아니고는 순산할 수 있다. 28주 이후 매주 정기 검진을 받고, 의사의 지시를 잘 따르는 것이 중요하다.

저혈압

저혈압 환자가 임신을 하면 매사 조심하고, 잘 관리하면 큰 위험 없이 아기를 낳을 수 있다. 저혈압 환자는 일단 규칙적인 생활과 적당한 운동, 균형 잡힌 하루 세 끼 식사를 해야 한다. 특히 단백질과 철분이 풍부한 식품을 섭취한다.
너무 뜨거운 물에서 오래 목욕하는 것은 금물이다. 미지근한 물에 가볍게 샤워한다. 아침에 일어날 때는 갑자기 몸을 일으키지 말고, 옆으로 누워 정신이 완전히 든 다음 천천히 일어난다.
갑자기 혈압이 떨어지면 위험할 수 있으며 두통이나 어지럼증, 손발이 차고, 기운이 없고, 쉽게 피로해질 수 있는데, 임신부는 그 증상이 더욱 심해 일상생활을 하기 힘들어진다.

천식

천식이 임신에 미치는 영향은 크지 않다. 만일 임신 중에 발작을 일으키면 보통 약물 치료를 하는데 태아에게는 별 영향이 없는 것으로 알려져 있다.

자궁근종이 있다면?

자궁근종은 임신 전의 여성들도 흔히 걸릴 수 있는 질환이다. 자궁근종이 있으면 임신 자체가 힘들 수 있기 때문에 불임의 원인이 되는 경우가 많다. 임신 중에는 유산, 조기 진통, 전치태반, 역아, 복통을 유발할 수 있으며 출산 후에는 출혈이 많아지는 합병증이 나타날 수 있다.

자궁근종의 치료

임신 전에 자궁근종이 발견된 경우, 임신에 큰 영향을 주지 않는다면 대개 출산 후에 치료를 하며 임신을 방해하거나 습관성 유산을 일으킬 정도라면 근종 절제술을 시행한 뒤 임신을 시도한다.
제왕절개 분만을 하는 경우 바로 제거하기도 하지만 이럴 경우 출혈이 심해지므로 출산 후 따로 수술하는 경우가 대부분이다.
출산을 마친 여성은 대부분 수술로 치료하는데 근래에는 고주파나 약물 등으로 용해술을 시행하기도 한다.

그 외 임신에 영향을 주는 부인과 병

임신 중 산모에게 영향을 주는 부인과 병은 난소에 발생하는 난소낭종을 들 수 있는데, 크기가 커도 증상이 없다면 임신 중에는 대개 치료를 하지 않고 출산 후 치료하는 것이 일반적이다. 다만 임신 중 난소낭종이 꼬이는 염전이 일어나거나 파열이 되는 경우 응급 수술을 하기도 한다.
다른 질환으로는 여러 가지 성병에 감염되는 경우인데 적절히 치료를 하지 않으면 아기에게 영향을 미치기도 하며, 조산의 위험성도 있기 때문에 의사와 상의해서 반드시 치료한다.

성공적인 계획 임신★GUIDE

고령 임신

최근 사회 활동을 하는 여성이 늘어나면서 고령 임신의 비율도 증가했다. 만 35세 이상의 여성이 임신하는 경우에 '고령 임신'이고, 더 어린 산모에 비해 여러 가지 주의할 점이 많다.

고령 임신의 문제점

고령 산모의 경우 젊은 여성보다 임신 확률이 낮은 것은 물론 임신성 당뇨, 조산, 전치태반, 임신중독증 등 임신과 관련된 합병증이 높은 것으로 보고되고 있다. 이와 더불어 염색체 돌연 변이에 의한 기형아의 확률이 높아지므로 양수 검사 등의 추가 비용도 더 들게 된다. 또한 출산 시 젊은 산모보다 제왕 절개 확률도 높아지며 산후 회복도 더 느리다.

고령 임신부의 건강한 출산

만 35세가 넘은 가임기 여성이라면 임신하기 전 산부인과에 방문하여 자신의 몸 상태를 미리 체크해 보도록 한다. 고령 임신부는 젊은 여성보다 임신을 유지하고 회복하는 데 더 힘들다. 그런데 만약 병을 앓고 있는 상태에서 모르고 임신했다면, 임신부는 물론 태아에게도 나쁜 영향을 미칠 수 있으므로 반드시 계획 임신이 필요하다.

자궁암 검사, 초음파 검사, 혈액 검사, 소변 검사를 통해 미리 병의 유무를 확인하고 미리 접종해야 할 백신 등은 미리 맞은 뒤 임신을 하면 도움이 된다. 임신에 성공하면 병원을 정하고 필요한 모든 검사를 의사와 상의한 후 잘 관리하고 검사받도록 한다.

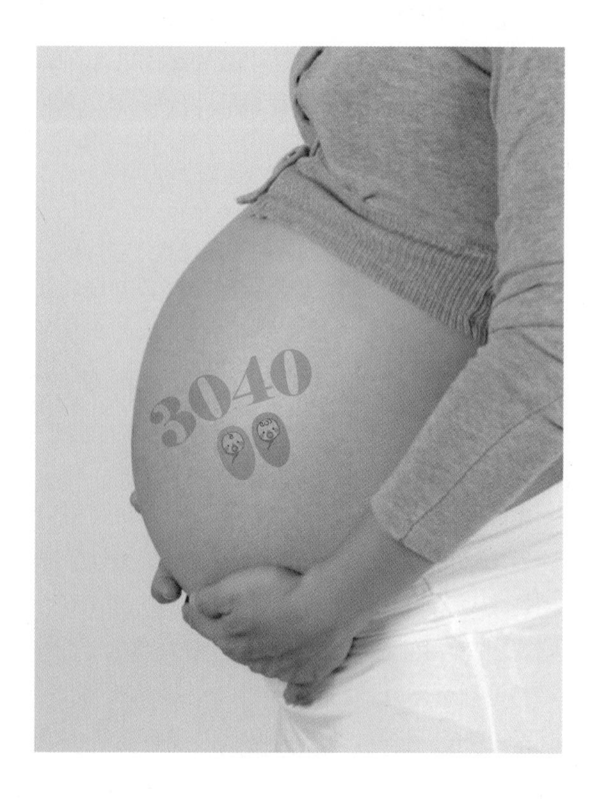

불임과 치료

환경 오염이 날로 심해지고, 안심하고 먹을 수 있는 먹거리가 점차 줄어들면서 우리 몸에 나쁜 요소들이 많아지고 있다. 이런 환경 때문인지 최근 불임 또한 증가했다. 만약 꾸준히 노력해도 임신이 되지 않는다면 불임 체크도 미리 해본다.

남성 불임과 치료

남성 불임의 원인으로는 무정자증, 정자의 기형, 정자 수의 부족 등 정자 형성에 문제가 있는 경우와 남자 성기의 구조적 문제 또는 성교 장애 등을 들 수 있다. 병원을 찾으면 원인에 따른 적절한 치료를 하게 되고, 임신을 원하면 인공 수정, 시험관 아기 등으로 임신할 수 있다.

여성 불임과 치료

여성 불임의 가장 흔한 원인은 배란 및 월경 장애가 있다. 이 경우 배란을 촉진하는 약물과 주사로 치료가 가능하다. 자궁의 구조적 이상이나 난관이 막힌 경우는 수술적 방법을 통해 해결한다.

그 외에 수정이나 착상이 잘 안 되는 경우나 전신 질환이 있는 경우 그 원인에 따라 적절한 치료를 하는데, 시험관 아기와 같은 보조적인 불임 치료 방법으로 대부분 치료된다.

다양한 불임 원인

클라인펠터 증후군, Y 염색체 결실과 같은 염색체 이상 질환, 선천성 무고환증, 잠복 고환증과 같은 선천적 질환, 바이러스 감염, 외상과 같은 후천적 원인도 불임의 원인이 된다.

또한 정관이나 난관의 이상으로 정자나 난자의 이동을 방해하는 질환이 있는 경우, 만성 질환을 앓고 있는 경우 등이 있을 수 있으며 병에 따라 적절한 치료를 받는다.

Step

2

임신 기간별 태아와 엄마

임신은 한 생명이 생겨나고 자라는 신비 그 자체지만, 막상 임신을 처음 겪는 초보 엄마에게는 무섭고 떨리는 일이다. 내 몸속에서 어떤 변화가 일어나며 우리 아기는 어떤 과정으로 자라는지 임신의 시작과 끝을 꼼꼼히 살펴보자. 매주 아기의 성장과 엄마의 변화를 살피고 자신의 상태를 체크해 나가면 임신 기간을 건강하게 보낼 수 있을 것이다.

초기★1~4주

임신 1개월

외형적으로는 엄마 몸에 눈에 띄는 변화가 없다. 심지어 임신 여부를 모르고 지나가기도 한다. 배 속의 태아는 수정란에서 시작해 세포 분열을 하고, 몸의 중요 부위들이 생겨나는 시기이다. 따라서 임신 가능성이 조금이라도 있다면 약이나 치료를 받을 때마다 주의해야 한다.

태아 성장 상태
키 약 0.2~0.6cm
몸무게 약 1g
(4주)

엄마 몸의 변화

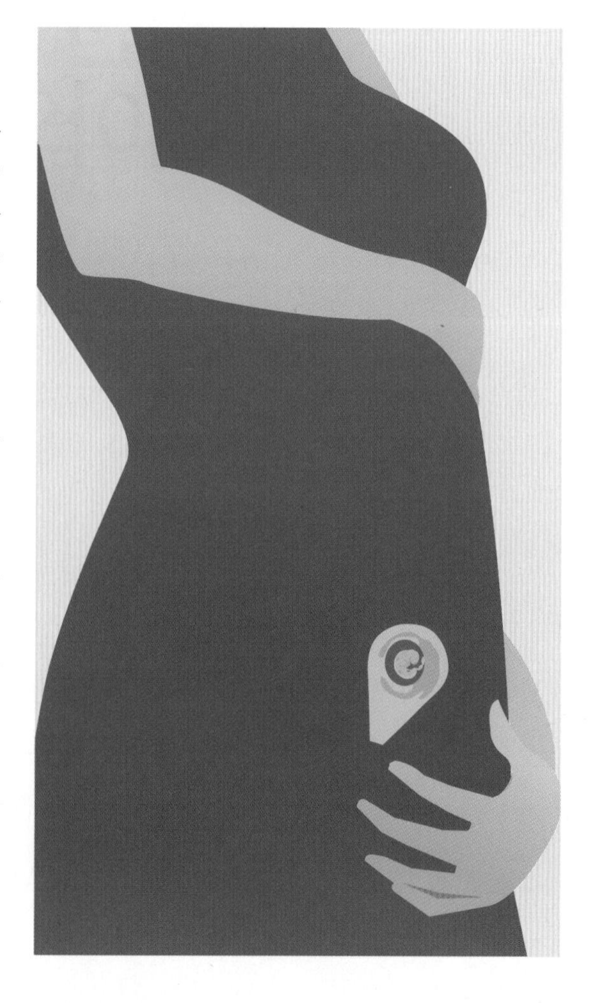

임신 1개월까지는 소변으로 검사하는 임신 테스트에서도 양성으로 잘 나타나지 않는다. 실제로 4~5주가 지나야 임신을 자각한다. 또한 태아가 초음파상 너무 작아서 기형 유무도 알기 어렵다. 단, 자궁 외 임신, 포상기태, 계류유산 등 비정상적인 임신 상태는 임신 유무를 감별할 수 있다.

임신부도 임신 1개월 중에서 1~2주간은 임신 상태가 아니기 때문에 신체에 아무런 변화가 없다. 후반 약 2주간도 예민한 사람은 감기에 걸린 듯이 느끼기도 하지만, 일반적으로 아무런 변화를 못 느낀다.

정확한 임신 여부는 생리 예정일이 지나 소변 검사나 초음파 검사를 통해 알 수 있다. 임신이 되면 황체 호르몬에 변화가 생겨서 구토, 속 쓰림, 아랫배가 살살 아프거나 변비 증세를 보이기도 한다.

임신 가능성이 있는 시기에는 약을 복용할 때 의사와 상담하고, 임신 초기에는 풍진 등의 바이러스성 질환에 걸리지 않도록 주의한다. 임시 계획이 있다면 미리 항체 검사와 예방 주사를 맞는다. X-레이 촬영을 할 때는 임신 여부를 확인한 후에 찍는다.

Mom's 클리닉

1개월 차에 병원에서 확인하는 것

◌ 체중과 혈압
◌ 소변 중 당이나 단백질 함유 여부
◌ 태아의 심박음
◌ 손발의 부종, 다리의 정맥류
◌ 엄마가 겪은 아주 예외적인 증상(어지러움증, 구토, 복통, 구토, 이명, 부종, 코피, 두통 등)
◌ 일반 혈액 검사, 혈액형 검사, 간염 검사, 항원 항체 검사, 에이즈 검사

태아의 성장

수정란이 되어 엄마의 자궁에 정착한 태아는 신경관, 혈관계, 순환계 같은 중요한 부위를 만들기 위해 부지런히 세포 분열을 한다.

3주 정도면 엄마로부터 산소와 영양소를 공급받고 배설물을 배출하는 통로인 태반이 제 역할을 수행할 수 있을 만큼 발달한다.

1개월 정도면 태반이 발달하고, 뇌, 심장, 눈, 입, 안쪽 귀, 팔, 다리가 형성되어 신장은 0.2~0.6cm, 몸무게는 약 1g이 된다. 그리고 이 시기에 대부분의 유전 형질이 결정된다.

주의 : 과거 병력은 반드시 상담

임신부의 과거 병력은 임신에 커다란 영향을 미칠 수 있다. 임신 경험, 자연 유산, 인공 유산, 각종 수술이나 질병 등을 의사에게 숨김없이 다 말해야 한다. 심장병, 당뇨병, 신장병, 갑상선 이상, 고혈압, 간염, 천식, 결핵, 알레르기 여부 등도 반드시 알려야 한다.

가족 병력과 유전적 문제 검사

아래와 같은 경우에는 염색체 검사를 받는 것이 좋다.

· 35세 이상의 고령 임신부
· 혈액 검사 결과, 부부 중 한쪽이 유전적 결함을 보유한 경우
· 한쪽 부모에게 선천적인 질병이 있는 경우
· 염색체 이상이 동반된 기형아를 출산한 경험이 있는 부부
· 태아에게 기형이 발견된 경우

과거에 유산 경험이 있으면 주의

과거에 임신 초기 단계에서 인공 유산을 한 적이 있다 해도 치료를 잘 받았다면 다음 임신에 별다른 영향을 미치지 않으므로 걱정할 필요는 없다.

하지만 임신 중기 이후 인공 유산 경험이 있을 때는 현재 가진 태아를 조산할 염려가 있기 때문에 특히 조심해야 한다.

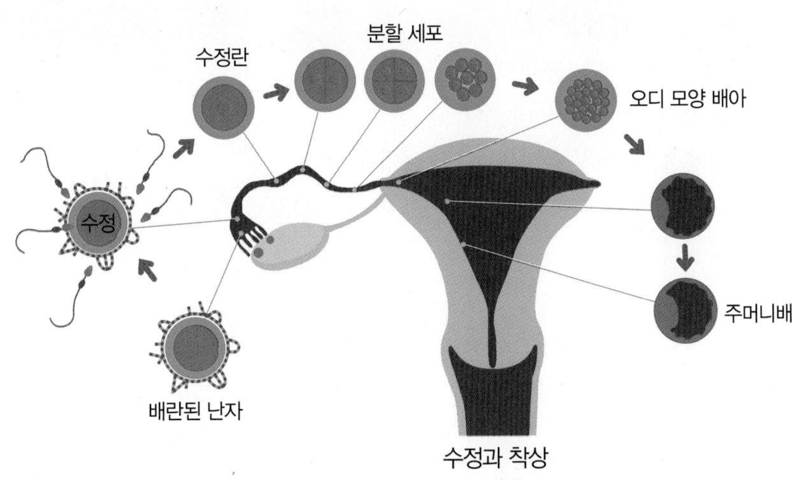

수정과 착상

1~2주 태아와 엄마

엄마의 난자와 아빠의 정자가 만나 새 생명이 탄생! 이 기간 동안 태아는 수정란이라는 형태로 엄마의 자궁 속에 있다. 난자와 정자의 결합으로 탄생한 수정란이 엄마의 자궁에 채 착상하지 못한 상태이므로 엄마는 임신 여부를 모를 가능성이 높다.

엄마의 주요 변화

임신 2주차까지는 엄마는 임신 사실을 모를 가능성이 크다. 하지만 다음과 같은 임신 징후가 나타나면 임신을 의심해 봐야 한다.

엄마 임신을 알리는 신호가 오기 시작

생리, 질 분비물 등 신체 변화

예비 엄마가 가장 먼저 임신을 예상하는 징후가 생리 예정일이 지났거나, 생리가 일주일 이상 늦어질 때이다. 자궁벽에 배아 세포가 착상하면 생리가 중단된다. 소변을 자주 보는 것도 임신 징후일 수 있다. 특히 소변을 본 후에도 아직 소변이 남아 있는 듯 불쾌감이 드는 경우가 많다. 임신을 하면 황체 호르몬의 영향으로 자궁 보호를 위해 골반 주위로 혈액이 몰리는데 그 혈액이 방광을 자극하기 때문이다.

또한 질 분비물이 많아진다. 수정란이 자궁에 착상하면 자궁의 활동이 활발해지고, 그 결과 분비물이 많아지며 유방이 커지고 통증을 느낀다. 얼굴에 기미, 주근깨가 두드러지고, 유방, 복부, 외음부, 겨드랑이 등에 색소 침착도 나타난다.

체온이 3주 이상 오르고 으슬으슬 추우면 임신이라고 볼 수 있지만, 사람에 따라 증상이 없는 경우도 있다. 몸이 노곤하고 쉽게 피로를 느끼며 수면량이 많아진다. 아무 의욕도 없으며 약간의 짜증이

나기도 한다.

그 밖의 증상으로 아랫배가 팽팽해지고 변비가 생길 수 있다.

입덧 증상

입덧은 보통 임신 2개월 정도부터 시작되는데 먼저 시작하는 사람도 있다. 상상 임신에도 임신 징후가

그대로 나타나지만, 병원 검진으로 임신이 아닌 것이 확실해지면, 이전의 증상들이 자연스럽게 사라진다.

의사의 진찰로 확인 가능한 변화

수정 후 3주부터 초음파로 배아나 배낭이 보인다.

태아의 성장

2주차가 되면 엄마의 자궁에 수정란으로 정착한 태아는 신경관, 혈관계, 순환계 같은 중요한 부위를 만들기 위해 부지런히 세포 분열을 한다.

태아 엄마 배 속에서 왕성하게 세포 분열을 한다

음식과 영양

임신부의 식사는 혼자만의 것이 아니다. 엄마가 식품으로부터 얻는 영양분은 태반을 통해 그대로 태아에게 전달되므로 태아의 식사이기도 하다.
임신 중에는 영양을 골고루 갖춘 음식으로 영양소를 충분히 섭취하는 것이 무엇보다 중요하다.

엽산 섭취

임신 초기에는 기형아 예방을 위해 엽산이 풍부한 식품을 섭취한다. 미국에서는 1998년부터 밀가루에 엽산을 반드시 첨가하도록 규정하는 제도를 도입했다.
많은 유럽 국가도 무뇌아 등 선천성 기형을 예방하기 위해 임신부들에게 엽산 복용을 의무화하고 있다.
시금치 같은 녹색 잎채소, 잡곡류, 굴, 우유 등에 많이 함유된 엽산은 임신 초기(1~3개월) 태아의 발달에 영향을 미친다.

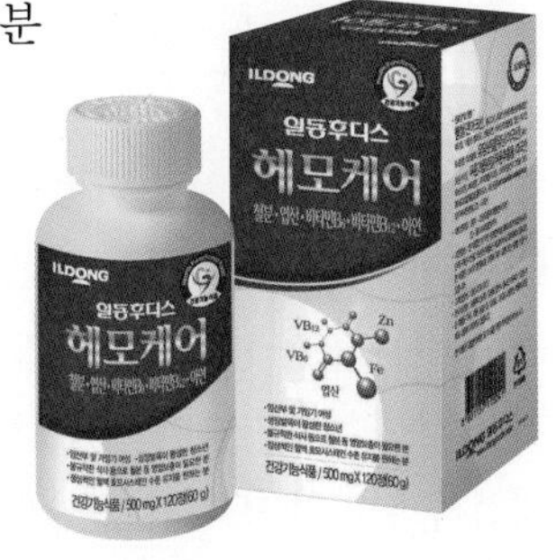

엽산은 태아의 세포 분열과 뇌의 기능 발달에 특히 중요하며, 태아의 척수액을 형성하는 데 반드시 필요한 비타민이다. 따라서 기형아 예방을 위해 임신 전과 임신 초기에 엽산을 섭취해야 한다.
임신을 계획할 때부터 복용하면 좋지만 임신이 확인된 직후부터라도 임신 3개월까지 하루 0.4~1mg을 복용한다. 이전에 신경계에 이상이 있는 아이를 임신한 경험이 있는 경우는 3~4배까지 용량을 증가하기도 한다.
다른 영양소와 마찬가지로 엽산도 음식물을 통해서 복용하는 것이 가장 바람직하지만 임신 중에는 호르몬 작용으로 엽산 대사에 장애가 있어 필요량이 늘어나므로 엽산이 포함된 천연 식품 및 종합 비타민제, 건강기능식품 등를 복용하도록 권장한다.

정기 검진

임신 초기 징후가 나타나면 검사나 진찰 결과가 나올 때까지 임신한 것처럼 처신해야 한다.
검사 결과가 음성으로 나와도 정확한 검사가 나오기에 검사 시기가 너무 이른 경우 재검사를 받는다. 재검사 결과가 또다시 음성으로 나오는 데도 생리가 시작되지 않으면 자궁외 임신 여부를 검사한다.

임신 확인 방법

❶ 자가 임신 진단 시약

임신을 하면 융모성 고나도트로핀(HCG)이 소변에 섞여 나오는데 임신 시약은 이 호르몬에 반응하여 임신 여부를 확인할 수 있다.
이 호르몬은 소량만 배출되기 때문에 상대적으로 양이 많이 축적되는 아침에 일어나자마자 첫 소변으로 검사하는 것이 가장 정확하다. 5분 내에 임신 여부를 알 수 있어 간편하며, 정확도는 90% 이상이다.

❷ 혈액 검사

혈액 속 융모성 고나도트로핀 여부로 임신을 확인한다. 이 호르몬은 수정이 이루어지고 2주 후(다음 생리가 시작될 즈음)에 분비된다. 수정 후 7~10일에도 분비될 수 있다.

❸ 소변 검사

수정된 지 4주가 지나야 100% 정확하게 확인할 수 있으며, 수정 2주 후에 검사해도 90% 정도는 정확한 결과를 얻을 수 있다.

❹ 초음파 검사

마지막 생리 첫날부터 5주 이후에 받는다. 5주 전에는 아기집이라 불리는 태낭이 초음파에 잡히지 않아 정확한 결과를 알 수 없다.

주의 : 약물 복용은 신중하게

임신 중 약을 먹으면 약 성분이 탯줄을 통해 태아에게 전달된다. 태아는 간과 위의 기능이 미숙한 상태라 치명적인 영향을 받을 수 있다.
임신 2주까지는 유산이 되기 쉬우며, 3~9주까지는 태아의 기관이 형성되는 시기이기므로 약물이 여러 가지 기형을 유발할 수 있다. 임신 중에도 의사 처방 없이 약물을 복용하지 말아야 한다.

임신 중 금지 약품

약물 복용이 태아에게 큰 영향을 미치는 것은 특히 임신 4~8주부터이다. 수정 후 약 2주간(임신 4주)는 태반이 완전히 형성되지 않으므로 태아의 혈액과 산모의 혈액이 섞이지 못하는 구조이다. 아직 엄마가 섭취하는 물질을 태아가 모두 받을 만큼 혈관 형성이 완성되지 않은 시기이기 때문이다.
하지만 그 이후부터 임신 3개월 말까지는 태아의 심장, 눈, 귀, 팔다리 등이 완전히 완성되므로 이 기간 내에 약을 복용하면 기형아가 생길 가능성이 가장 높다. 특히 피부 치료제인 스테로이드계 약물은 장기간 사용하면 언청이를 유발한다고 알려져 있다.
먹는 피부약에는 스테로이드제가 들어 있으므로

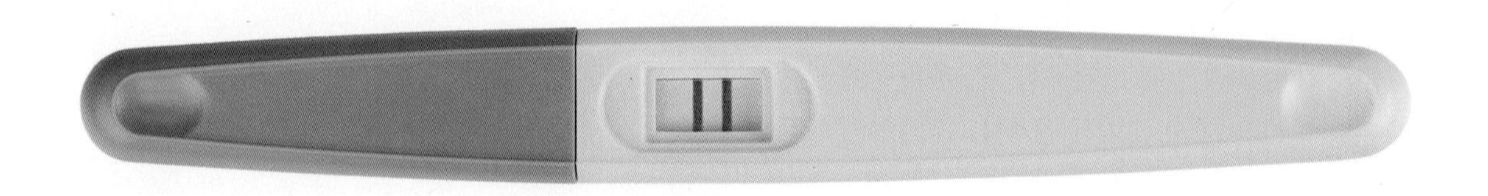

바르는 연고 종류를 사용하고, 얇게 펴 바른다.
약을 먹어야 할 때는 어떤 약이라도 의사의 처방을 받는 것이 안전하다. 임신부들이 많이 찾는 빈혈 약도 의사의 처방을 받아야 한다. 빈혈 약보다는 시금치, 고기, 생선, 채소 등 식품을 통해 필요량을 섭취하는 것이 더 좋다.

소량이라면 임의로 복용해도 괜찮은 약	비타민제, 종합비타민제, 진통 소염제(파스), 상처 치료 연고(후시딘, 마데카솔), 소화제, 한방 드링크제
전문의의 처방에 따라 복용할 약	두통 · 해열 진통제, 종합 감기약, 위장약, 피부염 연고, 변비약, 항진균제(비듬 전용 샴푸, 무좀 치료제)
임신 기간별 복용 여부가 다른 약	진해거담제(기침이나 가래를 삭히는 약)
가급적 복용하지 말아야 할 약	드링크류(박카스, 원비디), 아스피린

흡연은 건강한 사람에게도 나쁘다

임신부가 흡연을 하면 미숙아를 출산할 위험이 있다. 임신 중 흡연한 산모가 나은 아기는 평균보다 200g 이상 저체중 현상을 보인다. 그 외에도 흡연은 자궁 외 임신, 유산, 비정상적인 태반 착상, 조기 태반 분리, 질 출혈, 조산, 사산의 위험을 초래한다. 출산 후에도 아이의 지적 성장과 행동에 나쁜 영향을 끼쳐 집중력 저하, 활동 항진(활동이 비정상적으로 과잉 흥분된 상태)의 원인이 된다는 연구도 있다. 물론 선천적 기형도 더 많이 나타난다.
아이오아 대학 연구진은 하루 15개비의 담배를 피우고 특정 유전인자를 가진 임신부가 언청이를 낳을 확률은 20배 증가한다는 논문을 발표했다.

알코올은 태아에게 해를 미친다

알코올과 담배의 해로운 정도를 따지기 곤란하고, 둘을 정확하게 비교한 데이터도 없다. '술 한두 잔은 마셔도 좋다.' 또는 '절대로 마시면 안 된다.' 등 전문의들 사이에서도 의견이 엇갈린다. 사람마다 알코올 대사가 다르고 안전한 알코올 섭취량이 얼마인지 알 수 없기 때문이다. 하지만 알코올이 태아에게 해를 미치는 것은 분명하다. 주기적인 음주는 특히 태아에게 좋지 않은 영향을 준다. 알코올은 혈관과 태반을 거쳐 태아에게 신속하게 전달된다.
매일 하루에 두 잔 이상 술을 마실 경우, 태아 알코올 증후군을 가진 아기를 출산할 위험이 높아진다. 태아 알코올 증후군과 관련된 병으로는 행동 및 지적 능력 손상, 학습 능력 부족 및 발달 지체가 있다. 이런 아기들은 정신 지체 및 성장 지체, 행동 문제, 얼굴 근육 및 심장에 결함을 보이기도 한다.
심지어 약간씩만 마신 것으로도 유산, 조산 또는 체중 미달을 야기한다는 보고가 있다.

Mom's 솔루션

임신 중 태아에게 꼭 필요한 영양소

영양소	기능	일일 필요량	식품원과 함유량
칼슘	뼈와 이를 튼튼하게 하고 신경, 심장, 근육 발달을 돕는다. 심장 박동과 혈액 응고에도 필요하다. 칼슘 보강제를 먹을 필요는 없고 음식에서 충분히 섭취할 수 있다.	930mg	칼슘 첨가 오렌지 주스 1잔(226g) : 300mg 쌀 1/2컵(밥 한 공기) : 300mg 옥수수 빵 3개 : 150mg
구리	심장, 골격, 신경계, 동맥, 혈관의 성장을 돕는다. 식품 중에 충분히 들어 있으므로 영양제로 섭취할 필요는 없다.	930μg	간 85g : 2.4mg 게살 85g : 1.1mg 삶은 강낭콩 1컵 : 1.1mg 조리된 현미 1컵 : 0.51mg
망간	뼈와 췌장의 발육을 돕고 지방과 탄수화물을 합성한다. 식품으로 섭취 가능하다.	3.5mg	조리된 현미 1컵 : 6.39mg 조리된 보리 오트밀 1컵 : 0.95mg 조리된 검은콩 1컵 : 0.76mg
철분	적혈구와 에너지를 만들고, 발육을 위해 세포에 산소를 공급, 뼈와 치아를 만든다. 임신 중 부족하기 쉬우므로 임신 4개월부터 출산 후 수유하는 시기까지 철분 보충제를 먹는다. (하루 30~60mg)	24mg	소고기 등심 85g : 1.9mg 콩 반 컵 : 3.3mg 삶은 시금치 1/2컵 : 3.2mg 철분 강화 시리얼 3/4컵 : 1.8mg
마그네슘	뼈와 치아를 튼튼하게 하며 인슐린과 혈당 수치를 조절하고 조직을 생성하고 보수한다. 식품으로 섭취 가능하다.	320mg	마른 호박씨 한 줌(약 29g) : 151.9mg 넙치 1/3도막 (85g) : 91mg 시금치 스파게티 1컵 : 86.6mg

아연	내장 기관, 골격, 신경, 순환기 형성을 돕는다. 종합 영양제로 보충하는 것이 좋다.	10.5mg (모유 수유 시 13.0mg)	중간 정도로 익힌 굴 6개 : 76.3mg 소고기 로스트 85g : 8.7mg 게 85g : 6.5mg 구운 맥아 1/3컵 : 4.7mg
엽산	척수의 중요한 부분이자 중추신경계가 있는 기관 형성에 기여한다. DNA 합성을 돕고 뇌 기능을 정상화한다. 신경관 결손 기형아 예방에 도움이 된다. 영양제로 충분히 섭취하는 것이 좋다.	600μg 기형아 예방을 위해 가임기 여성에게는 임신 전부터 엽산을 1일 0.4mg(=400μg) 복용하는 것을 권장하나, 일일 권장량의 2배 이상 섭취는 피한다. 신경관 결손의 위험이 높은 산모는 일일 4mg이 권장된다.	콩 1/2컵 : 179μg 시리얼 1/2컵(강화 제품) : 146~179μg 익힌 아스파라거스 싹 4개 : 88μg
리보플라빈	발육을 촉진시키며 시력과 피부를 좋게 한다. 아기의 뼈, 근육, 신경 발달을 위해 필수적이다. 식품을 통해 섭취한다.	1.6mg(모유 수유 시 1.8mg)	무지방 요구르트 1컵 : 0.5mg 오리 고기 흰살 85g : 0.4mg 익은 버섯 1/2컵 : 0.2mg 반 탈지 치즈 1/2컵 : 0.2mg
비타민 A	세포 성장, 시력 증진, 건강한 피부 유지, 점막 발달, 감염 저항 기능, 뼈 발육, 적혈구 생성 등 신진대사의 대부분에 관계된 영양소이다. 식품을 통해 섭취하고 부족하다면 주치의의 처방을 받아 비타민제를 복용한다.	720μgRE 모유를 먹이고 있다면 1,150μgRE	당근 주스 한 잔(170g) : 4738μgRE 익힌 고구마 1개 : 2488μgRE 생당근 1개 : 2025.4μgRE 네모로 썬 멜론 1컵 : 515.2μgRE
비타민 B_6	단백질, 지방, 탄수화물의 신진대사를 돕고 적혈구 생성과 뇌 및 신경계 발달을 돕는다. 소량이므로 식품을 통해 섭취한다.	2.2mg (모유 먹이는 엄마는 2.1mg)	중간 크기 바나나 1개 : 0.7mg 중간 정도 익힌 감자 1개 : 0.7mg 콩 1컵 : 0.6mg 닭 가슴살 85g : 0.5mg
비타민 C	세포 재생, 콜라겐 생성에 필수적이며 뼈와 치아가 잘 자라게 한다. 임신 기간뿐만 아니라 언제나 꼭 필요한 영양소이다.	110mg (모유 먹이는 엄마는 135mg)	오렌지 주스 1/2잔(85g) : 124mg, 딸기 1컵 : 84.5mg, 익힌 브로콜리 1/2컵 : 58.2mg, 토마토 1개 : 23.5mg
비타민 D	뼈와 치아의 발육을 도와주는 영양소로 생선에 많이 들어 있다.	10μg	청어 1/3토막(85g) : 35mcg 연어 1/4(85g) : 8mcg 우유 1컵 : 2mcg

3주 태아와 엄마

엄마는 입덧 등의 증세를 보이고, 태아는 신경관이 생긴다. 산부인과에서 임신을 진단받은 엄마는 신체적 변화와 출산에 대한 두려움, 기형아를 낳지 않을까 하는 걱정 등으로 극도로 불안한 심리 상태에 놓이기도 한다.

엄마의 변화

뚜렷한 임신 자각 증상은 나타나지 않으나 몸이 나른하고, 입덧 증세를 보이기도 하며, 계속해서 체온이 약간 높은 상태를 유지한다. 유방이 단단해지고 젖꼭지가 민감해진다.

엄마 약간 높은 체온이 지속된다

태아의 성장

수정란이 엄마의 자궁 내막에 자리를 잡고 왕성하게 세포 분열과 증식을 하여 가장 먼저 신경관이 생긴다. 또한 임신 중 아기를 보호하는 쿠션 역할을 하는 양수가 채워지게 되고, 3주가 끝날 즈음이 되면 엄마로부터 산소와 영양소를 공급받고 배설물을 배출하는 통로인 태반이 제 역할을 수행할 수 있을 만큼 발달한다.

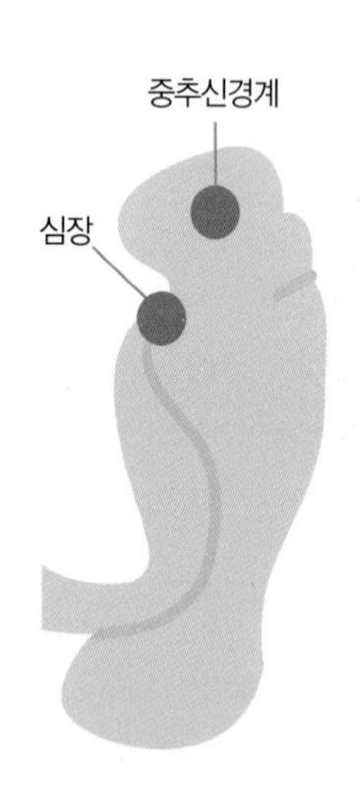

태아 태반이 발달한다

음식과 영양

철분은 임신부에게 가장 부족하기 쉬운 영양소로 부족하면 난산의 위험이 커진다. 하지만 철분 보충제를 복용하는 것이 무조건 좋은 것은 아니다.
임신 초기에 별도로 철분 보충제를 섭취하면 입덧할 때 구토가 심해질 수 있다.
임신 4개월 전에는 철분이 풍부하게 들어 있는 돼지 간, 쇠고기 간, 어패류, 달걀노른자, 해조류, 녹황색 채소 등 식품을 통해 얻는 것만으로도 충분하다. 철분 보충제도 많은 양이 아니라면 나쁘지 않지만, 꼭 먹어야 하는 것은 아니다. 임신 8개월부터는 하루 70mg 정도의 철분이 필요하므로 임신 5~6개월부터 철분 보충제를 복용하는 것이 좋다. 철분 보충제 대신 엽산과 철분이 강화된 임신부를 위한 유제품을 이용해도 좋다.

철분 흡수를 돕는 음식

철분의 필요량은 보통 하루 24mg 정도이다. 철분 함량이 높은 식품인 돼지 간으로 하루 필요량을 충족시키려면 150g을 먹어야 한다. 하지만 매일 이 정도의 간을 먹는다는 것은 불가능하므로 철분이 많이 든 식품과 철분의 흡수를 돕는 식품을 골고루 먹는다.

간이나 조개류 등 철분이 많은 식품을 하루에 한 끼 정도는 주요리로 만들어 먹는다. 비타민 B와 C는 철분의 흡수를 도와주므로 달걀이나 유제품, 과일, 채소 등을 늘 충분히 먹도록 한다. 유제품이나 달걀, 고기, 생선, 콩류 등에는 철분과 결합해 헤모글로빈을 만드는 단백질이 풍부하게 들어 있으므로 매끼 반찬으로 다양하게 준비해도 좋다.

! 주의 : 불안한 심리 상태

임신을 하면 신체적 변화와 출산에 대한 두려움, 기형아를 낳지 않을까 하는 걱정, 육아와 일에 대한 걱정 등으로 극도로 불안한 심리 상태에 놓인다.

임신부가 스트레스를 많이 받으면 태반의 혈관이 수축되어 태아에게 흘러 들어가는 혈액의 양뿐만 아니라 호르몬, 효소, 신경 전달 물질 등이 줄어들게 되어 결과적으로 임신부 자신뿐 아니라 태아에게까지 나쁜 영향을 미친다.

실제로 미국 마이애미 대학의 연구에서 매일 골치 아픈 일, 우울증, 불안을 많이 겪는 여성일수록 태아의 크기가 작은 것으로 나타났다.

마음이 평온해지는 음악을 듣거나 푸른 숲이 가득한 공원으로 산책을 가는 등 마음을 편안하게 유지하도록 노력한다.

4주 태아와 엄마

임신 첫 달이 끝나갈 무렵의 태아는 둥그스름한 머리에 아치형 등과 긴 꼬리를 가진 척추 동물의 모습을 갖추고 있는데 마치 C자형의 작은 쉼표를 떠오르게 한다. 엄마에게서 일어나는 가장 큰 변화는 생리가 멈추는 것이다.

엄마의 변화

호르몬이 급격히 증가하면서 자궁벽은 수정란이 자리를 잘 잡도록 도와주며, 호르몬의 영향으로 분비물이 증가하고 몸이 더워지는 열감을 느낀다.

이 시기에 자궁의 크기는 달걀 크기이며 임신부와 가족이 태몽을 꾸기도 한다.

엄마 생리가 중단된다

태아의 성장

25일이 지나면 심장이 뛰기 시작하고 1개월이 지날 즈음이면 태반이 발달하고, 뇌, 심장, 눈, 입, 안쪽 귀, 팔, 다리가 형성되어 신장은 0.2~0.4cm, 몸무게는 약 1mg 미만이다. 그리고 이 시기에 대부분의 유전 형질이 결정된다.

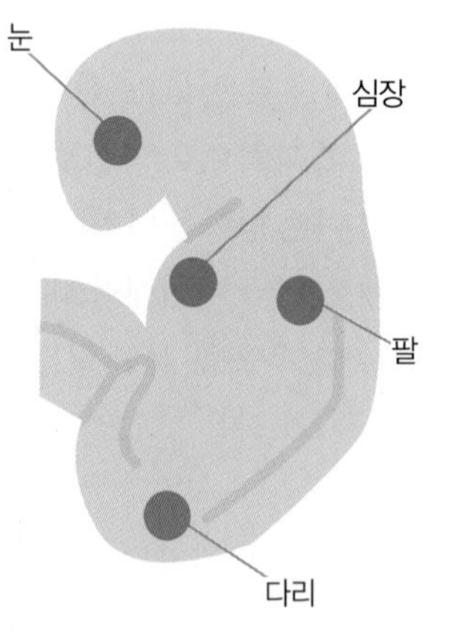

태아 심장이 뛰기 시작한다

음식과 영양

임신과 모유 수유 기간에는 카페인 복용에 주의한다. 엄마가 섭취하는 카페인 성분이 태반을 통해 태아에게 전해지기 때문이다.

임신 중 카페인을 다량 복용하면 조산할 확률이 높은 것으로 알려져 있다.

카페인은 일종의 중추신경 자극제로 커피 속 특정 성분은 신경 조직이나 심장 근육, 호흡기 조직의 흥분을 자극하기도 하고 이뇨 장애나 피로를 일으키기도 한다.

또한 다량의 카페인을 섭취하면 몸속 칼슘과 철분의 흡수력을 떨어뜨려 골다공증을 일으키거나 빈혈을 일으킬 수 있다. 그리고 위산 분비를 촉진시켜 위궤양이나 위염의 원인이 될 수도 있다.

임신부의 하루 카페인 섭취 권장량은 300mg이다. 커피를 마시고 싶다면 되도록 일반 커피에 함유된 카페인을 97% 이상 제거한 디카페인 커피를 마시고, 하루 두 잔 이상은 마시지 않는 게 좋다. 또한 우리가 흔히 즐겨 먹는 콜라, 초콜릿, 코코아에도 카페인이 함유되어 있으므로 먹지 않도록 주의한다.

❗ 주의 : 감염성 질병

임신 중에는 감염성 질병을 조심해야 한다. 특히 임신 초기에는 감염의 위험이 높은 때이므로 대중목욕탕은 문제가 될 수 있다. 또한 고온 다습한 목욕탕에 있으면 빈혈을 일으킬 수 있으며, 고온의 사우나를 이용하면 태아의 신경계에 영향을 미칠 수도 있다.

임신 중에는 42℃ 이상의 욕조에 들어가거나 90℃ 이상의 사우나는 하지 말아야 한다. 임신 초기에는 땀이나 분비물이 많고 쉽게 피로가 쌓이므로 집에서 미지근한 물로 간단하게 자주 샤워를 하는 것이 좋다.

태몽으로 아기의 성향을 알 수 있나요?

태몽은 태어날 아기의 미래를 예지하는 꿈으로, 선조들은 태몽을 통해 임신 여부를 예측할 수 있으며, 태아의 성별뿐 아니라 성격, 직업, 일생에 대한 암시를 받을 수 있다고 믿었다. 태몽은 평소에 꾸는 꿈과는 다르게 깨어나서도 생생하게 기억나는 특징이 있다. 태아를 상징하는 표상(태몽에서 가장 인상 깊었던 물체)의 형체가 온전하고 또렷하며, 그 표상이 빛나고 예쁠수록 좋은 태몽이라고 한다. 또한 표상을 가까운 데서 보거나 몸과 직접 닿거나, 완전히 소유할 수록 좋은 꿈이라고 한다.

태몽 풀이

용 : 권세를 누린다.
호랑이 : 리더십이 강하다.
네발 짐승 : 순하고 선량하다.
뱀 : 사랑을 많이 받는다.
물고기 : 재능이 많고 예쁘다.
새 : 재능과 미모가 뛰어나다.
불, 촛불 : 부귀영화를 누린다.
금, 은, 보석 : 학자가 된다.
해, 달, 별 : 선망의 대상이 된다.
꽃, 과일, 채소 : 풍족한 삶을 산다.
산, 물, 불 : 창의적이고 기발하다.

초기★5~8주

임신 2개월

태아 성장 상태
키 약 0.4~5cm
몸무게 약 0.4~2g

엄마 몸에는 서서히 변화가 시작되고, 아기도 차츰 사람의 모양을 갖추는 시기이다. 엄마는 갑작스러운 변화에 놀라기도 하고, 곧 시작되는 입덧 때문에 힘들어지기도 한다. 몸과 마음의 안정이 절대적으로 필요하며, 엄마를 보호하고 따뜻하게 보듬어 주는 아빠의 배려와 도움이 절실한 때이다.

엄마 몸과 마음의 주요 변화

아기의 각 기관이 형성되는 시기이므로 약을 먹을 때는 의사와 반드시 상담한다. 엄마는 착상이 불안정해 유산될 확률이 높기 때문에 힘든 집안일은 물론 성관계도 당분간 자제한다.

구토 증상이 나타나고 입덧이 시작된다

육체적, 정신적 변화가 가장 많은 시기로 몸이 나른해지고 쉽게 피로를 느낀다.
개인 차가 있지만 이 시기에 입덧이 시작된다. 입덧은 특히 아침 공복 때 심한 경향이 있다. 냄새에도 매우 민감해져서 여러 모로 신경이 날카로워진다.
비타민 B_6을 섭취하면 입덧이 어느 정도 완화되는데, 녹황색 채소, 현미, 달걀, 호두 등의 견과류와 옥수수 등이 좋다.

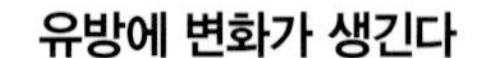

유방에 변화가 생긴다

임신 초기에 가장 많이 나타나는 증세 중 하나가 유방의 변화이다. 유방이 당기듯 아프고, 6주 정도가 되면 점차 부풀기 시작하며 특히 젖꼭지와 유륜의 색이 짙어진다.

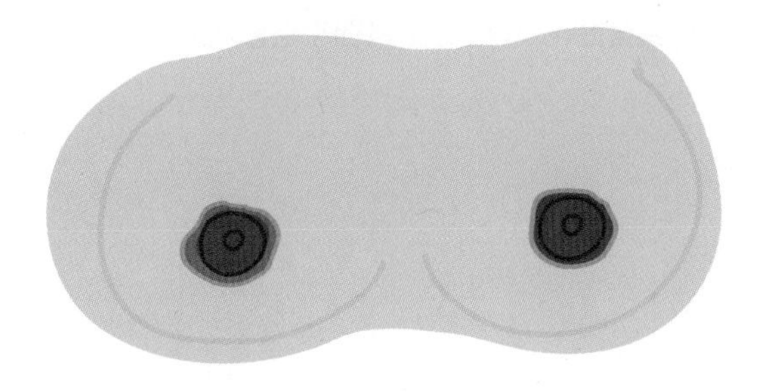

소변이 자주 마렵고 질 분비물이 많아진다

자궁이 커져 방광을 압박하기 때문에 소변이 자주 마렵고 유백색의 질 분비물이 많아진다. 배와 허리가 팽팽하게 긴장되기도 하고, 호르몬의 영향으로 장의 움직임이 둔해져 변비에 걸리기 쉽다.

그 밖의 신체 변화

- 생리가 없다(수정 후 7~10일 무렵인 생리 예정일이나 수정란이 자궁에 착상할 때 약간 얼룩이 묻을 수는 있다.)
- 피로하고 졸리다.
- 배뇨 횟수가 잦아진다.
- 구토를 동반하거나 동반하지 않은 매스꺼움, 과다한 타액 분비
- 가슴 쓰림, 소화불량, 헛배 부름, 배가 부풀어 오른다.
- 음식을 기피하거나 열망한다.

Mom's 클리닉

2개월 차에 병원에서 확인하는 것

- ○ 촉진과 내진
- ○ 정기적으로 체중과 혈압 체크
- ○ 산전 검사

엄마 마음의 변화

생리 전 증후군과 유사한 증상을 겪는다. 감정의 기복이 심하다. 흐느껴 울거나 불안하고 초조해한다. 조울증, 분별력 저하가 나타난다. 기쁨 또는 의기양양, 의심스러움 또는 두려움 등이 다양하게 나타난다.

태아의 성장

태아의 신장은 0.4~5cm이며 중추신경이 놀라운 속도로 발달하고, 머리가 몸 전체 길이의 2분의 1을 차지하는 이등신이 된다.

머리와 몸체, 팔다리의 형태가 구분되면서 이전까지의 물고기 모양에서 서서히 사람의 모습을 갖추고 팔다리가 발달하여 서서히 움직임을 시작한다.

초음파로 태아를 확인할 수 있으며 태아의 심장 박동 소리도 들을 수 있다.

아빠가 할 일

아직 임신으로 흥분이 가시기도 전에 입덧이 시작되어 임신부는 약간 힘든 시기이다.

남편은 아내와 자주 대화의 시간을 갖고, 잦은 스킨십으로 애정을 표현한다.

휴일에 가볍게 나들이를 가는 것도 좋다. 아내는 그동안 쌓인 피로를 회복하고 활력 있는 새로운 한 주를 보낼 수 있다.

5주 태아와 엄마

엄마의 신체에 임신 증상이 나타나기 시작한다. 태아의 각 기관이 형성되는 시기이므로 약을 먹을 때는 의사와 상담해야 한다.

엄마의 변화

입덧이 시작되며 가슴에 통증을 느끼고, 피로감과 빈뇨를 느낀다. 자궁의 크기는 달걀 정도에서 거위알 정도 크기로 변하며 눈에 띄지는 않아 주변 사람들은 아직 임신을 눈치채지 못한다.

엄마 입덧이 시작된다

태아의 성장

태아의 신장은 0.4~0.5cm이며 올챙이 같은 모습을 하고 있다. 태아는 주로 뇌를 비롯한 신경계와 심장, 소화기, 비뇨 기관이 생기고 상반신과 하반신의 구분이 생기기 시작한다.

태아 간과 신장이 형성된다

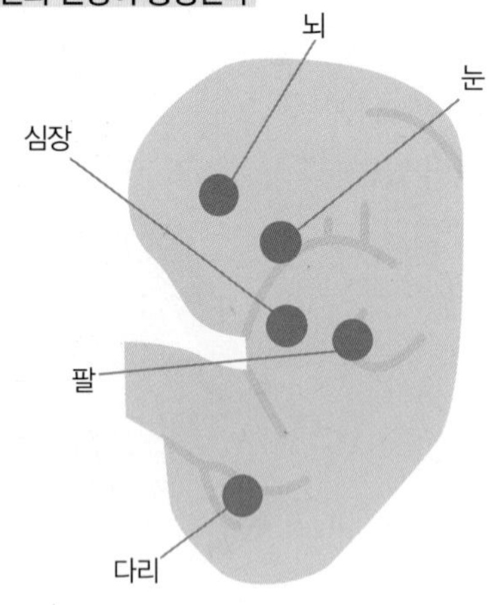

정기 검진 및 건강 포인트

촉진은 의사가 손으로 배를 만져서 자궁의 상태를 진찰하는 것으로 배 위에 손을 올려 자궁이나 난소의 크기, 단단한 정도, 위치 등에 이상이 없는지를 체크한다. 내진을 할 때는 한쪽 손은 배 위에 놓고 다른 손은 질 속에 넣어 검사한다.

음식과 영양

임신 초기에는 소화가 잘 되지 않아서 배에 가스가 많이 차고 심하면 배가 볼록하게 나온다. 저녁이면 더 가스가 심하게 차는데, 속이 거북하다고 아무것도 먹지 않으면 오히려 태아에게 해로울 수 있다.

한 번에 많이 먹는 습관을 버리고 조금씩 자주 먹는다. 또한 급하게 먹으면 위 속으로 공기가 많이 들어가 가스가 차므로 천천히 먹는다.

이 시기에는 태아의 뇌가 급속도로 발달하고 탯줄과 태반이 발달하므로 태반의 성장과 태아의 혈액, 근육 등 몸의 조직을 구성하는 데 사용되는 동물성 단백질을 충분히 섭취한다. 육류, 생선, 콩류에 양질의 단백질이 풍부하게 들어 있다.

❗ 주의 : 유산 대비

자연 유산은 전체 임신의 10~15%에 해당하는데, 80% 이상이 임신 12주 이내에 일어나므로 임신 초기에는 특히 주의해야 한다. 임신 2개월은 유산되기 쉬운 시기이므로 격한 운동이나 성관계를 삼가고, 충분한 휴식을 한다.

정서적 안정을 취한다

태반이 형성되는 임신 초기에는 무엇보다 안정이 필요하다. 짜증이나 화내는 것을 피하고 스트레스를 받지 않도록 주의한다.

기초 체온을 꾸준히 체크한다

유산의 위험이 높은 임신부라면 임신 기간 매일 기초 체온을 재서 꾸준히 기록한다. 수정 후 임신 12주 전후까지는 고온기가 계속되는데, 만약 이 기간에 갑자기 기초 체온이 내려가면 유산이 진행되고 있다는 뜻일 수 있니 바로 병원으로 간다.

운동량을 줄이고 휴식한다

적당한 운동은 필요하지만 만 35세 이상이거나 습관성 유산을 경험한 임신부라면 임신 초기에는 절대 안정을 취해야 한다.

초기에는 성관계를 자제한다

정액에는 자궁을 수축시키는 프로스타글란딘이라는 물질이 들어 있으며, 가슴을 애무하면 임신부 몸에서 옥시토신이라는 호르몬이 분비되는데 이 또한 자궁 수축을 활발하게 한다.
따라서 유산의 위험이 높은 임신부라면 임신 초기에 부부 관계를 자제하는 것이 좋다.

위급 상황에 대비한다

유산의 징후가 보이기 시작할 때 곧바로 병원에 가면 위험한 고비를 무사히 넘길 가능성이 높다. 유산의 징후에는 어떤 것들이 있는지 알아 두고 위급 상황에 대처할 수 있도록 담당 의사의 연락처를 적은 메모지와 건강보험증 등을 항상 휴대한다. 또한 출혈이나 하복부 통증이 있을 때에는 즉시 병원을 방문한다.

입덧이 너무 심해요

입덧은 보통 임신 2개월에 시작되어 3개월이 지나면 서서히 사라진다. 가벼운 구토 증상을 동반하며 이유 없이 식욕이 떨어지고, 평소 좋아하던 음식이 갑자기 싫어지는 등 기호식품이 바뀌기도 한다. 첫 임신일 때는 특히 주의해야 하는데, 메스꺼움이나 구토 등의 증세를 체한 것으로 잘못 알거나 위장 장애로 생각해 약을 먹거나 내과 검진을 받는 경우도 있기 때문이다.

입덧 줄이는 방법

❶ 조금씩 자주 먹는다.
❷ 자신에게 맞는 음식을 찾는다.
❸ 염분은 피하고 수분을 많이 섭취한다.
❹ 차갑거나 신맛 나는 음식을 먹는다.
❺ 스트레스를 해소하여 정서적 안정을 찾는다.
❻ 열중할 수 있는 취미를 찾는다.
❼ 변비를 극복한다.
❽ 손바닥과 발바닥을 마사지한다.
❾ 임신 전에 몸을 건강하게 한다.
❿ 입덧이 심할 때에는 영양보다는 먹고 싶은 것 위주로 먹는다.

6주 태아와 엄마

엄마는 급격한 감정의 변화를 경험하게 된다. 한순간 기분이 좋았다가 갑자기 우울해지기도 한다. 초음파로 태아를 보고, 심장 박동 소리를 들을 수 있다.

엄마의 변화

임신 중 불안정한 정서는 호르몬 분비가 왕성해져서 나타나는데 지극히 정상적인 현상이며 임신 내내 유지된다. 또 임신을 하면 생활이 바뀌게 되어 임신기 동안 정서가 불안정한 것은 당연한 것이다.
임신 초기에는 가벼운 출혈이 발생하기도 하며, 소변을 본 후에도 속옷에 혈액이 묻기도 하는데 대부분은 정상적인 증상이다. 그러나 출혈이 유산의 징후일 수도 있으니 바로 병원에 가서 출혈의 정확한 원인을 찾아야 한다.

엄마 잦은 감정 변화를 겪는다

태아는 0.6~0.7cm 크기로 초음파로 태아를 확인할 수 있으며 태아의 심장 박동 소리도 들을 수 있다. 더불어 뇌의 양쪽 면 눈의 위치에 검은 점이 형성되고 팔다리가 발달하여 서서히 움직임을 시작한다.

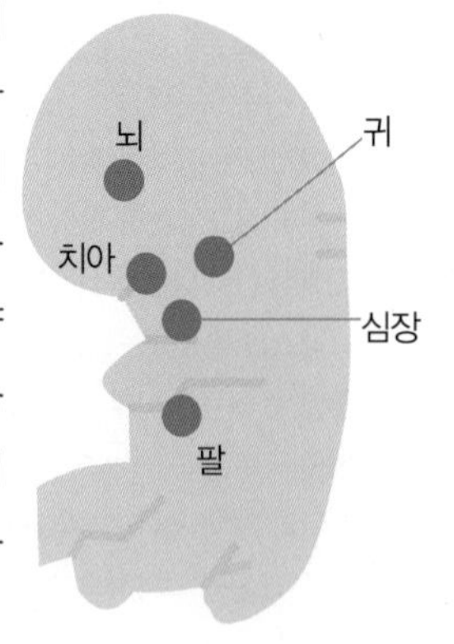

태아 심장 박동 소리가 들린다

음식과 영양

임신 중에는 음식을 안전하게 조리해서 먹어야 한다. 신선하지 않은 날고기, 날생선, 덜 익힌 고기를 먹으면 톡소플라스마에 감염될 수 있기 때문이다. 특히 임신 2개월차에는 신경관이 형성되므로 특별히 조심해야 한다.
양질의 단백질 급원인 회를 먹을 때는 잘못 조리해서 먹으면 감염의 위험이 있으므로 싱싱한 것을 골라 안전하게 조리해서 먹어야 한다. 신선하지 않은 갑각류와 조개류도 조심해야 한다. 이런 음식은 식중독을 일으키기 쉽다.
냉장고에 음식을 보관할 때도 신경을 써서 오래된 음식은 바로 버리고 조금이라도 의심이 가는 음식은 입에 대지 않는 것이 안전하다.

주의 : 임신 중 운전

임신 중에는 심리 상태가 불안하고 주의도 산만해지며 갑자기 졸음이 오기도 한다. 또 언제 갑자기 통증이 올지 알 수 없다.
따라서 임신 중에는 최대한 운전을 자제하는 것이 좋다. 그러나 불가피하게 운전을 할 때는 운전 중 잠깐씩이라도 차를 세워 두고 자주 쉬도록 한다.
굴곡이 심해 차가 많이 흔들리는 비포장도로나 커브길 운전은 피하는 것이 좋다. 유산 위험이 있고 태아에 좋지 않은 영향을 미칠 수 있으니 급정거나 급출발도 삼가야 한다.

안전벨트는 매지 않는 것이 좋을까요?

간혹 안전벨트를 매면 태아를 압박할 수 있어 매지 않는 것이 좋다고 생각하는 경우가 있다. 이것은 태아와 엄마 모두에게 치명적일 수 있는 잘못된 상식이다.
임신부는 벨트가 배 위로 가지 않도록 허벅지 쪽으로 내리고, 위쪽 벨트는 가슴의 정 중앙을 지나도록 매며 될 수 있는 한 운전석을 뒤로 밀어 운전대에서 배가 멀어지게 앉는다. 안전벨트는 몸에 꽉 맞는 것이 좋기 때문에 겨울에는 웃옷을 벗고 맨다. 차에서 내릴 때는 운전석 왼쪽 손잡이를 잡고 일어서는 것이 안전하다.

7주 태아와 엄마

이 시기부터 대부분의 임신부는 입덧을 한다. 태아의 중추신경계가 왕성하게 발달하는 시기이기도 하다. 임신 전부터 복용했던 엽산을 꾸준히 먹는다. 엽산은 적혈구와 신경계 세포 생성에 관여하여 태아의 중추신경계가 형성되는 임신 초에 꾸준히 섭취하면 기형아 출생 등을 예방할 수 있다.

엄마의 변화

임신 호르몬이 분비되면 입덧을 하게 되고 심하면 식사가 불가능해진다. 임신을 하면 혈액량이 증가하여 신장에 더 많은 양의 혈액이 통과하여 빈뇨감을 느낀다. 시간이 지나면서 입덧은 증상이 나아지지만 빈뇨감은 더 심해질 것이다.

엄마 입덧이 심해진다

태아의 성장

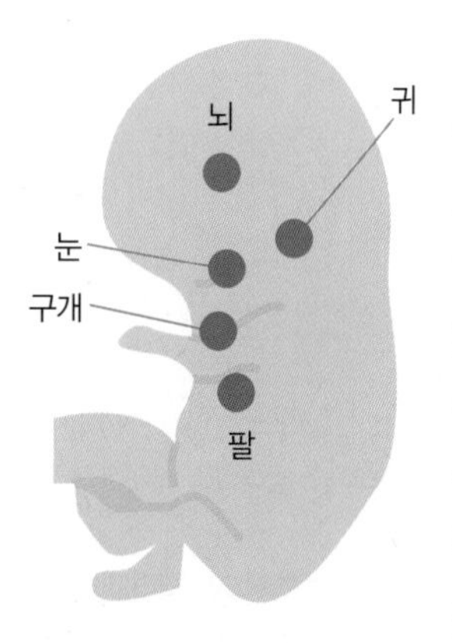

임신 7주에 들어서면 중추신경이 놀라운 속도로 발달하고, 그 때문에 머리가 몸 전체 길이의 2분의 1을 차지하는 이등신이 된다. 태아의 등 쪽을 보면 짙은 색을 띠는 부분이 있는데, 나중에 척수로 발달한다. 머리와 몸체, 팔다리의 형태가 구분되면서 이전까지의 물고기 모양에서 이 시기부터는 서서히 사람의 모습을 갖추게 된다.

태아 뇌가 발달하고 있다

정기 검진 및 건강 포인트

임신 중 변하는 체중을 관리하기 위해 정기적으로 체중을 잰다. 또 임신을 하면 혈관의 기능이 약화되어 혈압 이상을 일으키기 쉽다. 혈압이 높으면 임신중독증을 일으킬 수 있으므로 혈압을 자주 측정한다. 첫 검사 때 나온 혈압을 기준으로 그 후 검사 수치와 비교한다.

음식과 영양

입덧이 심한 시기이므로 신선한 음식을 먹으며 입맛을 돋우는 것이 좋다. 남편은 아내를 위해 신선한 샐러드를 준비하거나 집 근처 깔끔하고 신선한 샐러드 바를 미리 알아 둔다.

❗ 주의 : 임신 전에 치과 치료

치과 치료는 반드시 임신 전에 받는 것이 좋다. 임신 중에는 잇몸에 염증이 잘 생기고, 입덧을 하는 경우 구강 환경에 제대로 신경 쓰지 못해 치석이 잘 끼기 때문이다. 그렇다고 임신 중 치과 치료를 전혀 받지 못한다는 것은 아니다.

다만 임신 중 치과 치료에서 발생하는 공포나 스트레스가 엄마와 태아에게 전달되지 않도록 치료 전에 의사에게 임신 사실을 알리고 적당한 치료를 선택해야 한다.

또한 이 시기에는 유산이 되기 쉬우므로 드라이브나 버스 여행은 피하는 것이 좋다.

속옷을 세탁할 때 섬유 유연제를 쓰지 말자

임신 시 속옷을 세탁할 때에는 섬유 유연제를 사용하지 않도록 주의한다. 임신을 하면 분비물이 많아지는데, 섬유 유연제 성분이 분비물과 화학 작용을 일으켜 피부 트러블이 생길 수 있기 때문이다. 되도록 가볍게 손빨래하고, 자주 갈아입어 청결함을 유지한다. 또한 임신 시에는 출혈 및 분비물이 많아지므로 분비물을 바로 확인할 수 있는 순면 100%의 흰색 속옷을 입는다.

임신 초기 스트레스 해소법

미국 국립보건원의 연구 결과에 의하면 임신 초기 스트레스를 많이 받은 임신부는 유산 위험이 3배 가까이 높으며, 임신 중 스트레스가 심하면 태아의 성장이 늦어진다고 한다. 이는 스트레스로 분비되는 스트레스 호르몬인 코티솔 때문이다. 신체 변화 못지않게 감정의 기복이 심해지는 임신 기간에 불안, 초조감, 신경질과 같은 스트레스 극복법을 알아보자.

❶ 마사지와 체조로 숙면한다

임신부의 몸은 24시간 긴장 상태에 있다. 따라서 잠자는 동안 깨지 않고 숙면을 취할 수 있도록 가벼운 마사지와 체조를 익혀 몸과 마음의 긴장을 풀도록 한다.

❷ 수다로 스트레스를 푼다

가까운 사람과 대화를 하거나, 태아와 대화하며 스트레스를 해소한다. 스트레스를 받으면 태아에게 조용조용 이야기를 들려주며 대화를 나누는 동안 감정이 자연스럽게 정리되고 마음이 편안해진다.

❸ 혼자만의 시간을 갖는다

내면을 들여다보는 시간을 가지면 마음의 긴장이 풀어진다. 명상, 자연과 함께하며 몸과 마음을 재충전한다.

8주 태아와 엄마

엄마의 몸무게에는 거의 변화가 없으며 특정 신체 부위에 변화가 온다. 태아의 골격, 턱뼈, 치아가 형성되기 시작하며 모체 기관이 발달하기 시작하는 시기이기 때문에 칼슘 필요량이 증가한다.

엄마의 변화

가슴이 뭉치거나 팽팽해지는 느낌을 가질 수 있다. 또한 허리도 서서히 굵어지기 시작하며 체내에서는 더 많은 혈액이 생성되어 임신 후기에 들어서면서 혈액량이 임신 전보다 40~50% 증가한다.

혈액량이 증가할수록 더 많은 양의 철분을 섭취해야 하므로 철분이 풍부한 식품을 먹어야 한다. 철분뿐 아니라 기타 영양소가 골고루 배합된 임신부용 식품을 이용하는 것도 좋은 방법이다.

엄마 엄마의 몸에도 변화가 오기 시작한다

태아의 성장

태아의 신장은 5cm 정도이고, 몸무게는 2g 정도가 된다.

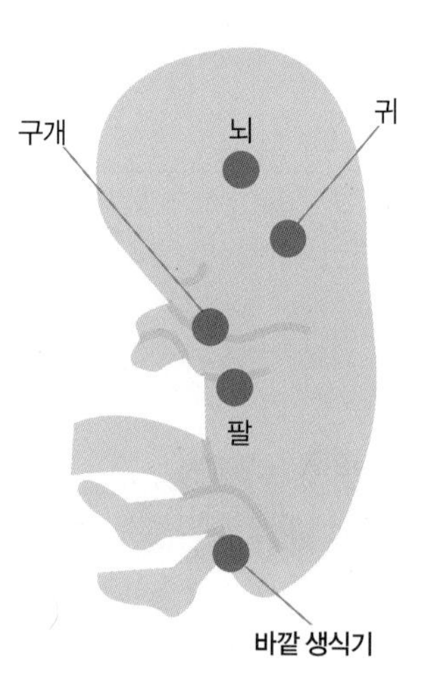

신경 기관을 비롯한 순환기, 생식기, 소화기 등 전반적인 기관의 형성이 시작된다. 머리 앞에 있던 눈이 가운데로 모이고, 동공이 생기기 시작하며 손과 발이 나타나고 머리 양측에 외이(귓바퀴)가 돌출해 있는 것이 보인다. 아직 외부에 성기가 형성되지 않아 성별을 알 수 없다.

태아 쉬지 않고 움직인다

정기 검진 및 건강 포인트

임신 7개월 전까지는 한 달에 한 번, 8~9개월에는 한 달에 두 번, 막달(10개월)에는 매주 검사를 받아야 한다. 의사가 지정한 날짜에 맞춰 산전 검사를 정기적으로 받는 것이 좋다.

임신 초기에 필요한 각종 검사

검사	목적	방법
체중, 혈압 소변 검사	임신 여부 확인	처음 병원에 가면 대부분 소변 검사로 임신 여부를 확인한다. 임신을 하면 소변 속에서 섞여 나오는 임신 호르몬(HCG) 유무를 검사하는 것. 수정된 지 2주일만 지나도 90% 이상 정확하다.
	임신성 당뇨, 임신중독증 확인	이후 정기 검진에서는 소변에 당이나 단백질이 섞여 나오는지를 검사하여 임신성 당뇨병이나 임신중독증 여부를 확인한다.
혈액 검사	혈액형 부적합 사전 방지	ABO식과 Rh식을 모두 검사하여 혈액형 부적합을 미리 진단한다. 혈액형 부적합이란 임신부의 혈액이 Rh음성이고, 남편이 양성이면 두 번째 출산부터 모체에서 만들어진 Rh양성에 대한 항체가 태아의 적혈구를 공격하는 현상을 말한다.
	빈혈, 간염, 풍진, 혈액형, 매독, 에이즈 검사	혈액을 통해 혈액형뿐만 아니라 간염, 매독, 빈혈, 풍진, 에이즈 등의 감염 여부를 알 수 있다.
초음파 검사 (임신 10~14주에 시행)	태아 모습 관찰	초음파 검사는 초음판 진단 장치에서 발생하는 초음파의 반사를 이용하여 태아의 모습을 볼 수 있다. 처음에는 질병 감염을 막기 위해 콘돔을 씌운 봉 상태의 경질 프루브를 질 속에 넣어 진단한다. 어느 정도 배가 부르면 배 위에 젤리를 바르고 그 위에 대고 진단한다.
	초음파 검사의 다양한 용도	• 임신 여부 확인 • 태낭과 태아 크기를 측정해서 임신 주수 확인 • 자궁, 난소 이상 유무 확인 • 자궁 외 임신 진단 • 태아의 신체적 기형 여부 진단
융모막 검사 (임신 10~12주에 시행)	기형아 검사	태반 조직을 이용한 기형아 검사이다. 초음파 검사로 태아의 태반 위치를 확인한 후 자궁 경부에 플라스틱 카테타를 삽입하여 태반의 일부 조직을 떼 낸 다음, 직접 염색체 표본 제작법에 의해 염색체 핵형을 분석하거나 배양하여 진단한다.
	필요한 경우만 받는 검사	• 고령 임신부 • 염색체 이상인 아기를 분만했던 경험이 있는 임신부 • 가족 중에 염색체 이상이 있는 경우

음식과 영양

칼슘이 부족하면 태아의 골격 형성에 이상이 생길 수 있으며, 출생 후 치아 발달이 늦어지기도 한다. 또한 많은 연구에 의하면, 임신부의 칼슘 섭취가 부족하면 태아의 요구량을 충족시키기 위해 모체에 축적된 칼슘이 빠져나가 골다공증이 생기기 쉽다.
따라서 칼슘이 풍부한 멸치, 우유, 치즈, 호상 요구르트(떠먹는 요구르트), 뱅어포, 녹색 채소, 콩류, 미역과 같은 해조류를 충분히 섭취해야 한다.
이렇게 섭취한 칼슘이 우리 몸에서 쓰이려면 잘 흡수되는 것이 중요한데, 몸에서 칼슘이 잘 흡수되려면 칼슘과 인이 1:1 비율을 이루어야 한다.
우유는 칼슘과 인의 함량비가 1:1로 같아서 좋은 칼슘 급원 식품이지만, 탄산 음료는 인의 비율이 훨씬 높아 칼슘의 흡수를 방해할 수 있으므로 임신 중 탄산 음료 섭취는 피하는 것이 좋다.

주의 : 유산 위험 시기

임신 3개월까지는 태반이 제대로 완성되지 않아 유산하기 쉬운 시기이다. 따라서 갑작스럽게 움직이면 자궁에 충격을 줄 수 있으므로 좀 느리다 싶을 정도로 몸가짐을 천천히 하는 것이 좋다.
걷기 이상 강도의 운동은 자제하고, 걸을 때도 산책하는 기분으로 느릿느릿 움직인다. 또한 넘어지지 않도록 각별히 주의하고 집안에 부딪힐 수 있는 장애물은 치운다.

아로마 요법, 괜찮을까?

최근 임신 중 안정을 취하고, 분만 중 진통을 완화하기 위해 아로마 요법에 대한 관심이 높아지고 있다. 그런데 아로마 요법을 잘못 사용하면 오히려 유산 및 조산의 원인이 될 수 있으므로 사용 시에는 반드시 전문가의 도움을 받아야 한다.
임신 초기에는 페퍼민트, 로즈, 로즈메리 등은 사용하지 않는 것이 좋으며, 이외에 재스민, 클라리세이지 사이프러스, 시더우스, 주니퍼베리 등도 임신 중 피해야 한다. 임신 중 아로마 오일을 안전하게 사용하려면 임신 전 사용하던 용량의 절반 정도로 사용한다.

초기★9~12주

임신 3개월

유산 확률과 입덧이 가장 심한 시기이다. 드라이브나 버스 여행, 성관계를 조심해야 한다. 무거운 물건을 들거나 높은 곳에 손을 뻗거나 배를 구부리거나 오랜 시간 서 있지 않도록 주의한다. 입덧은 융모성 성선 자극 호르몬 분비에 의한 자연스러운 증상이므로 불안해하지 않아도 된다.

태아 성장 상태

키 약 6~9cm

몸무게 약 10~20g

엄마 몸과 마음의 주요 변화

자궁이 조금 커져서 주먹 크기가 된다. 겉으로는 티가 나지 않지만 아랫배에 손을 대면 단단하면서 조금 부푼 듯한 느낌이 든다. 이 시기에는 신진대사가 활발해져서 땀이 많이 난다.

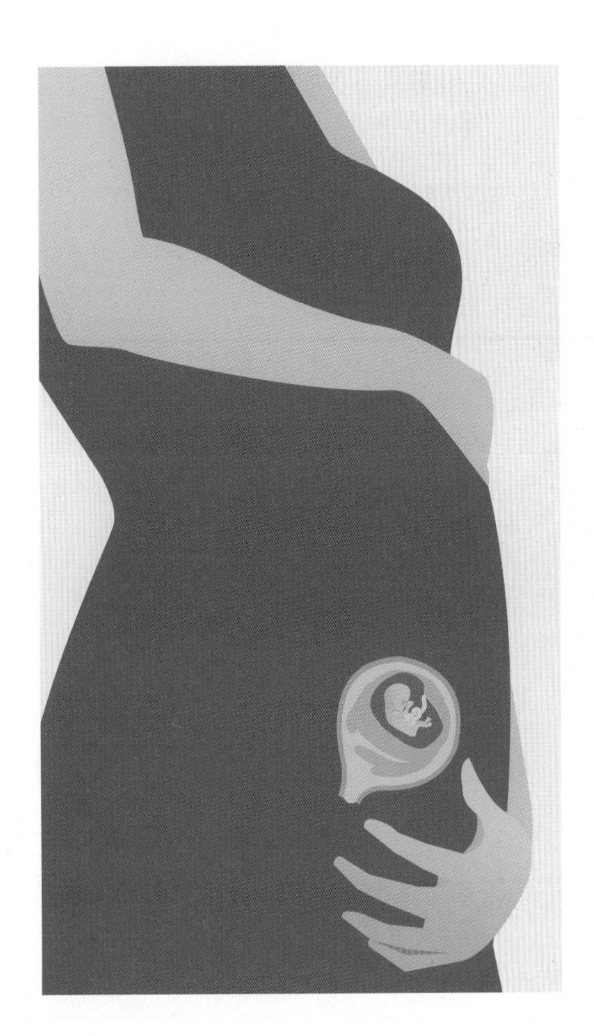

대하(희끄무레한 질 분비물) 증가

질과 음부에 공급되는 혈액량이 증가하면서 외음부가 진한 보라색을 띤다. 분비물이 많이 나오고 냄새가 심해 날마다 목욕을 하는 것이 좋다. 목욕할 때는 가급적 비누칠은 삼가고 세정제나 비데 사용도 자제한다. 목욕 후에는 건조에 신경 쓴다.
분비물이 붉은색이나 녹색을 띠면 세균에 의한 질염에 걸렸을 가능성이 있으므로 즉시 병원에 간다.

변비에 걸리기 쉽다

황체 호르몬의 영향으로 장 활동이 둔해져 변비에 걸리기 쉽다. 변을 보고 싶은 느낌이 들면 절대 참지 말자. 섬유질이 많은 식품을 섭취하고, 충분한 수면과 적당한 운동을 열심히 한다.

Mom's 클리닉

3개월 차에 병원에서 확인하는 것

- ◌ 체중과 혈압
- ◌ 소변 중 당이나 단백질 함유 여부
- ◌ 태아의 심박음
- ◌ 손발의 부종, 다리의 정맥류
- ◌ 엄마가 겪은 아주 예외적인 증상(어지러움증, 구토, 복통, 구토, 이명, 부종, 코피, 두통 등)
- ◌ 풍진 검사, 바이러스 감염 질환 검사

저린 다리, 무거운 허리, 예민해진 유방

다리가 저리면서 당기기도 하고, 허리가 시큰거리며 무겁게 느껴지기도 한다. 또한 유방이 붓거나 묵직해지고 예민하고 따끔거린다. 젖꼭지 주변이 검어지고 땀샘이 소름이 끼친 것처럼 크게 튀어나온다. 유방 피부 밑에 푸르스름한 선이 나타나기도 한다.

이런 신체적인 변화는 임신으로 인한 정상적인 증상이므로 너무 과민하게 반응하지 말고, 마음을 편히 갖도록 노력한다.

그 밖의 신체 변화

- · 간헐적인 두통
- · 장이 팽창해서 허리와 가슴 부위의 옷이 끼인 듯한 느낌이 든다.
- · 미열로 몸이 나른하고 졸리다.
- · 배뇨 횟수가 잦아진다.
- · 매스꺼움, 침을 이상하게 많이 분비한다.
- · 가슴 쓰림, 소화불량, 헛배 부름, 배가 살짝 부풀어 오른다.
- · 음식을 기피하거나 열망한다.

엄마 마음의 변화

생리 전 증후군과 유사한 증상이 온다. 흐느껴 울거나, 불안 초조, 조울증, 분별력 저하가 생길 수 있는데 이 증상들은 생리 전 증후군보다 더 심하게 온다. 기쁨, 의기양양, 의심스러움, 두려움 등도 나타난다.

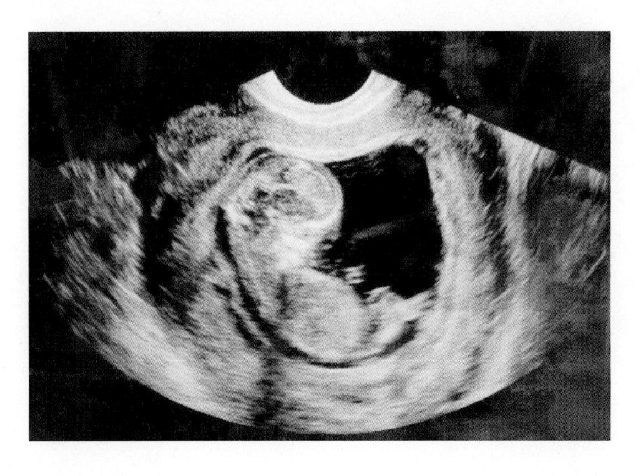

태아의 성장

지금까지 배아(胚芽)라고 불리던 것이 이 시기에 비로소 태아(胎兒)라고 불리게 된다. 태아는 신체상으로 4배나 성장하며 다른 조직도 급격하게 성장한다. 태아의 얼굴은 점점 사람의 형태를 갖추어 눈은 얼굴 앞면으로 모아지고 있으며 양쪽 귀도 제자리를 잡아 간다. 태아의 신경은 빠르게 증식하고 있으며 자극에 대한 반사 작용을 한다.

손을 빨기도 하고 임신부의 배에 자극이 가해지면 꿈틀거리기도 하지만 아직 임신부가 태동을 느끼지는 못한다.

아빠가 할 일

입덧으로 힘든 아내를 위한 요리를 만든다. 입덧을 시작하면서 가장 힘든 일은 무엇보다도 음식 준비이다. 가끔이라도 요리를 직접 해 주는 것이 아내를 행복하게 하는 좋은 방법이다. 입덧이 최고조에 달하는 시기이므로, 엄마가 먹지 못해서 자칫 몸이 약해져 있지는 않은지 신경을 쓰고 챙긴다.

작은 선물을 준비하여 아내의 기분을 좋게 만든다. 처음 임신 사실을 알았을 때와 달리 갖가지 불편한 증상으로 하루하루를 보내는 이 시기에, 아빠가 건네는 작은 선물이 아내에게는 큰 힘이 된다.

9주 태아와 엄마

꼬리가 사라지는 등 많은 변화가 일어나며 태아의 모습을 갖추게 된다.
엄마는 신체 일부에 변화가 있지만 체중은 크게 늘어나지 않는다.

엄마의 변화

젖꼭지 주변이 진한 색을 띠고 단단해지며 유방이 부풀어 분비물이 생기기 시작한다. 아랫배가 나오기 시작하지만 얼핏 보면 임신 여부를 잘 모른다.

생리 전 증세와 비슷하게 감정의 기복이 심해지면서 불안감, 짜증과 같은 조울증과 같은 현상이 나타나며 부모가 되는 것에 대한 기쁨과 두려움을 느끼게 된다.

엄마 가슴이 커지고 감정의 기복이 심해진다

태아의 성장

태아는 방울토마토 하나 정도의 크기이다. 태아의 기본적인 신체 구조는 이미 형성되었고 이제부터는 몸무게가 증가한다.

귀와 입이 형성되어 눈으로도 확인이 가능하며 입과 코는 모양이 선명해지고 있다. 또한 어깨와 팔꿈치, 무릎, 발목 등에 있는 주요 관절들이 기능을 할 수 있기 때문에 태아가 팔다리를 움직일 수 있다.

태아 팔, 다리가 보인다

정기 검진 및 건강 포인트

산부인과를 이용할 경우 초음파 검사 비용이 회당 3만~8만 원, 기형아 검사비가 6만~8만 원, 당뇨 검사비가 2만~3만 원, 철분 보충제 가격도 2만 원이 넘는다. 하지만 보건소는 이 모든 것이 무료이므로 임신 초기부터 보건소 진료를 이용하면 임신 기간 동안 철분제 구입비, 검진비 등을 절약할 수 있다.

보건소에 임신부 등록을 하면 모자 보건 수첩을 발급해 주는데 이것이 있으면 임신부를 위한 무료 강좌 수강이나 철분 보충제 제공 등을 받을 수 있다. 임신부가 보건소를 이용할 때는 주민등록증과 모자보건 수첩을 지참해야 한다.

보건소에서 받을 수 있는 검사

시기	검사
임신 전	풍진 항체 검사(대부분 무료)
4~6주	임신 반응 검사, 기초 검사(빈혈, 간염 등 23종)
9주 이상	초음파 진단, 태아 심음 확인, 풍진 검사(대부분 무료), 모성 검사(혈액형, 빈혈, 신장, 소변, 간기능, B형 간염, 매독, 에이즈)
16~18주	기형아 검사(대부분 무료)
16~20주	한 달에 한번 철분 보충제 지급, 초음파 검사, 혈압 측정, 체중 측정, 임신부 출산 교실 등

음식과 영양

임신으로 체온 상승은 자연스러운 현상이지만 지나치게 높은 체온은 태아에게 나쁜 영향을 줄 수 있다. 산모의 체온이 38도 이상의 고열일 때는 유산이나 조산 가능성이 커진다.

덴마크 의료진은 1주일 이상의 고열이 지속되면 태아의 뇌 발달에 영향을 미칠 수 있다는 보고를 했다. 임신부의 체온이 높을 때는 시원한 음식을 먹으면 도움이 되는데, 몸속의 습한 기운을 없애 체온을 떨어뜨리는 효과가 있다.

하지만 찬 음식을 너무 많이 먹으면 오히려 기혈 순환에 방해가 되고, 위장 기능이 저하되어 소화불량이 되기 쉬우므로 차가운 음식을 많이 먹지 않는다.

임신부 속을 시원하게 해 주는 음식

- 배추쌈 : 배추는 찬 성질이 있어서 쌈을 만들어 먹으면 시원함을 느낄 수 있다.
- 콩국수 : 콩국수는 위장을 튼튼하게 해 주며, 더위로 생긴 몸속 열기를 식혀 준다.
- 오이냉국 : 오이는 성질이 차고 수분을 90% 이상 함유해, 더위를 없애고 속을 시원하게 한다.
- 매실차 : 땀을 많이 흘려 갈증을 느낄 때 매실차를 마시면 도움이 된다.
- 오미자차 : 오미자는 기력이 약해져서 땀을 흘릴 때 먹으면 효과적이다.

주의 : 임신 초기에 여행은 자제

유산하기 쉬운 2~3개월에는 여행을 피하는 것이 좋다. 특히 유산이나 조산 경험이 있는 사람, 심장병, 고혈압, 임신중독증 등의 질병이 있는 사람은 여행 전 의사와 반드시 상담하고, 여행을 자제하는 것이 좋다.

위에서 언급한 출산 위험이 있는 상황이 아니고 특별한 이상이 없다면 한 시간 정도의 단거리 여행은 별 문제가 없다. 그러나 버스나 기차의 불규칙한 진동은 태아에게 좋지 않으므로 장시간 이동은 피한다. 그에 비해 비행기는 흔들림이 적고 빠르기 때문에 장거리 이동에 적합하다.

여행을 갈 때는 건강보험증, 산모 수첩, 출혈이나 조기 파수가 있을 때를 대비해 큰 타월을 준비한다.

10주 태아와 엄마

엄마의 자궁이 두 배 정도 커지면서 몸에 변화가 나타난다. 태아는 머리, 몸통, 팔다리 등의 구분이 명확해진다. 8주차까지 척추 동물과 외관상 구별이 거의 없던 태아는 10주가 되면 세부 기관 등이 일부 모양을 갖춰 사람과 같은 형태를 보이기 시작한다.

엄마의 변화

자궁의 크기가 어른의 주먹만 해 방광이나 직장을 압박하여 소변이 자주 마렵고 가스가 많이 나오면서 변비 증세가 나타날 수 있다.

또한 속이 불쾌해지고 토할 듯한 기분이 생기면서 본격적인 입덧이 시작되며 헛배 부름, 부종, 소화불량, 가슴이 두근거리는 현상이 종종 나타난다.

초기 유산의 80%는 10주 이전에 발생하므로 이때까지 주의하고 안정한다.

엄마 자궁의 크기가 커진다

태아의 성장

태아의 몸무게는 약 10g으로 머리, 몸통, 팔다리 등의 구분이 명확해지고 눈꺼풀이나 코, 입술, 귀 등 세부 기관도 일부 모양을 갖춰 사람과 같은 형태를 보이기 시작한다.

피부 감각과 맛을 느끼는 기관이 형성되며 태아의 주요 신체 기관인 간, 콩팥, 장, 뇌, 폐는 자리를 잡고 제 기능을 시작한다.

태아 얼굴 윤곽이 차츰 잡힌다

정기 검진 및 건강 포인트

초음파 검사는 초음파 진단 장치에서 발생하는 초음파의 반사를 이용하여 태아의 모습을 볼 수 있다. 보통 전 임신 기간에 사용 가능하며 정상적으로 임신이 되었는지 확인할 수 있다.

처음에는 질병 감염을 막기 위해 콘돔을 씌운 봉 상태의 경질 프루브를 질 속에 넣어 진단하며 어느 정도 배가 부르면 배 위에 젤리를 바르고 그 위에 대고 진단한다.

태아의 목 뒤 투명대 두께를 재서 염색체 기형 여부를 확인할 수 있다. 기형을 진단할 수 있는 검사 중 시기적으로 가장 빠른 검사이므로 고위험 임신부에게는 매우 중요하다.

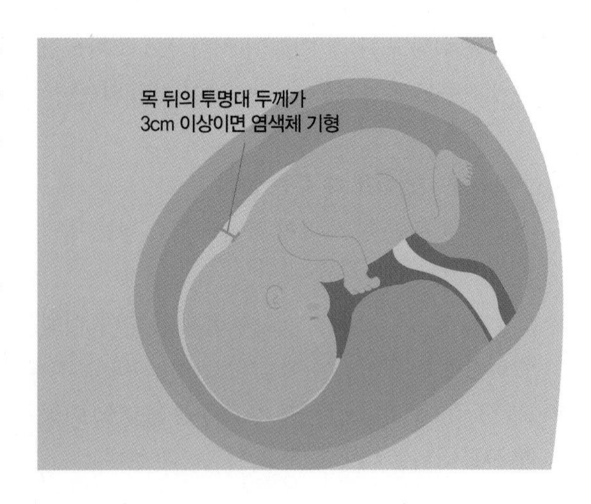

초음파 검사의 다양한 용도

· 임신 여부 확인
· 태낭과 태아의 크기를 측정해서 출산 예정일 산출
· 자궁, 난소 이상 유무 확인
· 자궁 외 임신 진단
· 태아의 신체적 기형 여부 진단

초음파 검사의 필요성

X선 촬영과 달리 장시간 지속적으로 보지 않는 한, 초음파 검사는 임신부의 몸에 나쁜 영향을 주지 않고 자궁과 태아의 상태를 모니터를 통해 바로 확인할 수 있다. 또한 검사 결과가 빨리 나와서 이상이 있으면 빠르게 대처할 수 있다. 필요한 부위는 여러 번 반복하여 볼 수 있으므로 무엇보다 정확한 진단이 가능하다.

음식과 영양

미국 하버드 대학 연구팀에 따르면 임신 중 생선을 많이 섭취하면 아기의 지능 발달에 도움이 된다고 한다. 이는 생선에 들어 있는 오메가-3 지방산이 아기의 지능, 운동 기능, 작은 물체 조작 능력 등에 영향을 주어 아기의 두뇌 발달에 도움이 되기 때문이다.

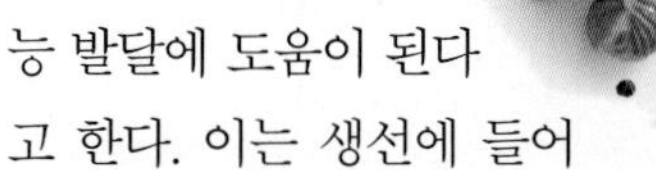

하지만 수은이 많이 함유된 생선을 과다 섭취하면 조산 위험이 있으므로 연어, 참치, 정어리와 같이 오메가-3 지방산은 많으면서 수은 함유량이 적은 생선을 먹는 것이 좋다.
생선 외에도 호두, 잣 등의 견과류를 간식으로 먹는 것도 좋은 방법이다.

! 주의 : 아토피를 피하는 생활 수칙

아토피 피부염은 흔히 '태열'이라고도 하는데, 한방에서는 임신 중 맵고 짠 음식, 카페인, 알코올, 인스턴트식품, 기름진 음식 등을 과도하게 섭취하여 자궁에 쌓인 열독을 그 원인으로 보고 있다.
한의학에서는 열독으로 태아의 진액이 손상되고 면역력이 약해지며 여러 질병을 동반한다고 본다. 스트레스, 유해 환경 등도 자궁 내 열독의 원인이 되므로 태어날 아기를 위해 엄마는 아토피 예방 수칙을 잘 지켜야 한다.

아토피 예방에 도움 되는 것

깨끗한 물, 신선한 공기, 발효 식품, 잡곡밥, 유기농 식품, 푸른 잎채소, 담백하게 조리한 음식을 먹는다.

아토피를 유발하는 인자

현대 의학에서는 우유, 달걀 등 특정 식품이 아토피를 유발한다는 것을 완전히 정설로 인정하지 않는다. 그러나 유전자 조작 식품, 육류 위주의 식단, 고지방식, 트랜스 지방산이 많은 음식, 맵거나 짠 음식, 카페인 및 청량 음료 등은 섭취를 자제하고, 술, 담배, 전자파, 환경 호르몬에 주의한다.

11주 태아와 엄마

질 분비물이 많아지고 산도가 증가하므로 질 내의 환경을 청결히 하여 자궁 내에 있는 태아를 건강하게 보호한다. 임신 기간에 나타나는 질 분비물은 임신 전보다 점액성이 높아 걸쭉한 편이고, 색깔은 흰 빛깔을 띤다. 태아의 기관이 형성되고 엄마가 안정을 취해야 하는데 불편을 주는 파마 등은 중기 이후로 미룬다.

엄마의 변화

자궁 경부의 내분비선이 임신 전보다 활발해지는 시기이다. 질벽과 자궁 입구가 부드러워지면서 질 분비물이 늘어난다. 신진대사가 활발해져서 땀과 분비물도 많아지므로 따뜻한 물로 자주 샤워하여 청결을 유지하고, 손발도 자주 씻는다.

사람에 따라 원래 입던 바지가 꽉 끼거나 불편할 정도로 허리가 굵어진 느낌이 들기도 한다. 꽉 조이는 거들이나 바지 등은 입지 말고, 출혈은 물론 분비물을 바로 확인할 수 있도록 면 100%의 흰색 속옷을 입는 것이 좋다. 자궁은 골반이 꽉 찰 만큼 커져서 치골 바로 위쪽에서 만져지기도 한다.

엄마 질 분비물이 늘어난다

태아의 성장

태아는 약 6~9cm로 자라나며 몸무게는 약 20g이 된다. 발차기도 하며, 생명 유지에 필요한 중요한 기관들이 발달하기 시작한다.

태아의 피부는 투명해서 실핏줄이 그대로 보이며 뼈는 단단해지고 잇몸에는 치아가 형성되고 있다. 폐에 격막이 생기면서 딸꾹질을 할 수도 있다.

태아 손가락과 발가락이 보인다

정기 검진 및 건강 포인트

보통 임신 16주에 시행하는 다운증후군 검사는 임신 11주경에 'PAPP'라는 호르몬 검사를 추가했을 때 더 정확하다는 연구 결과가 있다.

미국에서 8년 사이 다운증후군 검사를 받은 임신 여성을 대상으로 한 조사 분석 결과 다운증후군 진단의 정확도가 임신 11주에 했을 때는 87%, 임신 16주는 81%, 두 번 모두 했을 때는 95%로 나타났다고 한다.

질 분비물을 줄이는 질 청결법

임신을 하면 호르몬의 영향으로 질과 음부에 공급되는 혈액량이 증가하면서 외음부가 진한 보라색을 띄고 분비물이 많이 나오며 냄새가 심해진다. 그래서 많은 임신부가 임신 중 찝찝하고 불쾌한 기분을 떨칠 수 없다고 한다.

분비물이 많이 나오고 냄새가 심하므로 매일 목욕을 하는 것이 좋다. 특히 분비물이 붉은색이나 녹색을 띠면 세균에 의한 질염에 걸렸을 가능성이 있으므로 즉시 병원에 가서 의사의 진료를 받는다.

남들 안 보이게 은밀히 운동하자! 케겔 운동

케겔 운동은 질 주위의 근육을 조였다 폈다를 반복하면서 골반을 강화시키는 운동으로 임신 및 출산을 하는 여성에게 매우 중요한 운동이다.
케겔 운동 시 가장 중요한 것은 질 근육을 움직이는 것이다. 질 근육을 제대로 알지 못하면 배, 가슴, 다리, 엉덩이 근육에 힘을 주게 되는데 이때 배에 힘을 주는 것은 임신부에게 매우 위험한 행동이므로 주의가 필요하다. 배에 힘이 들어가면 질 출혈이나 조기 진통, 조기 양막 파수, 하복부 통증 등이 생길 수 있으므로 이럴 때는 케겔 운동을 하지 않는다.

케겔 운동 효과

❶ 임신 후기 회음부 처짐을 막아준다.
❷ 산후 질 근육을 빠르게 회복시킨다.
❸ 산후 요실금을 예방한다.
❹ 산후 성감이 좋아진다.

바른 케겔 운동법

❶ 숨을 들이마시고 멈춘 뒤 소변을 참을 때를 연상하며 질 주위를 5~10초 수축한다.
❷ 숨을 천천히 내쉬면서 10~15초 이완한다.
❸ 수축과 이완을 15~20회 정도 하는 것이 한 세트로, 하루에 3~5세트 실시한다.

 음식과 영양

우리나라는 음식에 대한 미신과 전통적인 습관이 있어서 임신부에게 금하는 식품이 많다. 금기 식품 조사 결과에 따르면 농촌 지역에 특히 이러한 금기 사항이 많았다.
주로 금기시되는 식품은 식혜, 오리고기, 토끼 고기 등이다. 하지만 이러한 식품을 금하는 이유는 비과학적이므로 임신부와 태아의 발달을 위해 모든 영양소를 골고루 섭취하는 것이 중요하다.

 주의 : 파마는 10주 이후

임신 중 파마는 좋다고 할 수도 없지만 나쁘다고 할 수도 없다. 사실 파마 약이나 머리 염색제 등이 태아에게 위험하다고 보고된 사례는 없지만, 그 안전성이 검증되지 않았고 파마하는 시간이 오래 걸리는 데다 편하게 앉아 있기 힘들기 때문에 임신부를 지치게 하는 문제도 있다.
입덧이 심한 임신 초기에는 피하고 비교적 안정된 시기인 임신 중기에 하는 것이 좋다.

12주 태아와 엄마

대부분 산모는 이 시기부터 입덧이 줄고 원기가 왕성해지는 것을 느낀다. 태아는 근육과 뼈가 발달하고 간이 혈구(red blood cell)를 만드는 기능을 하기 시작한다.

엄마의 변화

급격하게 분비되던 호르몬 분비량이 안정화되면서 임신 초기에 느꼈던 나른함이 사라지고 불안하고 초조하던 마음도 점차 안정을 되찾는다.

임신으로 변화에 몸이 익숙해지기 때문에 적당한 운동으로 몸을 움직이고 식사도 규칙적으로 하는 것이 건강에 좋다.

엄마 입덧이 줄고 기분이 좋아진다

태아의 성장

태아는 신체적으로나 다른 조직도 급격하게 성장한다. 태아의 얼굴은 점점 사람의 형태를 갖추어 눈은 얼굴 앞면으로 모아지고 있으며 양쪽 귀도 제자리를 잡아 간다.

태아의 신경은 빠르게 증식하고 있으며 자극에 대한 반사 작용을 한다. 손을 빨기도 하고 임신부의 배에 자극이 가해지면 꿈틀거리기도 하지만 아직 임신부가 태동을 느끼지는 못한다.

태아 신경이 발달하고 있다

 정기 검진 및 건강 포인트

일부 바이러스 중에는 태반을 통해 감염을 일으켜 태아 기형이나 장애의 원인이 되고, 질환에 따라서는 보통 사람보다 증상이나 합병증이 심하게 나타나기도 한다.

또한 임신부는 약물 사용이 제한되어 감염성 질환에 걸리면 치료가 쉽지 않으므로 임신 기간 내내 철저히 예방해야 한다.

감염성 질환	예방법
임신 초기, 후기에 주의해야 할 '수두'	수두 감염자와 접촉했을 때 4일 이내에 병원에서 면역 검사를 받고, 면역이 없다면 면역 글로불린 주사를 맞아야 한다.
심한 기침으로 유산 및 조산을 일으키는 '독감'	임신 전 기간에 독감 예방 주사는 필수 접종이다. 단, 유산의 위험이 많은 12주 이후에 맞도록 권장한다.
태아 기형을 일으키는 '풍진'	임신 전 풍진 검사를 받는다. 임신 전 반드시 풍진 검사를 받으며, 예방 접종을 한 후 적어도 3개월 이후에 임신을 시도한다.
불임의 원인 '클라미디아증'	아랫배 통증이 심하거나 질 분비물이 심하면 냉 검사를 받는다. 감염되면 항생제로 치료하며 예방을 위해 건전한 성관계는 물론, 항상 음부를 깨끗이 관리하는 등 위생에 신경 써야 한다.

음식과 영양

임신을 하면 몸에서 필요로 하는 철분의 양이 임신 전보다 급격하게 증가하는데, 그 양을 채워 주지 못하면 자신도 모르게 임신 중 빈혈로 이어질 수 있다.
임신 중 빈혈은 분만 시 출혈로 임신부가 위험해질 수 있으며, 출산으로 약해진 산모의 몸을 회복하는 데도 나쁜 영향을 끼치므로 주의해야 한다.
많은 연구에 따르면 가임 여성에게 가장 부족하기 쉬운 영양소가 철분이며 따라서 임신부의 빈혈 위험성이 더욱 증가된다고 한다.

철분이 풍부한 식품

임신 중기부터는 철분 보충제의 복용도 필요하지만, 빈혈 예방을 위해 평상시 철분이 함유된 식품을 충분히 먹는 것이 중요하다. 즉 철분이 많이 들어 있는 음식을 섭취한 후 부족한 부분을 철분 보충제로 보충하는 것이 효과적이다.
철분이 풍부한 식품으로는 간, 육류, 달걀, 도정하지 않은 곡류와 빵, 녹황색 채소, 견과류, 말린 콩 등으로 제한된 식품에 포함되어 있으므로, 식품으로 충분한 철분을 공급하려면 식단 작성 시 철분 함유 식품을 의도적으로 포함시켜야 한다.

주의 : 체중 관리

임신 중 체중 관리는 필수다. 체중이 너무 늘어나는 것도, 너무 늘지 않는 것도 위험하다.
표준 체중보다 저체중이라면 12~16kg, 정상 체중이라면 10~12kg, 과체중이라면 8~10kg 증가가 적당하다.

중기★13~16주

임신 4개월

이 시기에는 도플러 초음파 검사로 태아의 심장 뛰는 소리를 들을 수 있다. 만약 들리지 않으면 계류유산이나 포상기태 등을 의심해 보아야 한다. 또한 유산의 위험이 적어지기는 했지만, 습관성 유산은 여전히 조심해야 한다. 자궁경관 무력증일 때는 대개 이 시기에 치료한다.

태아 성장 상태

키 약 10~15cm

몸무게 약 70~120g

엄마 몸과 마음의 변화

산모는 유방이 커지고 배가 나오면서 몸무게가 늘기 시작한다. 임신 초기, 산모를 괴롭히던 입덧은 없어지고 식욕이 좋아지므로 체중 조절에 신경을 써야 한다. 공원을 산책하거나 가벼운 운동을 규칙적으로 한다.

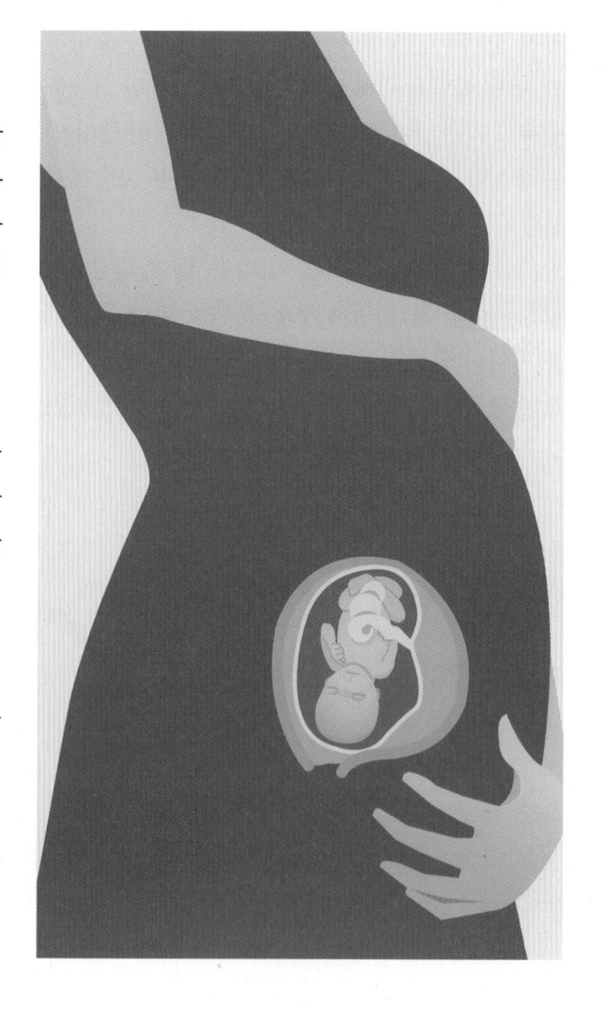

배가 나오며 사타구니에 통증을 느끼기도 한다

자궁이 커지고 양수도 늘어나서 몸무게가 늘고 유방이 커지면서 배가 나온다. 자궁과 골반을 연결하는 인대가 늘어나 사타구니 통증이 느껴지기도 한다. 이런 증상은 분만 후에는 저절로 회복된다.

피부 트러블이 생길 수 있다

자궁에서 나오는 점액의 양과 피부의 배설물이 많아지면서 피부 트러블이 생기기도 한다. 매일 미지근한 물로 샤워하고 속옷을 자주 갈아입는다.
호르몬 분비의 변화로 피부가 가려운'임신 피부 소양증'이 나타나기도 한다. 간지럽더라도 피부 연고를 함부로 사용하지 않는다.

식욕이 좋아진다

대부분 입덧이 없어지고 식욕이 좋아진다. 균형 잡힌 식사로 체중이 지나치게 늘지 않도록 주의한다. 같은 재료라도 요리 방법을 달리한다. 예를 들어 감자튀김보다는 찐 감자를, 샐러드를 먹더라도 마요네즈보다는 간장이나 식초로 만든 드레싱을 곁들이면 체중 조절에 효과적이다.

Mom's 클리닉

4개월 차에 병원에서 확인하는 것

- 체중과 혈압
- 소변 중 당이나 단백질 함유 여부
- 자궁의 크기와 형태(외부 촉진)
- 자궁저(자궁꼭대기까지)의 높이
- 손발의 부종, 다리의 정맥류
- 엄마가 겪은 아주 예외적인 증상(어지러움증, 구토, 복통, 구토, 이명, 부종, 코피, 두통 등)

생활 수칙

❶ 바른 자세를 취하고 가벼운 운동을 한다

배가 불러오기 시작하는데, 자세가 나쁘면 허리에 부담이 되어 요통이 생기기 쉽다.

본격적으로 늘어나는 체중으로 쉽게 피로하고 몸놀림이 둔해지고 활동이 줄어들 수 있다. 간단한 체조나 운동을 규칙적으로 하는 습관을 기른다.

또한 앞으로 배가 본격적으로 불러 와 체중이 많이 늘면 다리와 발에 부담을 주게 되므로 운동으로 미리 근육을 단련한다.

❷ 마음의 안정을 취한다

이제 태아는 어느 정도 엄마의 희로애락을 느낄 수 있으므로 마음의 안정을 취하고, 정서적인 생활을 한다. 지나치게 태아를 의식하여 마음에도 없는 억지 태교를 하는 것보다는 평소 자신이 즐겨 하던 일을 꾸준히 하는 것이 가장 좋은 태교이다.

❸ 비만 주의

지나친 체중 증가로 비만이 되지 않도록 주의한다. 산도 주변에 지방이 쌓이면 출산에 지장을 줄 수도 있다. 임신 중 비만이 심해지면 임신중독증이나 당뇨병 등 합병증이 생길 수도 있다.

❹ 변비 조심

점점 커지는 자궁은 장을 압박하여 변비를 유발한다. 변비가 있더라도 설사약이나 관장약은 먹지 않는다. 배변이나 식사 시간을 정하여 규칙적으로 생활한다.

❺ 누워서 휴식한다

상체를 꼿꼿하게 펴고 앉는 자세는 허리에 힘이 들어가므로 휴식할 때는 누워 있는다. 잘 때는 왼쪽으로 몸을 돌려 눕는 것이 임신부와 태아 모두에게 좋은데, 이 자세는 혈액순환 및 태아의 활동을 방해하지 않으며 손이나 발 등이 붓는 증상을 어느 정도 줄여 주기도 한다.

❻ 임신부 교실에 다닌다

병원이나 유아 용품 제조 업체 중 임신부 교실을 개설한 곳이 많다. 놓치기 쉬운 중요한 정보를 얻을 수도 있고, 자신 외에 다른 임신부들을 만나 대화를 나누면서 정서적인 안정을 찾을 수 있다.

태아의 성장

태아는 뇌가 발달하고 각 장기의 기능도 갖춰지는 시기이며 남녀 성별을 구별할 수 있다

태아의 몸체는 머리보다 빠른 속도로 자라고 있어 목의 형태도 보다 뚜렷해진다. 태아의 몸에는 라누고라고 불리는 미세한 솜털이 나기 시작하는데 출생 전에 사라진다.

엄마는 아직 태동을 느낄 수 없지만 태아는 손가락을 완전하게 쥐고, 하품을 하거나 기지개를 켜거나 이마를 찌푸리는 등 활동적이 된다.

아빠가 할 일

이 시기부터 태아는 엄마의 감정 변화에 민감하게 반응하기 시작하므로, 남편은 아내의 마음을 편안하게 해 준다. 아내가 긴장하거나 초조해하면 그에 따라 혈관이 수축되어 태아에게 좋지 않은 영향을 줄 수 있기 때문이다.

아내의 규칙적인 생활을 돕는다

남편 스스로가 규칙적인 생활을 하여 아내가 생활의 리듬을 잃지 않도록 돕는다. 늦은 귀가나 식사는 피한다.

몸이 무거워지기 시작한 아내는 매일 운동을 하기가 쉽지 않기 때문에 남편이 운동 파트너가 되어야 한다.

가벼운 나들이가 좋다

아내는 상태가 안정되고 괴로운 입덧도 어느 정도 가라앉아서 자유롭게 나들이가 가능하다. 아내와 함께 집 근처 공원, 가까운 서점, 음반 전문점, 전시회 또는 음악회 등으로 나들이를 나가 기분 전환을 시키자.

13주 태아와 엄마

빈뇨 증세는 줄어들지만 배나 허리가 당기고 사타구니에 통증이 생길 수 있다. 태아는 안정적으로 자리를 잡아 유산의 위험이 적어진다. 아직 태아의 움직임은 느낄 수 없다. 카페인 섭취에 유의하며 현기증, 두통 등의 트러블을 예방한다.

엄마의 변화

자궁이 커지면서 골반에 있던 자궁이 점차 위쪽으로 올라오기 때문에 방광 압박이 줄어 잦은 소변 증세가 없어진다. 그러나 자궁과 골반을 연결하는 인대가 늘어나 배나 허리가 당기고 사타구니에 통증을 느낄 수 있다. 유방이 부풀고 체중도 늘지만 움직임에는 지장이 없다.

배가 부르기 시작하면서 요통이 생기고 몸이 무거워져서 균형을 잡기 어려우므로 굽이 낮고 볼이 넓은 편안한 신발을 신는다. 또한 배가 부르면 등과 허리에 부담을 주어 요통을 유발할 수 있으므로 평소 바른 자세로 생활하도록 노력한다.

엄마 아랫배가 불러 온다

태아의 성장

태아가 모체에 완전히 뿌리를 내려 안정적으로 정착하는 시기로, 유산의 위험이 어느 정도 줄어든다. 태아의 머리 크기는 전체 길이의 1/3 정도이며 손가락에는 지문이 이미 형성되어 있다. 태아의 콩팥과 요로는 정상적인 기능을 하며, 자신이 마시는 양수를 삼켰다가 이를 통해 소변으로 배출한다. 양수가 늘어나 태아의 활동이 활발해지는데, 이것은 뇌의 발달을 촉진할 뿐 아니라 근육을 단련시킨다. 그러나 엄마는 태아의 움직임을 아직 느낄 수 없다.

태아 엄마에게 안정적으로 정착한다

정기 검진 및 건강 포인트

자궁이 커지고 무거워지면서 여러 신체 기관을 압박해 임신 중기에 잦은 트러블이 나타나기 시작한다. 예방법을 알아 두어 현명하게 대처한다.

현기증

혈액순환이 원활하게 이루어지도록 매일 적당한 스트레칭을 생활화하고, 앉았다가 갑자기 일어서는 등 급하게 동작을 바꾸는 행동은 하지 않는다. 현기증이 느껴지면 바로 그 자리에 앉아 머리를 밑으로 숙이면 증상이 한결 나아진다.

혼잡한 곳이나 통풍이 안 되는 실내에 오래 있으면 현기증이 생기기 쉬우므로 창문을 열어 실내 공기를 자주 환기시킨다.

두통

임신 초기에는 편두통이 일시적으로 악화되거나 처음으로 편두통이 생기는 경우도 있다.

문제는 태아에게 미칠지도 모르는 부작용 때문에 약을 마음대로 먹을 수 없다는 것이다.

임신 중, 특히 초기에는 편두통 약을 먹지 않는 것이 원칙이다. 대신 스트레스를 줄이고 적당한 운동, 얼음찜질을 하여 편두통과 관련된 요인을 피하는 것이 우선이다.

음식과 영양

임신 중 카페인 섭취에 주의

덴마크 아르후스 대학의 연구 결과에 따르면 임신 중 커피를 하루 1.5~3잔 마시면 유산 및 사산 위험이 3%, 4~7잔 마시면 33%, 8잔 이상 마시면 59%로 높아지는 것으로 나타났다.

카페인을 많이 섭취할 경우 태아의 뇌, 중추신경계, 심장, 신장, 간, 동맥 형성에 나쁜 영향을 미칠 수 있고, 호흡 장애나 불면증, 흥분을 초래한다.

식품 중의 카페인 함량(1회 섭취량 기준)

평소에 섭취하는 여러 음식에도 카페인이 들어 있으므로 자신도 모르게 섭취할 수 있는 카페인에 주의해야 한다. 또한 커피나 콜라는 하루에 2~3잔 이상 마시지 않는다.

식품명	분량	카페인 함량(mg)
원두커피	150ml	80~135
인스턴트 커피	150ml	65~100
디카페인 커피	150ml	3
홍차	150ml	30~70
녹차	티백 1개	15
콜라	360ml	45
초콜릿	30g	25~30
코코아	150ml	5
초코 아이스크림	1/2컵	22
각성제	1회 분량	100
감기약	1회 분량	30

주의 : 애완동물 사육

톡소플라스마(기생충) 항체가 없는 사람은 임신 후 톡소플라스마에 감염되면 유산하거나 뇌수종 등의 선천성 기형아를 출산할 수 있다.
임신 중에는 되도록 애완동물을 키우는 것을 피하고, 기존에 기르던 애완동물이 있다면 병원에 가서 자신의 면역력을 확인하는 것이 안전하다.

집에서 걷기 운동

임신부는 몸을 잘 움직이지 않으면 체중이 지나치게 늘어 자연분만을 하기가 어려워진다. 바른 자세로 꾸준히 걸으면 폐활량을 늘려 분만할 때 호흡에 도움이 되고, 출산에 필요한 근력을 기를 수 있다. 또한 혈액순환이 원활해져 요통이나 변비를 없애며 거실에서 가벼운 생수병을 들고 꾸준히 걸으면 기분 전환에도 도움이 된다.

걷기 운동 방법

❶ **오전에 걷는다**
배의 당김이 적은 오전 10시에서 오후 2시 정도에 걷는 것이 좋다.

❷ **편안한 옷을 입는다**
몸에 꽉 조이지 않고 땀 흡수가 잘 되는 옷을 입고, 수시로 수분 보충을 한다.

❸ **페이스 조절을 한다**
워킹을 하다 피곤하거나 배에 통증이 느껴지면 멈추고 휴식한다.

❹ **충격을 흡수하는 신발을 신는다**

❺ **임신 4개월 때부터 시작한다**
임신 초기에는 오래 걸으면 자칫 유산의 위험이 생길 수도 있다.

* 무리하지 않는 선에서 임신부 수영이나 체조 강습을 받는다.

14주 태아와 엄마

목의 형태가 뚜렷해진 아기를 볼 수 있다. 몸체가 빠르게 자라고 혼자 손을 움켜쥐거나 표정을 짓기도 한다. 엄마는 기초 체온이 내려가고 현기증이 나타난다. 피부에 색소 침착도 나타날 수 있다.

엄마의 변화

임신 이후 계속 고온을 유지하던 기초 체온이 이때부터 점차 내려가기 시작해서 출산할 때까지 저온 상태를 유지한다. 또한 앉았다 일어나거나 갑자기 자세를 바꿀 때 어지러움과 현기증 등을 느낄 수 있으니 조심한다.
이는 혈액이 자궁으로 몰리면서 뇌에 혈액을 공급하는 것이 힘들어져 나타나는 일시적인 현상이다. 현기증이 나서 몸을 가누지 못하거나 쉽게 넘어질 수 있다. 일어설 때는 조심스럽게 일어나고 갑자기 몸을 움직이지 않는다.

엄마 기초 체온이 내려가고 현기증과 두통이 나타난다

태아의 성장

태아의 몸체는 머리보다 빠른 속도로 자라고 있으며 이제 목의 형태도 뚜렷이 보인다. 태아의 신장은 약 12cm, 몸무게는 약 100g이다. 태아의 몸에는 라누고라고 불리는 미세한 솜털이 나기 시작하는데 이는 보통 출생 전에 사라진다. 간은 담즙을, 비장은 적혈구를 생성하기 시작하고 양수에 소변을 배출한다.
아직 태동을 느낄 수 없지만 태아의 손발은 전보다 훨씬 더 유연하고 활동적이 된다. 태아는 손가락을 완전하게 쥐고, 하품을 하거나 기지개를 켜거나 이마를 찌푸리기도 한다.

태아 손을 움켜쥘 수 있다

정기 검진 및 건강 포인트

임신 중 색소 침착으로 일부 산모에게서 다양한 크기의 불규칙한 갈색 반점이 얼굴과 목 위에 나타나기도 한다. 갈색반 또는 임신 마스크(mask of pregnancy)라고 불리는데 이는 멜라닌 색소가 늘어나기 때문이며 출산 후 옅어지거나 사라진다.

음식과 영양

태아가 유전자를 만들고 빠르게 성장하는 시기에는 아연이 필수적으로 필요하다. 임신부가 충분한 아연을 섭취하지 못하면 임신과 분만 과정에 나쁜 영향을 미칠 수 있으며 선천성 기형과 뇌 발달 장애를 가진 아이를 출산할 수도 있기 때문이다.

아연 섭취가 낮은 임신부들에게서 기형아 출산과 이상 분만의 사례가 많았다는 연구 보고가 있다. 따라서 건강한 엄마와 아기를 위해서는 식품을 통해 충분한 양의 아연을 섭취해야 한다.
아연은 고기류, 간, 패류(굴, 게, 새우 등) 등의 단백질 식품에 풍부하며, 현미와 같이 도정하지 않은 곡류와 콩에 많이 들어 있다.

! 주의 : 임신 초기 건강한 생활 수칙

유산의 위험이 많은 초기에는 언제 어디서나 안전하고 건강한 생활 패턴을 유지하는 게 무엇보다 중요하다. 집에서는 물론 외출할 때도 몸에 무리가 가지 않고 편안해야 한다.

- 외출할 때는 굽이 낮은 편한 신발을 신는다.
- 창문을 열어 수시로 환기시킨다.
- 워킹맘이라면 점심은 영양이 풍부한 도시락으로 대체한다.
- 여유 시간을 이용해 수시로 태교 책을 읽는다.
- 다양한 간식거리를 준비한다.
- 몸이 찌뿌듯할 때는 짬짬이 스트레칭을 해서 근육을 이완시킨다.

임신 중 바람직한 체중 증가량

임신을 하면 태반, 양수, 혈액 등이 증가하고 자궁도 커지기 때문에 체중이 증가하는 것은 당연하다.
문제는 필요 이상의 지방이 붙어 지나치게 살이 찌는 것인데, 지나친 체중 증가는 산후 비만의 원인이 될 뿐만 아니라 각종 임신 합병증, 태아 비만, 난산, 제왕절개의 원인이 되므로 임신 중 적정 체중 관리는 중요하다.
따라서 임신 중 식사 조절은 물론이고 산책, 수영, 스트레칭, 요가 등의 운동도 게을리하지 말아야 한다.
임신 시 체중 증가량은 개인마다 차이가 있으며, 대개 임신 시의 본인 체중에 대한 비율, 나이, 임신부의 특성에 따라 달라진다.
보통 초산이고 나이가 어린 임신부는 출산 경험이 있고 나이가 많은 임신부에 비해 체중 증가량이 높다.

Mom's 클리닉

임신 중 체중 증가 권고치

BMI = 체중(kg)/신장(m)^2	유형	체중 증가 권고치
BMI 19.8 이하	마른 체중	12.5~18 kg
BMI 19.8~26	정상 체중	11.5~16 kg
BMI 26~29	과체중	7~11.5 kg

15주 태아와 엄마

태아의 폐포가 발달하고 심장의 활동이 시작된다. 생식기도 이 시기에 발달한다. 엄마는 입덧 증상이 많이 사라지면서 식욕이 생긴다. 이때부터 체중 조절에 신경 써야 한다.

엄마의 변화

입덧 증상이 사라지면서 식욕이 왕성해지고, 식사 후에도 자꾸 음식이 당긴다. 자궁이 커지고 태아의 몸무게가 증가하여 자연히 체중이 증가하지만 한 달에 2kg 이상 늘지 않도록 체중 조절에 신경 쓴다. 같은 재료라도 구이나 찜 등 칼로리를 줄일 수 있는 조리법을 이용한다. 체중이 늘기 시작하는 시기이므로 단백질, 칼슘, 철분, 비타민을 골고루 섭취하되 균형 잡힌 식사로 체중 관리에 힘쓴다.

엄마 식욕이 왕성해진다

태아의 성장

태아는 열심히 양수를 들이마시고 내뱉고 있으며, 폐에는 폐포가 발달하고 있다. 땀샘이 형성되고 있으며, 아직 눈을 뜨지는 못하지만 빛을 감지할 수는 있다.

맛을 느끼는 미세포가 분포된 미뢰가 이제 막 형성되기 시작하며 심장의 활동이 시작되어 혈액이 온몸으로 흐르면서 투명한 피부에 혈관이 비쳐 붉은 기운이 감돌기 시작한다. 또한 생식기가 점차 발달하면서 남녀 생식기의 구별이 확실해진다.

태아 아들, 딸 구별이 가능해진다

정기 검진 및 건강 포인트

대부분의 사람이 그렇듯 임신부 역시 입 속 질환에 대해서는 대수롭지 않게 생각하고 치과 방문을 뒤로 미루는 경우가 많다. 하지만 미국 치주과 학회지는 치석 제거술을 받은 임신부는 조산 횟수가 감소한다고 보고했다.

임신 기간에는 혈액량이 늘고 혈압이 높아져 잇몸이 붓고 상처가 나기 쉽다. 치아 위생에 특별히 신경을 써야 하는데, 잇몸이 부어 음식 찌꺼기가 치아 사이에 끼면 잇몸 염증을 유발할 수 있다.

한편 당뇨병이나 혈액 질환, 임신, 흡연 등은 치주 질환을 일으키는 주요한 위험 요인이 되므로 구강 검진을 통해 건강을 체크할 수도 있다.
마그네슘, 인, 비타민 D 등은 충치를 예방하는 데 도움이 되는 영양소가 함유된 식품을 먹는다.
임신 전에 충치나 잇몸 질환 중 감염으로 인한 모든 질환은 치료를 빨리 받는 것이 안전하며, 다른 급하지 않은 질환은 임신 초기와 말기를 피하고 임신 중기나 분만 후로 미루는 것이 좋다.

 음식과 영양

입덧이 끝나고 식욕이 왕성해지는 시기로, 태아의 장기 기능이 활발해지면서 모체로부터 많은 영양을 흡수하게 된다. 따라서 다양한 영양분을 골고루 섭취해야 하는데, 임신 중 비만을 예방하기 위해 과식을 삼가고 고단백, 저칼로리 식품을 섭취한다.
생선류, 콩류, 살코기, 우유로부터 질이 좋은 단백질을 많이 섭취하고, 지나치게 기름진 음식, 단 음식, 간식 등은 피한다.

 주의 : 요통 주의

자궁이 커지고 배가 빠르게 불러 오면서 허리 인대가 늘어나 통증이 오고 심하면 종아리와 발에 경련이 생길 수 있다. 이때부터 자세를 바로 하는 습관을 들이지 않으면 출산할 때까지 요통으로 고생할 수 있다. 장시간 서 있거나 쪼그리지 않도록 한다. 또한 불편한 자세로 오래 일하는 것도 피한다.

저칼로리 조리법

칼로리를 줄일 수 있는 조리 테크닉을 이용하면 먹고 싶은 음식을 즐겁게 먹으면서도 지나친 체중 증가도 예방할 수 있다.

쇠고기, 돼지고기

- 지방 함량이 많은 갈비, 등심, 삼겹살 등의 부위보다는 살코기를 이용하고, 기름기는 반드시 제거하거나 뜨거운 물에 삶아서 기름을 걷어 낸 뒤 사용한다.
- 구이를 할 때는 석쇠나 오븐, 전자레인지를 사용하면 좋다.
- 지방 함량이 많은 부위를 요리할 때는 두부, 채소, 버섯 등을 함께 넣으면 부피감을 늘리고 칼로리를 줄일 수 있다.

닭고기

- 닭고기는 껍질에 지방의 대부분이 있으므로 껍질을 제거하고 조리한다.
- 지방이 적은 안심이나 가슴살 부위는 찜이나 냉채 등으로 요리하는 것이 좋다.

두부

- 두부는 기름 흡수율이 매우 높기 때문에 기름에 조리하지 말고 끓는 물에 살짝 데치거나 전자레인지를 이용한다.
- 유부는 기름에 튀겨 만든 것이므로 반드시 끓는 물에 데친 후 물기를 짜내야 기름기를 제거할 수 있다.

채소 및 해조류

- 채소를 샐러드로 먹을 때는 식초나 레몬즙 또는 저열량 소스를 사용한다.
- 튀김이나 볶음보다는 생채나 냉채, 샐러드, 나물이나 무침 또는 전자레인지 등을 이용하여 쪄서 먹는다.

16주 태아와 엄마

태아의 움직임은 전보다 더 활발하다. 엄마는 복부와 허벅지에 살이 붙기 시작하고 배가 눈에 띄게 불러 온다. 장이 눌려 변기가 생길 수 있으므로 배변에 신경을 써야 한다.

엄마의 변화

복부, 엉덩이, 허벅지 등에 피하 지방이 쌓이고 누가 보아도 임신 사실을 알 수 있을 정도로 배가 눈에 띄게 불러 오고 아랫배가 단단해진다.

자궁 크기가 어른의 머리만큼 커져서 위와 장이 눌려 속이 답답하고 거북한 증상이 나타나기도 한다.

엄마 허리선이 사라진다

태아의 성장

다리가 많이 길어졌으며 머리는 위로 향하고 눈은 점점 중앙으로 모아진다. 전보다 더 많은 신체 기관이 작동하게 되어 태아의 혈액순환계와 요로도 기능을 활발히 한다.

태아는 아직 눈을 감고 있지만 서서히 눈동자를 움직이기 시작하며 발에는 발톱이 자라고 있다.

태아 완전한 사람의 형체를 갖추고 있다

정기 검진 및 건강 포인트

자궁의 크기가 점점 커지면서 장을 압박하여 변비가 생길 수 있다. 변비가 있더라도 설사약이나 관장약을 복용하지 않는다. 정해진 시간에 배변하는 습관을 들이고, 입맛이 없거나 바쁘더라도 식사를 거르지 않는다. 매끼마다 충분한 채소와 과일, 수분의 섭취로 배변 활동을 돕는다.

음식과 영양

섬유질이 풍부한 채소나 과일을 많이 먹으면 변비를 예방할 수 있다. 채소나 과일에 풍부한 비타민 C는 태반을 튼튼하게 해 주어 유산을 예방하며 철분 흡수를 도와주는 역할도 한다.

또한 채소와 과일에 풍부한 섬유소는 포만감을 주고 장내에 유해한 물질과 결합하여 몸 밖으로 독소를 배출시키므로 다이어트와 임신부의 건강에 좋다. 채소와 과일은 익히면 영양소가 쉽게 파괴될 수 있으므로 살짝 데치거나 샐러드로 먹는 것이 좋다.

! 주의 : 좋은 운동과 삼가야 할 운동

산모와 아이에게 큰 충격이 가는 과격한 운동을 삼간다. 움직임이 작아도 혈액순환에 도움을 주는 운동을 선택한다.

임신부에게 좋은 운동

- 수영-순산에 도움을 준다. 수영보다는 물속에서 걷는 것이 더 좋다.
- 걷기-태아를 건강하게 한다.
- 요가-마음의 안정을 준다.
- 기체조-임신 트러블을 예방한다.

임신 중 삼가야 할 운동

배에 압박을 가하거나 신체에 큰 충격을 주거나 압력이 가해지는 운동은 피한다.

❶ 등산

임신을 하면 황체 호르몬의 영향으로 인대가 이완이 되는데, 등산은 관절에 힘을 줘야 하는 운동이므로 이완된 인대에 무리를 줄 수 있다.

❷ 조깅

유선 발달로 커진 가슴에 충격을 줄 수 있다. 또한 척추와 등, 허리, 골반, 엉덩이, 무릎 등에 부담을 주므로 되도록 뛰지 말고 천천히 걷는다. 평소에 꾸준히 조깅을 했다면 그 양을 조금 줄여서 한다.

❸ 자전거 타기

내리막길이나 오르막길에서 페달을 밟으면 배에 강한 압력을 줄 수 있고 관절과 골반에 무리를 줄 수 있으므로 자전거는 타지 않는 것이 좋다.

Mom's 톡톡

일하는 임신부의 직장 생활법

바쁜 직장 생활이지만 조금만 신경 쓰고 자투리 시간을 잘 활용하면 태아의 건강은 물론 태교까지 잘 해결할 수 있다. 워킹맘이 가장 주의해야 할 것은 간접 흡연이다. 주위에 흡연자가 있으면 신중히 금연을 부탁하도록 한다.

❶ 업무는 즐겁게, 열심히 한다.

❷ 커피 대신 생과일 주스를 마신다.

❸ 간접 흡연도 절대 금물 – 워킹맘의 경우 주변에 흡연을 하는 동료가 있으면 정중하게 사무실 내에서는 피우지 말아 달라고 부탁한다. 간접흡연도 실제로 담배를 피우는 것만큼 위험하므로 수시로 창문을 열어 환기시킨다.

❹ 태아 사진을 수시로 꺼내 본다 – 아이의 초음파 사진을 항상 들고 다니면서 수시로 꺼내어 보고, 긍정적이고 부드러운 마음을 갖도록 노력한다. 좋은 생각, 예쁜 생각이 태교의 지름길이라는 사실을 기억한다.

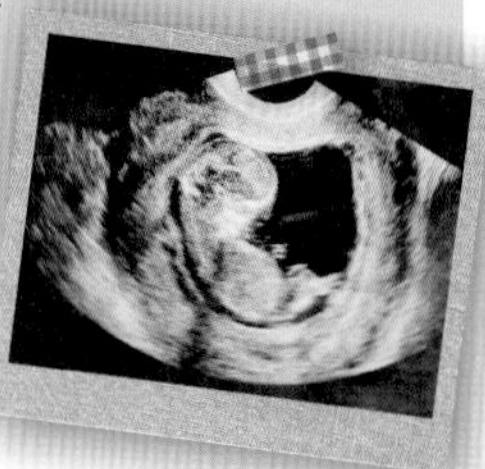

중기★17~20주

임신 5개월

태아는 움직임이 활발해지고 밖의 소리를 들을 수 있게 된다. 엄마는 철분제 복용을 시작하고 질은 물론 치아 관리 등 건강에 힘써야 한다. 약간의 태동을 느낄 수 있고 배는 눈에 띄게 불러 오기 때문에 속이 답답해지기도 한다. 임신 중 가장 안정된 기간이므로 여행을 할 수 있다.

태아 성장 상태
키 약 16~25cm
몸무게 약 130~300g

엄마 몸과 마음의 변화

이 시기부터 출산 후 3개월까지는 철분제를 복용해야 한다. 철분제를 복용하면 처음에는 부작용으로 변비나 소화불량이 일어날 수 있으므로 자기 전에 먹는 것이 가장 좋다.

철분 제제는 2가 철제제와 3가 철제제, 철분액제 등 종류가 다양한데, 복용 전에 약의 종류와 복용 방법 등에 대해 의사의 조언을 구하는 것이 좋다.

무엇보다 질 부위를 깨끗하게 건조하는 것이 중요하다. 우윳빛이 아닌, 냄새가 나는 노란색이나 초록색의 분비물이 나오면 세균 감염의 가능성이 있으므로 의사에게 진찰을 받는다.

그동안 미뤄 둔 치과 치료도 받는다. 치아가 약해지지 않도록 칼슘, 인, 마그네슘, 비타민 A와 D 등이 함유된 식품을 많이 섭취한다.

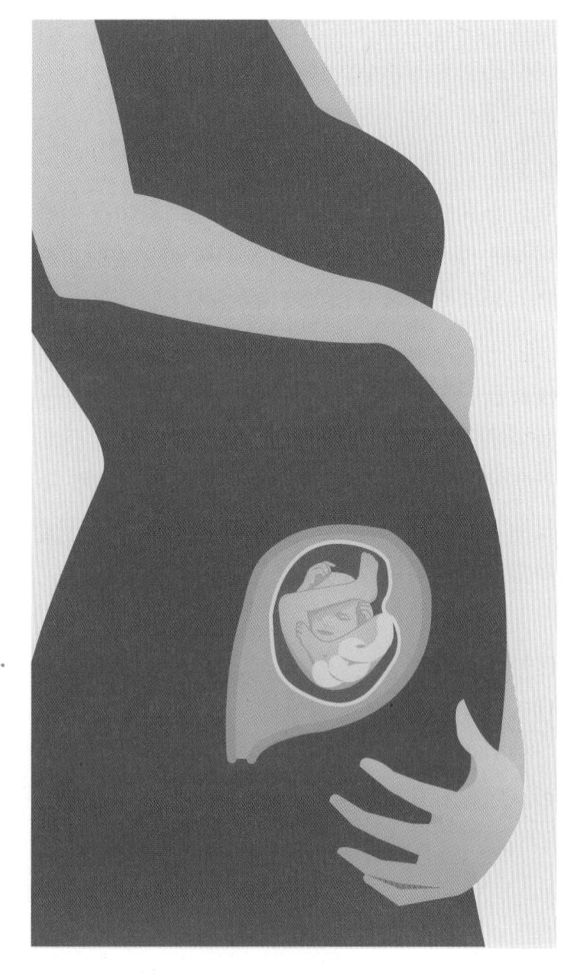

날씬한 임신부나 경산부는 태동이 느껴지기도 한다

아이를 한 번 이상 낳아 본 경산부는 이전의 출산으로 복벽이 약간 느슨해져 있어 초산부보다 태아의 움직임이 쉽게 전달되어 태동을 더욱 민감하게

느끼게 된다. 처음 태동을 느낀 때는 분만 예정일을 확인하는 기준이 되기 때문에 반드시 기억해 둔다.

아랫배가 눈에 띄게 불러 온다

아랫배가 눈에 띄게 불러오며, 자궁저가 배꼽 부근까지 올라온다. 비대해진 자궁 때문에 위와 장이 위로 밀려 올라가 답답하고 속이 거북해지기도 한다.

유방이 커지지만 예민함은 조금 무뎌진다

유선의 발달로 유방이 커지고, 유즙이 나오기도 한다. 유방 손질이 필요한 시기인데, 자세한 방법은 의사의 지시를 따르며 손질을 하다가 배가 당기면 자궁 수축이 우려되므로 즉시 그만둔다. 특히 조산 위험이 있는 임신부는 아예 하지 않는 것이 좋다.

임신 기간 중 가장 안정된 시기이다

임신 초기에 미뤄 두었던 외출이나 여행을 가도 좋다. 단, 오랜 시간 외출은 피하고 자주 자세를 바꾸고 휴식을 한다. 유산이나 조산의 경험이 있는 임신부나 당뇨병, 갑상선 질환, 결핵, 심장병 등을 앓았던 사람은 여전히 조심해야 한다.

호르몬 분비의 균형을 유지한다

임신에 대한 부담을 단지 모성애만으로 완전히 극복하기는 쉽지 않다. 엄마의 심정을 아빠에게 얘기하여 같이 풀도록 하며, 가벼운 외출이나 산책 등 적극적인 활동을 통해 기분 전환을 하는 것도 좋은 방법이다. 정신이 산만해져서 물건을 자주 잃어버리거나 집중력이 떨어지는 경향이 있는데 여기에 너무 집착하지 말고 마음을 편히 갖는다.

그 밖의 신체 변화

- 피로
- 배뇨 횟수의 감소
- 메스꺼움과 구토가 가라앉거나 없어진다. 그러나 입덧이 계속되거나 새롭게 입덧을 시작하는 사례도 종종 있다.

Mom's 클리닉

5개월 차에 병원에서 확인하는 것

- ○ 체중과 혈압
- ○ 소변 중 당이나 단백질 함유 여부
- ○ 자궁의 크기와 형태(외부 촉진)
- ○ 자궁저(자궁 꼭대기까지)의 높이
- ○ 손발의 부종, 다리의 정맥류
- ○ 엄마가 겪은 아주 예외적인 증상(어지러움증, 구토, 복통, 구토, 이명, 부종, 코피, 두통 등)

• 변비
• 가슴 쓰림, 소화불량, 헛배 부름, 배가 부풀어 오른다.
• 간헐적인 두통
• 특히 자세를 갑작스럽게 바꿀 때 많이 나타나는 간헐적인 현기증이나 의식이 흐릿해지는 현상
• 코가 충혈 되고 가끔 코피가 나며 귀가 멍해진다.
• 잇몸에서 피가 나서 칫솔이 붉게 물든다.
• 식욕이 왕성해진다.
• 발목과 다리, 가끔씩은 손과 얼굴이 약간 부어 오른다.
• 다리의 정맥류 또는 치질
• 희끄무레한 질 분비물

엄마 마음의 변화

생리 전 증후군과 유사한 증상을 겪는다. 불안하고 초초해하며, 감정의 기복이 심해지기도 한다. 예전처럼 차분하지 않은 기분을 느끼기도 한다. 산만하고 무언가를 잘 잊어버리고 물건을 떨어뜨리고 집중을 잘하지 못하기도 한다.

태아의 성장

체형의 균형이 잡혀 양수 속에서 움직임이 더욱 활발해진다. 이러한 태아의 움직임이 자궁벽에 부딪쳐 태동이 생긴다.
엄마의 심장 뛰는 소리, 소화 기관에서 나는 소리 외에도 엄마, 아빠의 목소리와 같이 자궁 밖에서 나는 소리도 들을 수 있다. 머리에는 머리털이 나기 시작하며 뇌에는 후각, 미각, 청각, 시각 관련 부위들이 형성된다. 태아의 감각 발달이 결정적인 시기이다.

아빠가 할 일

신경이 예민해져서 작은 일에도 과민 반응을 보이기 쉽다. 아내가 신경이 날카로워졌다고 해서 화를 내거나 다그치지 말고 위로해 주도록 노력한다.
가장 안정된 시기이므로 외출이나 여행을 해도 좋은 때이다. 아내가 가고 싶어 하는 곳으로 짧은 여행을 다녀오는 것이 좋다.

17주 태아와 엄마

태아는 머리털, 손톱, 발톱 등이 자라고 뼈가 단단해진다. 엄마는 유방이 커진다. 이 기간에는 특히 임신성 빈혈을 주의해야 하므로 철분제를 챙겨 먹어야 한다.

엄마의 변화

유선이 본격적으로 발달해 유방이 커진다. 작은 속옷을 입으면 유두가 압박되어 유선 발달에 방해될 수 있다.
무거워진 가슴을 받쳐 줄 수 있는 임신부용 브래지어를 착용한다. 목욕할 때 유두를 누르면 분비물이 나오기도 하는데, 거즈나 티슈로 닦아내 고 일부러 짜내지는 않는다.

엄마 유방이 커지고 분비물이 나온다

태아의 성장

태아는 관절을 움직일 수 있게 되며 물렁하던 뼈가 단단해지기 시작한다. 청력 발달이 시작되고 탯줄은 더 단단해지고 굵어진다.
다양한 표정 짓기도 가능해 울상을 짓거나 이마를 찡그리기도 한다. 눈썹, 속눈썹, 머리털, 손톱, 발톱이 자라고 지문도 생기며 단맛과 쓴맛의 구분도 가능해진다.

태아 다양한 표정을 지을 수 있다

정기 검진 및 건강 포인트

임신 중기에는 임신성 빈혈이 생기기 쉽다. 임신을 하면 혈액량은 50% 정도 증가하지만 상대적으로 적혈구는 20% 정도만 증가하여 혈액이 묽어진다. 또한 태아가 엄마의 혈액에서 철분을 받아들여 자신의 혈액을 만들기 때문에 빈혈이 생기기 쉽다. 임신성 빈혈은 엄마와 아기 모두에게 매우 나쁜 영향을 끼친다. 저체중아와 조산아 출산율을 높이고, 분만 시 과다 출혈 현상을 일으킬 수 있다.
임신 기간에 발생하는 빈혈 중에는 철분 결핍성 빈혈이 75%로 대부분을 차지하고, 그 다음이 엽산 결핍에 의한 빈혈이다. 따라서 충분한 철분과 엽산을 섭취함으로써 빈혈을 치료할 수 있으며, 혈액을 만드는 데 사용되는 단백질, 비타민 B_6, 비타민 B_{12}, 비타민 C의 섭취도 빈혈 치료에 효과적이다.

음식과 영양

임신을 하면 철분을 약제로 보충할 것인가에 대해서 많은 논란이 있으나, 임신 기간 중 철분 보충제 복용이 점차 보편화되고 있다. 임신 중기가 되면 체내에 저장된 것만으로는 절대적으로 철분이 부족하기 때문이다. 빈혈이 발생하면 의사와 상담하여

Mom's 클리닉

유두 분비물

임신 중에 분비되는 유두 분비물은 대부분 초유이다. 유두를 조금 압박하면 나온다. 그러나 모유는 분만이 끝나지 않으면 본격적으로 만들어지지 않는다. 모유를 만드는 호르몬을 출산 때까지 억제하는 호르몬이 작용하기 때문이다. 그런데 이 호르몬의 기능이 완벽하지 않아 때때로 분비물로 여겨지는 유즙이 나오는 것이다. 특별한 이상이 아니므로 안심해도 된다. 임신하고 4~5개월 무렵부터는 언제든 유즙이 나와도 괜찮다.

임신부용 철분제로 철분을 보충해야 한다.
하지만 임신 초기에는 철분 함량이 높은 음식을 충분히 섭취하면 문제가 되지 않는다. 이때의 철분 보충제는 오히려 입덧, 위장 장애를 초래할 수 있으므로 미리부터 복용할 필요는 없다.
철분 보충제를 먹으면 소화가 되지 않고 위가 더부룩하거나 변비가 생길 수 있다. 하지만 의사의 권유 없이 복용을 중단해서는 안 된다.

철분 흡수를 높이는 방법

- 흡수율이 높은 동물성 식품으로 철분을 섭취한다. 육류를 덩어리째 먹는 것보다 소화가 잘 되게 다져서 조리하면 더 좋다.
- 철분이 함유된 식품을 먹을 때는 철분의 흡수를 돕는 비타민 C를 같이 먹는다.
- 녹차, 홍차와 함께 먹지 않는다. 녹차, 홍차에 함유된 탄닌 성분이 철분 흡수를 방해한다.
- 철분 보충제를 복용하는 동안 장 운동이 억제되어 변비가 생기기 쉬우므로 충분한 섬유소와 물을 섭취한다.
- 아침이나 잠들기 전에 나눠서 먹는다. 철분 보충제는 공복에 먹으면 흡수가 잘된다.

주의 : 산부인과 에티켓

병원에 방문할 때 예약 시간은 꼭 지키고, 옷은 갈아입기 쉽도록 간편하게 입고 가는 게 기본 에티켓이다. 산부인과에 갈 때는 일반적인 에티켓 이외에도 꼭 숙지해야 할 에티켓이 몇 가지 더 있다.

- 산전 관리실로 검사를 받으러 갈 때 짐은 원무과에 맡긴다.
- 소변 검사 시 소변을 잘 볼 수 있게 미리 준비한다.
- 내진 시 필요 이상으로 소리 지르지 않는다.
- 검사실에 들어갈 때는 아이를 두고 간다.
- 임신 기간별로 남편과 함께 진료 상담을 받는다.
- 출산 경험이 있어도 진료를 소홀히 하지 않는다.
- 성 감별을 유도하지 않는다.
- 의사를 믿고 따른다.

임신하면 왜 현기증이 나죠?

빈혈로 나타나는 가장 흔한 증상은 현기증이다. 앉았다 일어서거나, 흔들리는 버스나 지하철 안에서 더욱 심해진다. 임신부의 40% 정도가 현기증을 겪는다.
빈혈이 아니더라도 임신으로 자율신경이 불안정해져서 현기증이 자주 일어난다. 수면 부족이나 과로 등이 이런 빈혈과 현기증의 원인이 된다. 현기증이 일어나면 그 자리에 쭈그리고 앉아 안정을 취한다.
평소에 철분이 많이 든 간, 달걀노른자, 굴, 우유, 치즈, 시금치 등을 많이 먹도록 노력한다. 그러나 음식으로 철분 권장량을 모두 섭취하기는 어렵기 때문에 철분 제제의 복용도 필요하다. 빈혈로 인한 현기증이 심할 때는 의사와 상담한다.

18주 태아와 엄마

태아는 3등신이 되면서 균형 잡힌 체형이 되고 움직임이 더욱 활발해진다. 엄마는 특히 이 시기에 치질로 고생할 수 있으니 증상이 보이면 의사와 상의해 치료를 받아야 한다.

엄마의 변화

임신 중기가 되면 치질로 고생하는 임신부가 많아진다. 임신부 치질은 커진 자궁이 직장을 압박해 직장 속 정맥이 부풀어 오르는 것으로 심하면 항문 밖으로 튀어나오기도 한다. 항문 주변이 간지럽거나 따끔거리고 의자에 앉거나 배변 시 출혈이 나타날 수도 있다.
좌욕이나 얼음 찜질로 가려움을 진정시키거나, 의사와 상담하여 적절한 치료를 받는다.

엄마 치질이 생길 수 있다

태아의 성장

태아는 3등신이 되면서 체형의 균형이 잡혀 양수 속에서 움직임이 더욱 활발해진다. 눈을 감은 채 눈동자를 이리저리 굴리면서 탯줄을 잡아당기거나 자궁벽과 태반, 자신의 몸을 더듬기도 한다. 하품을 하거나 기지개를 켜는가 하면 입을 벌리고 심호흡을 하는 것처럼 가슴과 배를 움직일 때도 있다.

태아 움직임이 활발해진다

음식과 영양

커피 이외에 녹차도 임신부들이 가려 마셔야 할 음료이다. 녹차 속 카페인 때문에 마시지 말라는 의견이 있는가 하면, 카테킨 성분 때문에 카페인 흡수가 적어 괜찮다는 의견도 있다.
임신부와 태아 모두에게 좋은 차를 마시고 싶다면 허브차와 한방차를 마신다. 비만인 임신부는 공복에 차를 마시는 것도 체중 조절을 위해 좋은 방법이다.

허브차

허브에는 우리가 생각하는 것보다 많은 효능이 있기 때문에 오래 전부터 전 세계적으로 요리, 약, 화장품, 향료의 원료로 이용되어 왔다.

허브의 종류별 효능

- 로즈마리 : 피부 미용, 우울증
- 레몬그라스 : 무좀, 진통
- 레몬밤 : 진통, 정신 안정, 진정 작용
- 민트 : 소화 촉진, 이뇨 작용, 강장
- 휀넬 : 소화 촉진, 이뇨 작용

한방차

시중에서 사서 마시는 것도 나쁘지 않지만 좋은 재료를 직접 구해서 집에서 달여 마시는 것이 건강에 좋다.

임신부에게 좋은 대표적인 한방차

- 감잎차 : 비타민 C가 풍부하게 함유
- 당귀차 : 민간에서는 여성을 위한 약초라 할 만큼 각종 부인병에 효과적이라고 알려져 있다.
- 대추차 : 기침, 변비, 피로 회복에 효과적

! 주의 : 마음을 편안히

산모의 마인드 컨트롤이 중요하다. 배 속 아기는 엄마의 감정을 그대로 느낄 수 있으므로 엄마는 마음의 안정을 취하고 항상 즐겁고 기쁜 생각을 한다.
또한 스트레스를 받으면 호르몬 분비의 균형이 깨지므로 가벼운 산책을 통해 기분 전환을 하는 것이 좋다. 단, 무리하면 조산 위험이 있으므로 피곤을 느끼면 잠시 앉거나 누워서 휴식을 취한다.

시기별 튼살 예방법

튼살은 한 번 생기면 잘 없어지지 않는다. 시기별로 집중 관리해야 튼살을 예방할 수 있다!

임신 초기 ★ 보습제를 충분히 바른다

임신 3~4개월 전에는 아직 배가 나오지 않아 튼살이 잘 나타나지 않지만 관리를 소홀히 하면 안 된다. 임신 초기에는 호르몬의 영향으로 튼살이 생길 수 있기 때문이다. 피부에 충분한 수분을 공급해 주고 샤워 후 보습제를 꼼꼼히 바른다.

임신 중기 ★ 튼살 예방에 좋은 마사지를 한다

이때부터 튼살 예방을 위한 집중 케어를 하는데 복부, 가슴, 종아리를 중심으로 하루 한 번 마사지를 한다.

마사지 방법은 배는 양손으로 사방에서 배꼽을 향해 쓰다듬은 다음, 배꼽에서 바깥쪽으로 원을 크게 그리며 피부를 가볍게 꼬집듯이 자극한다. 가슴은 유두와 유륜을 중심으로 바깥쪽에서 안쪽으로 부드럽게 쓸고 목까지 부드럽게 끌어 올리듯이 마사지한다.

임신 후기 ★ 살이 찌지 않도록 주의한다

임신 7~8개월 이후에 생기는 튼살은 과도한 체중 증가가 원인이다. 체중 조절에 주의하고, 임신부에 따라 차이는 있지만 대개 일주일에 450g 이상 증가하지 않도록 주의한다.

19주 태아와 엄마

아기는 자궁 밖의 소리를 듣게 되며 여러 가지 감각이 발달한다. 엄마는 태동을 좀 더 확실하게 느끼게 된다. 태동을 느낀 첫날은 기록해 두는 것이 좋다. 정밀 초음파를 이 시기에 진행하므로 아기의 기형 여부를 알 수 있다.

엄마의 변화

빠른 사람은 임신 16주부터, 보통은 18~20주에 처음으로 태동을 느낀다. 첫 태동은 배 속에 뭔가 미끄러지는 듯한 느낌이거나 물방울이 올라오는 것 같은 느낌으로 아주 미약해서 초산부는 모르고 지나치는 경우가 많다.

경산부는 초산부보다 태동을 빨리 느끼고, 체중이 많이 나가는 사람은 태동을 느끼는 시기도 늦는 편이다.

엄마 태동이 느껴진다

태아의 성장

귓속에 작은 뼈가 단단해지면서 소리를 들을 수 있게 된다. 엄마의 심장 뛰는 소리, 소화 기관에서 나는 소리 외에도 엄마 아빠의 목소리와 같이 자궁 밖에서 나는 소리도 들을 수 있다.

머리에는 머리털이 나기 시작하며 뇌에는 후각, 미각, 청각, 시각 관련 부위들이 형성된다. 태아의 감각 발달이 결정적인 시기이다.

엄마 소리를 들을 수 있다

정기 검진 및 건강 포인트

임신 19~25주에 하는 초음파 검사는 태아의 정상 발달 상태와 세부 구조를 관찰하기에 좋다. 태아의 뇌, 심장, 위장관 등 해부학적 기관에 대한 발육 상태 외에 태반의 위치, 자궁 경부 길이와 양수량 등을 알 수 있다.

태아의 크기와 주요 기형 여부를 확인할 수 있고 태아의 장기와 팔다리의 기형까지 알 수 있다.

음식과 영양

화학 조미료나 자극적인 향신료를 첨가한 음식은 삼가고, 재료 고유의 맛을 살린 담백하고 순한 음식을 선택한다. 또한 기름지고 자극적인 패스트푸드나 분식 대신 한정식 위주로 먹는다.

직장을 다니는 임신부는 근처에 마땅한 식당이 없다면 원하는 대로 선택해서 먹기가 곤란할 수 있다. 따라서 번거롭더라도 아침에 시간을 조금 투자하여 도시락을 싸도록 한다.

직장인의 필수 코스인 회식도 피할 수 없는데, 지나치게 피하기보다는 동료들과 함께 어울린다. 회식에 가기 전에 미리 우유를 마셔 포만감을 주면 과식을 피할 수 있다. 음식을 먹을 때도 기름에 튀긴 칼로리가 높은 안주나 지나치게 짠 안주류는 피하고, 우유나 과일 안주를 먹는다.

Mom's 클리닉

태아의 상태를 체크하는 기준이 되는 태동

처음 태동을 느낀 날을 알면 태아의 건강 상태를 진단하고 출산 예정일을 산출할 수 있으므로 태동이 처음 시작된 날을 체크한다.

주의 : 집안일 할 때 자세

집안일을 할 때도 늘 하던 일이라고 쉽게 생각하지 말고 아기와 엄마의 건강을 위해 다시 한 번 체크해 보자.

❶ 요리

자주 사용하는 조리 도구는 손이 닿기 쉬운 곳에 두고 바닥에 매트를 깔아 발바닥이 차갑지 않게 한다. 되도록 앉아서 일을 볼 수 있게 하는 것이 좋다.

❷ 청소

미뤄 두었다가 한번에 대청소를 하지 않도록 한다. 부엌이나 화장실 등 금방 더러워지는 곳은 사용 후 수시로 청소하고, 방의 정리 정돈도 자주 하여 청소 때문에 체력이 소모되지 않도록 한다.

❸ 빨래

모아 두지 말고 매일 조금씩 빨도록 한다. 젖은 빨래는 무게가 많이 나가므로 세탁기를 이용하더라도 한꺼번에 많은 빨래를 하지 않는다. 팔을 높이 들지 않도록 빨래 건조대도 낮은 위치에 놓는다.

편안해지는 바른 생활 자세

임신 중 자세가 나쁘면 임신부는 물론 태아의 건강에도 나쁜 영향을 미친다. 기본적으로 임신 중 바른 자세는 복부에 힘이 들어가지 않는 자세이다. 임신 기간 동안 불필요한 통증 없이 건강히 지낼 수 있도록 생활 속 바른 자세를 실천한다.

의자에 앉을 때

등받이가 곧은 의자를 골라 안쪽으로 깊숙이 엉덩이를 밀어 넣고 다리를 벌리고 척추를 바로 세워 앉는다. 등받이가 없는 의자에 앉을 때에는 엉덩이가 의자 끝까지 가도록 깊이 앉아 의자가 엉덩이를 잘 받칠 수 있도록 한다. 의자에 오랫동안 앉아 있는 경우 쿠션 위에 발을 올려 놓는 것이 편안하다.

누울 때

왼쪽 옆으로 누워 무릎을 구부린 다음, 머리에 베개를 베고 양 무릎 사이에도 베개를 끼운다. 왼쪽으로 눕는 이유는 다리에서 심장으로 피가 들어오는 정맥이 오른쪽에 있기 때문이다. 오른쪽으로 누우면 커진 자궁이 정맥을 압박하고 태아에게 가는 혈류 공급을 방해할 수도 있다. 임신부가 오른쪽으로 누워도 불편을 느끼지 않는다면 오른쪽으로 누워도 괜찮다.

누웠다 일어날 때

흔히 누웠다 일어날 때 손으로 바닥을 짚는데, 이때 손목에 하중이 몰려 관절에 통증이 생기기도 한다. 무릎을 구부린 후 옆으로 몸을 돌려 팔과 다리의 힘을 이용해 일어나는 것이 좋다.

서 있을 때

머리를 똑바로 들고 척추를 곧게 세우며 어깨에 힘을 빼도록 한다. 꼬리뼈를 안쪽으로 집어넣고, 엉덩이에 힘을 주며 허벅지와 무릎에도 같은 정도의 힘을 준다.

물건을 들어 올릴 때

아랫배에 힘이 들어갈 수 있기 때문에 가능하면 무거운 물건을 들지 말아야 한다. 꼭 들어야 할 때는 등을 구부리지 말고 무릎을 꿇고 다리와 팔 힘을 이용해 물건을 든 후 몸에 붙여서 들어 올린다.

걸을 때

임신을 하고 배가 불러 오면서 몸의 균형을 잃기 쉽다. 임신 중 걸을 때는 먼저 척추를 곧게 세우고, 어깨에 힘을 빼며, 무게 중심이 흔들리지 않게 팔을 크게 휘두르면서 걷는다. 이때 부른 배 때문에 발이 안 보여서 바닥을 보고 걷는 경우가 많은데, 바닥을 보고 걷다가 앞의 물체를 보지 못해 부딪히는 사고가 많이 나므로 반드시 정면을 보고 걷는다.

피해야 할 자세

다리를 구부리지 않고 허리를 굽혀 바닥에 있는 물건을 드는 것은 척추와 복근에 무리를 주어 심한 경우 유산 및 조산의 원인이 될 수 있다. 다리를 꼬고 앉으면 혈액순환에 매우 나쁘다.

20주 태아와 엄마

태아는 태지로 뒤덮여 있다. 엄마는 손과 발이 붓기 쉬우니 부기 관리를 해야 한다. 특히 이때부터 임신중독증이 나타날 수 있으므로 이상 징후를 반드시 체크한다. 물을 많이 마시고 자주 휴식하는 것이 좋다.

엄마의 변화

자궁이 커지면서 정맥을 압박하고 하반신의 혈액 순환이 원활하지 못한 데다 몸속의 수분량이 증가해 손과 발이 붓기 쉽다. 늘 끼던 반지가 맞지 않고, 신발도 크게 신어야 하는 경우도 생기며, 밤에 잘 때 발이 붓거나 종아리에 경련이 일어나기도 한다.
다리를 조금 높게 올리면 부기는 어느 정도 가라앉으므로 자주 발을 높이 올리고, 잘 때도 발을 올리고 잔다. 다리에 통증이 느껴지면 아침에 임신부용 고탄력 스타킹을 착용하거나 산책을 하는 것도 좋은 방법이다. 또 몸의 수분을 빼앗는 차보다는 물을 많이 마셔서 몸속 노폐물을 씻어 내고 단백질이 풍부한 식품을 섭취하는 것이 좋다.

엄마 부종이나 정맥류가 생길 수 있다

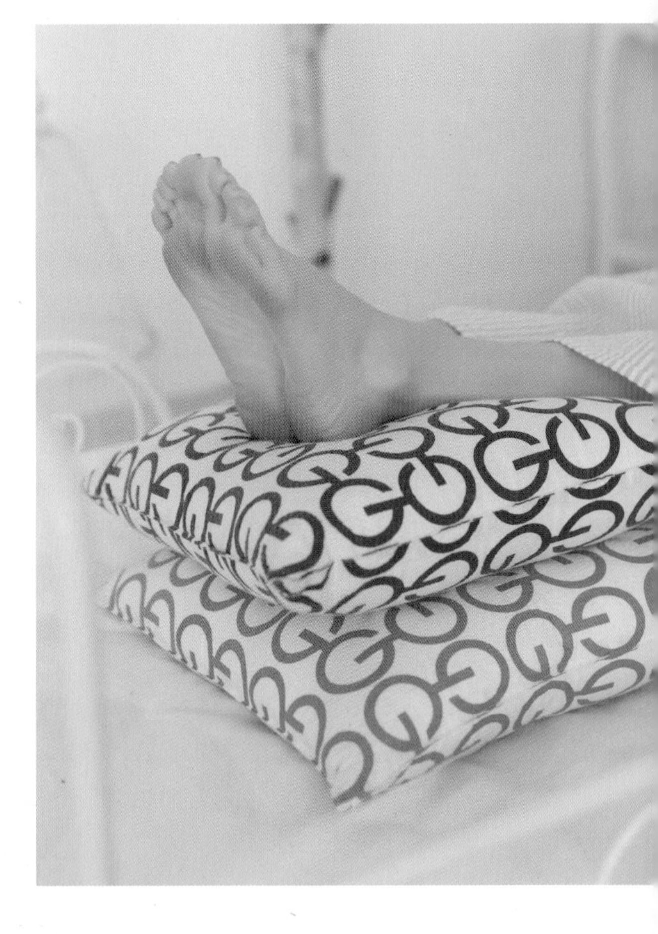

태아의 성장

20주 이전에는 태아의 다리가 몸체 앞으로 구부러져 있기 때문에, 임신 20주까지는 길이를 잴 때 태아의 머리부터 엉덩이까지의 길이를 측정하며 그 이후부터는 머리부터 발끝까지의 길이를 측정한다. 태아의 몸은 하얀 태지로 뒤덮이는데, 태지는 태아의 피부를 덮는 하얀 크림 상태의 지방층으로 태아의 피부를 양수로부터 보호하고 몸을 따뜻하게 유지하며 출생 시 산도를 부드럽게 빠져나올 수 있도록 도와주는 역할을 한다.

태아 태아의 몸은 하얀 태지로 뒤덮여 있다

정기 검진 및 건강 포인트

임신중독증은 주로 임신 20주부터 조심해야 하는데, 대부분 35주 이후에 증상이 나타난다. 임신부의 약 5% 정도가 걸릴 정도로 발병률이 높다.
영국 킹스칼리지 런던 의과대학의 루시 채펄 박사가 전국의 산부인과 환자 625명의 자료를 분석한 결과 61%가 임신중독증이었다고 한다.
대표적인 임신 합병증인 임신중독증에 걸리면 고혈압, 단백뇨, 부종, 갑작스러운 체중 증가가 나타나며 단백뇨로 소변 색이 짙거나 냄새가 난다.
또한 졸음, 두통, 시각 장애, 메스꺼움, 구토와 같은 증상을 보이며 심하면 자간(eclampsia, 간질 환자의 발작)이 일어나게 되는데 모체나 태아에게 모두 매우 위험하다.

Mom's 클리닉

스스로 체크하는 임신중독증 징후

- ▶ 체중이 갑자기 일주일 사이 2~3kg 이상 늘었다.
- ▶ 아침에 얼굴과 손발이 많이 붓는다.
- ▶ 혈압이 140/90mmHg 이상이다.
- ▶ 전에 없던 지속적인 두통이 생겼다.
- ▶ 눈이 침침하고 시야가 흐려진다.
- ▶ 윗배에 없던 통증이 생겼다.
- ▶ 질 분비물과 가려움증이 심해진다.
- ▶ 감기, 몸살처럼 고열과 오한이 있다.

임신중독증의 위험 요인

많은 연구에서 지나친 염분 섭취, 단백질 섭취 부족, 과다한 체중 증가, 칼슘 부족 등이 임신중독증 발생과 관계 있다고 보고하였다. 아직 그 정확한 원인은 규명되지 않았으나, 영양 상태의 개선이 임신중독증의 발생률과 그로 인한 사망률을 낮출 수 있다는 데는 많은 연구자가 동의하고 있다.
따라서 양질의 단백질을 섭취하고, 싱겁게 먹는 습관을 들이며, 칼슘을 충분히 섭취한다. 더불어 체중과 혈압을 정기적으로 체크하여 임신중독증의 예방과 조기 발견이 최선책이 되도록 한다.
아래와 같은 경우에는 임신중독증에 걸리기 쉬우므로 예방과 조기 발견이 특히 중요하다.

- 고령 임신, 쌍둥이 임신
- 고혈압이 있는 경우
- 신장 질환이 있는 경우
- 당뇨병이 있는 경우
- 비만인 경우

음식과 영양

임신 기간 중에는 하루 6~7잔의 물을 마시는 것이 좋다. 물을 마시면 몸의 순환이 좋아져 건강할 뿐만 아니라 변비도 예방할 수 있다.
또한 운동 전후와 운동 중에는 계속해서 수분 섭취를 해야 한다. 자궁이 수축되거나 체온이 상승하면 임신부와 태아 모두 위험해지기 때문이다. 운동 전에 물을 1~2컵 마시고 운동을 하는 중간에도 15~20분마다 물을 마시면 좋다.

간혹 수분 섭취를 위해 과일 주스나 이온 음료 등을 마시는데, 임신부에게는 물이 가장 좋은 음료수이다.

또한 입덧이나 울렁거림, 더부룩함을 줄이기 위해 탄산음료를 마시는 경우가 있는데, 가급적 먹지 않는 것이 좋다. 엄마가 탄산음료를 마시면 그 성분이 고스란히 태아의 몸에 흡수된다.

! 주의 : 자주 휴식하여 조산 예방

조산이 일어나기 쉬운 때이므로 순간적으로 힘이 많이 들어가는 동작이나 자궁을 자극할 수 있는 진동을 피한다. 또한 몸이 차지 않도록 주의해야 한다. 피로하지 않도록 자주 충분히 휴식을 취하고, 잠시라도 쉴 때는 누워서 쉬는 것이 좋다.

바쁜 워킹맘의 자투리 시간 활용법

❶ 점심시간이나 퇴근 후 임신부 교실에 다닌다

임신 후에도 일을 계속하는 여성들이 늘어나면서 점심시간과 퇴근 후 시간에 임신부 교실이나 태교 강좌를 개설하는 곳이 많아졌다. 회사 근처에 임신부를 위한 강좌나 태교 교실이 있는지 알아보고 참여한다.

❷ 낮에 짧은 잠을 잔다

임신하면 잠이 많아지는 것은 자연스러운 현상이다. 이럴 때는 단 10분이라도 낮잠을 자도록 한다. 10분 정도의 달콤한 낮잠은 건강에도 좋고 업무 효율도 높일 수 있다.

❸ 점심 식사 후 가벼운 산책이나 스트레칭을 한다

하루 내내 같은 자세로 일을 계속하면 피로가 쌓이고 요통의 원인이 될 수 있다. 점심 식사를 마친 후 동료와 회사 근처를 거닐며 이야기를 나누거나 옥상에 올라가 스트레칭을 한다. 가벼운 산책과 운동은 소화를 돕고 기분도 상쾌해진다.

중기★21~24주

임신 6개월

태아는 생존하기 위한 생리적인 기능의 기초는 거의 다 갖춰졌다. 하지만 아직은 자궁 밖으로 나오면 생존하지 못하므로 조산하지 않도록 주의한다. 태동이 점점 더 강해지는 시기이며 만약 태동이 멈추면 태아 사망의 가능성도 있으므로 즉시 병원에 가야 한다.

태아 성장 상태
키 약 26~35cm
몸무게 약 500~600g

 엄마 몸과 마음의 변화

임신했다는 사실을 현실로 받아들인다. 조울증은 거의 사라졌다. 정신이 멍하며 가끔씩 흐느껴 우는 불안정한 상태는 계속된다.

자궁저 높이 19~21cm, 눈에 띄게 부른 배, 왕성한 식욕
배를 누르지 않도록 몸에 꽉 끼는 옷을 피하고 넉넉하게 입는다. 유두가 민감해질 때이므로 유방 전체를 지탱하는 크기의 산모용 브래지어를 착용하여 유방을 보호한다.

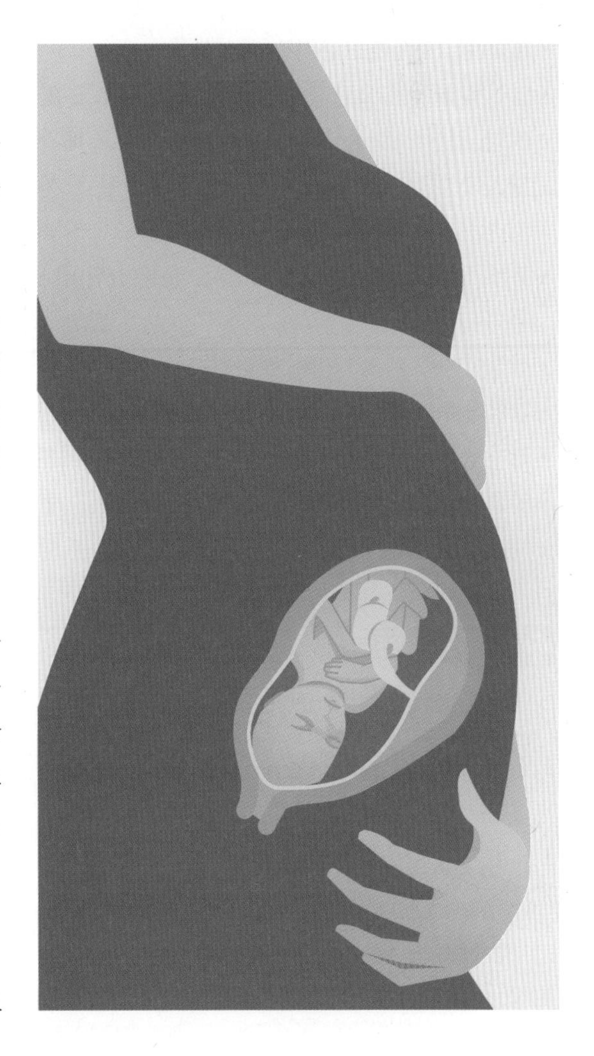

하복부와 복부 양 옆의 통증, 다리의 정맥류, 치질
아랫배가 많이 불러 오고, 자궁을 받치고 있는 복부 인대가 늘어나서 가끔 통증을 느끼기도 한다. 복부 전체가 당기며 공처럼 단단한 것이 만져지기도 한다. 이런 증상이 한 시간에 한 번 정도면 안심해도 된다. 임신 4개월부터 시작되어 출산 때까지 계속되기도 하는데 특별히 치료하지 않아도 괜찮다.

변비, 가슴 쓰림, 속 쓰림, 소화불량, 헛배 부름
자궁이 위장을 눌러서 변비가 생기며 헛배가 부르고

소화불량 증세가 나타나므로 식사량 조절에 신경을 쓴다. 체중이 늘어나면서 허리와 다리에 무리가 가고 피가 아래쪽으로 몰리기도 하는데 마사지로 풀어 준다.

발목과 다리, 가끔씩은 손과 얼굴이 약간 부어오름

발목과 다리, 가끔씩은 손과 얼굴이 약간 부어오른다. 발목이 붓는 것은 하룻밤 자고 나면 괜찮다. 상반신 부종은 하루 내내 몸을 많이 움직이는 사이에 어느 정도 가라앉는다. 어느 경우이든 염분 섭취를 줄이는 것이 도움이 된다.

그 밖의 신체 변화

- 대하(희끄무레한 질 분비물) 증가
- 임신부 중에는 오르가슴을 잘 느끼는 경우도 있지만, 임신으로 정신적인 불안감이 생기고 배가 나옴에 따라 성관계가 어렵고 오르가슴을 느끼기 힘든 경우가 많다.
- 복부, 얼굴의 피부색이 달라진다. 배꼽이 튀어나온다.
- 심장이 자주 뛰고 맥박이 빨라진다.
- 간헐적 두통, 현기증이나 의식이 흐린 증상
- 코가 충혈되고 가끔 코피가 나며 귀가 멍해진다.
- 잇몸에서 피가 나서 칫솔이 붉게 물든다.

Mom's 클리닉

6개월 차에 병원에서 확인하는 것

- ○ 체중과 혈압
- ○ 소변 중 당이나 단백질 함유 여부
- ○ 태아의 심박음
- ○ 자궁의 크기와 형태(외부 촉진)
- ○ 자궁저(자궁 꼭대기까지)의 높이
- ○ 손발의 부종, 다리의 정맥류
- ○ 엄마가 겪은 아주 예외적인 증상(어지러움증, 구토, 복통, 구토, 이명, 부종, 코피, 두통 등)

태아의 성장

신체의 각 기관 형성이 마무리되면서 완전한 4등신이 되고 호르몬을 생성하는 췌장이 서서히 발달하고 있다. 눈썹과 눈꺼풀이 거의 형성되고 머리카락도 색이 진해진다. 여아는 질이 형성되고 있다.

지금까지 태동을 느끼지 못했던 임신부들도 이제는 태아의 움직임을 확실히 느낄 수 있다. 태아는 엄마 배 속에서 다양한 표정을 짓고, 손발을 자유롭게 움직일 수 있다.

아빠가 할 일

몸과 마음이 힘든 시기이다. 임신부가 힘들지 않게 부기를 빼는 마사지를 자주 해 주고, 용기를 북돋는 말을 자주 해 준다.

출산용품 체크

아내의 몸이 더 무거워지기 전에 필요한 출산 용품을 체크해 미리 준비한다.

용기를 북돋아 준다

엄마는 배가 많이 나오고 요통, 부종 등의 증상이 수시로 나타나 힘들어한다. 앞으로 남은 시기를 건강하게 보낼 수 있게 용기를 북돋아 준다.

유방 마사지

손을 씻고 유방 전체에 오일을 바르고 유두를 부드럽게 잡아당겼다 놓기를 반복하면서 유방 마사지를 해준다. 단, 유방 마사지는 출산 후 모유 수유에 도움이 된다는 학자가 많지만, 자궁 수축을 유발해서 조산이나 출혈을 일으킬 수도 있으므로 이런 증상이 있으면 마사지를 중단한다.

21주 태아와 엄마

태아의 눈썹과 눈꺼풀, 여자아이는 질이 형성된다. 태동이 확실히 느껴지며 엄마의 피부가 늘어나 가려움증이 나타나기도 한다. 피부 보습에 신경 쓰고, 균형 잡힌 식습관으로 영양도 충분히 공급한다.

엄마의 변화

복부나 다리, 유방 등에 가려움증이 나타난다. 임신 가려움증은 임신 호르몬, 유전 환경 요인 등과 관계 있다. 심하면 수포가 생기기도 하는데, 이는 피부가 늘어나고 건조해지면서 생기는 증상이다. 크림이나 오일을 발라 수분을 공급하면 가려움증이 줄어든다. 또한 샤워를 자주 하여 청결을 유지하고 자극이 적은 100% 순면 소재의 옷을 입는다.

엄마 피부 가려움증이 나타날 수 있다

태아의 성장

태아의 신장은 약 26cm이고, 몸무게는 약 500g이다. 눈썹과 눈꺼풀이 거의 형성되고 머리카락도 색이 진해진다. 이때 피부는 붉고 쭈글쭈글하다. 여아는 질이 형성되고 있다.

지금까지 태동을 느끼지 못했던 임신부들도 이제는 태아의 움직임을 확실히 느낄 수 있다. 태동은 특히 임신부가 쉬려고 누웠을 때 시작된다.

엄마 눈썹과 눈꺼풀이 보인다

Mom's 클리닉

6개월 태동 변화

태아가 엄마 배꼽 위까지 올라와 넓은 범위에서 태동을 느낄 수 있다. 양수의 양이 많아서 태아가 양수 속에서 상하좌우로 자유롭게 움직이는 등 행동이 다양해지고 태동도 더욱 선명해진다. 태아의 자리가 정해져 한쪽에서만 태동이 느껴지는 경우가 많다.

남편을 비롯한 주위 사람들도 임신부의 배에 손을 대면 태동을 느낄 수 있다.

음식과 영양

임신 6개월에는 태아의 조직이 거의 완성되고 발육이 활발한 시기이므로 다양한 영양소를 충분히 공급해야 한다. 그 중 혈액을 만들어 주는 철분이 풍부한 쇠고기, 돼지고기, 닭고기, 생선, 굴, 바지락, 달걀노른자, 녹황색 채소 등을 골고루 섭취한다. 우유와 유제품은 철분 함량과 흡수율이 낮은 식품이라고 할 수 있다.

또한 태아 발육을 위해 단백질, 칼슘, 비타민 B군이 함유된 식품을 골고루 섭취한다.

철분 흡수를 도와주는 영양소

철분은 비타민 C와 함께 먹으면 흡수율이 높아지므로 철분이 함유된 식품을 섭취할 때에는 비타민 C가 풍부한 채소, 과일과 함께 섭취한다.
철분이 풍부한 달걀 샌드위치를 먹을 때 비타민 C가 풍부한 오렌지 주스를 곁들이는 등 식품 구성에 신경 쓴다.
임신 중에는 식사 도중이나 식사 후에 바로 커피나 녹차 등을 마시지 않는다. 차 속의 탄닌 성분은 철분의 흡수를 방해할 수 있다.

! 주의 : 전자파 주의

휴대전화, 컴퓨터, 텔레비전, 전자레인지 등 가전제품에서 나오는 전자파는 태아는 물론 임신부에게도 좋지 않은 영향을 준다. 따라서 잠자리에 들 때는 휴대전화를 끄고 가급적 침대와 멀리 떨어진 곳에 두고, 전자레인지를 사용할 때에도 멀리 떨어져 있는다.
컴퓨터는 필요할 때만 짧게 이용하고, 전자파 차단 앞치마를 착용하거나 식물을 옆에 두면 도움이 된다.

임신부 요통 예방법

약간의 요통은 임신부라면 누구나 겪는 고통이다. 하지만 흔하게 나타난다고 소홀히 생각하고 넘어가면 임신중독증이나 조산 등으로 이어질 가능성이 높으므로 요통을 예방할 수 있는 올바른 자세를 취한다.

❶ 등을 쭉 펴고 한 자세로 오래 서 있지 않는다.
❷ 배를 내밀거나 몸을 뒤로 젖히지 않는다.
❸ 의자는 너무 푹신한 것은 피하고 등받이가 있는 의자를 선택해 등을 바짝 붙이고 곧게 앉는다. 30분 이상 앉아 있지 않는다.
❹ 푹신한 침대보다는 딱딱한 매트나 이불 위에 옆으로 눕는다.
❺ 통증이 심할 때는 몸을 따뜻하게 한다.
❻ 임신부의 허리와 등 근육을 단련시키는 수영이나 체조 등 꾸준한 운동으로 복근을 단련하여 요통이 생기지 않도록 한다.
❼ 굽 높은 구두보다는 발을 안전하게 감싸는 운동화를 신는다.
❽ 마사지를 자주 한다. 혈액순환이 잘되도록 손목, 손가락, 손발 등을 가볍게 마사지한다. 잠자리에 들기 전 가볍게 마사지해 주면 요통을 줄일 수 있다.

22주 태아와 엄마

태아는 다양한 표정을 지을 수 있게 된다. 엄마는 위장이 눌려 변기가 생기기 쉬으니 배변 시간을 일정하게 유지하도록 노력한다. 질 청결과 피부 트러블을 방지하기 위해 샤워를 자주 하는 것이 좋다.

엄마의 변화

임신 4개월부터 갑자기 커진 자궁이 위장을 눌러 위의 활동이 둔해지므로 변비가 생기기 쉽다. 아침 배변 시간이나 식사 시간을 일정하게 한다면 변비 해소에 도움이 된다. 임신 후기가 되면 태아가 골반 쪽으로 내려가면서 증상이 호전된다.

엄마 변비가 생긴다

태아의 성장

태아의 피부는 주름투성이인데 몸무게가 증가하면서 주름이 줄어들게 된다. 태아는 눈동자를 움직이고 울상을 짓기도 하는 등 다양한 표정을 짓는다.
태아는 양수를 들이마시거나 삼킬 수는 있지만 맛을 느끼지는 못하고, 태어날 때까지는 배변을 보지 않는다. 양수를 잘못 삼키면 횡격막이 자극을 받아 딸꾹질을 하기도 한다.

태아 다양한 표정을 짓는다

음식과 영양

섬유질이 풍부한 샐러리, 양상추, 양배추, 우엉, 연근, 해조류, 고구마 등을 충분히 섭취한다.
섬유질이 풍부한 식품을 먹을 때 수분 섭취가 적으면 또 다른 변비를 일으킬 수 있으므로, 수분 섭취를 충분히 한다. 만약 이 시기까지 입덧이 남아 음식을 잘 먹을 수 없다면 샐러리나 양상추를 생으로 먹으면 입맛을 돋울 수 있다.
또한 임신 중에는 패스트푸드와 인스턴트식품 같은 가공식품은 가급적이면 먹지 않는다. 이들 식품에는 염분이 많이 들어 있어 임신중독증을 일으킬 수 있으며 고열량, 고지방 식품으로 산후 비만의 원인이 될 수 있다. 따라서 임신 중에는 신선한 재료로 갓 만든 음식을 먹도록 하며, 충분한 채소와 과일을 섭취한다.

❗ 주의 : 매일 목욕

임신 중기부터는 피하 지방이 증가하고 땀이나 피지 분비가 왕성해지므로 매일 미지근한 물로 가볍게 샤워하는 것이 좋다. 자주 씻지 않아 땀샘이 막히면 피부 트러블이 생기므로 자주 씻는다.

또한 질 분비물이 늘어나고 자정 능력이 떨어져 질이 세균에 감염될 수 있으므로 항상 청결하게 한다. 임신 중에는 회음부를 씻을 때 비누나 소독액을 사용하면 냉이 심해질 수 있으므로 사용하지 않도록 한다. 샤워는 임신부의 몸을 이완시켜 몸의 통증을 완화하고 혈액순환이 잘되게 한다.

하지만 너무 뜨거운 물로 씻으면 혈관이 과다하게 늘어나 쉽게 피로해지므로 미지근한 물로 매일 샤워하고 속옷도 자주 갈아입는 것이 좋다. 지나치게 높은 온도에서 오래 있으면 장에 열이 스며들어 좋지 않고 태아에게도 무리가 갈 수 있으므로 고온의 사우나에 들어가지 않는다.

유방 마사지

임신 중기가 되면 본격적으로 유선이 발달하면서 임신부의 몸은 모유를 만들 준비를 한다. 유방 마사지는 조산 증상이나 출혈이 없는 임신부의 경우 조심스럽게 한다. 이때 세균이 침투하지 않도록 손을 깨끗이 씻고 손톱도 짧게 정리하여 유두에 상처가 나지 않도록 하는 것이 중요하다.

좋은 수유 환경 만들기

❶ 모유 수유 권장 병원을 선택한다.
❷ 의사에게 모유 수유를 할 것이라는 의사를 미리 알린다.
❸ 모유 수유 용품을 미리 준비한다.

수유를 위한 가슴 만들기

❶ 잘 물 수 있는 젖꼭지를 만든다.
❷ 유방이 작다고 젖이 적진 않다.
❸ 함몰 유두는 마사지나 교정기로 교정한다.
❹ 4개월부터 유방 마사지를 한다.
❺ 유두를 깨끗하게 관리한다.

23주 태아와 엄마

태아는 완전한 4등신이 된다. 청력이 더욱 발달하고 폐혈관도 성숙한다. 엄마는 자궁이 위를 압박해 소화불량과 헛배 부름이 생길 수 있다. 임신중독증을 예방하기 위해 되도록 싱겁게 먹고 신선한 채소 위주로 식사한다.

엄마의 변화

커진 자궁이 위장을 압박해서 소화불량, 헛배 부름 등의 증세가 나타난다. 누워 있거나 기침을 할 때, 배변 시 힘을 줄 때, 무거운 물건을 들 때 자주 속 쓰림을 느끼거나 위산이 역류되기도 한다.

엄마 소화불량, 속 쓰림을 느낄 수 있다

태아의 성장

태아의 청력이 발달하여 엄마의 소화 기관에서 나는 소리, 혈관에 혈액이 흐르는 소리, 엄마의 심장 소리 등을 들을 수 있다. 엄마가 하는 모든 말에 아기는 귀 기울여 듣고 있으므로 예쁘고 고운 말을 사용한다. 이 시기에는 신체의 각 기관 형성이 마무리되면서 완전한 4등신이 된다.
또한 손발을 자유롭게 움직일 수 있다. 양수의 양도 많아져 발버둥을 치는 등 움직임이 급격히 증가하게 되며 태아의 폐혈관은 숨쉬기를 준비하기 위해 성숙되고 있다.

태아 엄마의 심장 소리를 듣는다

음식과 영양

임신중독증을 예방하기 위해서는 부종과 고혈압 증세를 가져올 수 있는 지나친 염분 섭취는 피해야 한다. 자연 식재료를 사용해 요리할 때, 음식 간을 맞추기 위해 나트륨을 소량 넣는 것은 안전하다. 하지만 이미 조리된 가공식품 등에는 나트륨 함량이 높으므로 주의한다. 자연 식품의 감칠맛을 이용해 음식의 간을 맞추면 소금이나 간장의 사용량을 줄일 수 있다.
다시마, 멸치, 마른 새우 등 해산물을 우려서 육수로 사용하거나 갈아서 양념 대신 넣으면 감칠맛을 느끼고 건강도 챙길 수 있다.

주의 : 한약과 민간요법

변비, 감기, 두통 등의 증상이 있어도 약을 함부로 먹을 수 없어서 몸에 좋다는 한약을 먹거나 민간요법을 사용하는 경우가 있는데, 임신 중에는 삼가야 한다.
건강 기능 식품이나 미용 식품으로 알려진 것 중에는 임신 중 피해야 할 성분들이 많다.
계피와 마른 생강, 율무, 엿기름, 알로에, 홍화 등은 태아에게 손상을 주거나 유산의 위험이 있으므로 먹지 말아야 한다. 우황청심환이나 사향, 주사 등도 태아에게 영향을 줄 수 있으므로 주의한다.

24주 태아와 엄마

태아는 치아와 눈, 췌장이 성숙된다. 엄마는 몸가짐을 조심하고 무리가 가지 않도록 굽이 낮은 신발을 신어야 한다. 또한 임신부용 속옷을 구입해 몸을 편안히 한다. 이 시기에 제대혈 검사와 임신성 당뇨 검사를 받는다.

엄마의 변화

임신을 했다고 해서 항상 마음이 즐거울 수는 없다. 종종 짜증이 나거나 심통이 나더라도 자연스러운 현상이니 편안한 마음으로 잘 이겨낸다.

임신으로 체중이 많이 증가하고 자궁이 커짐에 따라 몸의 중심을 잡기가 어려워진다. 손과 발, 다른 관절들도 임신 호르몬의 영향을 받아 약해지기 쉽다.

외출할 때는 다른 사람과 부딪치지 않도록 조심하고, 굽이 높은 신발은 몸의 균형을 유지하기 어렵고 요통을 유발할 수 있으니 굽이 낮은 편안한 신발을 신는다.

엄마 외출 시 조심

태아의 성장

태아의 입술이 좀 더 뚜렷해지고 잇몸 밑에는 치아의 뿌리가 싹처럼 생기고 있다. 홍채(검은 눈동자)는 아직 색소를 띠지 않았지만 눈이 성숙되고 있다. 눈썹과 눈꺼풀은 제 위치에 자리하고 호르몬을 생성하는 췌장이 서서히 발달하고 있다.

태아 치아가 생기고 있다

정기 검진 및 건강 포인트

정밀 초음파 검사

임신 24주 차에 태아의 형태적 기형 유무를 알아보기 위해 정밀 초음파 검사를 실시한다.

태아의 뇌, 척추, 심장, 소화기, 신장, 팔다리, 손가락과 발가락 등 태아의 전반적인 기형 유무를 확인하는 검사이다. 양수 양과 태반의 위치 이상을 감별하는 필수 검사이다.

임신성 당뇨 검사

임신 전 당뇨가 있었거나 요당이 있는 경우, 당뇨 가족력이 있고 나이가 35세 이상이라면 반드시 검사해야 한다.

임신 24~28주에 실시하며 임신성 당뇨는 조기에 발견하는 것이 중요하다. 선천성 당뇨인 경우 당 조절을 하지 않고 출산을 하게 되면 뇌 이상 기형아가 태어날 수 있다. 또한 임신성 당뇨는 임신 중 꾸준히 당 조절을 하지 않으면 폐가 성숙하지 않은 아이가 태어날 수도있다.

특히 임신성 당뇨병은 4kg 이상의 거대아, 사산, 출생 시 손상, 저혈당증 등 산모와 아이에게 위험한 합병증을 유발하므로 조기에 발견해 치료해야 한다.

주의 : 8~9시간 수면

임신부가 충분한 수면을 하지 못하면 몸이 피곤하고 신체 기능이 떨어지는데, 이는 모체의 호르몬이 태아에게 가는 것을 방해해 태아 성장 발육에 지장을 준다. 특히 저체중아를 유발하고 조산의 위험을 증가시키므로 임신부는 반드시 숙면을 취하도록 노력한다.

또한 임신부에게 잠이 부족하면 부종과 허리 통증, 두통 등 각종 임신 합병증이 심해질 수 있으므로 충분한 수면을 취해야 몸에 무리가 가지 않는다. 정상인의 하루 적정 수면 시간은 7~8시간으로 임신부는 이보다 1시간 많은 8~9시간을 자는 것이 좋다. 충분한 수면을 위해서는 취침과 기상 시간을 정해 규칙적으로 잠들고 일어나는 것을 추천한다.

밤에 충분히 수면을 이루지 못했다면 낮잠을 잠깐 잔다. 낮잠은 최대 1시간을 넘지 않도록 하고 보통 15~30분 짧게 잠으로써 밤잠을 설친 피로를 풀도록 하며 오후 3시 이후에 자는 낮잠은 밤잠을 방해하므로 삼간다.

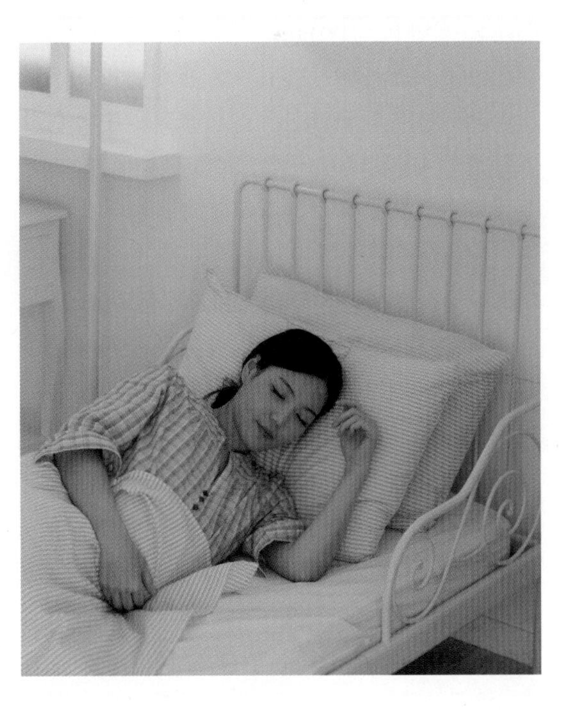

음식과 영양

임신 중기부터는 태아의 뼈가 단단해지는 시기인 만큼 칼슘 섭취가 중요하다. 칼슘의 주된 기능은 뼈를 형성하고 단단하게 하는 것이지만 이 밖에도 혈액 응고, 신경 전달, 근육 운동, 세포 대사 등에서도 중요한 역할을 한다.

칼슘이 부족하면 유산, 조산, 난산의 위험이 있고 산후 회복이 지연되며, 임신 중에 다리가 당기거나 손발이 저린 증상이 나타나기도 한다.

칼슘은 우유나 치즈, 떠먹는 요구르트와 같은 유제품, 멸치나 뱅어포와 같은 뼈째 먹는 생선, 두부, 콩, 새우, 브로콜리 등 녹색 채소에 많이 들어 있다.

임신 중 태아에게 필요한 칼슘량은 1일 30mg으로 모체 칼슘량의 약 2.5%에 불과하므로 칼슘 보충제를 통해 섭취할 필요는 없으며 칼슘이 풍부한 식품을 먹는 것이 좋다.

중기★25~28주

임신 7개월

유두 주변에 좁쌀 모양의 돌기가 생기고, 자궁의 확대로 뱃살이 터져 배 주위에 임신선이 생긴다. 또한 자궁이 커지면서 대정맥을 압박해 하반신의 혈액순환이 나빠져 무릎 뒤편이나 허벅지 안쪽, 항문 등에 정맥류가 생긴다.

태아 성장 상태
키 약 36~39cm
몸무게 약 1kg

엄마 몸과 마음의 변화

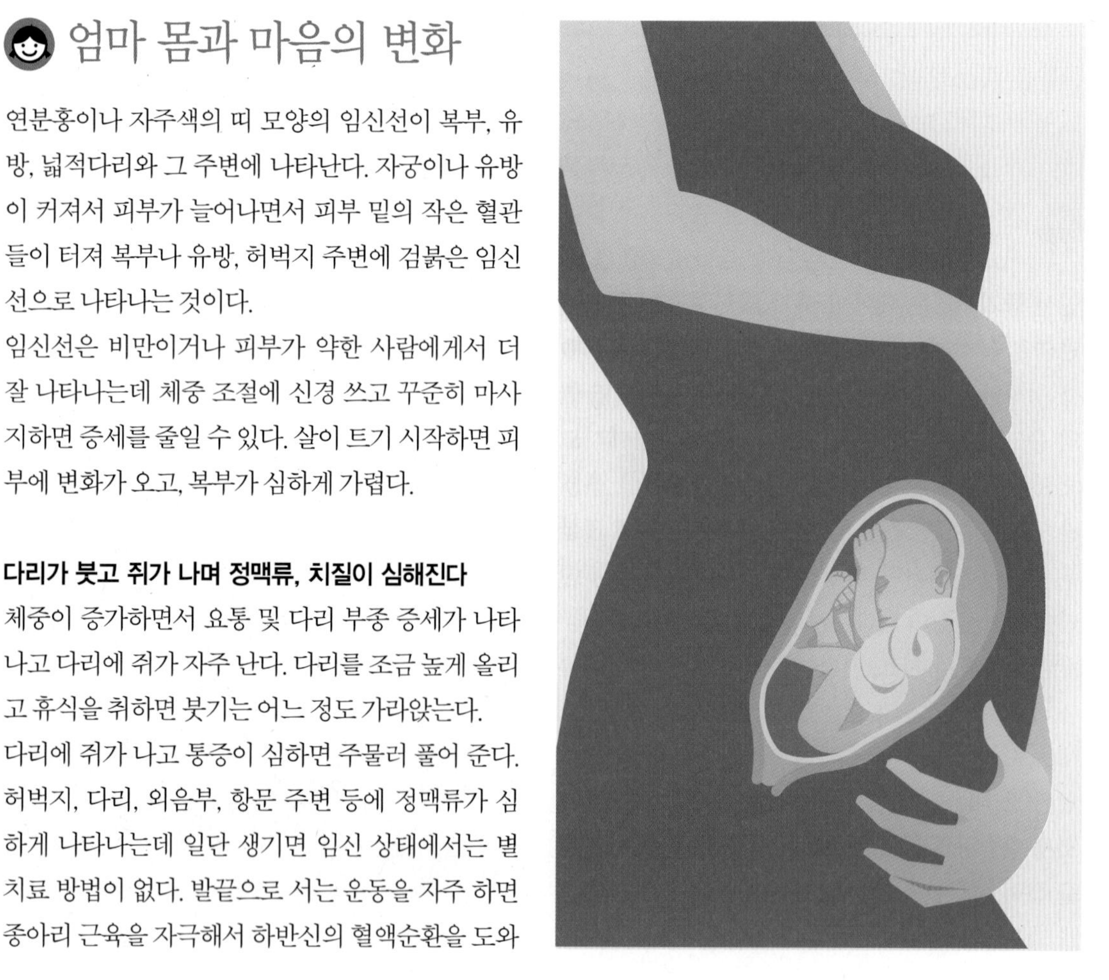

연분홍이나 자주색의 띠 모양의 임신선이 복부, 유방, 넓적다리와 그 주변에 나타난다. 자궁이나 유방이 커져서 피부가 늘어나면서 피부 밑의 작은 혈관들이 터져 복부나 유방, 허벅지 주변에 검붉은 임신선으로 나타나는 것이다.

임신선은 비만이거나 피부가 약한 사람에게서 더 잘 나타나는데 체중 조절에 신경 쓰고 꾸준히 마사지하면 증세를 줄일 수 있다. 살이 트기 시작하면 피부에 변화가 오고, 복부가 심하게 가렵다.

다리가 붓고 쥐가 나며 정맥류, 치질이 심해진다

체중이 증가하면서 요통 및 다리 부종 증세가 나타나고 다리에 쥐가 자주 난다. 다리를 조금 높게 올리고 휴식을 취하면 붓기는 어느 정도 가라앉는다.

다리에 쥐가 나고 통증이 심하면 주물러 풀어 준다. 허벅지, 다리, 외음부, 항문 주변 등에 정맥류가 심하게 나타나는데 일단 생기면 임신 상태에서는 별 치료 방법이 없다. 발끝으로 서는 운동을 자주 하면 종아리 근육을 자극해서 하반신의 혈액순환을 도와 정맥류를 예방하는 데 효과가 있다.

빈혈 증세가 나타나거나 현기증을 느끼기 쉽다

현기증은 임신의 증상이기도 하지만, 빈혈이 원인일 수도 있으므로 증상이 계속되거나 너무 심하면 의사와 상의한다. 빈혈 증세가 없더라도 예방을 위해 임신 20주부터 출산 때까지 철분제를 먹는다.

유두 주변에 좁쌀 모양의 돌기가 생긴다

유두와 그 주변에 작은 좁쌀 모양의 돌기가 생겨나기 시작하고, 유방을 강하게 누르면 유즙이 나오기도 한다. 유방 손질을 꾸준히 한다.

Mom's 클리닉

7개월 차에 병원에서 확인하는 것

- ◌ 체중과 혈압
- ◌ 소변 중 당이나 단백질 함유 여부
- ◌ 태아의 심박음
- ◌ 자궁의 크기와 형태(외부 촉진)
- ◌ 자궁저(자궁 꼭대기까지)의 높이
- ◌ 손발의 부종, 다리의 정맥류
- ◌ 엄마가 겪은 아주 예외적인 증상

그 밖의 신체 변화

- 태동이 더욱 뚜렷하게 느껴진다.
- 대하(희끄무레한 질 분비물) 증가
- 하복부와 복부 양 옆의 통증(자궁을 받치는 인대가 늘어난다)
- 변비
- 가슴 쓰림, 소화불량, 헛배 부름, 배가 부풀어 오른다.
- 간헐적 두통, 현기증이나 의식이 흐린 증상
- 코가 충혈되고 가끔 코피가 나며 귀가 멍해진다.
- 잇몸에서 피가 나서 칫솔이 붉게 물든다.
- 식욕이 왕성해진다.
- 배꼽이 튀어나온다.
- 요통
- 복부나 얼굴의 피부색이 달라진다.

엄마 마음의 변화

조울증은 거의 없어지고 멍한 상태가 계속된다. 임신 상태가 지루해지기 시작한다. 미래에 대해 불안해한다.

태아의 성장

태아의 신장은 약 36~39cm이며 몸무게는 약 1kg이다. 콧구멍이 뚫리고 호흡하는 흉내를 내기도 하는데, 아직 폐에 공기가 없기 때문에 실제로 숨을 쉬지는 못한다. 눈동자가 완성되어 앞을 보고 초점을 맞추기 시작하며 속눈썹이 생긴다. 엄마의 배에 밝은 빛을 계속 비추면 반응하여 깜짝 놀라기도 하고 빛을 따라 고개를 움직이기도 한다. 초음파로 관찰하면 웃는 모습, 찡그린 모습 등 표정을 볼 수 있다. 청각은 거의 완성되어 외부 소리에 놀라거나 긴장하기도 하기 때문에, 화내거나 시끄러운 소리보다는 아름답고 고요한 소리를 많이 들려주어야 한다.

아빠가 할 일

한 시간 이상 차를 타면 그 진동이 임신부에게 오래 전달되어 조산할 염려가 있지만, 교외로 가는 짧은 드라이브는 기분을 북돋아 주어 건강에 좋다.

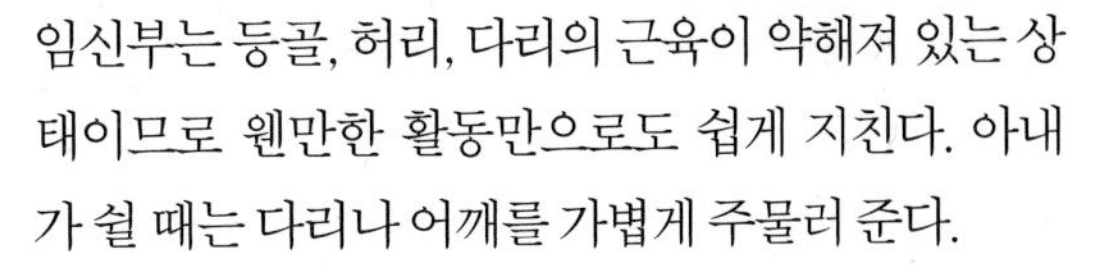

임신부는 등골, 허리, 다리의 근육이 약해져 있는 상태이므로 웬만한 활동만으로도 쉽게 지친다. 아내가 쉴 때는 다리나 어깨를 가볍게 주물러 준다.

25주 태아와 엄마

태아는 피부에 살이 붙고, 눈꺼풀이 갈라져 빛을 구분할 수 있게 된다. 엄마는 임신선이 생긴다. 태동이 가장 활발한 시기이기도 한다. 7개월부터는 조산을 특히 조심해야 한다.

엄마의 변화

임신한 여성의 절반 정도에서 임신선이 생기는데, 임신선은 자궁이나 유방의 확대로 피부가 늘어나 피부 밑의 작은 혈관들이 터져 복부나 유방, 엉덩이 주위에 작은 줄이나 반점이 생기는 것이다.
임신선은 핑크색에서 짙은 갈색까지 다양하며, 임신이 진행될수록 더 또렷이 드러나는 특징이 있다. 피부가 약한 사람에게 더 잘 나타나며 출산 후 점점 엷어지므로 크게 걱정하지 않아도 된다.

엄마 임신선이 나타난다

태아의 성장

이 시기에는 태아의 피부에 지방이 붙으면서 쭈글쭈글하던 얼굴 모양이 포동포동하게 살아나 이제는 제법 아기처럼 보인다.
붙어 있던 눈꺼풀이 반으로 갈라지며 아직 눈으로 볼 수는 없지만 모체에서 보내는 멜라토닌이라는 물질이 뇌에 전달되어 명암 구분이 가능해진다. 양수를 마시며 뱉고 손가락을 빨기도 한다.

태아 이제 제법 아기처럼 보인다

Mom's 클리닉

7개월 태동 변화

양수의 양이 가장 많은 시기로 아직은 여유 공간이 있어 태아가 양수 속에서 자유롭게 움직인다. 공중곡예를 하듯이 움직이거나 발로 배를 차는 등의 동작을 하기 때문에 엄마 배의 피부가 얇으면 배가 튀어나오는 등 눈으로도 태동을 확인할 수 있는 시기이다.

정기 검진 및 건강 포인트

임신 7개월부터는 조산을 조심해야 한다. 조산이란 정상적인 임신 기간을 다 채우지 못하고 임신 20~37주에 분만하는 것을 말한다. 연구 조사에 따르면 우리나라 임신부 10명 중 1명이 조산을 한다고 한다.
조산의 원인은 크게 자연적인 조기 진통, 조기 양막 파수 등이 있다. 산과적 질환 중 태반의 이상, 양수의 양이 너무 많은 경우, 자궁경관 무력증, 자궁 내 감염, 쌍둥이나 거대아 임신, 피로와 스트레스, 임신중독증 등이 그 예이다.
조산의 징후는 여러 형태로 나타난다.

- 8개월 이후에 배 뭉침과 복통이 규칙적으로 있을 때
- 임신 후기에 출혈이 있을 때
- 양수가 터졌을 때
- 자궁구가 벌어지는 느낌이 들거나 생리통과 같은 통증이 있을 때
- 갑자기 태동이 줄거나 오랜 시간 동안 태동이 느껴지지 않을 때

음식과 영양

임신 중기에 질이 나쁜 과도한 지방을 섭취하면 몸속에 저장되어 산후 비만으로 이어질 수 있으므로 지방 섭취에 있어서도 주의를 기울여야 한다.
동물성 지방은 분자가 커서 태반을 통과하지 못해 모체의 피하지방에 쌓여 비만의 원인이 되므로 동물성 지방보다는 식물성 지방 위주로 섭취하는 것이 좋다.

건강한 지방 음식 조리법

고기는 지방 함량이 많은 갈비, 등심, 삼겹살 등의 부위보다 기름이 적은 살코기를 사용하고, 음식을 조리할 때에는 버터보다는 들기름, 올리브유, 참기름 등을 사용한다. 또한 기름을 많이 사용하는 튀김이나 볶음보다는 찜, 구이 등 조리법을 달리하는 것이 칼로리를 줄이는 현명한 방법이다.

피해야 할 지방

최근 부각되는 트랜스 지방 또한 주의해야 한다. 트랜스 지방은 마가린, 감자 튀김, 도넛, 생선 튀김, 돈가스, 닭 튀김, 페이스트리, 케이크, 과자 등 바삭바삭한 식품에 많이 들어 있다.
과도한 트랜스 지방은 우리 몸에서 동물성 지방과 같은 역할을 하며 심혈 관계 질환을 유발하므로 건강한 태아와 임신부를 위해 섭취를 줄인다.

주의 : 몸가짐

❶ 임신중독증에 주의한다

임신중독증에 걸리면 조산할 위험이 매우 높아진다. 평소 체중 조절을 잘하고, 염분 섭취를 줄여 임신중독증에 걸리지 않도록 조심한다.

❷ 피로를 없애고 스트레스를 줄인다

오래 서 있거나 무거운 물건을 들거나 장거리 여행을 하면 몸에 피로가 쌓여 조산 위험이 높아진다. 스트레스 역시 배가 당기는 원인이 되므로 스트레스가 쌓이지 않도록 한다.

❻ 정상적인 임신 상태에서는 성관계도 괜찮다

정액에는 자궁을 수축시키는 물질이 들어 있어 성관계 후 배 뭉침이 생길 수 있다. 하지만 조산 위험이 있는 경우가 아니라면 굳이 피할 필요는 없다.

❼ 몸을 따뜻하게 유지한다

몸이 차면 혈액순환이 되지 않아 자궁에 압력이 가해질 수 있다.

❽ 8개월 이후에는 복대를 하지 않는다

혈액순환을 방해하여 몸을 차갑게 하고 이로 인해 자궁이 수축될 수 있으므로 임신 후기부터는 복대나 꼭 끼는 속옷도 입지 않는 것이 좋다.

❸ 여행이나 운동은 피한다

임신 28주 이후에는 되도록 여행을 떠나지 않는 것이 좋다. 어쩔 수 없이 여행을 해야 하는 상황이라면 버스보다는 움직임이 덜하고 사고 위험이 낮은 기차나 비행기가 좋다.

❹ 낙상을 조심한다

낙상으로 조산하는 경우가 의외로 많다. 넘어지지 않도록 3cm 정도로 굽이 낮은 신발을 신는다. 목욕탕에서 미끄러져 조산이 될 수 있으므로 임신 후기에는 대중목욕탕은 피하고 집에서 가볍게 샤워를 한다.

❺ 운전은 삼간다

교통사고로 충격을 받아 양수가 먼저 터져 조산이 되는 경우가 종종 있으므로 임신 후기에는 가능한 한 직접 운전하는 것을 피한다.

튼살 고민, 마사지로 해결하세요

배가 급격하게 불러오는 임신 중 · 후기에는 체중이 급격히 늘면서 복부와 허벅지, 엉덩이에 튼살이 생기기 쉽다. 튼살이 붉은색에서 흰색으로 변하면 치료가 잘 되지 않으므로 꾸준히 마사지한다. 보통 임신 3개월 이후부터는 매일 꾸준히 마사지하는 것이 좋다. 임신 중 마사지로 몸에 많은 변화가 찾아오는 6개월 이후에도 유연하고 탄력 있는 피부 상태를 유지할 수 있다.

복부 마사지

❶ 마사지 방향은 언제나 시계 방향이다. 원활하고 효과적인 혈액순환을 위한 것이므로 잊지 말아야 한다.

❷ 세게 꼬집는다는 느낌보다는 부드럽게 살을 밀어 올린다는 느낌으로 마사지한다.

양쪽 허벅지와 엉덩이 밑

❶ 가장 튼살이 많이 생기는 부위이므로 항상 이 부위를 신경 써서 관리해야 한다. 양 주먹을 사용해 양쪽 허벅지를 번갈아가면서 끌어 올린다. 하루에 30회 이상 한다.

❷ 엉덩이 밑 부분을 두 손으로 감싸고 번갈아가며 끌어 올린다.

26주 태아와 엄마

태아는 숨쉬기 연습을 하고 엄지를 빨며 젖을 빠는 연습을 한다. 엄마는 갈비뼈가 눌려 통증을 느끼게 된다. 먹는 음식에 신경 쓰고 적정 온도 유지에 힘쓴다.

엄마의 변화

태아가 성장하면서 자궁이 점차 커져 갈비뼈 위까지 올라가게 된다. 올라온 자궁의 압박을 이기지 못해 가장 아래쪽 갈비뼈가 휘어지면서 통증이 생긴다.

태아가 발로 갈비뼈를 밀치거나 누르면 가슴에 통증을 느끼기도 하는데, 이때는 자세를 바꾼다.

엄마 갈비뼈에 통증이 느껴진다

태아의 성장

콧구멍이 뚫리면서 호흡을 하는 흉내를 내기도 하는데, 아직 폐에는 공기가 없기 때문에 실제로 숨을 쉬지는 못한다. 태아가 양수 내에서 하는 호흡 연습은 출생했을 때 첫 공기 호흡을 시작하는 데 도움을 준다.

태아는 입술을 움직이면서 젖을 빠는 동작을 배우게 되는데, 대부분 엄지손가락을 빨며 시간을 보낸다. 이전까지는 무의식적으로 팔다리가 움직였지만, 대뇌피질이 발달하면서 이제는 태아 스스로 몸의 방향을 돌릴 수 있어 몸의 방향을 자주 바꾸게 된다. 이 시기에는 태아가 거꾸로 있는 경우가 많다.

태아 숨쉬기 연습을 한다

정기 검진 및 건강 포인트

분만 시 나타날 수 있는 위험을 줄이기 위해 혈액 검사를 다시 받는다. 임신 초기에는 없던 빈혈이 생겼거나 심해지면 의사와 상담 후 철분 보충제 용량을 조절한다.

음식과 영양

신선하고 안전한 재료를 사용하여 영양이 골고루 들어가 있으며 자극적이지 않은 요리는 임신부뿐만 아니라 태아에게도 중요하다. 음식을 통해 입으로 들어오는 유해 물질은 인스턴트식품의 식품 첨가물에만 있는 것이 아니다.

겉보기에 자연식이라 해도 농약, 방부제, 항생제, 호르몬 등을 사용하면 인스턴트식품과 다를 바가 전혀 없다. 따라서 오염이 덜한 유기농 식품을 선택하거나 유해 물질을 깨끗이 제거한다. 채소에 남아 있는 농약을 지속적으로 섭취하면 체내에 축적되어 스트레스를 유발하고, 면역력을 약화시키며 아토피의 원인이 될 수도 있다.

익히지 않고 섭취하는 채소나 껍질째 먹는 과일 등은 되도록 유기농 식품을 이용하고, 여의치 않을 때는 과일 세척제, 식초, 탄산수소나트륨(베이킹소다)

등에 10분 이상 담근 후에 먹는다.

❗ 주의 : 실내 적정 온도

임신 중 몸을 지나치게 따뜻하게 하는 것은 좋지 않다. 몸을 너무 따뜻하게 하면 몸의 기운이 소모되어 피부가 거칠어지고 아이가 허약할 수 있다.
반대로 몸이 너무 차면 감기에 걸릴 수 있으므로 실내 온도는 20~22도, 습도는 40~60%를 유지한다.

Mom's 톡톡

옷이나 가방, 신발은 어떤 것이 좋을까?

임부복

단정해 보이면서 편안한 것이 좋다. 일반적으로는 엉덩이와 무릎 사이까지 내려오는 길이의 블라우스에 레깅스 정도면 무난하며, 원피스나 A라인의 롱 재킷, 밝은 컬러의 카디건을 받쳐 입으면 깔끔하면서도 편안한 스타일을 연출할 수 있다.
플라워 프린트, 스트라이프, 기하학적 무늬 등 화려한 프린트가 있는 옷을 선택하면 부른 배를 감추고 날씬한 느낌을 줄 수 있다.

신발

구두 굽은 3~4cm가 적당하다. 구두는 바닥에 미끄럼 방지 처리가 된 것으로 신는다. 지나치게 높거나 낮은 굽, 하이힐이나 샌들을 신으면 발이 붓거나 피로가 증가된다.

3~4cm 굽의 편안한 신발이 적당하다.

가방

손가방보다는 배낭형 가방이 편하다. 두 손이 자유로워야 아래로 처지는 배를 받치거나 감싼 상태로 다닐 수 있고 대중교통을 이용할 때도 안전하게 손잡이를 잡을 수 있다.

27주 태아와 엄마

태아는 얼굴과 몸에 더욱 살이 붙는다. 외부 소리에 점점 더 민감해져 엄마와 대화할 수 있다. 엄마는 가진통이 오기 시작한다. 활동을 많이 하거나 스트레스를 받으면 배가 많이 뭉칠 수 있다. 체중 조절을 위해 과식이나 야식은 삼간다.

엄마의 변화

임신 중반기에는 배가 몇 초 동안 단단해지면서 쑥 솟았다가 다시 이완될 때가 종종 있다. 이를 가진통이라고 하는데, 앞으로 다가올 분만을 미리 준비하는 것이다.

가진통은 경산부일수록 더 빨리 더 자주 강하게 온다. 가진통의 정도가 심하면 자세를 바꿔 움직이거나 휴식을 취한다.

엄마 종종 배가 뭉친다

아기의 성장

태아가 점점 커지면서 자궁이 좁아진다. 태아는 점차 눈을 감았다 떴다 할 수 있으며 정기적으로 잠들었다가 깨어나기를 반복한다. 혈관이 비칠 정도로 투명했던 피부가 점차 붉어지면서 불투명해진다. 피부의 지방 분비가 증가하여 얼굴과 몸이 통통해지지만, 아직 얼굴에는 주름이 많다.

또한 이 시기에 태아는 외부의 소리에 더욱 민감하게 반응하며 엄마와 대화를 할 수도 있다. 엄마가 불안하고 흥분한 상태가 되면 태아도 불안해하며 계속 깨어 있으므로 편안한 마음으로 늘 안정을 취하고 아빠, 엄마는 아기와 대화하는 시간을 늘려 간다.

태아 투명했던 피부가 붉고 불투명해진다

정기 검진

임신 중기가 되면 가끔씩 자궁의 수축을 느끼며 임신 기간이 늘수록 그 빈도는 증가한다. 이는 임신 중 나타나는 정상적인 증상이므로 걱정하지 않아도 되며 인위적으로 없앨 필요도 없다.

그러나 자궁 수축의 빈도가 1시간에 4~5회 이상을 넘으면, 조산의 위험이 있을 수 있으니 병원에 가야 한다. 검사에서 규칙적인 자궁 수축이 확인되면 입원해서 자궁 수축 억제제를 사용하기도 한다. 배의 당김 증상은 무리한 활동을 한 후 생기는 경우가 있는데, 이럴 때는 쇼핑이나 운동 등 무리한 활동을 중단하고 안정을 취한다.

음식과 영양

임신부는 과식하거나 밤에 간식을 먹지 않도록 주의해야 한다. 임신 초기에는 입덧이 심해 아무것도 먹지 못하다가 입덧이 가라앉는 중기가 되면 허기를 느껴 허겁지겁 많이 먹는 경우가 있다.

하지만 이때부터 자궁이 커져 장을 누르므로 소화기관이 약해진다. 따라서 과식을 하면 소화가 잘 안 되어 음식물이 위에 머무는 시간이 길어지고 소화불량이 생기기 쉽다.

소화기에 문제가 생기면 태아에게 영양분이 제대로 전달되지 않으므로 건강하지 못한 아기가 태어날 수 있다. 또한 과식은 임신부 비만으로 이어져 분만 시 어려움을 초래하고 임신중독증을 유발할 수 있으므로 조심해야 한다.

먹을 만큼만 조금씩 덜어서 먹으면 과식을 줄일 수 있다.

주의 : 승용차는 뒷좌석에 탑승

승용차에 탈 때는 뒷자리에 앉아서 운전 중 일어날 수 있는 위험으로부터 태아를 보호한다. 조수석에 앉을 때는 의자를 뒤로 빼 좌석 공간을 넓게 확보한다. 뒷자리에 앉더라도 안전벨트를 꼭 착용하고 앞자리와의 간격을 최대한 확보해서 접촉사고 등 충격을 받아도 배를 안전하게 지킬 수 있어야 한다. 승하차할 때도 수월하다. 엉덩이를 최대한 좌석에 붙이고 등을 기댄다. 비스듬하게 앉으면 급정거 때 몸의 균형을 잡기가 어려워진다.

28주 태아와 엄마

초음파로 태아의 표정까지 볼 수 있다. 엄마는 자궁경부에서 분비물이 많이 나오므로 질 청결에 힘쓴다. 다리에 간지럼증이 나타날 수도 있다. 체중을 조절하지 않으면 정맥류에 걸리기 쉽다.

엄마의 변화

출산 예정일이 가까워지면 원활한 출산을 위해 질과 자궁 경부가 부드러워지면서 자궁 경부에서 배출되는 분비물이 늘어난다.

이전 분비물과 비교해 보면 색이 진하고 점액이 많이 섞인 것이 특징이다. 이로 인해 외음부에 접촉성 피부염이나 습진이 생겨 가려울 수 있으므로 100% 순면 속옷을 착용하고, 속옷을 자주 갈아입는다. 샤워를 자주 하여 몸을 항상 청결하게 유지한다.

또한 이 시기에는 다리 부분에 무언가가 기어 다니는 듯한 가려움증을 느끼는 임신부도 있다. 이 증상의 원인은 밝혀지지 않았으나 임신부들에게 종종 일어나는 현상이다.

카페인이 증상을 악화시킬 수 있으므로 허브차나 한방차로 바꿔 마시는 것이 좋고, 종아리가 뭉칠 때마다 마사지로 풀어 주는 것이 좋다.

엄마 분비물이 많아지고 다리 부분이 가렵다

태아의 성장

태아는 이제 눈동자가 완성되어 앞을 보고 시선의 초점을 맞추기 시작하며 속눈썹이 생긴다. 엄마의 배에 밝은 빛을 지속적으로 비추면 이에 반응하여 깜짝 놀라기도 하고 빛을 따라 고개를 움직이기도 한다. 초음파로 관찰하면 웃는 모습, 찡그린 모습 등 다양한 표정을 볼 수 있다.

이 시기에 청각은 거의 완성되어 외부의 소리에 놀라거나 긴장하는 일이 생기므로 화내거나 시끄러운 소리보다는 아름답고 고요한 소리를 많이 들려주는 것이 좋다.

태아 빛에 반응할 수 있다

정기 검진 및 건강 포인트

단기간에 체중이 크게 늘면 정맥류가 생기기 쉬우므로 체중 증가에 주의한다.

몸에 달라붙는 옷이나 굽 높은 신발은 피하고, 다리를 꼬고 앉지 않는다.

누울 땐 옆으로 눕고 쿠션, 베개 등에 다리를 걸쳐서 혈액순환이 잘되게 한다. 몸을 항상 따뜻하게 해서 몸 구석구석까지 혈액이 잘 순환되게 한다. 발끝으로 서는 운동을 하면 종아리 근육이 자극을 받아 다리의 혈액순환이 잘된다.

음식과 영양

임신 중에는 패스트푸드와 인스턴트식품 등 가공식품을 먹지 않는 것이 좋다. 이들 식품에는 염분이 많이 들어 있어 임신중독증을 일으킬 수 있고, 각종 식품 첨가물이 들어 있어 산모와 아기에게 좋지 않은 영향을 미칠 수도 있다.

또한 영양소는 적고 열량만 높아 산후 비만의 원인이 될 수 있으므로 최소한만 섭취한다. 임신 중에는 신선한 재료로 갓 만든 음식을 먹는다.

주의 : 몸에 무리 주지 않는 생활

걸레질하기

O 가장 좋은 자세는 서서 밀대를 이용해서 걸레질 하는 것이다. 앉아서 해야 한다면 엉덩이를 바닥에 대고 앉아 걸레질을 한다.

X 쪼그려 앉아 걸레질하는 자세는 가장 좋지 않다. 이 자세는 다리뿐만 아니라 배에 잔뜩 힘이 들어가기 때문에 무리가 간다. 무릎을 꿇는 자세도 좋지 않다. 손을 뻗어 엎드리면 배가 무릎에 부딪치게 된다.

계단 오르내리기

O 한 손으로 배를 받친다. 계단에 손잡이가 있다면 손잡이를 잡고 이동한다.

X 손잡이를 잡지 않고 오르내리면 위험하다. 또한 호흡이 빨라지기 때문에 3층 이상의 계단 이동은 자제한다.

물건 들고 걷기

O 짐을 양손에 나누어 든다. 물건의 무게가 분산되어 한결 가볍게 들 수 있고 허리에 무리가 덜 간다. 가방을 어깨에 메어 균형을 잡는 것도 좋은 방법이다.

X 한 손에만 무거운 가방을 들면 무게 중심이 한쪽 방향으로 치우쳐 허리에 무리를 준다.

바닥에서 물건 집어 들기

O 상체를 굽히는 각도가 가장 작은 자세가 제일 안전하고 편하다. 아예 바닥에 엉덩이를 대고 털썩 주저앉아 물건을 집는 것이 좋다.

X 선 채로 다리를 전혀 굽히지 않거나 조금만 굽히는 자세도 나쁘다. 다리를 구부리는 각도가 작을수록 상체를 굽히는 각도가 커 허리와 무릎 관절에 무리가 가기 때문이다.

"처음 아기를 만난 그 순간부터
밥을 먹을 때, 예쁜 꽃을 볼 때, 계단을 오를 때
항상 아기가 건강하게 지내기를
바라며 행동합니다."

후기★29~32주

임신 8개월

태아 성장 상태
키 약 40~44cm
몸무게 약 1.5~2.1kg

임신중독증에 주의해야 할 시기이다. 혈압과 소변 검사를 통해 미리 체크해야 한다. 소금 양과 칼로리를 조절하여 미리 임신 비만을 예방한다. 손발이 붓는 정도는 일반적으로 나타나는 증상이다. 다리를 높게 올리고 휴식한다.

엄마 몸과 마음의 변화

흥분감이 커지고 모성애와 아기의 건강 및 진통과 출산에 대한 이해가 높아진다. 정신이 멍한 상태는 계속된다. 아기에 대해 꿈을 꾸거나 공상하는 시간이 늘어난다.

임신 상태가 지루해지는 시점이지만, 신체 상태가 좋을 때는 행복과 만족감을 느낀다.

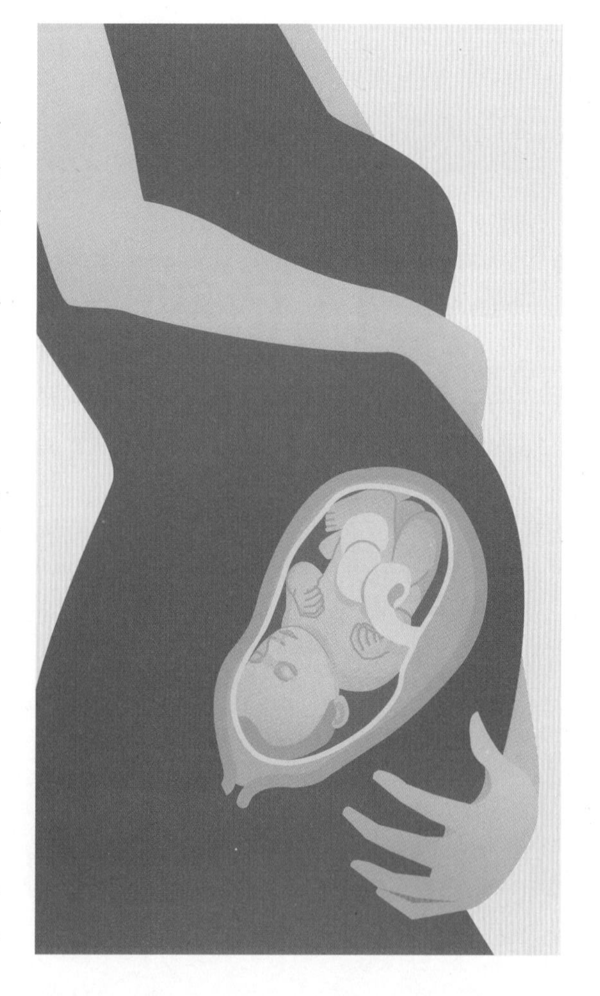

등과 허리가 무거워진다

임신 8개월이 되면 자궁 크기가 점차 커지면서 위, 폐, 심장 등을 밀어 올려 숨이 차오르는 등 몸이 불편해진다. 자궁의 높이는 약 25~28cm로 배꼽과 명치 중간쯤까지 올라온다. 자궁저가 높아져 위가 위쪽으로 밀리게 되면 속이 쓰리고 체한 듯한 느낌이 든다. 그래서 소화불량에 걸리기 쉽다.

조산에 유의한다

배가 딱딱해지거나 공처럼 단단하게 뭉치는 현상이 나타난다. 이는 자궁 근육이 예민해져서 자궁 수축을 일으키는 것인데, 하루 4~5회 일어난다. 이러한 증세가 빈번하면서 규칙적이면 조산으로 이어질 가능성이 있으므로 편안한 자세로 휴식한다. 오래 서 있거나 걸으면 배의 땅김이 심해진다.
배가 땅길 때는 곧바로 휴식한다. 아랫배가 딱딱해지면서 통증이 있거나 분비물에 피가 섞여 나올 때 그리고 양수가 터져 따뜻한 물 같은 것이 흘러나오면 병원에 가서 조산 여부를 검사한다.

초유가 만들어지고 분비물이 많아져 가렵다

젖꼭지와 그 주변이 거무스름해진다. 이 시기에 만들어진 산모의 초유는 모유보다 묽고 소화가 더 잘 된다. 출산 후 몇 번 더 나오는데, 면역 성분이 있어 아기가 초기 질병에 걸리는 것을 예방한다.

소변이 잦아진다

자궁 안에서 성장한 태아는 위나 폐, 심장뿐 아니라 방광을 압박하기 시작하므로 소변이 잦아진다. 소변은 참지 말고 그때그때 보아야 방광염으로 이어지는 일을 막을 수 있다.

Mom's 클리닉

8개월 차에 병원에서 확인하는 것

- ○ 체중과 혈압
- ○ 소변 중 당이나 단백질 함유 여부
- ○ 태아의 심박음
- ○ 자궁저(자궁 꼭대기까지)의 높이
- ○ 손발의 부종, 다리의 정맥류
- ○ 글루코스 선별 검사
- ○ 빈혈 여부를 알아보는 혈액 검사

그 밖의 신체 변화

- 태동이 더 강해지고 잦아진다.
- 호흡이 가빠지고 행동이 둔해지면(넘어질 위험이 큼) 간헐적인 두통, 현기증이나 의식이 흐릿해지는 증상이 나타난다.
- 가끔 코피가 나며 귀가 멍해지고 잇몸에서 피가 나기도 한다.
- 유방이 커지고 가슴 쓰림, 소화불량, 헛배 부름과 복부의 가려움증이 있고 배꼽이 튀어나오며 하복부와 배 양옆의 통증이 있다.
- 변비가 있다.
- 백대하가 더 진해지고 점성이 커진다.
- 밤에 다리에 쥐가 나기도 하고 발목과 다리, 가끔씩은 손과 얼굴이 약간 부어오른다.

태아의 성장

태아의 신장은 약 40~44cm이고, 몸무게는 약 1.5~2.1kg이다. 뇌의 크기가 커질 뿐 아니라 뇌 조직의 수도 증가한다. 성장한 뇌 조직은 신경 순환계와 연결되어 활동하기 시작하는데, 이로써 학습 능력과 운동 능력이 발달하게 된다.

아빠가 할 일

이제부터는 아내의 대부분의 임신 출산 일정을 함께한다. 정기 검진 때 같이 가고 출산 호흡법을 함께 익히고, 장보기를 대신한다. 배가 많이 부른 산모는 걷는 것도 힘겹기 때문에 정기 검진 등 외출을 할 때는 아내를 부축해 함께 간다. 잠자기 전에는 마사지로 아내의 피곤한 근육을 풀어 주어 혈액순환이 잘 되도록 한다.

29주 태아와 엄마

태아는 근육과 폐, 뇌가 발달하고 엄마는 자궁이 위와 심장, 폐까지 압박한다. 소화불량, 변비, 치질 등 여러 불편한 증상들이 나타난다. 단백뇨 체크로 임신중독증을 검사하고 식단을 조절하여 임신중독증을 예방한다.

엄마의 변화

자궁이 팽창하면서 위와 심장을 압박하고 폐를 눌러 점차 호흡이 짧아지게 된다. 소화 진행도 느려지고, 가스를 생성하며 변비와 함께 치질이 나타나기도 한다.

위와 심장이 제 기능을 못해서 가슴이 답답하고 위가 쓰린 증상이 나타난다(입덧 증상과 비슷하다). 이때는 식사를 조금씩 여러 번 나누어 먹고 천천히 꼭꼭 씹어 먹는다.

치질은 단순히 항문 주위의 혈관들이 팽창하는 것으로 임신 기간에 의례적으로 나타나는 현상이며 출산 후 대부분 증상이 사라진다. 따라서 물을 충분히 마시고 섬유소가 풍부한 식품을 섭취하고 규칙적으로 운동한다.

엄마 속쓰림과 치질이 생길 수 있다

태아의 성장

태아의 근육과 폐 기관이 계속 발달하고 있으며 뇌 전체의 발육이 이전보다 왕성하다.

태아 뇌가 발달한다

태동 변화

임신 기간 중 태동이 가장 잘 느껴지는 시기로, 양수를 아래위로 마음껏 헤엄치고 다니던 태아가 머리를 아래로 향해 자리를 잡는다. 이때 발이 위쪽으로 가기 때문에 엄마의 가슴 아랫부분을 차서 흉통을 느끼기도 한다. 태아가 발로 차면 아픔을 느낄 정도로 태동이 강해진다.

정기 검진 및 건강 포인트

임신중독증을 조심해야 하는 시기이므로 소변 검사로 단백뇨를 체크하는 것이 안전하다. 검사에서 두 차례 이상 단백뇨가 나오고, 부종과 고혈압이 동반되면 임신중독증에 걸렸을 가능성이 높다.
외래에서 간단히 하는 검사법으로는 멸균 용기에 소변을 받아 리트머스 종이에 묻혀 알아보는 방법이 있다.

음식과 영양

전체적으로 영양소의 필요량이 증가한다. 특히 알맞은 열량을 섭취하여 적정 체중을 유지하고, 충분한 단백질, 칼슘과 철분을 섭취한다. 세끼의 정규 식사만으로는 이 시기에 요구되는 증가된 영양 권장량을 충족시키기 어려우므로, 1일 3회의 식사 외에 오전 10시, 오후 3시, 야식 등 6회분으로 나누어 먹는다. 분만 시 출혈에 대비하여 빈혈을 예방하고 지혈 작용이 있는 비타민 C, K, B_2, 엽산 등을 섭취한다.

과거에는 임신중독증 예방을 위해 수분 섭취를 제한했는데, 현재는 소변의 색을 보면서 수분 섭취를 조절한다.
양질의 단백질과 칼슘을 섭취하고, 자극성 있는 음식의 섭취는 되도록 제한한다. 찬 음료를 많이 마시지 않도록 주의하고 설사가 나지 않게 음식을 가려 먹는다.
이 시기는 음식의 기호가 크게 변하므로 식욕을 높이는 음식을 선택하고 소화에 특히 유의한다.

주의 : 불시 출산에 대비

출산 예정일이 가까워지면 언제 어디서 진통이 시작될지 모르니 혼자서 먼 곳으로 장시간 외출하지 않도록 주의한다. 가능하면 남편이나 주위 사람들과 함께 외출하고, 혼자 외출할 때는 주위 사람들에게 가는 곳을 반드시 알린다.
건강보험증, 진찰권, 모자 보건 수첩, 비상금과 비상 연락처 등을 항상 소지하고, 생리대를 준비하면 양수가 터졌을 때 당황하지 않을 수 있다.

임신부용 신발 고르기

❶ 너무 굽이 낮은 것보다 2~3cm 정도의 굽이 있는 것이 발과 다리가 덜 피곤하다. 굽은 5cm를 넘지 않도록 하며 쿠션감이 좋은 것으로 고른다.

❷ 소재가 부드러운지 손으로 눌러 본다. 특히 걸을 때 많이 접히는 발등 가운데 부분을 눌러 본다. 부드러운 소가죽이나 양가죽, 통풍이 잘되는 천 소재가 좋다.

❸ 발등을 충분히 덮거나 벨트로 된 끈이 있으면 좋다.

❹ 밑창은 부드럽고 쿠션감이 있는 것이 좋다.

❺ 아치형을 그리는 푹신한 깔창을 이용한다.

❻ 앞코는 둥근 것이 좋다. 앞코가 뾰족하거나 너무 좁으면 발가락이 눌려 아프다. 임신 중에는 발이 많이 붓기 때문에 발을 조이는 신발은 좋지 않다.

❼ 임신 전보다 약간 큰 사이즈로 고른다. 임신 중에는 발과 다리가 많이 붓기 때문에 5mm 정도 넉넉한 것을 고르는 것이 좋다. 임신 전에 종종 부종이 있었다면 10mm 넉넉한 것으로 고르고, 발이 가장 많이 붓는 오후 5~7시에 구입한다.

30주 태아와 엄마

태아는 조산을 해도 살 수 있을 만큼 자라난다. 엄마는 피곤이나 스트레스에 더욱 민감해진다. 초음파로 출산 전 최종 확인을 한다. 조산 가능성을 항상 염두에 두고 준비한다.

엄마의 변화

조금만 오래 서 있거나 피곤을 느끼면 배가 딱딱해지거나 공처럼 단단하게 뭉치기도 한다. 이는 자궁 근육이 예민해져서 자궁 수축을 일으키는 것인데, 하루 4~5번, 한 번에 30초~2분 동안 지속되다 자연스럽게 사라진다.

휴식을 취해서 사라지면 걱정할 필요가 없지만 분비물에 혈액이 섞여 나오거나 배 뭉침이 빈번하게 나타나면 조산의 위험이 있으므로 진찰을 받는다.

엄마 자궁 수축으로 배가 자주 뭉친다

태아의 성장

이때부터 출산 때까지 1~2kg까지 자란다. 폐가 거의 완성되어 양수 속에서 호흡 연습을 한다. 폐를 충분히 부풀려 숨을 들이쉬며 호흡을 위한 준비를 하는데, 출산 전까지는 호흡이 불완전한 상태이다.

초음파로 살펴보면 횡격막이 움직이는 것을 볼 수 있다. 태아 스스로 체온을 조절하고 호흡할 수 있어 조산하더라도 생존할 확률이 높다.

태아 횡격막으로 호흡 연습을 한다

정기 검진 및 건강 포인트

태아와 임신부의 전반적인 상태를 최종 확인한다. 즉, 태아의 크기를 측정하고, 태아의 위치가 자연분만에 적당한지 확인하며, 태반의 위치와 양수의 양을 체크한다. 태아의 심장은 잘 뛰고 있는지, 태반은 깨끗한지 알아보고, 자궁의 이상 유무도 확인한다.

역아란 무엇인가?

역아란 임신 중 후반기 이후에 태아의 머리가 골반쪽으로 향하지 않고, 머리를 위로 한 형태로 자리잡는 것을 말하며 의학 용어로는 둔위(臀位), 골반위(骨盤位)라고 한다. 보통 태아는 머리를 밑으로 두고 발을 위로 한 자세로 태어나는데 이 자세를 두위(頭位)라고 한다.

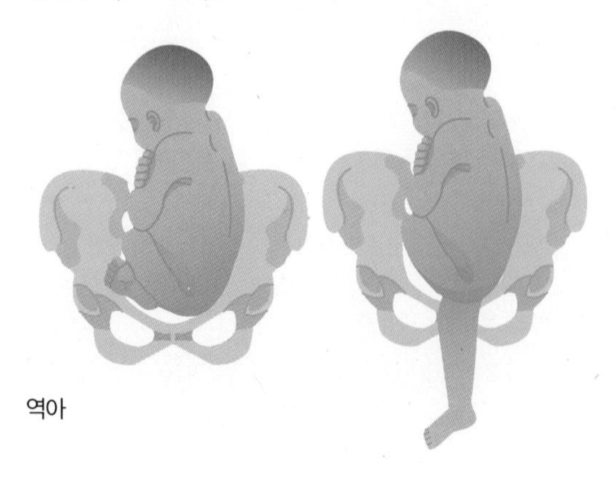

역아

역아의 원인은 분명하지 않지만 다태(쌍둥이 이상) 임신이거나 양수과다증(양수 양이 800ml 이상), 전치태반(태반이 자궁구를 가리고 있다), 골반이 좁거나 미숙아일 때 많이 생긴다.
흔히 첫아이가 역아였으면 다음 아이도 역아가 된다고 말하지만, 역아의 원인이 분명치 않으므로 반드시 그렇다고는 할 수 없다. 또 반대로 첫아이가 두위였다고 해서 다음 아이가 역아가 되지 않는다고 확신할 수도 없다.

역아 분만 시 태아가 뇌 손상을 입을 수 있다

분만 시 머리보다 발이 먼저 나오기 때문에 머리가 나올 만큼 산도가 확장되지 않을 수 있다. 태아의 머리가 산도를 통과할 때 머리가 산도에 끼어 뇌 손상을 입을 수 있고, 머리와 골반 사이에 탯줄이 끼면 일시적으로 산소 공급이 중단되어 질식할 수도 있다.

음식과 영양

커진 자궁이 위를 압박해 위장 기능이 떨어지므로 한꺼번에 많이 먹는 것보다는 조금씩 여러 번에 나누어 먹는 것이 좋다. 아무리 영양이 풍부하고 태아에게 좋은 음식이라 해도 먹고 싶지 않다면 억지로 먹을 필요는 없다. 같은 영양을 함유한 다른 음식으로 대체해서 먹는다.

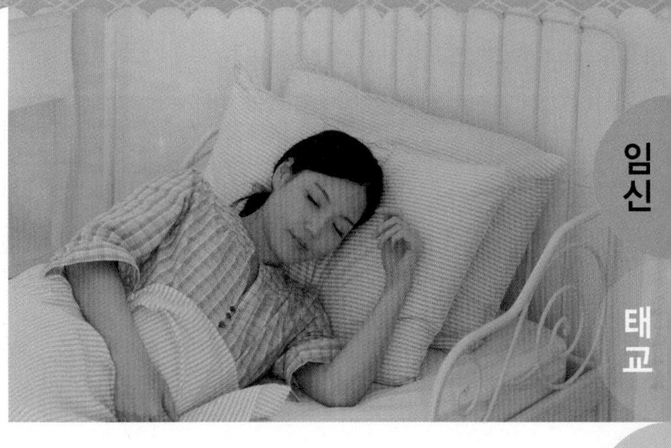

주의: 조산에 대비

임신 후기에는 조산에 대비해야 한다. 급하게 병원에 갈 때를 대비해서 몸을 청결히 하고, 자신의 몸 상태를 주의 깊게 살핀다.

샤워를 자주 한다

출산일이 다가오면 태아가 나오는 길인 산도를 부드럽게 하기 위해 분비물 양이 늘어나고 몸이 무거워 땀도 많이 흘리게 된다. 샤워를 자주 하고 순면 100%의 통기성과 흡습성이 좋은 속옷으로 자주 갈아입도록 한다.
임신 후기에는 조산 위험도 있어 위급하게 출산할 수 있으므로 늘 몸을 청결히 한다.

조산에 대비한다

임신 후기부터는 조산에 대비하여 일상생활에서 늘 조심하는 습관을 들인다. 심한 운동은 피하고 배를 압박하는 일은 하지 않는다. 피곤하면 언제라도 누워서 쉴 수 있도록 주변에 담요나 이불을 항상 준비해 둔다.
쉴 때는 되도록 누워서 쉬고, 커진 자궁이 척추를 따라 혈액순환을 방해하므로 똑바로 눕지 않는다. 옆으로 누워서 쉬면 혈액순환이 좋아져서 피로가 금방 풀린다. 자궁 수축이 규칙적으로 일어나거나 질 분비물에 피가 섞여 있지는 않은지 임신부 자신의 몸 상태를 주의 깊게 살핀다.

31주 태아와 엄마

태아의 뇌가 집중적으로 발달한다. 엄마는 요통이 생기기 쉬우니 운동과 마사지로 근육을 풀어준다. 수면 장애가 올 수 있다. 고영양, 저칼로리 음식을 섭취하고 몸가짐에 특히 유의한다.

엄마의 변화

배가 불러 몸의 중심이 앞으로 이동하면서 허리 근육을 긴장시켜 요통이 생기기 쉽다. 무거워진 배를 지탱하기 위해 몸을 뒤로 젖히면 어깨에 피로가 쌓여 저녁이면 통증이 심해진다. 어깨 근육은 커진 유방도 지탱해야 하므로 출산이 다가올수록 통증은 심해진다. 넘어지거나 가구 모서리 등에 배가 부딪히지 않게 주의한다.

앉거나 설 때는 어깨와 허리를 구부정하게 하지 말고 똑바로 펴는 습관을 갖는다. 임신부 체조나 수영 등 적절한 운동으로 혈액순환을 좋게 한다. 매일 잠들기 전 어깨를 마사지하면 도움이 된다.

엄마 요통이 생길 수 있다

태아의 성장

태아는 뇌의 크기가 커질 뿐 아니라 뇌 조직의 수도 증가한다. 지금까지 매끈했던 뇌의 표면에 특유의 주름과 홈이 만들어진다.

성장한 뇌 조직은 신경 순환계와 연결되어 활동하기 시작하며 이를 통해 학습 능력과 운동 능력이 발달하게 된다.

태아 뇌의 학습 능력과 운동 능력이 발달한다

정기 검진 및 건강 포인트

미국 캘리포니아 대학의 연구에 따르면 처음 임신한 여성이 임신 말기에 잠이 부족하면, 분만 시 진통 시간이 길어지고 제왕절개 분만 가능성이 높다고 한다.

또한 임신부의 수면 부족은 태아 성장에 영향을 주는 호르몬 분비를 떨어뜨릴 수 있으므로 임신부에게 있어 숙면은 매우 중요하다.

임신 말기로 갈수록 몸이 무거워지기 때문에 운동 부족이 되기 쉽다. 너무 운동량이 적어도 불면증이 올 수 있으므로 평소에 적당한 운동을 규칙적으로 하여 몸을 가뿐하게 하는 것이 좋다.

하지만 취침 전에 하는 운동은 숙면을 방해하므로 삼가며 운동은 오전이나 이른 저녁에 하는 것이 좋다. 취침 전에는 따뜻한 물로 가볍게 목욕을 하고

잠자리 환경을 쾌적하게 만든다. 목욕 시 장시간 고온의 탕 속에 있는 것은 태아에게 좋지 않으므로 주의한다.
잠들기 전에 숙면에 도움이 되는 대추차나 둥굴레차, 따뜻한 우유를 한 잔 마시면 좋다.

음식과 영양

임신 후기에는 태아의 성장 속도가 빨라진다. 따라서 임신부에게 요구되는 영양소가 많아지는데, 그렇다고 너무 많이 먹으면 단기간에 체중이 급격하게 증가할 수 있으므로 주의한다.
출산이 가까워졌다고 방심하지 말고 매일 체중을 체크하고 영양가가 높고 칼로리는 낮은 음식을 선택해서 먹는다.
흰 쌀밥 대신 섬유소와 미네랄이 풍부한 현미 등을 섞은 잡곡밥을 먹고, 매끼니 채소로 만든 반찬을 많이 먹는다. 체중이 과도하게 증가하면 산도에 지방이 쌓여 난산으로 이어질 수 있으므로 체중 조절에 유의한다.

! 주의 : 몸을 굽힐 때는 무릎 이용

임신 후기가 되면 산모의 배가 눈에 띄게 불러와 몸을 구부리면 태아에게 압박을 주게 된다. 허리를 구부려야 할 때에는 배에 압력이 가해지지 않도록 허리와 등을 구부리지 말고 무릎을 구부려 움직인다.

임신 후기 수면법

이불과 베개
높이 6~8cm의 푹신한 베개, 두께 3cm 정도의 면 이불을 사용한다. 임신 중에는 옆으로 자는 자세가 좋으니 베개를 베었을 때 목과 몸이 일직선이 되는 높이가 좋다.

목욕
잠자기 30분 전 미지근한 물(37~38℃)로 10분 이내에 샤워한다. 너무 뜨겁거나 차가운 물로 샤워하면 교감신경이 흥분돼 수면을 방해한다. 특히 뜨거운 물에 몸을 오랫동안 담그면 잠잘 때 몸에 땀이 나서 수면의 질이 떨어진다.

음식
카페인 음료를 마시지 않는다. 잠자기 1시간 전에는 음식 먹는 것을 피한다. 밤에 음식을 먹을 때는 허기가 가실 정도로 가볍게 먹는다. 많이 먹으면 숙면을 방해하고 비만의 원인이 되므로 주의한다.

운동
낮 동안 20~30분 가볍게 운동한다. 잠자기 전 과격하게 운동하는 것은 숙면을 방해하므로 숙면을 위해 운동하려면 잠자기 2~3시간 전에 운동을 끝낸다. 천천히 걷기, 스트레칭, 체조 등이 좋다.

생활
취침 시간을 정해 놓아야 규칙적인 생활이 이루어져 피로도 덜하고 잠도 깊이 잘 수 있다.

마사지
눈을 따뜻한 수건으로 마사지하면 잠자는 데 도움이 된다. 발뒤꿈치 중앙을 가볍게 20번 정도 두드리거나 귀를 가볍게 잡고 흔들면서 마사지하는 것도 좋다.

아로마테라피
잠자기 전에 허브티를 마시거나 숙면에 도움을 주는 아로마 오일로 목욕이나 족욕을 하는 것도 좋다. 단, 아로마 오일은 잘못 사용하면 유산 및 조산의 원인이 될 수 있으니 반드시 전문가의 도움을 받아 사용한다.

32주 태아와 엄마

자궁에 여유 공간이 없기 때문에 태동이 줄어든다. 태아는 눈을 깜빡이기도 한다. 엄마는 유두가 검어지고 초유가 나오기도 한다. 이 시기에는 특히 태동과 몸의 변화에 신경 써서 아기 상태를 민감하게 체크해야 한다.

엄마의 변화

태아가 급격하게 자라서 태동을 심하게 느끼고 숨이 차오를 때가 많다. 조금만 걷거나 무리한 동작을 하면 배 뭉침이 일어나고, 바로 눕기가 어렵다. 허리와 골반 쪽으로 간헐적 통증이 온다.
유방이 커지고 초유 성분이 나오기도 한다.

엄마 태동을 심하게 느끼고 숨이 차오른다

태아의 성장

태아는 예전보다 더 약하게 가끔 움직인다. 그것은 아기가 더 이상 자궁 내에서 등을 펴거나 재주를 넘을 수 없을 정도로 자라 자궁을 가득 메우고 있기 때문이다. 태아의 손과 발에는 손톱과 발톱이 자라게 되고 이 시기에 머리카락이 자라는 태아도 있다.
안구의 홍채가 수축 이완하기 시작하여 사물을 보려고 눈을 떠 초점을 맞추거나 눈을 깜빡일 수 있다.

태아 자궁을 가득 채울 만큼 자란다

정기 검진 및 건강 포인트

흔히 비수축 검사(NST: Nonstress test)를 태동 검사라 부르는데, 태아의 심박수가 적당하게 증가하는지 체크하는 검사로 보통 32~36주에 실시한다. 임신부의 배에 태아 감지 장치를 연결하여 태아 심박동 변화 및 자궁 수축 정도를 20~30분 측정한다.
태아가 움직이면 일시적으로 심박동이 증가하기 때문에 태아의 움직임을 측정할 수 있으며, 조기 진통 여부도 함께 체크하기 때문에 태아의 건강뿐 아니라 임신부의 건강까지도 알아볼 수 있다.

주의: 돌발 상황 대처법

임신 후기가 되면 응급 돌발이 종종 발생한다. 돌발 상황에 신속히 대처하기 위해서는 주요 돌발 상황과 대처법을 익히고 빨리 치료해야 한다.

양수가 터졌다면 빨리 병원에 간다

요의가 없는데도 소변이 흐르는 것처럼 물이 줄줄 새어 나온다면 양수가 터진 것이다. 양수가 터졌다면 태아가 외부에 노출된 것과 같은 상태이므로 세균 감염의 위험이 있다.
이때는 절대 씻지 말고 패드나 타월을 대고 바로 병원에 가야 한다. 가는 동안 차 안에서는 똑바로 앉는 것보다 비스듬히 앉아야 양수가 흐르는 것을 막을 수 있다.

출혈, 피의 색이 선명하게 붉고 양이 많으면 위험하다

점액이 섞인 소량의 출혈이거나, 색이 옅고 양도 적으며 곧 멈춘 경우라면 크게 걱정하지 않아도 된다. 하지만 적은 양이라도 출혈이 계속되면 즉시 병원으로 가야 한다. 통증 없이 갑자기 출혈이 있는 경우는 전치태반을 의심할 수 있으며, 심한 통증과 함께 검붉은 피가 나온다면 태반 조기 박리일 수 있다.
특히 출혈과 함께 진통이 오거나 배가 땅기는 증상이 나타나면 조산의 위험성도 있다. 예정일을 1~2주 앞두고 이런 증상이 나타나면 분만까지 고려해야 한다.

3시간 이상 태동이 없다면 조심해야 한다

태동은 임신 5개월 전후에 시작된다. 임신 6개월 이후 태동이 3시간 이상 없다면 일단 무리하게 움직이지 말고 휴식한다. 태아가 잠을 자거나 활동하지 않을 때에는 태동을 느낄 수 없으므로 검진에서 아무런 이상이 없다면 크게 걱정하지 않아도 된다. 휴식을 취하면서 잔잔한 음악을 듣거나 태담을 하면서 태아의 반응을 기다려 본다.
하지만 임신 30주가 지난 후 3시간 이상 태동을 느낄 수 없다면 태아에게 산소와 영양이 충분히 전달되지 않거나 탯줄의 혈액순환이 나빠진 것이므로 바로 병원에 가야 한다.
임신 9개월에 접어들면 자연스럽게 태동이 줄어든다.

열이 나고 감기, 발열이 오래 지속되면 태아에게 영향을 미친다

감기에 걸리거나 몸살이 있으면 주변 환경을 청결히 한 후 충분한 휴식을 취하고 영양가 높은 음식을 먹는다. 하지만 고열과 함께 피부에 반점이 생기거나 온몸이 쑤시고, 목 안이 아파 음식을 제대로 먹을 수 없다면 풍진일 가능성이 있다.
평소와 달리 누런 코 같은 질 분비물이 나오면서 가렵고 열이 난다면 세균에 감염된 것이므로 바로 병원에 가도록 한다.

감기에 걸리지 않도록 조심한다

이 시기에는 몸의 변화가 급격하게 이루어지면서 컨디션 조절이 어려워 감기에 걸리기가 쉽다. 태아의 성장이 완성되는 시기이기 때문에 약을 먹는 것도 주의해야 하므로 마음대로 약을 먹을 수도 없다. 따라서 몸을 따뜻하게 하고 면역력이 떨어지지 않도록 평소에 충분히 휴식한다. 또한 사람이 붐비는 곳은 먼지나 균이 많으므로 피한다.

후기★33~36주

임신 9개월

태아 성장 상태
키 약 45~48cm
몸무게 약 2.4~3.0kg

산모는 수면 장애를 겪고 움직임이 둔해진다. 배꼽은 튀어나오고 복부의 가려움증이 있다. 유방은 커지고 유두에서 초유가 새거나 짜면 나온다. 정상적 자궁 수축 증상이 증가하고, 자궁이 폐를 밀어 올려 호흡이 점차 가빠지는데 이런 증상은 아기가 밑으로 내려오면 나아진다.

엄마 몸과 마음의 변화

임신 기간이 끝났으면 좋겠다는 열망이 커지고, 아기의 건강 및 진통과 출산에 대한 불안감을 느낀다. 정신이 멍한 증상이 심해지며 이제 얼마 안 남았다는 사실을 깨닫고 약간의 불안과 흥분을 느낀다.

- 힘차고 규칙적인 태동
- 백대하
- 변비가 심해진다.
- 가슴 쓰림, 소화불량, 헛배 부름, 배가 부풀어 오른다.
- 간헐적인 두통, 현기증, 의식이 흐릿해지는 증상
- 코가 충혈되고 가끔 코피가 나며 귀가 멍해진다.
- 잇몸에서 피가 난다.
- 다리에 쥐가 난다.
- 요통
- 골반이 압박을 받거나 아프다.
- 발목과 다리, 가끔 손과 얼굴이 약간 부어오른다.
- 다리의 정맥류
- 치질

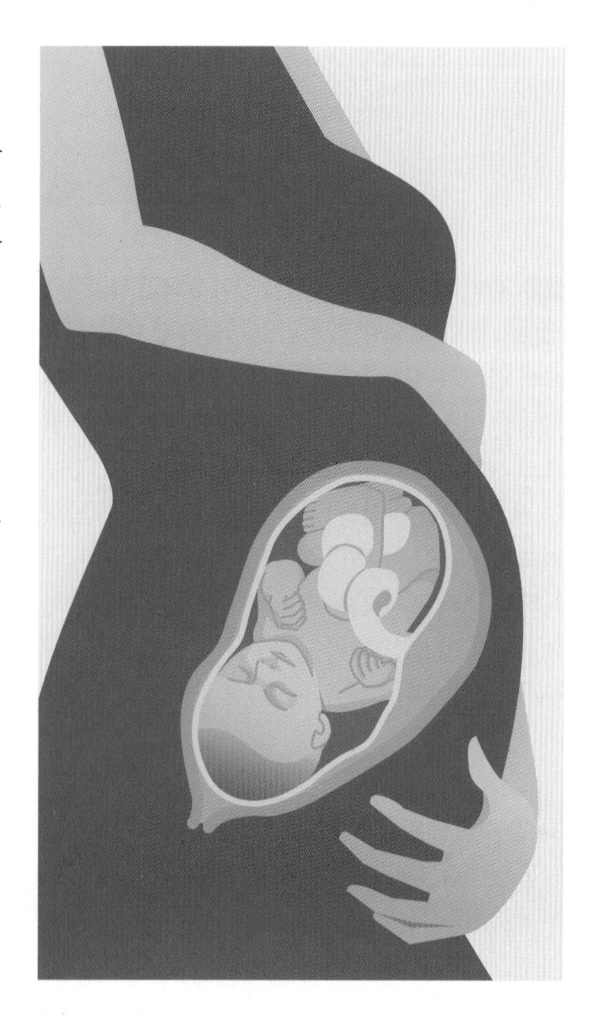

태아의 성장

사내아이라면 성기가 거의 완성되어 고환이 복부에서 음낭 속으로 내려오고, 여자아이는 대음순이 발달하여 양끝이 맞닿게 된다.
태아는 머리를 엄마의 골반 쪽으로 향하며 세상 밖으로 나올 준비를 한다. 양수의 양이 많지 않아 태아의 몸이 자궁벽에 부딪치면 동작이 힘차게 느껴진다.
출산일이 가까우면 태아는 머리를 아래로 향하게 되지만, 만약 그렇지 않다면 역아를 바로잡는 운동을 시도한다.

역아를 바로 잡는 운동

❶ 바닥에 엎드려 고양이 자세(네발기기)를 한다.

❷ 코로 숨을 들이마셨다 입으로 강하게 내뱉으면서 등과 엉덩이를 둥글게 만다. 천천히 코로 숨을 다시 들이마시면서 시작 자세로 돌아간다. 3회 반복한다.

아빠가 할 일

아기 방을 함께 꾸미고 아내와 대화의 시간을 갖는다. 아기의 배냇저고리이나 기저귀 등 아기 용품을 구입하거나 아기의 방을 꾸밀 때도 함께하는 것이 좋다. 출산에 대한 두려움을 줄일 수 있도록 아내와 대화 시간을 충분히 갖도록 한다.
출산 후를 대비하여 집안 살림살이를 미리 체크하여 두는 것이 필요하다. 구석구석 먼지를 털어 내고 물걸레로 실내 대청소를 한다.

33주 태아와 엄마

태아는 스스로 체온을 조절하고 피부의 주름이 펴진다. 성기도 거의 완성된다. 태동이 심하게 일어나며 아기가 딸꾹질을 하는 것이 느껴지기도 한다. 엄마는 배가 단단해지고 소변을 자주 보게 된다. 이 시기에는 구체적인 출산 계획을 세워야 한다.

엄마의 변화

배꼽이 튀어나올 정도로 배가 불룩해지고 단단해지면서 소변 보는 횟수가 늘어난다. 소변을 본 후에도 개운하지 않고 잔뇨감이 있는데, 이는 자궁이 커져서 방광을 압박하기 때문에 나타나는 증상이므로 걱정할 필요는 없다.

재채기나 기침을 하면 소변이 조금 흘러나오기도 하는데, 이는 모두 자연적인 현상으로 출산 후에는 사라진다. 평소 방광이 차지 않도록 소변을 자주 본다.

엄마 소변이 잦고 개운하지 않다

태아의 성장

피부 밑에 지방이 축적되면서 피부색이 붉은색에서 윤기 있는 살색으로 바뀐다.

이 시기 태아의 지방은 태아가 스스로 체온을 조절하고 에너지를 발산하는 데 도움을 주고 태어난 후에는 체중을 조절하는 역할을 한다. 지방층이 생기면서 쭈글쭈글하던 피부의 주름이 펴지고 제법 통통하게 살이 오르게 된다.

사내아이라면 성기가 거의 완성되어 고환이 복부에서 음낭 속으로 내려오고 여자아이는 대음순이 발달하여 양끝이 맞닿게 된다.

태아 주름이 펴지고 통통하게 살이 오른다

태동 변화

손과 발의 움직임이 커지고 강해져서 발이 움직이는지 손이 움직이는지 구분할 수 있다. 가끔 피부로 손이나 발이 불룩 튀어나오거나 자다가도 깜짝 놀라 깰 정도로 심하게 움직이기도 한다. 딸꾹질을 1~2분 지속적으로 하는 경우도 있는데 걱정하지 않아도 된다.

이 무렵에는 움직인다기보다는 뭔가 날카로운 것이 배 안쪽을 찌르는 것 같은 통증을 느끼는 경우가 많다.

음식과 영양

만일 배는 불러 가는데 체중이 늘지 않는다면 의식적으로라도 간식을 챙겨 먹는다. 하루 세끼 식사만으로는 충분한 열량을 공급할 수 없기 때문에 다소 귀찮더라도 틈틈이 간식을 챙겨 먹는다. 간식으로는 두부, 채소, 과일, 해조류 등 칼로리는 낮지만 단백질, 식이섬유, 무기질이 풍부한 식품이 좋다.

이 시기에는 자궁이 명치 끝까지 올라와 다시 입덧을 하는 사람처럼 소화도 안 되고 속이 울렁거리는 증상이 나타나기도 하므로 무리해서 먹지 말고 하루 식사를 적당한 횟수로 나누어 편안하게 먹는다.

❗ 주의: 출산 대비

조산의 위험이 있고 예정일이 변할 수 있으므로 출산 계획을 미리 세우도록 한다. 건강 상태에 맞는 분만 방법을 결정하고 갑자기 진통이 왔을 때 당황하지 않도록 입원과 분만 절차를 확인한다.

입원에서 분만, 퇴원과 산후 조리 기간을 최소 3개월로 잡고 절차와 비용, 준비물 등을 체크한다.

막달에는 아기 용품과 산후 조리 기간에 필요한 용품을 정리한다. 산후 조리원에 갈 계획이 있다면 산모는 물론 아기를 믿고 맡길 수 있는지 산후 조리원의 시설과 프로그램 등을 살펴본다.

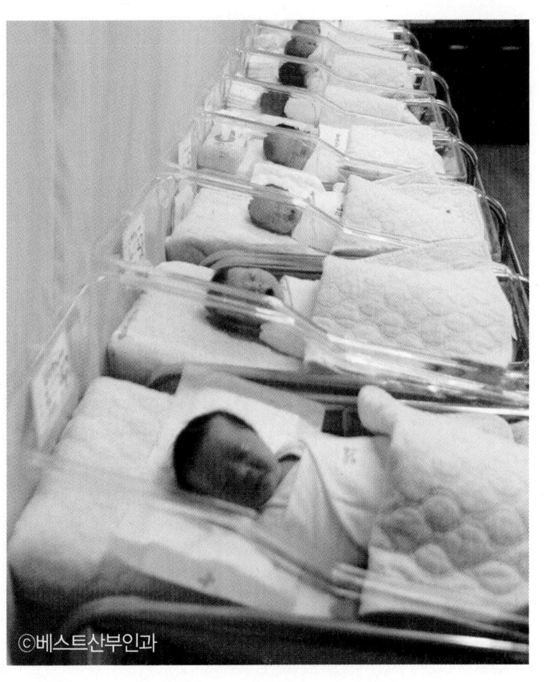
©베스트산부인과

임신 후기 족욕법

임신 후기에는 무거워진 배를 지탱하는 발에 무리가 가서 쉽게 지치며 쥐가 나거나 부종이 생기기도 한다. 혈액순환을 도와주고 부기를 빼서 숙면을 도와주는 족욕법을 알아보자.

대야에 물을 받아 목욕 물보다 조금 높은 43~45℃로 온도를 맞추고 발목 아랫부분까지만 10~15분 담근다. 물속에서 발목을 가볍게 위아래로 움직이거나 발가락을 움직이면 더 효과적이다.

더운물과 찬물을 교대로 담그는 냉온욕도 혈관을 튼튼하게 한다. 더운물의 온도는 40~45℃ 찬물의 온도는 15~18℃가 적당하며 일반적으로 더운물에서 몸까지 충분히 더워질 때까지 담그고 찬물에서는 1~2분 담그는 것이 좋다.

일주일에 3~4회, 잠자기 전 10~15분 하는 것이 가장 좋으며, 15분 이상 하지 않는다. 족욕 후에는 땀을 많이 흘려 갈증이 나는데 이때 찬물을 마시면 몸의 더운 기운이 식어 족욕의 효과를 떨어뜨리므로 따뜻한 물이나 차를 마신다.

족욕 시 주의

❶ 열이 많은 임신 초기에는 자제한다.

❷ 식후 1시간이 지나고 나서 한다.

❸ 족욕을 하는 동안에는 발을 물 밖으로 빼지 않아야 따뜻한 열이 골고루 전달된다.

❹ 족욕을 한 뒤 30분 이내에는 식사를 하지 않는다.

34주 태아와 엄마

태아는 세상으로 나올 준비를 하느라 머리를 골반 쪽으로 둔다. 조산을 한다 해도 걱정하지 않아도 될 만큼 문제없는 시기이다. 엄마는 이 시기에 체중이 급격히 늘어날 수 있으니 체중 관리에 계속 신경 써야 한다. 3D 입체 초음파로 아기를 생생하게 관찰할 수 있다.

엄마의 변화

이 시기가 되면 태아의 몸무게가 신생아 평균 몸무게의 50~70%에 이르기 때문에 임신부의 체중도 급격하게 늘어난다. 이때 고혈압이나 단백뇨, 각종 신체 트러블이 나타날 수 있으니 신경을 써서 관리한다.

기미, 주근깨가 생기거나 늘고 머리카락이나 눈썹이 빠지는 경우도 있다. 혈액이 자궁을 중심으로 회전하면서 호르몬의 영향으로 잇몸에서 피가 나거나 치질이 생기기도 한다.

엄마 체중이 급격히 늘어날 수 있다

태아의 성장

태아는 머리를 엄마의 골반 쪽으로 두고 세상 밖으로 나올 준비를 한다. 간혹 머리를 거꾸로 두고 있는 역아도 있지만 아직 자세를 바꿀 시간은 충분하므로 크게 걱정하지 않아도 된다.

머리는 산도를 빠져나갈 수 있게 물렁한 상태이지만, 머리를 제외한 나머지 골격들은 모두 단단하다. 양수의 양이 많지 않아 태아의 몸이 자궁벽에 부딪치면 동작이 힘차게 느껴진다. 임신 34주 이후 조산된 태아의 생존율은 99%이고 건강상 문제도 없으므로 조산하더라도 크게 걱정할 필요는 없다.

태아 머리를 아래로 해서 자리를 잡는다

정기 검진 및 건강 포인트

8개월부터 분만 전까지는 병원에 더 자주 가야 한다. 임신부와 태아의 건강 상태를 미리 체크하여 분만을 대비해야 하기 때문이다. 임신 후기에는 태아의 성장 발육 상태 및 늦게 발견될 수 있는 기형 유무를 확인하기 위한 검사를 받는다.

임신 중기 때 받은 정밀 초음파와 같이 태아의 주요 기관을 확인할 뿐 아니라 삼차원이기 때문에 배 속 태아의 일상적인 모습을 생생하게 확인할 수 있다. 임신 후기에는 3D 입체 초음파 검사를 실시하기도 하는데, 태아의 발육 상태와 외모를 생생하게 관찰할 수 있다.

임신 중기 때 받은 정밀 초음파 검사가 태아의 주요 내부 기관을 검사한다면, 3D 입체 초음파 검사는 태아의 얼굴, 손발 등 태아의 외부 기형을 알아보는데 유용할 수 있다. 태아의 위치가 좋다면 눈, 코, 입 등을 선명하게 관찰할 수 있는 검사이다.

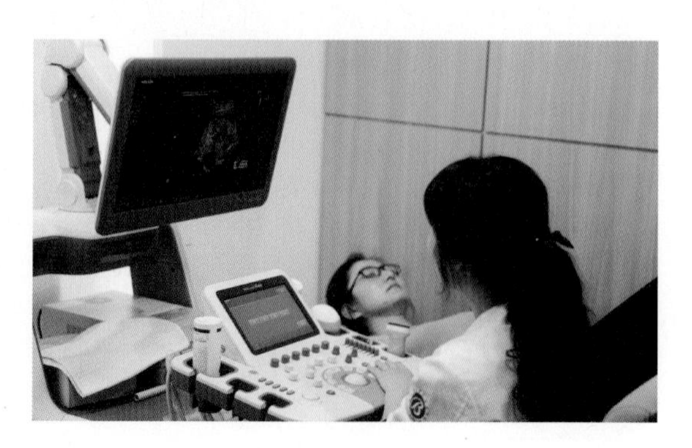

음식과 영양

밥을 잘 챙겨 먹되 칼로리를 과잉 섭취하지 않도록 주의하고 단 음식을 자제한다. 임신 후기에는 탄수화물 섭취를 줄이고 단백질 식품으로 칼로리를 보충해야 한다. 태아가 커지면 소화불량이 되기 쉬우므로 소화가 잘되는 음식으로 위에 부담을 주지 않게 조금씩 자주 먹는다.

식사를 한 뒤에는 30분 정도 몸의 왼쪽을 바닥에 대고 옆으로 누워서 쉬는 것이 좋다. 혈액이 배 부분에 집중되어 태아에게 충분한 영양이 공급될 수 있다. 하지만 30분 이상 누워 있거나 깊이 잠들면 밤에 잠이 안 올 수 있으므로 주의한다.

주의: 부상 주의

배가 불러 발끝을 내려다보기 힘들고 몸의 균형을 잡기 어려워진다. 서 있을 때에는 두 발을 모으지 말고 한쪽 다리를 약간 앞으로 내딛고 내딛은 다리에 중심을 둔다.

높은 곳과 미끄러운 곳을 피하고, 목욕탕에서는 더욱 조심한다. 신발은 바닥에 미끄럼 방지 처리가 된 것을 신고 슬리퍼는 되도록 신지 않는다.

쉽게 붓고 지치는 발을 위한 운동

다리를 높게 하고 눕는다

다리를 높게 하고 누우면 혈액의 흐름을 원활하게 해 부종을 예방할 수 있다. 다리를 너무 높이 올리면 허리에 무리가 갈 수 있으므로 심장보다 약간 높은 위치가 적당하다.

수시로 발바닥을 자극한다

손가락으로 수시로 발가락 사이사이를 밀어 올려 자극하는 것이 좋다. 편안하게 앉아서 발을 안쪽으로 모아 발바닥과 발가락을 위쪽 방향으로 자극한다.

가벼운 스트레칭을 한다

배에 무리가 가지 않는 범위에서 다리를 쭉 펴고 스트레칭하거나 주먹을 쥐듯이 발가락을 웅크려 쥐었다가 쫙 폈다 하는 동작을 천천히 10회 정도 반복한다. TV나 책상에서 일을 할 때 자주 반복한다.

페트병을 발로 굴린다

물을 채운 페트병을 바닥에 놓고 앉은 자세에서 그 위에 발바닥을 대고 굴린다. 페트병이 찌그러지지 않을 정도의 강도로 굴리는 것이 포인트이다.

35주 태아와 엄마

태아는 신생아의 모습과 거의 비슷한 골격을 갖춘다. 태동은 더 세게 느껴진다. 엄마는 손발이 붓고 팔 다리에 통증이나 경련이 일어나기도 한다. 임신중독증이 올 수 있으니 짠 음식을 줄이고 수분 섭취를 조절해 부종을 예방한다.

엄마의 변화

자고 일어나면 손발이 붓거나 심한 경우에는 팔과 다리에 통증과 경련이 일어나기도 한다. 체액과 혈액이 증가하여 나타나는 증상으로, 저녁에 조금 붓는 정도라면 자연스러운 임신 증상이지만 이튿날 아침에도 얼굴이 퉁퉁 부어 있거나 하루 종일 부기가 빠지지 않고, 살을 눌렀을 때 제자리로 돌아오는 데 시간이 오래 걸리면 부종이나 임신중독증일 수 있으므로 의사와 상담한다.

엄마 부종이 심해지고 다리에 경련이 일어나기도 한다

태아의 성장

태아의 중추신경계는 지속적으로 발달하고 있으며 폐 기관이 충분히 발육되어 있는 시기이다. 근육이 발달하고 골격이 거의 완성되고 팔다리가 적절한 비율로 성장해 신생아와 같은 모습을 갖추기도 한다. 태아의 몸이 자궁을 가득 채울 만큼 성장해서 움직임이 둔해지지만, 외부 자극에 대해서는 더욱 예민하게 반응하여 태동은 더욱 활발하고 거세게 느껴진다. 또한 외성기가 다 완성되어 남녀의 구별이 확실해진다.

태아 남녀 구별이 확실해진다

정기 검진 및 건강 포인트

임신 후기에 더 위험한 부종! 이럴 땐 부종을 의심해 본다.

며칠 만에 500g 이상 체중 증가

과식 때문이 아니라면 임신중독증일 수 있다. 종아리 앞쪽을 손가락으로 눌렀을 때 눌린 부위가 금방 되돌아오지 않으면 병원에서 단백뇨 검사를 하고 임신중독증 치료를 받는다.

손이 저리고 다리에 쥐가 나거나 경련이 일어난다

자궁이 복부의 대정맥을 누르면서 혈액순환을 방해하여 부종에 의해 손가락이 아프고 관절이 뻣뻣한 증상이 나타날 수 있다. 가볍게 손 마사지 등을 해서 혈액순환을 하면 증상이 완화된다.

또한 부종이 있을 경우 혈액순환이 나빠지면서 다리 근육에 산소가 부족해서 경련이 일어날 수 있다.

음식과 영양

임신 후기에는 몸 속 수분과 혈액의 양이 늘어나 손발이 붓거나 저리는 증세가 자주 나타나는데, 음식을 짜고 맵게 먹으면 물을 많이 마시게 되어 증상을 악화시킬 수 있으므로 자극적인 음식은 피하도록 한다.

음식은 싱겁게 먹고 김치도 평소보다 양을 줄여 먹는 것이 좋다. 과자, 햄, 패스트푸드 및 인스턴트식품은 칼로리가 높고 염분이 많이 들어 있으므로 섭취량을 줄인다.

하루 7~8잔 수분을 섭취하는 것이 좋으며, 그래도 몸이 부을 때는 수분 섭취를 줄인다. 가능하면 물을 마시는 시간도 발과 다리가 붓는 저녁 시간을 피하는 것이 좋다. 또한 너무 차갑거나 뜨거운 물보다는 상온에서 보관한 물을 마신다.

휴식을 취할 때에는 다리를 높은 곳에 올려 울혈을 예방한다.

주의: 임신 후기 돌발 증상

임신 후기 돌발 상황과 주의를 요하는 증상을 익힌다.

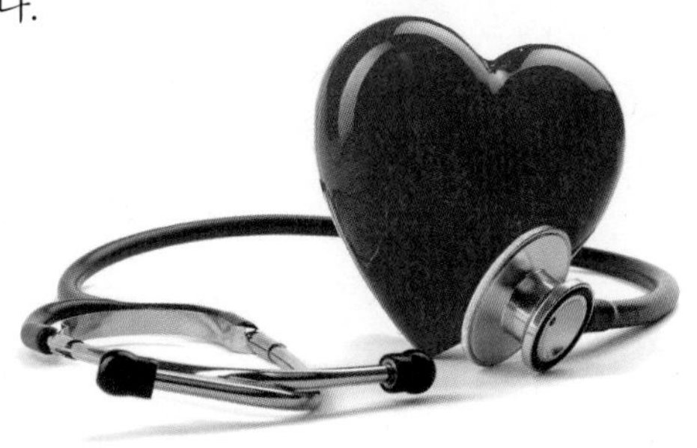

배가 심하게 땅긴다

주기적이고 격렬한 통증은 위험하다. 휴식을 취한 후 배가 땅기는 증상이나 통증이 가라앉는다면 걱정하지 않아도 된다.

하지만 통증이나 땅기는 증상이 쉽게 가라앉지 않고 평소와 다른 느낌이라면 유산, 조산, 자궁외임신, 난소낭종의 염전(비틀림), 태반 조기 박리 등 이상 신호일 수 있다. 특히 격렬한 통증이 있을 때는 위험하며 출혈을 동반할 경우 빨리 병원에 가야 한다.

분비물이 이상하다

색깔이 짙고 냄새가 나면 문제이다. 분비물이 갑자기 많아지더라도 색깔이 옅은 크림색이면 안심해도 되지만 냄새가 심하고 색깔이 노란색이나 초록색 등으로 진하거나 외음부 주위가 가렵고 따끔거리면 반드시 의사와 상담한다. 질 분비물의 색이 진하고 끈적이는 경우도 의사와 상담해야 한다.

두통이 있다

몸이 붓고 눈이 침침한 증상이 동반되면 문제이다. 임신 후기에 두통이 오랫동안 계속되거나 눈이 침침해지고 몸이 붓고 뒷골이 땅기는 증상이 동반되면 임신중독증일 가능성이 있으므로 의사와 상담하는 것이 좋다.

36주 태아와 엄마

태아는 태지와 솜털을 벗는다. 36주 이후부터는 예정일보다 일찍 나와도 조산이 아니다. 아기가 아래로 내려가면서 엄마의 위를 압박하던 자궁도 내려가게 되고 소화불량도 완화된다.

엄마의 변화

출산이 가까워지면 자궁이 아래로 내려가고, 태아가 골반 안으로 들어와 자리를 잡기 때문에 압박이 줄어 위가 편안해지고 답답함도 줄어들게 된다. 두근거리거나 숨이 차는 증상, 속 쓰림이나 신물이 넘어오는 증상, 소화불량도 서서히 줄고 호흡도 수월해진다.

엄마 속쓰림이 줄어든다

태아의 성장

대부분의 태아는 머리를 아래로 향하고 세상으로 나갈 준비를 한다. 양수로부터 태아를 보호하기 위해 태아의 몸을 덮고 있던 태지와 솜털을 벗게 된다. 태아가 이 물질들을 삼켜서 출산까지 장에 남아 있는데 이것은 나중에 검정색을 띠는 태변이 된다. 출산일이 가까우면 태아는 머리를 아래로 향하게 되지만, 만약 그렇지 않다면 역아를 바로잡는 운동을 시도한다.

신생아 출산이 37주 이전에 이루어지는 것을 조산이라고 하므로 36주가 끝나 갈 무렵는 태아가 예정일보다 이르게 출산해도 조산아로 분류하지 않는다.

태아 세상에 나올 준비를 한다

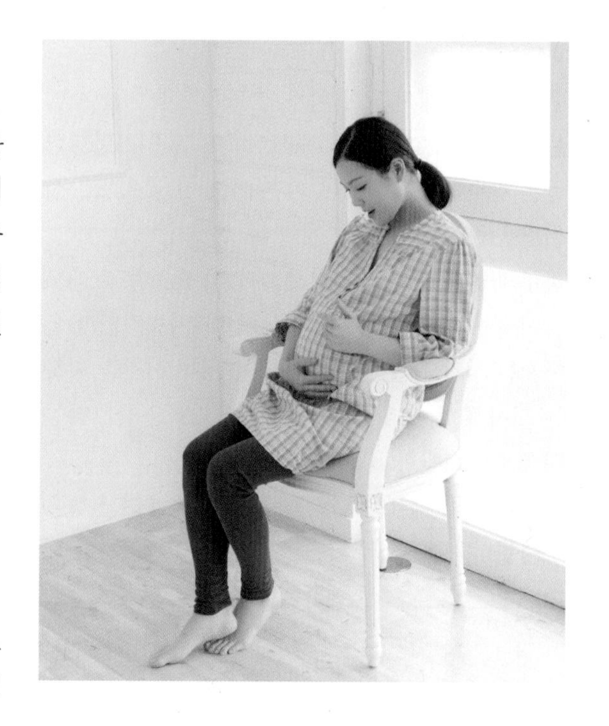

정기 검진 및 건강 포인트

임신 후기에는 피부에 특별한 증상 없이 전신이 가렵거나 모기에 물려 부어오른 듯한 발진 등이 나타난다.

임신성 소양증

담즙 분비가 원활하지 않아서 생기는 것으로 보통 70%의 임신부들이 임신 7~10개월에 겪는다. 피부에 특별한 증상 없이 전신이 가렵고 황달이 생길 수 있으나 대부분 출산 후 사라진다.

임신성 소양 두드러기

구진과 발진은 흔한 임신성 피부염으로 임신 8~9개월에 잘 발생하며 심한 가려움증을 동반하는 피부 질환이다. 평균 6주간 지속되고 배꼽 주변에서 배 전체로 퍼져 나가기 시작한다.
모양은 다양하며, 모기에 물려 부어오른 듯한 붉은 발진이 생긴다. 과민 반응의 일종이며 분만 후 1~4주가 지나면 좋아진다.

임신성 포진

임신 3~4개월부터 발생할 수 있으며, 가려움증이 특징으로 복부에서 시작돼 얼굴을 제외하고 손바닥, 발바닥을 포함한 전신에 수포성 발진이 생긴다.
임신 마지막 달에 가까워지면 사라지기도 하지만 증상을 보면 임신부의 75%가 출산이나 출산 직후에 급격히 나빠지는 특징이 있다. 증상이 사라지는 데는 출산 후 6개월까지 걸릴 수 있다.

임신성 양진

사타구니, 겨드랑이, 무릎 안쪽 등 신체가 접히는 부분에 주로 생기며 드물게는 배에도 발생한다. 임신 동안 오래 지속되며, 출산 후에도 수주에서 수개월 동안 지속될 수 있다.

음식과 영양

태아에게 비타민 A가 부족하면 출생 후 발육 부진이 되거나 질병에 대한 저항력이 약해져서 잔병치레가 잦을 수 있다. 따라서 비타민 A가 풍부한 쇠간, 토마토, 달걀, 김 등을 충분히 섭취한다.
비타민 A는 태아의 면역력을 키우며, 임신부의 신진

대사 기능을 높이고 출산을 앞둔 태아의 발육과 성장에 관여한다.
또한 세균 감염에 의한 저항력을 높여 주므로 권장량에 맞게 충분히 섭취한다. 그러나 비타민 A를 과잉 섭취하면 태아 기형을 일으킬 수 있으므로 영양제를 통해 섭취할 때는 반드시 의사와 상담한 뒤 복용한다.

주의 : 태동 관찰 필요

태동이 약해지고 횟수가 줄어드는 시기이기 때문에 자칫 간과하게 되는데, 막달에 태동이 멎고 태아가 알 수 없는 이유로 사망하는 경우도 있으므로 매일 체크한다.
격렬하게 움직이다가 갑자기 멈추거나 24시간 아무 움직임이 없을 때에는 병원에 가도록 한다. 복부에 통증이 심해 태동이 줄어든 경우에도 병원에 간다.

규칙적으로 할 수 있는 가벼운 운동

규칙적으로 천천히 걷기를 하면 혈액순환에 좋고 전신의 근육을 단련해 주므로 출산을 위해 체력을 기르는 데 도움이 된다. 일주일에 3회 정도 40분 이상 걷는 것이 좋고 배가 땅기거나 이상 증세가 나타나면 그 즉시 중단한다.
또한 수영은 다리에 부담을 주지 않는 운동이다. 일주일에 3회, 1회에 30분 정도 하는 것이 적당하다. 사람이 붐비지 않는 시간대를 이용하여 운동한다.

후기★37~40주

임신 10개월

태아 성장 상태
키 약 50cm
몸무게 약 2.7~3.4kg

임신 10개월 차에는 1주일에 한 번씩 정기 검진을 받는다. 태아의 심장 박동 청진이나 초음파 검사를 통해 건강 상태를 검진한다. 임신 후기, 특히 산달이 오면 체중이 급격히 늘지 않게 주의해야 한다. 아기가 나오는 산도에 지나치게 살이 찌면 난산으로 이어지기 쉽기 때문이다.

엄마 몸과 마음의 변화

흥분과 불안감이 더 커지며 걱정이 많아지고 정신이 멍한 정도는 더 심해진다. 반면 임신 기간이 거의 끝나 간다는 안도감이 생긴다. 그러나 불안함과 과민 반응, 초조한 증세는 나타날 수 있다. 또한 아기에 대한 환상과 꿈이 생긴다.

브랙스턴 힉스 수축이 더 잦아지고 강력해진다 (통증을 동반하는 경우도 있다)

하루하루가 지날수록 아랫배가 서서히 땅기거나 심할 경우는 통증이 오기도 한다. 자궁이 내려가기 때문에 넓적다리 부분이 아프거나 결리면서 진통이 온다. 그 횟수가 잦으면 진통이 왔다는 신호이다.
병원이 가깝다면 초산 산모는 진통이 5~10분 간격으로 왔을 때 병원으로 가야 한다. 그러나 병원이 멀리 있다면 15분 내지 20분 간격으로 진통이 시작되면 출발한다.

※브랙스턴 힉스 수축
태아의 머리가 골반에 들어갈 수 있도록 자궁의 하부를 늘려 놓고 자궁 경부를 얇게 만들기 위한 연습 수축.

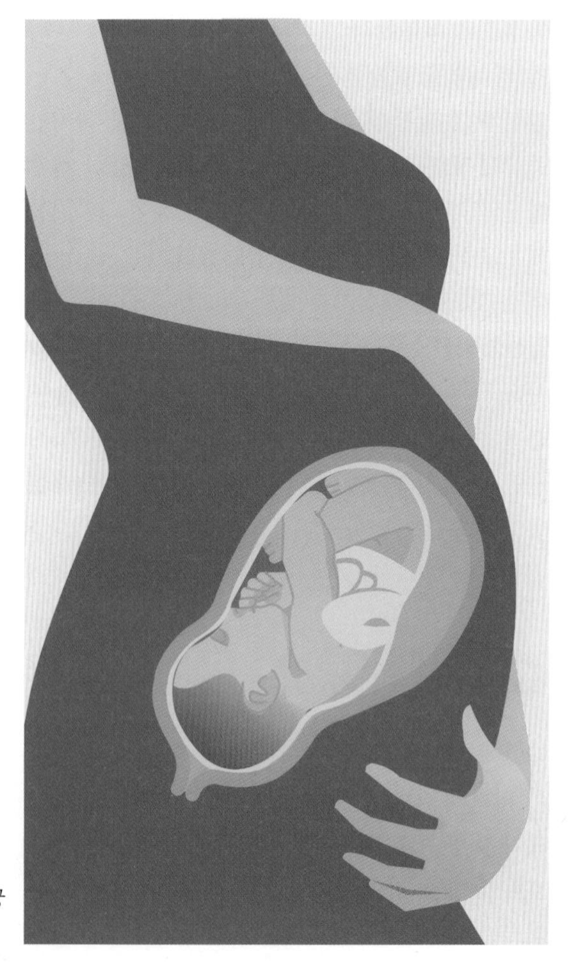

자궁은 더 부드러워진다

자궁 높이는 29~35cm이다. 출산을 쉽게 하기 위하여 산모의 몸은 자궁 입구를 촉촉하고 부드럽게 만들어 놓는다. 백대하가 많아지고 점성도 커지므로 속옷을 자주 갈아입고 목욕도 매일 한다.

두근거리거나 숨이 차는 증상, 속이 쓰린 증상 완화

위나 심장, 폐 등의 압박감이 줄어들기 시작한다. 출산이 가까워지면 태아가 골반 안으로 들어와 자리 잡기 때문에 위가 편해지고 답답함도 줄어든다.

치질이 생긴다

임신 마지막 달이 되면 아기가 골반으로 깊숙이 내려가 치질이 생기기 쉽다. 변비는 치질의 원인이 되기 때문에 변비가 심한 산모는 더욱 주의해야 한다.

여전히 소변을 보는 횟수는 많다

위나 심장 등의 압박은 줄었지만, 아기가 내려와서 자궁이 내려앉기 때문에 방광이 눌려 소변 횟수가 잦아진다. 오줌을 지리는 등의 증상도 나타난다.

그 밖의 신체 변화

복부가 가렵고 배꼽이 튀어나온다. 뱃가죽이 더욱 팽팽하게 늘어나면서 배꼽의 움푹 파인 부분이 보이지 않게 된다. 유두에서 초유가 새거나 짜면 나온다(출산 후까지 초유 성분은 들어 있지 않다).

성적인 삽입이나 내진, 또는 자궁경부가 벌어지면서 붉은 핏빛이나 옅은 갈색 또는 분홍색 분비물이 묻어 나온다.

변비, 가슴 쓰림, 소화불량, 헛배 부름, 배가 부풀어 오름, 간헐적인 두통, 현기증이나 의식이 흐릿해지기도 한다. 코가 충혈되고 가끔 코피가 나며 귀가 멍해지고 잇몸에서 피가 난다. 밤에 다리에 쥐가 나고, 요통이 심해지고 몸이 무거워지며 엉덩이와 골반이 불편해지거나 아프기도 하다. 다리 정맥류가 나타난다. 발목과 다리, 가끔씩은 손과 얼굴이 부어오르는 현상이 심해진다.

수면 장애가 심해지고 피로감이나 힘이 넘치는 느낌(출산 전 증후군) 또는 이러한 두 상태를 번갈아 가며 느낀다. 식욕이 좋아지거나 나빠진다.

태아의 성장

태동은 8~9개월에 심하게 느낄 수 있고 이 시기에는 약해진다. 태아의 발차기가 적어지지만 더 많이 꿈틀거린다. 골반을 향해 있는 태아의 머리는 출산을 위한 막바지 준비를 하고 있는 상태이다.

눈을 떴다 감았다 하고 잠을 자면서 꿈을 꾸기도 하는데, 40분을 주기로 자고 깨는 생체 리듬이 생긴다.

아빠가 할 일

업무상 외출이 잦은 경우라도 항상 아내와 연락이 닿을 수 있도록 한다. 진통이 규칙적이면 10분 이내에 병원으로 가야 한다. 병원 연락처와 병원 가는 지름길도 미리 확인해 두면 좋다.

Mom's 클리닉

10개월 차에 병원에서 확인하는 것

- ○ 체중(체중 증가가 둔화되거나 중단)
- ○ 혈압(임신 중기보다 약간 높을 가능성 있음)
- ○ 소변 중 당이나 단백질 함유 여부
- ○ 손발의 부종, 다리의 정맥류
- ○ 내진으로 자궁경부 소실과 개대 정도 확인
- ○ 자궁저(자궁 꼭대기까지)의 높이
- ○ 태아의 심박음
- ○ 태아의 크기, 자세와 방향

37주 태아와 엄마

태아는 엄마에게서 면역 성분을 얻고, 엄마는 배가 땅기거나 통증을 느끼기도 한다. 출산이 다가오면 태동은 거의 사라진다. 이 시기에 내진을 받아야 한다. 식생활은 조금씩 자주 먹는 패턴으로 진행한다.

엄마의 변화

아랫배가 땅기는 증상이 빈번해지거나 통증을 느끼는데, 불규칙하다면 진통의 시작이 아니라 몸이 출산 연습을 하는 것이다. 대부분 다른 자세로 몸을 움직이면 없어진다.

그러나 진통을 느끼는 횟수가 늘어 30분에서 1시간 간격으로 계속되면 출산이 가까운 것이므로 서두르지 말고 천천히 입원 준비를 한다.

엄마 배 뭉침과 진통이 잦아진다

태아의 성장

태아는 스스로 항체를 만들지 못하기 때문에 외부 세균으로부터 자신을 보호할 능력이 없다. 따라서 태반을 통해 모체로부터 질병에 대한 여러 가지 면역 성분을 얻게 된다. 태어난 후에는 모유를 통해 면역력을 얻는다.

엄마 면역력이 생긴다

태동 변화

태아의 신경 기관이 발달해서 재채기를 하기도 하는데, 이때 엄마는 온몸이 경련하는 것 같은 느낌을 받다. 출산이 다가오면 태동의 느낌은 거의 사라진다. 배 속을 활발하게 돌아다니던 태아가 세상으로 나오기 위해 골반 속으로 내려가기 때문이다.

정기 검진 및 건강 포인트

임신을 하면 자궁경부의 상태를 알아보기 위해 내진을 받는다. 임신 초기에는 자궁경부암 검사가 필요하거나, 출혈이 있을 때 기구를 삽입하여 자궁경부를 확인한다.

임신 후기에는 자궁의 단단함과 열린 정도, 태아의 자세, 임신부의 골반 모양과 크기 등을 확인하기 위해 내진을 한다. 이처럼 내진은 임신부와 태아의 건강 상태를 체크하는 중요한 검사이므로, 불쾌감을 느끼더라도 받는 것이 좋다. 단 양수가 파열되거나 전치태반일 때는 감염이나 출혈의 위험이 있으므로 내진을 피한다.

음식과 영양

임신 중에는 소화가 잘되지 않아 음식을 조금씩 자주 먹게 되는데, 이때는 간식도 주식이 되므로 신중하게 선택해서 먹는다.

감자를 구워 먹거나 비타민이 풍부한 브로콜리를

데쳐 요구르트에 찍어 먹는 것도 좋은 방법이며 되도록 천연 재료로 만든 간식을 먹는다.

주의 : 두통 증상

임신 후기에는 두통이 잦아지는 경우가 많다. 두통에 대해 꼭 알아 두자.

❶ 머리가 자주 아프다

분만에 대한 스트레스와 호르몬 분비의 변화로 임신 막달이 되면 두통 증세가 자주 나타난다. 따뜻한 물수건으로 눈 부분을 찜질하거나 관자놀이, 목 뒷부분을 손가락으로 눌러 지압하면 증상이 완화된다. 임신중독증이 심한 경우에도 두통이 나타나므로 의심스러울 때에는 병원에 가야 한다.

❷ 어지럼증, 구토 증세를 동반한다

두통 증상이 심하거나 어지럼증, 구토가 함께 나타나면 빈혈이나 고혈압을 의심할 수 있다. 이때는 서둘러 진찰을 받는다.

❸ 급하게 움직이면 현기증이 난다

막달이 되면 증가된 혈액량에 비해 적혈구 수가 적어 어지럼증이나 현기증이 심해질 수 있다. 현기증이 나면 제자리에 주저앉아 머리를 낮추고 휴식을 취하면 뇌로 혈액순환이 되어 증세가 나아진다.

마사지로 긴장 풀기

막달이 되면 상반신에서 하반신으로, 하반신에서 상반신으로 혈액순환이 나빠져 불쾌한 느낌이 있고 잠을 편안하게 이루지 못하는 경우가 많다. 숙면을 취하지 못하면 임신부의 기초 체력이 떨어지고 여러 가지 임신 트러블이 나타날 뿐 아니라 태아의 발육에도 나쁜 영향을 미칠 수 있다.

따라서 손과 발, 다리, 어깨 등을 가볍게 마사지해서 몸의 긴장을 풀어주어야 막달의 힘겨움은 물론 출산 시 진통을 줄일 수 있다. 취침 전 15분, 목욕 후 마사지하는 습관을 들인다.

임신부 호흡법, 체조 연습

호흡법은 출산에 대한 긴장과 불안을 줄여줄 수 있다. 진통 자체를 줄여주는 것은 아니지만 몸과 마음을 어느 정도 부드럽게 하여 출산의 진행을 원만하게 하고, 임신부와 태아에게 산소 공급을 원활하게 해 주며 진통에 쏠리는 신경을 호흡 쪽으로 유도하는 효과가 있다.

그러나 연습하면서 배에 힘이 들어가면 자궁 수축을 유발해 조산 위험이 있으므로 주의한다.

38주 태아와 엄마

태아는 골반 쪽으로 더 내려온다. 이 때문에 엄마는 골반에 통증을 느낄 수 있다. 또한 치질이 생길 수 있으니 주의한다. 소화가 잘 되는 음식을 먹고 편히 쉰다. 가진통이 많이 나타나지만 응급 상황이 발생할 수도 있으므로 몸 상태를 잘 체크한다.

엄마의 변화

태아가 골반 안으로 들어와 자리를 잡으면서 머리가 치골 부위를 압박하는데, 이로 인해 골반이 아래로 빠지는 듯한 통증이 느껴질 수 있다. 통증은 출산 때까지 점점 강해지다가 출산과 함께 없어지므로 통증이 심할 경우에는 치골이 압박되지 않는 자세로 누워서 휴식을 취하도록 한다. 변비가 있는 임신부는 치질이 생길 수 있으니 주의한다.

엄마 치골 부분의 통증이 심해질 수 있다

태아의 성장

이 시기에 태아의 몸무게는 약 3kg이며 신장은 약 50cm이다. 피부는 부드럽고 연해지며 산도를 나올 때 수월하도록 피부에 태지가 조금 남아 있다.
출산일이 가까우면 태아는 머리를 아래로 향한 채 골반 아래로 처지는데, 태아가 움직일 수 있는 공간이 작아지므로 태동과 같은 움직임이 거의 없게 된다.

태아 세상에 나갈 준비가 다 되었다

정기 검진 및 건강 포인트

임신 막달이 되면 아기를 밀어내기 위해 자궁이 수축하기 시작하는데, 하루에도 몇 번씩 배가 돌처럼 단단해지고 아이가 배 속에서 몸을 돌돌 말고 있는 것처럼 불규칙하게 통증이 느껴진다. 이는 가진통으로 출산을 앞둔 자궁이 수축을 연습하는 과정이다.

조금 아프다가도 금세 증상이 사라지는 것이 특징이다.
이와 달리 진진통은 미약하면서 불규칙하게 시작되지만 시간이 지남에 따라 통증이 점점 강해지고 규칙적으로 바뀌며 간격도 점점 짧아진다. 통증이 배와 허리에 나타나면 진진통으로 보아도 무방하다. 초산부는 5~10분, 경산부는 15~20분 간격으로 규칙적인 진통이 오면 병원에 가도록 한다.

주의 신호!

참을 수 없을 만큼 심한 진통이 연속적으로 이어지며 어느 한 곳이 집중적으로 아프고, 또 배가 딱딱할 정도로 뭉치고, 뭉친 배가 풀리지 않고 지속적이면 태반 조기 박리일 가능성이 있으므로 빨리 구급차를 불러 병원에 가야 한다.
출혈을 동반하는 통증도 위험하므로 지체하지 말고 병원에 가야 한다.

음식과 영양

막달에는 소화가 잘되고 보충할 수 있는 음식을 섭취한다. 지방이 적은 흰 살 생선이나 달걀, 우유, 두부 등의 단백질 식품이 좋다.
하지만 막달에는 위의 압박감이 덜해져 식사가 수월해지므로 주의하지 않으면 체중이 급격하게 늘어날 수 있으며, 아기가 나오는 산도에 지방이 쌓여 난산으로 이어질 수 있으므로 과식은 피한다.

주의 : 만삭 스트레스에 대처

출산을 임박해서 불안하고 스트레스를 받기 쉬우므로 마음을 편안하게 가지고 잘 다스리도록 한다. 또한 이 시기에는 불편한 몸 때문에 숙면이 힘들어지는데 이때 숙면하지 않으면 신체 트러블이 가중되므로 언제든 누워 쉴 수 있게 자리를 마련해 둔다. 임신부가 충분히 휴식을 취하고 숙면해야 심신의 스트레스가 줄어들어 안정적인 태내 환경이 만들어진다.
순산을 위해서는 몸의 유연성과 근력을 키우기 위한 운동을 해야 하지만, 무리하게 하는 것은 절대 피해야 한다. 운동 후에는 다리를 올린 자세로 휴식을 취한다.

아빠가 할 일

집에서 아내의 진통이 시작되었을 때 남편이 침착하고 신속하게 조치를 해야 한다.

가진통인지 진진통인지 구별한다

아내가 진통을 느끼기 시작하면 무턱대고 병원으로 달려가지 말고 1시간 정도는 진통 간격과 강도를 체크해 진통 간격이 규칙적으로 될 때까지 기다린다. 진진통이 10분 간격으로 오면 병원으로 간다.

진진통인지 판단이 서지 않으면분만실로 전화한다

피가 섞인 분비물이 비치거나 진통 간격만으로는 언제 병원에 가야 할지 모르겠다면 분만실로 전화해서 문의한다. 분만실은 24시간 근무이므로 심야에도 통화가 가능하다.

진찰권과 건강보험증만 챙긴다

진통이 시작되어 병원에 갈 때에는 입원에 필요한 진찰권과 건강보험증만 챙긴다. 출산 준비물이 든

가방은 출산 후에 가져간다. 가방을 미리 가져가면 분만을 기다리는 동안 짐이 된다.

초산일 때에는 직접 운전을 하고, 경산이면 택시를 타고 간다

아내의 상태를 살펴본 다음 운전을 해야 할지 택시를 불러야 할지를 결정한다. 초산이면서 진통 간격이 5분 이상이면 남편이 운전해도 상관없지만, 둘째 아기라면 출산의 진행 속도가 빠르기 때문에 콜택시를 타고 가는 것이 좋다. 출퇴근 시간처럼 차가 막힐 때나 병원까지 거리가 1시간 이상일 때 지체하지 말고 구급차를 부르는 것이 안전하다.

아내를 차에 태울 때는 눕히지 말고 쿠션을 준비한다

안전하게 태운다고 눕히는 경우가 있는데, 시트가 좁아 불편하고 자동차의 흔들림이 임신부 몸에 그대로 전달되어 오히려 어지러움을 느끼기 쉽다.
따라서 반드시 뒷좌석에 앉히며 쿠션을 무릎 위에 올려 껴안는 듯한 자세로 엎드려 있게 하는 것이 좋다.

Mom's 클리닉

유두 크기에 따른 모유 수유 준비

보통 형태

길이와 지름이 0.9~1cm면 적당한 크기이다. 아기가 물고 빨기에 가장 쉬운 사이즈이다.

작은 형태

길이와 지름이 0.5~0.7cm로 아기가 빨기 힘든 경우도 있지만 대부분의 경우 작아도 잘 빨아 먹는다.

큰 형태

길이와 지름이 1.1cm 이상인 유두로 유륜까지 입에 다 넣지 못해 아기가 젖을 제대로 빨지 못한다. 끈기 있게 물려서 아기가 크기에 익숙해지게 해야 한다.

유두 모양에 따른 모유 수유 준비

정상 유두

아기가 물고 빨기 좋은 모양이다.

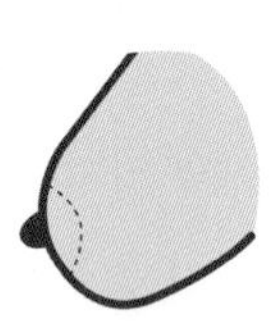

편평 유두

입에 물어도 잘 걸리지 않아 빠져나가기 쉽다. 그러나 꾸준히 빨리면 유두의 형태도 바뀌므로 걱정하지 않아도 된다.

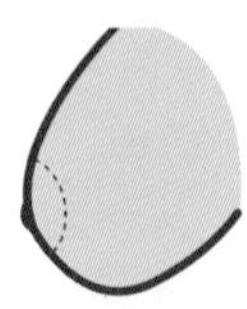

함몰 유두

피부가 약해 준비 없이 모유를 먹이면 상처만 입는다. 마사지로 유두를 부드럽게 만든 뒤 교정기로 유두를 끄집어낸다.

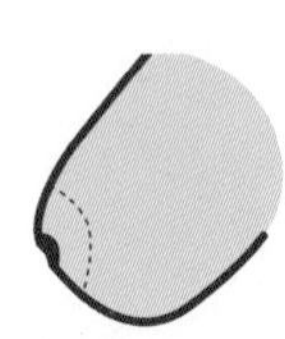

39주 태아와 엄마

태아는 거의 움직이지 않고 규칙적으로 생활한다. 엄마는 자궁구가 유연해지며 분비물도 늘어난다. 자궁구가 열려 이슬이 비치기도 하고 진통이 시작될 수도 있다. 출산 신호가 오면 바로 병원으로 갈 수 있도록 준비해 두어야 한다.

엄마의 변화

출산이 가까워지면 태아가 쉽게 나올 수 있도록 자궁구가 촉촉해지면서 유연해지고 탄력도 생긴다. 자궁 분비물도 많아지므로 속옷을 자주 갈아입고 샤워를 자주 한다. 간혹 자궁구가 미리 열리는 임신부도 있는데 이럴 때는 안정을 취하고 경과를 지켜본다.

엄마 자궁도 출산 준비를 한다

태아의 성장

이 시기에 태아는 거의 움직이지 않고 손발을 몸의 앞쪽으로 모으고 등을 구부린 자세로 태어날 준비에 들어간다. 세상에 나올 준비를 마치고 규칙적으로 자고 일어나며 손가락을 빨기도 하고 탯줄을 잡고 장난을 치기도 한다. 눈을 떴다 감았다 하고 잠을 자면서 꿈을 꾸기도 하는데, 40분을 주기로 잠을 자고 깨는 생체 리듬이 생긴다.

출산 직전 일주일 동안 태아의 부신에서 코티솔이라는 호르몬이 많이 분비되는데, 이 호르몬은 태아가 세상에 태어난 뒤 첫 호흡을 할 수 있게끔 도와주는 역할을 한다.

태아 규칙적인 생체 리듬이 생긴다

 정기 검진 및 건강 포인트

출산 예정일이 다가오면 태아가 나오는 길을 만들기 위해 자궁구가 열리게 된다. 이때 태아를 감싸고 있는 양막과 자궁벽이 벗겨지면서 점액 상태의 분비물인 약간의 출혈이 생기는데 이것을 이슬이라고 한다. 대개 이슬이 나타난 뒤 진통이 시작되는데, 경우에 따라 진통 뒤에 이슬이 비치기도 하고, 출산할 때까지 이슬이 비치지 않는 사람도 있다.

초산부는 이슬이 비친다고 바로 병원에 가야 하는 것은 아니다. 이슬이 비치고 난 뒤 진통이 오는 시간은 개인 차가 있지만, 일반적으로 이슬이 비친 후 24~72시간에 진통이 시작된다고 알려져 있다. 경산부는 이슬이 비치면 즉시 병원에 갈 준비를 하고 조금만 통증이 와도 바로 병원에 가야 한다.

주의 신호!

출산 예정일이 가까워 피가 덩어리째 나오거나 출혈이 멈추지 않고 출혈량이 증가하면 즉시 병원으로 가야 한다. 원인은 여러 가지가 있지만 전치태반일 확률이 높다. 전치태반은 태반이 자궁구를 막아 태아의 길을 방해하는 것으로, 자궁이 수축하면 태아보다 먼저 태반이 벗겨지면서 출혈이 일어난다.

음식과 영양

출산 예정일이 가까워지면 배가 아래로 처지면서 배가 불러 소화가 안 되고 답답하던 증상이 진정되는데, 이때 식사량을 조절하지 못해 체중이 증가하는 경우가 많다. 체중 조절을 위해서는 식사량을 조절하고 되도록 간식은 자제한다.

청량음료나 이온 음료는 칼로리가 높으므로 많이 마시지 않는다. 또한 커피는 혈관을 수축시키는 작용을 하므로 임신 후기에는 되도록 마시지 않는 것이 좋다.

입원 시 있으면 편리한 용품

디지털카메라
아기가 갓 태어난 모습을 놓치고 싶지 않다면 디지털카메라를 미리 준비해 소중한 순간을 담는다.

마사지 용품
보호자에게 필요하다. 분만 대기실에서 임신부가 진통을 호소하는 동안 허리와 발바닥에 간단하게 사용할 수 있는 마사지 용품을 준비하면 편리하다.

얼음, 구강청결제
진통 중에 얼음을 입 안에 물고 있으면 통증을 잠시 잊을 수 있으므로 준비하면 유용하다. 또한 출산 후에는 이를 자주 닦을 수 없으므로 구강청결제를 준비하면 편리하다.

아이스팩과 핫팩
하반신을 따뜻하게 하면 혈액순환이 활발해져 통증이 줄고 출산이 순조롭게 진행된다. 반대로 얼굴이나 목덜미는 차갑게 하면 편안해진다.

간단한 침구
보호자용 침구가 따로 마련되어 있지 않은 병원이 많으므로 병원에 문의한 뒤 준비한다.

보리차
진통 중이나 분만 후 갈증이 많이 나므로 보리차를 준비하는 것이 좋다.

음악을 들을 수 있는 플레이어
분만 대기실이나 출산 후 병실에서 산모가 음악을 들을 수 있도록 한다. 마음의 안정을 위해 태교 중 들었던 명상 음악을 들으면 도움이 된다.

주의: 산후 우울증

산후 우울증은 출산 후 4주 이내에 발생한다. 출산에 따른 호르몬의 균형 상태가 깨지는 것과 관련되며 엄마가 되는 데 대한 불안과 심리적인 갈등이 원인이 된다.
아래와 같은 경우 산후 우울증이 심해질 위험이 높다.

- 원하지 않던 아이일 경우
- 남편과 갈등이 있었던 산모인 경우
- 아들을 낳아야 한다는 압박을 느끼던 산모가 딸을 낳은 경우
- 평소 우울한 성향이 있었던 성격의 소유자
- 우울증을 앓고 있었던 환자의 경우

산후 우울증의 증상

우울해하며 아기를 보려고 하지 않는다. 또한 말을 하지 않거나 불안해 보이며, 전반적으로 가라앉은 모습을 보인다. 단순하게 우울감을 느끼는 경우도 있지만 때로는 망상과 연관이 되어 정신병적인 증상을 보이기도 한다. 극단적인 경우 자살을 하려 하거나, 아기에게 해를 끼치려 하기 때문에 심하면 정신과적 치료가 필요하다.

대개 3~6개월이면 증상이 호전되나 증상이 심한 경우는 입원 치료를 해야 하는 경우도 있다. 산후 우울증 약물 치료를 받으면서 수유를 하는 경우에는 의사와 상의하는 것이 바람직하다.

정신과적 치료는 심한 우울증, 만성적인 정신 사회적 문제, 약물 치료에 대한 반응이 불충분할 때, 혹은 성격상의 문제가 동반된 경우 시행한다.

개인의 정신 치료뿐만 아니라 경우에 따라 부부 치료, 가족 치료, 집단 정신 치료 등이 필요하며 실제적으로 가족과 친구들의 성원이 우울증 회복에 큰 역할을 한다. 특히 남편은 치료 과정에 관심을 가지고 적극적으로 참여하는 것이 매우 중요하다.

제대혈은 왜 필요한가

갓 태어난 아기의 탯줄을 자른 뒤 탯줄에서 뽑아낸 혈액을 제대혈이라고 한다. 제대혈에는 혈액과 면역 체계를 만들어 내는 줄기세포인 조혈모세포를 비롯해 각종 장기로 분화할 수 있는 줄기세포가 풍부하게 들어 있다. 골수가 정상 기능을 하지 못할 경우, '골수 이식' 대신 '제대혈 이식'을 통해서 백혈병이나 폐암, 소아암, 재생불량성 빈혈 등 각종 암과 혈액질환, 유전 및 선천적 대사성 질병을 치료할 수도 있다.

암이나 유전적인 질환의 가족력이 있다면 태어나는 아기는 제대혈을 보관하는 것이 안전하다. 제대혈 은행과의 계약은 1회 사용을 원칙으로 하며 한 번에 전량이 이식되는 것이 일반적이다.

업체마다 보관 기간에 따라 비용이 다르지만 대략 69만(5년)~143만 원(15년) 선이다. 만일 비용이 부담된다면 기증을 하는 방법이 있다. 기증할 경우 모든 비용은 무료이며, 기증자는 필요할 때 무상으로 제대혈을 제공받을 수 있다.

40주 태아와 엄마

양막이 파수된다. 양막은 임신 기간 동안 태아를 감싸 외부의 병균과 충격으로부터 태아를 보호하는 역할을 한다. 그러나 출산이 임박해 자궁문이 열리고 태아가 나올 준비를 갖추면 양막은 찢어지고 양수가 흘러나온다.

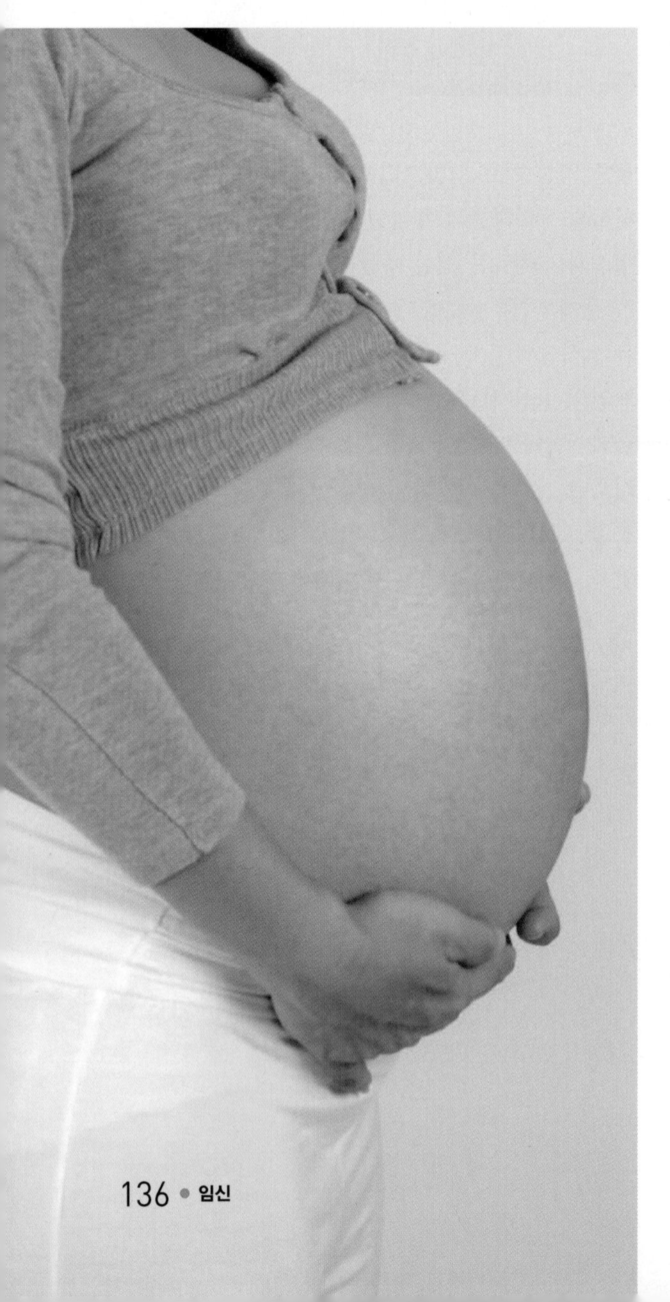

엄마의 변화

자궁 근육이 규칙적으로 수축을 반복하며 태아의 머리가 자궁의 입구를 밀어서 양막에 압박을 주면서 양막이 터진다. 이것을 진통이 와서 분만이 시작될 때까지인 분만 1단계의 징후로 볼 수 있다. 양막은 미지근한 물이 다리를 타고 흐르는 것 같이 많이 흐르기도 하고, 자신도 모르게 속옷이 축축하게 젖도록 적은 양이 나오기도 한다.
끈적한 점액 성분의 질 분비물과는 구분이 되며 약간 비릿한 냄새가 나는 맑은 물이라 소변과도 다르다. 파수 후 48시간이 지나면 태아와 나머지 양수가 세균에 감염될 가능성이 크므로 바로 패드를 대고 병원에 가야 한다.
아무리 짧은 거리라도 절대 걸어가지 말고, 목욕이나 질 세척도 하면 안 된다. 차 안에서는 옆으로 비스듬히 누운 자세로 있는다. 양수가 터진 후에는 24시간 이내에 분만을 해야 아이와 산모 모두 안전하다.

태아의 성장

태아는 세상으로 나올 모든 준비를 마쳤다. 자궁의 입구를 밀어서, 의사가 내진 시 촉진이 가능하다.

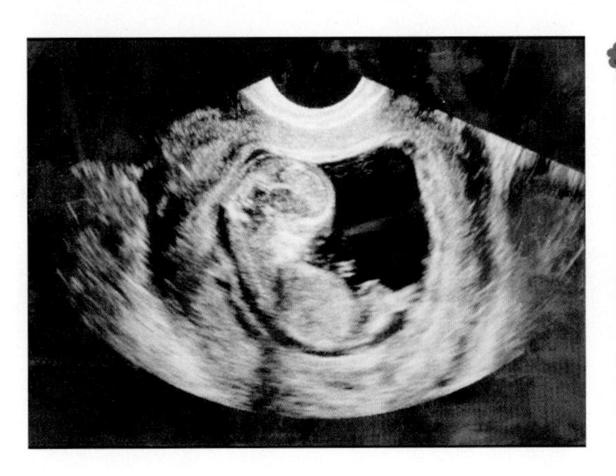

모유의 장점

- ♥ 정서적으로 안정감을 준다.
- ♥ 아토피를 예방할 수 있다.
- ♥ 아기의 위 기능에 좋다.
- ♥ IQ가 평균보다 높아진다.
- ♥ 모유수유 시 천식을 예방할 수 있다.
- ♥ 예방 접종에 대한 면역 반응이 높아진다.

 음식과 영양

출산 후 아기에게 주는 엄마의 첫 선물이라고도 할 수 있는 초유를 먹이려는 엄마들이 점점 늘고 있다. 초유는 출산 후 며칠 동안 분비되는 약간 노란색을 띠는 모유이다. 다른 시기에 나오는 모유(이행유, 성숙유)보다 단백질과 면역 성분이 풍부하다. 아기의 신체는 아직 미성숙하여 성인들처럼 스스로 면역 성분을 만들지 못하므로 면역 성분이 풍부한 초유가 아이에게 특히 중요하다.

하지만 초유는 분만 직후 3일간 극히 소량이 나오고 이것마저 거의 나오지 않아 안타까워하는 사례도 꽤 있다.

초유와 성숙유의 면역 성분 비교

100ml당 함량	초유	성숙유
면역 성분 lgA(mg)	364	142
락토페린(mg)	330	167

제왕절개 분만 VS 자연분만

제왕절개 분만을 하는 경우 수술비를 포함해 입원 기간과 약물 투여가 늘어나 자연분만보다 비용 부담이 높다. 자연분만을 할 경우 전신 마취나 외과적 수술이 없기 때문에 감염의 위험이 제왕절개에 비해 상대적으로 적다.

또한 자연분만의 경우 제왕절개 분만과 비교해 볼 때 산모의 회복 기간이 평균 4~5일 정도 빠르며, 아기가 더 건강하고 아기가 엄마의 산도를 힘들게 빠져나오면서 받는 강한 피부 자극이 뇌 중추에 활력을 주어 아기의 지능을 높여준다는 보고가 있다.

병원에 따라 자연분만을 선호하는 병원, 제왕절개를 선호하는 병원이 있으므로 자연분만을 원한다면 임신부의 수술 요구에도 자연분만을 권해 주는 병원을 선택하도록 한다. 단, 태아에게 이상이 발견되었을 때, 파수된 지 48시간이 지난 경우, 태반 조기 박리일 경우에는 자연분만 시도 중이라도 응급 제왕절개를 해야 한다.

Step 3

건강한 임신을 위한 영양, 생활 가이드

임신 기간 중 여성의 몸은 많은 변화를 겪는다. 그래서 영양 섭취와 생활 습관에도 신경을 써야 한다. 임신부의 기본적인 생활 수칙과 주의해야 할 사항, 운동법, 각종 질병의 예방과 대처 등 건강한 임신과 출산을 위한 정보를 알아 두자.

임신★

영양과 생활 수칙

임신 사실을 알게 된 후에는 조심해야 한다는 것은 알지만, 집안일, 직장생활 등으로 자칫 소홀히 하기 쉽다. 또한 임신 전에는 전혀 문제없던 일도 막상 임신을 하면 해도 되는지 안 되는지 걱정을 하게 된다. 임신 중 해야 할 일과 하지 말아야 할 일을 숙지해 놓는 것이 좋다.

임신부의 영양

임신 중에는 아기가 성장하는 데 꼭 필요한 단백질과 칼슘, 철분 등의 무기질, 비타민을 듬뿍 섭취해야 한다. 임신 전과 비교해서 먹는 양은 조금 늘어나는 정도지만 영양소 종류와 질을 고려해서 균형 잡힌 식생활을 해야 한다.

임신 5~6개월부터 철분 보충제 복용

철분은 임신부에게 가장 부족하기 쉬운 영양소로 철분이 부족하면 난산의 위험이 커진다. 그렇다고 철분 보충제를 복용하는 것이 무조건 좋은 것은 아니다.

임신 초기에 별도로 철분 보충제를 섭취하면 입덧할 때 구토가 심해질 수 있으므로, 임신 4개월 전에는 철분이 풍부하게 들어 있는 돼지 간, 쇠고기 간, 어패류, 달걀노른자, 해조류, 녹황색 채소, 토마토 등의 식품을 통해 얻는 것만으로도 충분하다. 임신 8개월부터는 철분 필요량이 늘어나므로 임신 5~6개월부터 철분 보충제를 복용하는 것이 좋다.

임신 중 하루 필요 칼로리

임신 중 하루 섭취 권장 칼로리는 1,900~2,100kcal로 임신 전 성인의 필요량보다 340~450kcal가 늘어난다. 칼슘은 임신 전 권장 섭취량보다 280mg이 많은 930mg을, 철분은 임신 전 권장 섭취량보다 10mg 많은 24mg을 섭취해야 한다. 상한 섭취량은 45mg이다.

흔히 임신하면 아기 몫까지 2인분을 먹어야 한다고

생각하지만 이것은 잘못된 생각이이다. 너무 먹어 몸무게가 지나치게 늘어나면 오히려 임신 비만이 되어 여러 가지 임신 트러블에 시달리기 쉽다.

철분 흡수를 돕는 음식

임신부의 하루 철분 권장 섭취량은 24mg이다. 철분이 많은 식품 중 하나인 돼지 간으로 하루 필요량을 충족시키려면 150g이나 먹어야 한다. 하지만 매일 그 정도의 간을 먹는다는 것은 불가능하므로 철분이 많이 든 식품과 철분의 흡수를 돕는 식품을 골고루 먹으면 권장량을 섭취할 수 있다.

철분은 섭취한다고 해서 모두 흡수되는 것이 아니다. 몸 밖으로 빠져나가지 않도록 흡수를 도와주는 식품을 함께 먹어야 한다. 감자, 과일, 채소에는 식품의 철분 흡수를 도와주는 성분이 함유되어 있으므로 철분 함유 식품과 함께 먹으면 좋다.

간이나 조개류 등 철분이 많은 식품을 하루에 한 끼 정도는 주요리로 만들어 먹는다. 비타민 B와 C는 철분의 흡수를 도와주므로 달걀이나 유제품, 과일, 채소 등을 늘 충분히 먹는다. 유제품이나 달걀, 고기, 생선, 콩류 등에는 철분과 결합해 헤모글로빈을 만드는 단백질이 풍부하게 들어 있으므로 매끼 반찬으로 다양하게 준비해도 좋다.

Mom's 클리닉

임신 중 건강 체중 증가 범위

BMI(체질량지수)는 몸의 지방량을 나타내는 체격 지수로 비만도와 건강 위험도를 평가하는 데 사용된다.

체중이 50kg, 신장이 1m 60cm이라면, 50/1.6×1.6=19.5로 저체중에 해당한다.

BMI 계산법_ 임신 전 체중(kg)/신장(m)²

BMI	판정
20 미만	저체중
20~25	정상 체중
25~30	과체중
30 이상	비만

임신부의 생활

서서 일하면 다리와 하복부에 무리가 간다

임신 중, 특히 초기 2~3개월에는 오랜 시간 서서 일하게 되면 다리와 하복부에 무리를 주어 유산의 원인이 될 수 있다. 또한 오래 서 있으면 뇌로 공급되는 혈액이 부족해져서 순간적으로 현기증을 일으킬 수도 있다.

오랫동안 서서 일할 때는 중간중간 휴식을 취해야 한다. 서서 일하는 대표적인 경우가 싱크대 앞에 있을 때인데, 몸무게의 대부분을 발의 넓적한 부분(볼)에 두고, 복부는 단단히 조인다. 벽돌 한 장 높이의 물건, 예를 들어 두꺼운 책을 발밑에 두고 양발을 번갈아 가며 올려 놓으면 좋다.

서서 진공청소기를 사용할 때는 한쪽 발을 앞에 두고 손잡이를 몸 가까이 댄다. 한쪽 발을 조금 앞으로 뗀 후 다른 쪽 다리로 체중을 옮긴다. 이런 식으로 양발을 교대로 리듬감 있게, 발걸음을 작게 하여 앞으로 조금씩 움직인다.

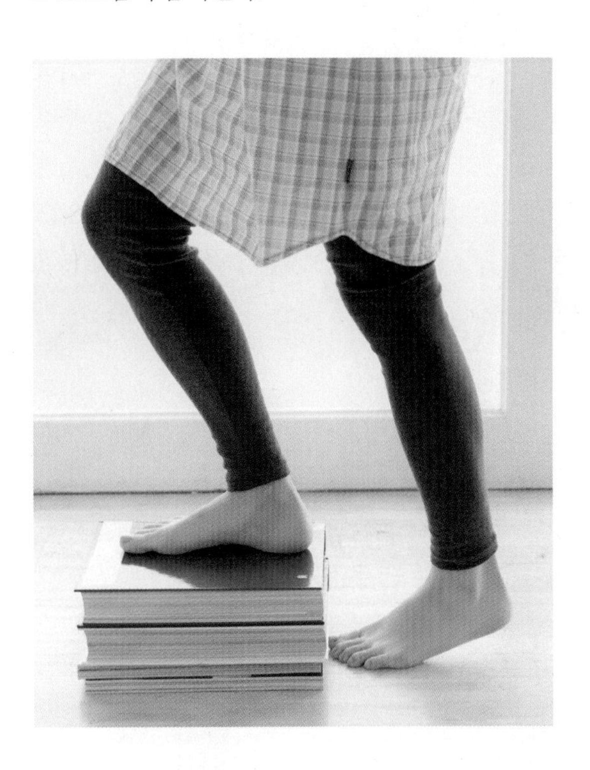

파마를 해도 될까?

사실 파마 약이나 머리 염색제 등이 태아에게 위험하다고 보고된 사례는 없다. 약품의 피해는 상관없다고 하더라도 파마하는 2시간 내외의 장시간을 같은 자세로 앉아 있으면 임신부를 매우 피곤하고 지치게 하는 것이 문제이다.

임신 기간 중 운동

임신 초기에는 피로를 느끼기 쉬운데 너무 많이 쉬거나 몸을 움직이지 않으면 피로가 심해진다. 초기에는 미끄러지거나 넘어지지 않는 가벼운 강도의 산책, 느린 조깅, 가벼운 수영 또는 임신부 체조를 규칙적으로 하는 것이 좋다.
적당한 운동은 변비, 입덧을 해소하는 데에도 좋기 때문에 무리하지 않는다면 권장한다.

피해야 할 운동

임신부가 평상시 최대로 낼 수 있는 속도의 60% 정도까지만 하고, 심장 박동 속도도 분당 140회를 넘는 지나친 운동은 피한다. 갑자기 몸을 앞으로숙이거나, 무릎을 꿇고 앉거나, 몸을 곧게 세우고 반듯하게 앉는 자세는 근육을 손상시키거나 골반에 무리를 준다. 그러므로 승마, 스키, 등산, 축구, 농구 등은 임신 기간에 삼가야 한다.

일반적인 운동 규칙

운동할 때는 활동하기 편하고 통풍이 잘되는 옷을 입고, 신발은 충격을 흡수하는 것을 고른다.
운동 2시간 전에 물 2컵, 운동 중에 20분 간격으로 한두 컵의 물을 섭취하여 자궁 수축과 급격한 체온 상승을 막는다. 운동 후 체온은 38.5℃를 넘지 않도록 신경 쓴다.

임신부 추천 운동, 수영

수영은 임신부에게 추천하는 가장 이상적인 스포츠에 속한다. 물속에서는 부력이 작용하여 근육이나 관절에 무리가 덜 가고 몸을 다치는 경우도 드물다. 임신부에게 수영이 주는 가장 큰 이점은 편안하게 움직일 수 있다는 점이다. 물속에 들어갔을 때 커다란 자궁이 몸의 부력을 더욱 크게 만들어 평소의 무게를 느끼지 않게 해 준다.
꾸준히 수영을 하면 요통이나 어깨 결림, 손발의 마비 등 임신부가 겪는 여러 가지 증상도 완화된다. 항상 무거운 자궁에 눌려 혈액순환이 나빴던 골반 안쪽의 순환도 좋아진다.

분만 시 필요한 근육 단련 효과

수영은 전신 운동이기 때문에 수영을 하면서 분만할 때 사용하는 근육을 자연스럽게 단련시킬 수 있다. 또한 수영할 때의 호흡법은 분만할 때의 호흡법과 비슷하다. 이런 장점 때문에 많은 전문가가 임신부에게 수영을 추천한다.
임신부 전용 수영 강좌가 아니더라도 물속에서 하는 체조인 아쿠아로빅도 도움이 된다.

임신 16주에 시작 가능

몸에 별다른 이상이 없다면 임신 16주(5개월)에 들어서면서 수영을 시작해도 된다. 임신 초기에는 유산의 위험이 있으므로 안정기에 들어선 후에 시작해야 한다. 경과가 순조롭다면 출산 직전까지 수영을 해도 괜찮다.

수영을 하면 안 되는 경우

유산이나 조산을 경험했던 임신부라면 수영을 해서는 안 된다. 자궁 입구가 넓어지는 자궁경관 무력증이나 자궁 수축이 빈번하게 일어나서 유산된 경우도 마찬가지로 수영을 삼가야 한다.
임신중독증, 당뇨병, 갑상선 이상, 심장병 등이 있는 임신부도 수영은 금물이다. 출혈이 있거나 움직일 때마다 배가 당기는 경우에도 삼가야 한다. 이상에 해당되는 사항이 없더라도 수영을 시작하기 전에 반드시 주치의와 상담해서 결정해야 한다.

자동차 운전은 피해야 한다

임신 기간에는 가능하면 운전을 안 하는 것이 좋다. 짧은 거리의 자동차 운전은 출산 때까지 계속해도 된다.
하지만 운전이라는 것이 정신적으로 집중해야 하는 일인데 임신 중에는 일반적으로 반사 신경이 둔해지고 갑작스러운 상황에 대처 능력이 평소보다 떨어질 수 있다.
또한 장거리 운전을 하게 되면 장시간 같은 자세로 있어야 하기 때문에 피로가 쌓이고, 만약의 돌발 상황이 발생했을 때 배에 충격을 받을 수 있으므로 피하는 것이 좋다.

1시간 정도 단거리 여행은 OK

특별한 이상이 없다면 1시간 정도의 단거리 여행은 큰 문제가 없다. 그러나 버스나 기차의 불규칙한 진동은 태아에게 좋지 않으므로 장시간 이동은 피한다. 반면 비행기는 흔들림이 적고 빠르기 때문에 장거리 이동에 적합하다. 여행 짐을 꾸릴 때는 건강보험증, 산모 수첩 그리고 출혈이 나 조기 파수가 있을 때를 대비해서 큰 타월을 준비한다.

임신 중 여행 주의

유산할 위험이 가장 큰 2~3개월에는 여행을 피하는 것이 좋다. 특히 유산이나 조산 경험이 있는 사람, 심장병, 고혈압, 임신중독증 등의 질병이 있는 사람은 여행 전 의사와 상담이 필수이며, 될 수 있으면 여행을 자제하는 것이 바람직하다.

여행 중 아랫배가 아프거나 출혈이 있을 때

임신부는 항상 배를 따뜻하게 해야 하는데, 양수의 온도 차이가 5℃ 이상 나면 자궁 수축이 일어나 유산이나 조산이 될 수 있다. 여행 중에 하복부가 심하게 아프고, 다갈색의 점액이 나오거나 출혈이 있으면 유산, 조산의 위험이 있다. 이럴 때는 즉시 안정을 취한다.

임신 중 바른 자세

임신을 하면 자연히 자세가 흐트러진다. 배가 불러 올수록 등을 뒤로 젖히고 걷거나 다리를 벌리고 팔을 심하게 흔드는 경우도 있다.
임신해서 몸이 불편하다고 일상생활에서 무리한 자세를 취하거나 자세가 올바르지 않으면 분만할 때 고생하거나 출산 후에도 나쁜 영향을 미친다.

앉을 때

앉을 때는 무릎을 엉덩이보다 높게 하지 않고 다리를 약간 벌린 자세가 좋다. 무릎이 배를 압박할 수 있기 때문이다. 또한 작은 쿠션이나 베개를 등에 받치고 앉는다.
장시간 앉을 때는 목 뒤에 쿠션을 받치고 다리를 작은 의자에 얹고 발을 뻗어 발목 돌리기 운동을 한다. 혈액순환을 좋게 해 부종과 발 저림을 막을 수 있다.

책상이나 테이블에서 일할 때

두 다리를 벌리고 팔을 탁자 위에 올리고 같은 선상에 머리를 놓으면 목과 어깨, 복부 근육의 긴장이 풀어진다. 또한 되도록 높은 의자에 앉아서 일하면 손과 어깨의 움직임으로 인한 피로를 줄일 수 있다.

자동차를 탈 때

시트 위에 방석을 한두 개 얹어서 높게 앉는다. 자동차 시트가 낮아서 무릎이 엉덩이보다 높으면 복부를 압박할 수 있기 때문이다. 안전벨트를 맬 때는 배 쪽에 방석을 대면 태아를 보호할 수 있다.

누울 때

옆으로 누울 때는 다리 사이나 다리 밑에 베개를 끼우면 자세가 훨씬 편해진다. 바로 누울 때는 등에 타월이나 얇은 쿠션 등을 깔아서 푹신하게 한다.
무릎을 구부리거나 무릎 밑에 베개를 놓으면 관절 보호와 혈액순환에 도움이 된다. 다리를 약간 높여 눕는 것도 좋다.

다리 두는 법

발과 다리를 심장보다 높은 위치에 두면 다리 저림, 부종 등이 없어진다. 단, 다리를 벽이나 높은 의자에 번쩍 들어 높이면 오히려 혈액순환을 방해하게 되니 조심한다.

웅크린 자세

가끔씩 무릎을 구부리고 웅크린 자세를 한다. 웅크린 자세를 하면 몸의 중심이 아래로 내려가 안정감을 느낄 수 있다. 또한 골반이 뒤쪽으로 자리 잡으면서 등이 펴진 상태를 유지하게 되어 등도 편안해진다. 웅크려 앉아서 두 팔을 무릎 위에 걸쳐 놓는다. 일어설 때는 허리를 먼저 들어올리지 말고, 무릎을 펴서 일어난다.

웅크린 자세 응용하기

서랍장을 열 때, 아이를 안아 올릴 때, 바닥에서 무엇인가를 집을 때는 웅크린 자세를 응용해서 한다. 임신 내내 불편했던 허리가 편안해진다.

누웠다 일어날 때

갑자기 몸을 구부려 일어서면 복부 근육에 무리가 갈 수 있다. 깊은 호흡을 두 번쯤 하면서 먼저 무릎을 구부려 옆으로 몸을 돌리면서 팔과 다리를 사용해서 일어난다.

유모차를 끌 때

유모차나 슈퍼마켓의 쇼핑 카트를 끌 때는 몸을 앞으로 구부리거나 뒤로 젖혀지지 않도록 몸 가까이 바싹 붙여서 다닌다.

청소기를 돌릴 때

마치 테니스 선수가 서브를 할 때처럼 허리를 약간 낮추고 한쪽 발을 옆으로 내밀어 무릎을 약간 굽히고, 뒤쪽 다리와 등은 쭉 편다. 이 자세에서 손잡이를 잡고 스텝을 밟듯 움직인다.

다림질할 때

다리미대는 엉덩이 중간까지 오는 높이가 좋다. 앉아서 다림질할 때는 가부좌 자세나 무릎을 땅에 댄 자세를 취한다.

걸레질할 때

무릎을 땅에 대지 않고 웅크린 자세를 하거나 엎드려서 무릎을 바닥에 댄 자세가 가장 편안하다.

임신 시기별 숙면 자세

임신 초기▶1~3개월

자세에 제한이 없으니 편하게 잔다. 임신 초기에는 아직 자궁이 크지 않기 때문에 자세에 큰 제한이 없다.

임신 중기▶4~7개월

방향에 상관없이 옆으로 누워서 자고, 방석을 배 밑에 넣으면 편안하다.

임신 4개월 이후

태아가 자라면서 자궁이 커져 배가 불룩 튀어나오고 무거워지기 시작한다. 자궁에 압박을 주지 않도록 반듯이 눕는 것보다 옆으로 눕는 것이 편하다.

임신 후기▶8~10개월

배에 압박감이 없이 편안히 자려면 반드시 옆으로 누워서 잔다. 다리 사이와 등 뒤, 배 밑에 베개나 쿠션, 방석 등을 대면 좀 더 편안히 잘 수 있다.

자궁이 많이 커져서 반듯이 누워 자면 내장 기관이 눌리고, 하지 정맥이 눌려 위험할 수 있다. 반드시 옆으로 눕는다. 왼쪽 팔을 밑으로 하고 누우면 자궁의 혈액순환이 좋아져 태아 성장에도 좋고 부종도 예방할 수 있다. 그러나 왼쪽으로 누워 자는 것이 힘들 때는 오른쪽으로 해도 괜찮다.

숙면하는 비결

이불 및 베개 높이 6~8cm 베개, 두께 3cm 이불을 사용한다.

목욕 잠자기 30분 전 미지근한 물로 10분 이내에 샤워한다.

음식 잠자기 1시간 전 허기가 가실 정도로 가볍게 먹는다.

운동 낮 동안 20~30분 가볍게 운동한다.

마사지 눈을 따뜻한 수건으로 마사지한다.

이상 증세 대처법

갑자기 피부 여기저기가 가려울 때, 평소보다 훨씬 더 갈증이 날 때, 변비가 찾아오거나 복통이 느껴질 때, 더욱이 이상 출혈이 있을 경우까지 임신부는 이상 증세를 많이 겪는다. 병원에 가야 하는 건지, 아니면 평범한 임신 증세인지 체크하고 대처하는 것이 좋다.

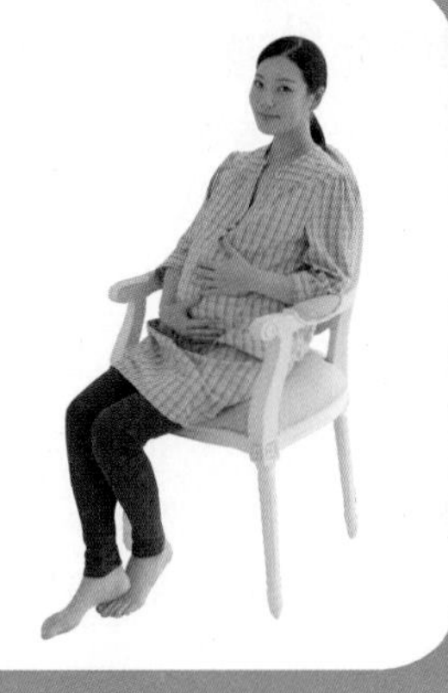

가려움증

임신 중기가 되면 배나 다리, 가슴 등이 몹시 가려울 때가 있다. 심하면 물집이 생겨 습진으로 발전하기도 한다. 정확한 원인은 밝혀지지 않았지만 태반에서 나오는 호르몬으로 간의 작용이 영향을 받아 나타나는 것으로 여겨지고 있다.

모든 임신부에게 나타나는 증상은 아니고, 나타나도 태아에게 영향을 주지는 않는다. 출산을 하고 나면 모두 없어지므로 걱정할 필요는 없다.

피부 가려움증이 너무 심하면 약을 써서 치료하기도 한다. 하지만 피부과 치료제는 항히스타민, 부신피질 호르몬 등이 들어간 연고가 대부분이므로 아무 연고나 사서 바르지 말고 반드시 의사의 처방을 따라야 한다.

가려움증을 예방하거나 다소 약하게 하려면 세안과 샤워를 자주 한다. 몸을 깨끗하게 하고, 면 소재의 속옷을 입고, 옷도 너무 두껍게 입지 않는 것이 좋다. 휴식도 충분히 취한다. 기름진 음식보다는 비타민과 무기질이 풍부한 과일과 해조류 등을 많이 섭취한다.

갈증

임신을 하면 전에 없던 여러 가지 불편한 증상이 나타난다. 하지만 갈증은 모든 임신부가 겪는 불편은 아니다. 임신으로 기초대사가 활발해져서 체온도 약간 오르고 그로 인해 목이 마르다는 느낌을 가질 수는 있다.

특별한 이상은 아니므로 목이 마를 때 굳이 물 마시는 것을 자제할 필요는 없다. 하지만 갈수록 갈증이 심해지면 당뇨와 같은 다른 질환을 의심해 볼 필요가 있다.

출혈

임신 중 약간의 출혈은 임신부의 20% 정도가 경험하는 흔한 증세이다. 하지만 유산이나 조산으로 연결되는 심각한 증상일 수도 있다.

착상 출혈은 배란 후 10~14일에 수정란의 착상이 이루어지면서 생기는 약간의 출혈을 말한다. 이 시기는 생리 주기와 비슷해 임신인 줄 모르고 정상 생리로 생각할 수 있다. 그러나 생리에 비해 양이 적고 그 기간도 짧다. 착상 출혈이 일어나는 경우는 그렇게 많지 않으며 출혈 여부는 임신을 지속하는 데 아무런 영향을 주지 않는다.

임신 중 출혈의 가장 대표적인 원인은 자궁질부 미란과 자궁경관 폴립이다. 자궁의 왕성한 혈액순환으로 자궁질부가 헐거나 빨갛게 되면서 출혈이 나타나는 것이 자궁질부 미란이다. 자궁경관에 폴립이라는 작고 부드러운 조직이 생겨 출혈이 되는 것은 자궁경관 폴립이다.

이 두 증상은 임신에 직접적인 영향을 주지는 않다. 의사의 지시에 따라 증세를 악화시키지 않도록 하고 출산 후 치료해도 괜찮다.

이와 달리 위험한 출혈은 심한 복통과 함께 출혈이 동반되는 경우이다. 이런 경우는 자궁 외 임신인 경우가 많다. 자궁 외 임신은 수정란이 자궁이 아닌 다른 곳에 착상된 경우를 말하는데 대부분 난관에 착상된 경우가 많다. 이 상태에서 임신 2~3개월이 되면 태아가 가느다란 난관 속에서 자랄 수 없게 되므로 유산이 되거나 난관이 파열된다. 난관에서 출혈된 피가 배에 고여 복부에 심한 통증을 느끼고 배변감, 불쾌감 등도 느껴진다.

심한 통증에 비해 출혈은 적은 편이지만 경우에 따라서는 얼굴이 창백해지고 혈압이 내려가 쇼크 상태에 이를 수 있다. 난관이 파열되더라도 즉시 처치를 하면 모체에는 영향이 없다. 하지만 처치가 늦어지면 엄마도 위험해진다.

대개 임신 후기에 통증 없이 출혈만 있다면 전치태반일 경우가 많다. 전치태반은 임신 8개월 이후에 주로 나타나며 태반이 자궁경부를 막고 있는 위치와 모양에 따라 출혈량이 달라진다. 태반이 자궁경부를 전부 막고 있으면 출혈이 많아지므로 소량의 출혈이 있더라도 바로 병원으로 가야 한다.

전치태반

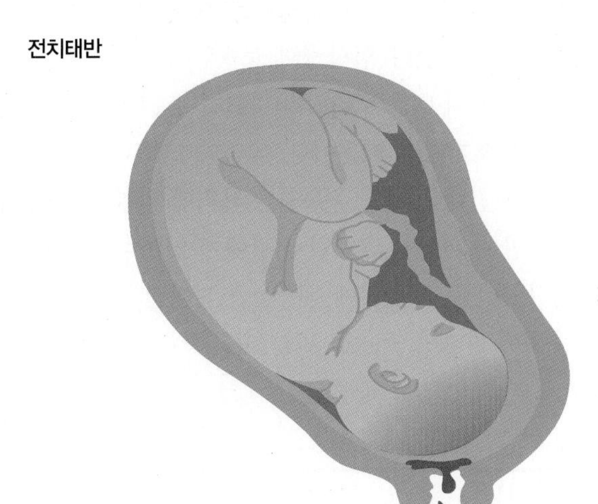

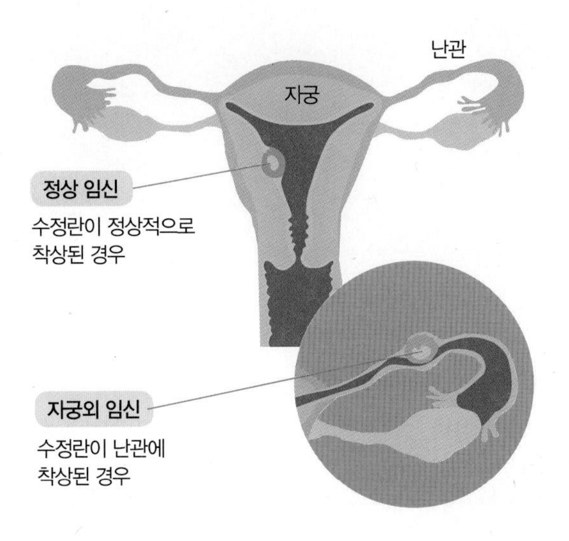

배 땅김

임신 초기에 배가 땅기는 원인은 자궁이 점차 늘어나기 때문이다. 그리고 변비도 하나의 원인이 될 수 있다. 하지만 배가 땅기는 것과 함께 잡아당기는 듯한 통증이 계속된다면 난소낭종을 의심해 봐야 한다.

난소낭종은 대개 임신 기간 중에 고나도트로핀이라는 호르몬이 과잉 분비되어 나타난다고 한다. 낭종의 크기에 따라서 수술을 하는 경우도 있다. 수술을 하지 않아도 대개는 임신 4~5개월에는 저절로

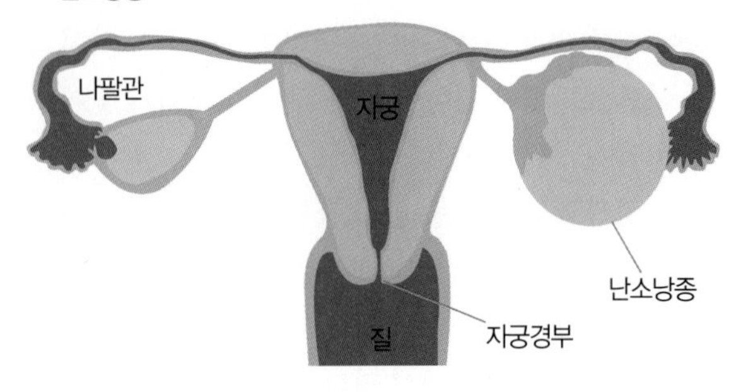

없어지고 증상도 사라진다.

배가 당기는 듯한 통증은 충수염(맹장염)이 아닌지 의심해 봐야 한다. 임신 중에 충수염이 생기는 것은 자궁에 밀려 맹장의 위치가 바뀌거나, 자궁과 붙은 위치에 오기 쉽기 때문이다.

임신 기간에 걸리는 충수염은 과거에 발병한 적이 있지만 수술하지 않았던 사람에게 일어나는 일이 많다. 오른쪽 하복부에 통증을 느낀다면 곧장 병원에 가야 한다.

변비

임신으로 생기는 변비는 황체 호르몬의 분비 때문이다. 이 호르몬은 장의 운동을 억제하여 변이 장 안에 머무르는 시간이 길어지고 변비가 생긴다. 자궁이 커지면서 직장을 압박하므로 임신 후기로 갈수록 변비가 생길 확률은 더욱 높아진다. 임신 초기의 입덧으로 식사 시간과 식사량이 불규칙해지는 것도 임신 중 변비의 원인이 된다.

아침에 일어나자마자 찬물이나 우유를 큰 컵으로 마시는 습관을 들인다. 공복에 수분을 섭취하면 잠자는 동안 약해진 장운동이 활발해진다. 매일 꾸준히 규칙적으로 마시는 것이 중요하다.

또한 매일 정해진 시간에 화장실에 간다. 단, 변이 나오지 않는데 화장실에 오래 앉아 있지는 않는다.

섬유질 식품 섭취

섬유질이 많은 식품을 먹는 것도 변비를 이기는 중요한 방법이다. 섬유질은 소화 흡수는 되지 않지만 장의 운동을 돕고 장을 깨끗하게 하는 역할을 한다. 섬유질이 많은 식품은 양배추, 우엉, 연근, 부추, 고구마, 미역, 버섯, 과일 등이다. 요구르트나 벌꿀, 잼, 과즙 등은 장내 발효를 일으켜 장의 운동을 도와준다. 현미를 먹으면 변을 묽게 하여 보다 쉽게 변을 볼 수 있게 한다.

식습관을 고쳤는데도 변비가 심해진다면 의사의 처방을 받는다. 화장실에 무턱대고 오래 앉아 힘을 주면 유산이나 조산으로 이어질 위험이 있다.

복통

임신 초기에 복통이 있다면 반드시 유산 여부를 확인해야 한다. 임신 중반기를 지나서 일어나는 심한 복통은 조기 진통이나 태반 조기 박리증 같은 응급 상황으로 이어질 수도 있기 때문이다.

특히 복통과 출혈이 함께 나타난다면 태반 조기 박리증일 가능성이 많다. 얼굴이 창백해지고 맥박도 약해지며 자궁은 내출혈로 단단하고 불룩하게 된다. 태반은 태아가 나온 후 나중에 나오는 것이 정상이다. 즉 태반 조기 박리란 분만하기도 전에 태반이 자궁에서 벗겨져 버리는 것을 말한다.

넘어지거나 심하게 부딪힌 것이 원인이 되기도 하지만 대개의 경우 임신중독증이 원인이 되어 나타난다. 태반이 1/3 정도 조기 박리되면 태아가 사망 확률은 50~90%이다. 소량의 출혈에 너무 놀랄 필요는 없지만 복통이 함께 올 경우에는 즉시 병원으로 가야 한다.

부종

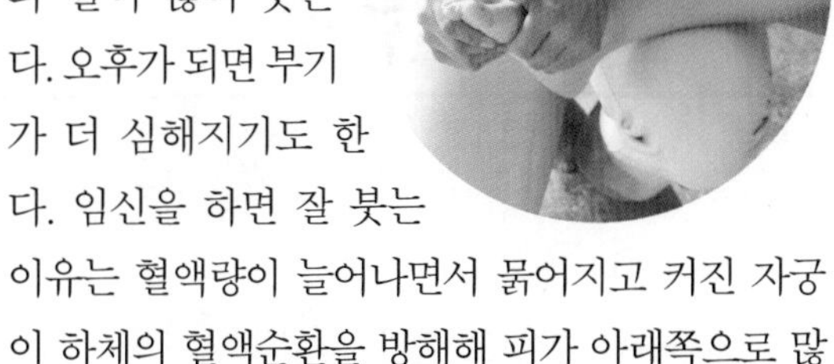

임신 후기가 되면 손과 발이 많이 붓는다. 오후가 되면 부기가 더 심해지기도 한다. 임신을 하면 잘 붓는 이유는 혈액량이 늘어나면서 묽어지고 커진 자궁이 하체의 혈액순환을 방해해 피가 아래쪽으로 많이 몰리기 때문이다. 임신 중의 부기는 자고 일어나면 없어지는 경우가 많다.

좀 덜 붓도록 하려면 밤에 잠을 잘 때 다리에 베개를 하나 고이거나 다리를 조금 높게 해서 혈액순환을 돕는다. 샤워를 하고 손발을 가볍게 마사지하는 것도 혈액순환을 돕는 방법이다.

하지만 심하게 붓고 부기가 잘 빠지지도 않는다면 주의해서 증상을 살펴본다. 임신중독증이나 심부전 등의 질환으로 부종이 나타나기도 한다. 지나치게 많이 붓거나 심한 피로감이 느껴진다면 반드시 주치의에게 알리고 적절한 조치를 한다.

불면증

임신을 하면 다양한 형태의 수면 장애가 나타날 수 있다. 임신 전에 잘못된 수면 습관을 지니고 있었다면 더 악화되어 나타나기도 한다. 점점 배가 부르기 때문에 편한 자세로 누워 있기가 어렵고 화장실 가는 횟수도 많아져 숙면을 하기 어렵다.

불면증이 계속되면 산모와 태아 모두에게 좋지 않다. 잠을 푹 잘 수 있는 방법을 미리미리 생각해 둔다. 건강은 물론 숙면을 위해서 술과 담배, 카페인 등은 당연히 멀리해야 한다.

잠이 오지 않으면 따뜻한 물에 목욕을 한 후, 우유를 따끈하게 데워서 마시면 도움이 된다. 가벼운 체조나 운동을 해서 몸이 적당히 피곤해지면 잠이 잘 온다. 하지만 잠자리에 들기 2~3시간 전에는 운동을 끝내야 한다. 운동으로 근육과 신경이 흥분된 상태라면 오히려 잠을 쫓을 수도 있다.

정해진 시간에 잠자리에 들고, 누울 때는 옆으로 누워서 한쪽 다리를 구부려 무릎을 가슴 쪽으로 끌어올리고, 다른 쪽 다리는 쭉 뻗고, 팔은 머리 위쪽에 두면 편안하다. 옆으로 누워 베개 위에 한쪽 다리를 올리는 자세도 편안하다.

빈뇨

임신을 하면 자궁이 커지면서 방광을 압박하게 되어 소변을 자주 본다. 때로는 소변을 보았는데 소변이 남아 있는 것 같은 느낌이 들기도 한다. 임신 중기로 접어들면서 이런 증세는 줄어들지만 분만이 가까워질 무렵에는 다시 빈뇨가 시작된다.

빈뇨는 임신부라면 누구나 피할 수 없는 증세이다. 소변이 보고 싶으면 참지 말고 화장실로 가는 것이 좋다. 그래야 방광염 등의 다른 질환을 예방할 수 있다.

자궁의 압박은 소변의 원활한 흐름을 방해하여 세균 감염을 일으킬 수도 있다. 소변을 볼 때 통증이 있다면 방광염을 의심해야 한다. 평소에 방광으로 균이 들어가지 않도록 청결에 주의한다.

빈뇨 자체는 임신에 따른 자연스러운 변화의 하나이므로 소변을 자주 보더라도 통증이 없다면 걱정하지 않아도 된다. 소변으로 많은 수분이 빠져 나가므로 보리차 등을 많이 마셔서 수분을 충분히 섭취한다.

빈혈

임신을 하면 태아에게 철분을 공급하느라 모체의 헤모글로빈 양이 줄어들고, 빈혈이 생기기 쉽다. 빈혈로 나타나는 가장 흔한 증상은 현기증이다. 앉았다 일어서거나, 흔들리는 버스나 전철을 타면 더욱 심해진다. 임신부의 40% 정도가 현기증을 겪는다. 빈혈이 아니라도 임신으로 자율신경이 불안정해지면 현기증이 자주 일어난다. 수면 부족이나 과로

등이 이런 빈혈과 현기증의 원인이 되기도 한다. 현기증이 나면 그 자리에 쭈그리고 앉아 안정을 취한다.

철분 식품 섭취

평소에 철분이 많이 함유된 간, 달걀노른자, 굴, 우유, 치즈, 시금치 등을 많이 먹도록 노력한다. 음식으로 철분 권장량을 모두 섭취하기 어렵다면 철분 제제를 복용한다. 빈혈로 현기증이 심할 때는 의사와 상담을 한다.

소화불량

임신 33주가 넘으면 커진 자궁이 커져서 명치 부근까지 압박을 받게 되어 식욕이 떨어지고 소화도 잘 되지 않는다. 음식물을 위에서 장으로 내려 보내는 데 걸리는 시간도 평소보다 2~3배나 늘어난다. 그래서 늘 더부룩하고 위가 아프게 된다.

음식을 만들 때는 소화하기 쉬운 식품과 소화를 돕

는 조리법을 이용한다. 섬유질이 너무 많거나 지나치게 달고, 맵고, 찬 음식은 피하는 것이 좋다. 식용유, 참기름 등의 유지류는 위에 머무는 시간이 길기 때문에 너무 많이 먹지 않는다.
사람에 따라서는 위 부근이 쓰라린 가슴앓이 증세를 보이기도 한다. 이것은 위액이 위로 거슬러 올라가는 것을 막는 근육이 약간 이완되어 나타나는 것이다. 누워 있거나 몸을 구부릴 때 증세가 더 심해지므로 식사는 천천히 하고 식후에 곧장 눕는 것은 피한다.

손발 저림

손발이 저린 증상은 대부분의 임신부가 겪는 증상 중 하나이다. 아침에 일어났을 때 자주 나타나는데 심할 때는 손가락을 폈다 오므렸다 하기도 힘들다. 발바닥이 갈라지는 듯이 아파서 일어설 수 없을 정도가 되기도 한다. 이런 현상은 골반을 지나는 신경이 늘어난 골반에 눌리기 때문에 생긴다. 특히 손이 저린 것은 인대를 통과하고 있는 근육이 부종으로 굵어지면서 손바닥의 신경을 압박하기 때문이다.
손발이 많이 저리면 일단은 손발을 많이 사용하지 않는 것이 좋다. 주먹을 쥐었다 폈다를 반복하고 마사지로 혈액순환을 하면 증세를 조금 가라앉힐 수 있다.

요통

임신 후기로 갈수록 자궁의 무게를 떠받치고 몸의 중심을 잡기 위해서 상체를 뒤로 젖히는 자세를 하게 된다. 이 자세는 등뼈나 허리 근처의 근육에 부담을 주고 통증을 유발한다.
골반이 늘어나는 것도 요통의 원인 중 하나이다. 골반을 이루는 뼈들을 얽어매고 있는 질긴 띠가 출산에 대비해서 느슨하게 풀리고 유연해지기 때문이다. 갈비뼈 부위나 허벅지 위쪽, 하복부 근처가 아플 때도 있다. 태아의 머리가 출산을 앞두고 골반 속으로 들어오면서 주변 신경을 압박하기 때문이다.
임신 후기가 되면 돌아눕지도 못하고 걷기도 힘들어할 만큼 요통에 시달리기도 한다. 요통이 느껴지면 한 가지 자세를 유지하기보다는 자세를 자주 바꾸는 것이 좋다. 뜨거운 찜질도 통증을 해소하는 데 도움이 된다.
심하게 아프면 약을 바르거나 먹을 수도 있다. 약을 쓸 때는 반드시 의사의 처방에 따라야 한다. 임신 전과 임신 중에 꾸준히 운동을 꾸준히 하여 허리 근육을 단련시켰다면 요통을 훨씬 줄일 수 있다.

우울증

임신을 하면 몸의 변화에도 적응해야 하고, 출산에 대한 두려움도 생겨서 감정의 기복이 심해질 수 있다.
임신했기 때문에 특별히 주변 사람들의 대우가 좋아질 것이라고 생각했는데 원하는 만큼 대접받지 못하면 신경질과 짜증이 나기도 한다. 이런 스트레스로 우울증에 빠지는 경우가 많다.
몸의 변화와 이상 징후에 적극적으로 대처하는 것만큼 심리적인 변화에도 신경을 써야 한다. 모르는 사이에 우울증이 깊어져 약물 요법을 써야 할 만큼 심각한 상태로 발전하는 사람들도 있다.
임신기 우울증의 원인은 다음과 같다.

몸의 변화
어느 날 갑자기 배가 불러 온 자신의 모습이 낯설게 느껴진다. '이런 나에게도 과연 성적인 매력이 있을까?' 하는 생각에 우울해질 수도 있다.

가족들의 무관심

처음 임신 사실을 알았을 때 온가족의 축하를 한몸에 받았을 것이다. 하지만 남편이나 가족의 관심도 늘 처음 같을 수는 없다. 남편의 관심이 시들해진다는 생각에 외롭다고 느낄 수 있다.

호르몬의 변화

임신을 하면 호르몬의 양이 증가하면서 감정의 기복이 심해진다. 평소 예민한 성격이라면 우울증에 빠지기 쉽다. 밝고 낙천적인 사람도 감정을 억제할 수 없는 우울증에 시달리기도 한다.

출산에 대한 두려움

임신 말기가 되면 언제 아기가 나올지 모른다는 불안감, 분만의 고통에 대한 두려움이 지나쳐 우울증으로 발전할 수 있다. 특히 아이를 돌봐 줄 사람이 없거나 산후 조리에 대한 대비책이 없을 때 불안감과 우울증이 심해질 수 있다.

원하던 임신이 아닐 때

계획보다 일찍 임신했거나 마음의 준비를 못한 상태에서 아기를 가졌다면 불안이 커진다. 결혼 생활에 불만이 있거나 집안에 어려운 일이 있을 때도 마음이 편치 않아서 쉽게 우울해진다.

아들에 대한 강박관념

아들을 낳아야 한다는 강박감을 갖고 있거나, 첫 아이가 딸이거나, 남편이 장남이어서 시댁의 남아선호 경향이 강할 때는 심리적인 부담감이 커진다.

유두 분비물

임신 중에 분비되는 유두의 분비물은 대부분 초유이다. 유두를 조금 압박하면 나온다. 이상이 있는 것은 아니므로 내버려 두어도 좋다. 임신하고 4~5개월 무렵부터는 언제든 유즙이 나와도 괜찮다.
그렇지만 모유는 출산하기 이전까지는 본격적으로 만들어지지 않는다. 이것은 모유를 만드는 호르몬을 출산 때까지 억제하는 호르몬이 작용하고 있기 때문이다. 그러나 이 호르몬의 기능이 완벽하지 않아 때때로 분비물로 여겨지는 유즙이 나오는 것이다. 특별한 이상이 아니므로 안심해도 괜찮다.

유방통

유방이 붓고 아픈 이유는 크게 두 가지가 있다. 하나는 겉으로 보이는 유방의 면적보다 유선 조직이 더욱 발달해 균형이 맞춰지지 않았기 때문이다. 하지만 그보다는 유방의 혈액순환이 잘되지 않아 아픈 경우가 많다. 혈액순환이 잘 안 되면 출산 후에 유방 울혈이 생기기도 한다. 유방통을 줄이려면 유방 주변 마사지로 혈액순환이 잘되게 한다. 유방 마사지 요령을 익혀 자주 마사지하는 것이 좋다. 단, 마사지로 자궁 수축을 유발할 수도 있으므로 배 뭉침이나 질 출혈, 조산 위험이 있으면 즉시 중단한다.

유방 기저부 마사지

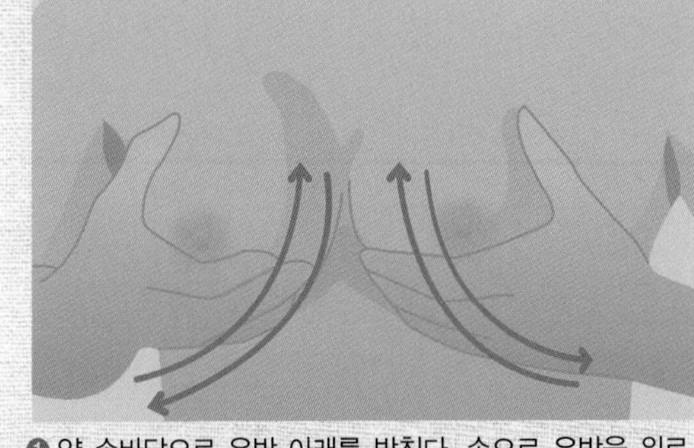

❶ 양 손바닥으로 유방 아래를 받친다. 손으로 유방을 위로 들어 올린다. 리드미컬하게 5~6회 올린다.

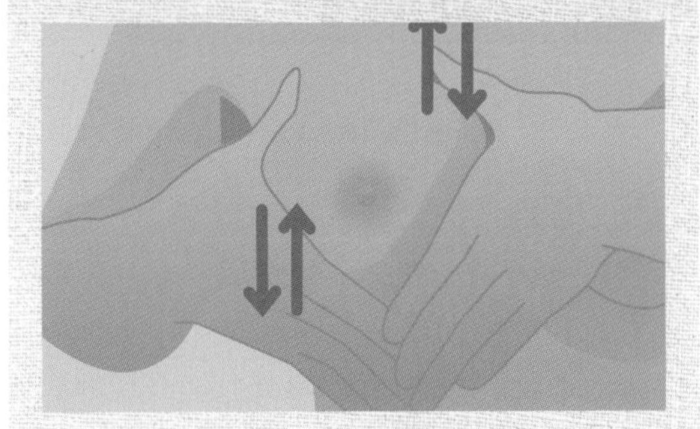

❷ 양손을 깍지 껴서 한쪽씩 마사지해 주어도 좋다.

유산

유산이란 태아가 모체 밖으로 나와서 살 수 있는 시기 이전에 나오는 것이다. 보통 만 5개월 이전에 출산하는 것을 말한다.

유산의 원인

난자가 비정상적인 경우, 산모가 매독, 신장염, 당뇨병, 고열 등을 동반해 감염된 경우, 심한 빈혈, 영양부족, 갑상선 기능 저하 등이 원인이 될 수 있다. 또한 심한 자궁 위치 이상이 있는 경우도 유산 가능성이 높다.

증상

하복부 중앙의 경련성 통증이나 출혈을 동반한 통증이 나타날 때, 얼룩이 묻어나거나 출혈을 동반하지는 않지만 통증이 심하며 하루 이상 지속될 때, 생리만큼 많은 출혈이 있거나 가볍게 얼룩이 묻는 정도의 출혈이 3일 이상 지속될 때, 유산 경력이 있는 임신부가 출혈이나 경련성 복통 또는 이 두 가지 증상을 나타낼 때, 핏덩어리나 회색 또는 분홍색 물질이 나오면 속히 병원에 가서 진단을 받아야 한다.

유산 예방 방법

지나친 과로는 피하는 것이 좋다. 특히 임신 이전에 생리 주기였던 시기에는 무리한 일을 삼가도록 하고, 너무 무거운 것을 들어서 복부에 심한 압박감이 가해지는 일도 피한다. 정신적으로도 안정된 생활을 한다.

- 음주와 흡연을 삼간다.
- 유산 예방 목적으로 하는 항체 호르몬 주사나 약을 의사의 지시에 따라 사용한다.
- 과격한 운동을 삼간다.
- 여행은 항공 여행은 큰 관계가 없고, 장거리 자동차 여행은 자주 내려서 휴식을 한다.

입덧

입덧은 대개 임신 4~7주에 시작해서 12~13주가 되면 없어진다. 때로는 16주 이후까지 가는 경우도 있다. 입덧의 증상은 여러 가지로 나타난다.

메스껍고, 먹은 것이 없는데도 구토가 나는 것이 대표적인 증상이다. 식욕이 없어지거나, 음식의 좋고 싫음이 바뀌기도 한다. 입덧의 정도도 사람에 따라 아주 가볍게 끝나는 사람이 있는 반면, 입원해야 할 정도로 심한 사람도 있다. 하지만 대개는 비교적 가볍게, 단기간으로 끝나므로 그리 걱정하지 않아도 된다.

입덧의 원인

입덧의 원인에 대해서는 여러 가지 이론이 있다. 이종단백질에 대한 알레르기 반응이라는 설, 태반의 융모에서 분비되는 성선자극 호르몬이 구토 중추를 자극한다는 설, 자율 신경의 기능이 떨어지기 때문이라는 이론 등이다. 하지만 어느 것도 확실하지는 않다.

입덧으로 잘 먹지 못하면, 태아의 발육에 영향을 주지 않을까 걱정이 되기도 한다. 하지만 이때의 태아는 아직 작아서 12주째에도 30~40g 밖에 되지 않는다. 모체에 축적된 영양으로 발육하는 기간이므로 잘 먹지 못하더라도 태아는 영향을 받지 않는다.

입덧에 대처하는 요령

입덧이 심할 때는 영양이나 식사 시간에 너무 얽매이지 않는 것이 좋다. 먹을 수 있을 때 먹고 싶은 만큼 먹으면 된다. 신경을 쓰면 오히려 증상이 심해질 수 있다. '임신과 입덧은 항상 붙어 다니는 것' 정도로 가볍게 생각하는 것이 좋다.

공복에 증상이 심해지는 경우가 많다. 샌드위치 등 가벼운 음식을 준비해 두었다가 배가 고프면 바로 먹는다. 음식 냄새 때문에 구토가 날 때는 음식을 차게 해서 먹으면 음식 고유의 냄새가 줄기 때문에 먹기가 한결 쉽다.

자주 토하면 수분이나 미네랄을 잃게 된다. 심한 구토와 식욕 부진이 겹치면 탈수 증세가 날 수 있으니 수분을 충분히 섭취한다.

마지막으로 주의할 것은 입덧이 끝날 때이다. 지금껏 먹지 못했던 것에 대한 반작용으로 갑자기 많이 먹어 체중이 급격히 늘어나는 사람이 많다. 식욕이 회복된 후에는 '먹고 싶을 때, 먹고 싶은 만큼'이라는 생각은 금물이다. 한번 체중이 늘면 출산 후에 다시 옛날 몸매로 돌아가기 쉽지 않다.

임신선

임신선은 피부가 급격하게 늘어나는 데 비해 피부 밑 조직이 변화에 따라가지 못해 생기는 것이다. 피하 조직이 피부보다는 유연성이 떨어지기 때문이다. 체형이 급격하게 커지는 청소년기에도 간혹 이런 선이 나타나는데 같은 이유로 생기는 것이다.

임신선이 생기지 않게 하려면 체중이 한꺼번에 늘지 않도록 주의한다. 마사지와 적당한 운동으로 피부를 탄력 있게 만들어 주는 것도 필요하다.
마사지는 배가 커지기 시작하는 임신 5개월 무렵부터 시작한다. 자극이 적은 마사지용 크림이나 오일을 발라 충분히 문지른다. 임신선은 배에 가장 많이 생기지만 유방이나 대퇴부, 엉덩이 등에도 종종 나타난다. 임신으로 살이 찌기 쉬운 곳들이다.
임신선은 대체로 2~10mm의 폭에 1~10cm 이상의 길이로 붉은색을 띤다. 심한 경우 10~20줄이 나타나기도 한다. 임신선은 출산 후에 희끄무레해지기는 하지만 자국이 남는다.
임신 기간에 샤워 후 오일을 바르면서 꾸준히 마사지하면 임신선이 생기는 것을 어느 정도 예방할 수 있다.

장딴지 경련

임신을 하면 몸무게가 늘고 몸의 중심이 변하면서 평소에는 힘을 받지 않던 곳에도 상당한 힘이 가해진다. 다리가 떨리고 쥐가 나는 것은 이 때문이다. 임신 7~8개월이 되어 자궁이 커질수록 증세는 더 심해진다.
손발이 떨리고 쥐가 나는 것은 임신 후기에 따라다니는 증상이다. 대개는 출산 후 1~2개월이 지나면 완전히 사라지니까 걱정할 필요는 없다.
발이나 종아리에 생기는 경련이나 쥐는 임신 중기부터 나타난다. 대부분 몸의 무게 중심이 달라지기 때문이지만 때로는 특정 영양소가 부족해서 생기기도 한다. 칼슘, 비타민, 미네랄, 철분 등을 많이 포함한 식사를 하면 경련이나 쥐도 쉽게 없앨 수 있다.
배가 커지는 것이 눈에 보일 정도가 되면 장시간 서서 일을 하는 것은 삼간다. 발에 경련이 일어나면 발가락 전체를 앞뒤로 젖혔다 폈다를 반복한다. 그 후 발을 따뜻하게 하면서 골고루 마사지하면 통증을 없애는 데 도움이 된다.
평소에 산책이나 가벼운 체조를 하면 쥐가 나는 일도 적고 통증도 예방할 수 있다.

정맥류

피부 위로 혈관이 두드러져 혹처럼 나타나는 것을 정맥류라고 한다. 혈액순환이 원활하지 않아 정맥에 혈액이 머무르면서 나타나는 증상이다. 정맥류는 하반신에 생기기 쉬운데 허벅지, 종아리, 외음부, 질 내부, 항문 주위에 잘 나타난다. 임신 중에 나타나는 치질도 정맥류의 한 현상이다.
정맥류를 없애려면 탄력 있는 하의로 하체에 적당한 압력을 준다. 스타킹을 신거나 운동선수들이 착용하는 스판덱스 천의 보호대를 착용한다.
휴식할 때는 다리를 높게 올려 하체에 몰린 피가 잘 돌도록 하는 것도 정맥류를 완화하는 방법 중 하나이다. 산책이나 걷기 등 적당한 운동을 해서 항상 혈액순환이 잘될 수 있게 한다.

파수

파수는 진통 유무와 관계없이 양수가 터지는 것을 뜻한다. 조기 파수 자체가 특별히 위험하지는 않다. 드문 일도 아니어서 임신부 5명에 1명은 조기 파수가 된다는 통계가 있다.
양에 따라서 그 느낌에 차이가 있지만 따뜻한 액체가 다리를 타고 흐르는 느낌이 든다. 양이 적으면 오줌으로 착각하는 경우도 있지만 그 느낌은 소변과 매우 다르다.
파수가 됐을 때 주의해야 할 것은 세균 감염이다. 질을 통해 세균이 자궁 안으로 들어갈 위험이 있으므로 파수가 되면 생리대나 타월을 대고 병원으로 가야 한다. 휴지로 닦거나 물로 씻는 등의 행동을 해서는 안 된다.
자궁경관 무력증이라면 정상적인 출산을 위해 자궁경관 주위를 단단하게 묶는 자궁경관 봉축수술을 한다. 그대로 두면 쉽게 파수되기 때문이다. 쌍둥이이거나 4kg이 넘는 거대아를 임신했을 때도 조기 파수되기 쉽다. 이런 임부는 배가 심하게 불러 양수가 그 압박을 견디지 못하고 터지게 된다.
양수가 지나치게 많아도 양수를 싸고 있는 양막이 터지기 쉽다. 특히 양수 과다증으로 인한 조기 파수는 양수의 양이 많고 터지는 힘이 세기 때문에 더 위험할 수 있다.
조기 파수가 되더라도 태아가 건강하게 자랄 수 있는 상태라면 출산을 하는 것이 좋다. 그러나 너무 일찍 조기 파수가 되면 태아가 아직 미숙해 위험한 상황에 처해질 수도 있어 결국 인큐베이터에서 남은 기간을 채워야 한다.
조기 파수가 염려된다면 미리부터 조심하는 것이 최선이다. 임신하면 습관적으로 조기 파수가 되는 임신부, 자궁경관 무력증인 사람, 양수 과다증인 경우는 언제 양수가 터질지 모르니 절대적인 안정이 필요하다.

졸음

임신 초기에는 아무리 잠을 자도 졸음이 쏟아진다. 졸음과 함께 몸이 나른하고 미열이 있기도 한다. 감기 몸살 초기 증세와 비슷하다.
임신 초기의 졸음은 황체 호르몬의 증가가 주요한 원인이다. 황체 호르몬에는 중추신경을 억제하는 마취 작용이 있다. 그래서 황체 호르몬이 증가하면 졸음이 오는 것이다.
나른하고 졸릴 때는 참지 말고 푹 자도록 한다. 단, 식사 후에 곧바로 잠들면 임신 비만이 되기 쉽다. 적당한 운동으로 생활 리듬이 깨지지 않도록 해야 한다.
이 밖에 당뇨병이나 간장, 신장에 이상이 있을 때도 졸음이 심해진다. 갑자기 나른함이 심해지거나 충분히 휴식해도 피곤함이 가시지 않는다면 반드시 질환이 없는지 검진을 받는다.

질 출혈

임신 기간에 따라 원인이 다르다. 임신 초기에는 착상 시에 출혈이 있을 수 있다. 동반되는 다른 증상이 없다면 착상으로 인한 증상 중 하나로 보면 된다.
문제는 출혈 전후로 하복부가 당기거나 묵직한 복통을 느끼는 경우이다. 이런 증상은 유산의 징조일 가능성이 매우 높다. 유산이 아닌데 출혈이 생길 수 있는 또 하나의 경우는 자궁 외 임신일 때이다. 임신 초기에 출혈과 함께 복통이 있을 때는 반드시 병원을 찾아야 한다. 임신 중반기 이후에 일어나는 질 출혈은 조기 진통을 의심해야 한다.

임신 말기에 출혈과 통증이 동반되는 것은 태반 조기 박리일 가능성이 있다. 태반 조기 박리는 태반이 출산에 앞서 떨어져 나오는 것으로 태아가 사산될 수 있다.

통증이 동반되지 않는 출혈은 전치태반을 의심해 볼 수 있다. 이 경우에는 심한 출혈이 일어나기 쉬우므로 즉시 병원을 찾아야 한다.

충치

임신 중에는 잇몸에서 피가 나거나 전에 없던 충치가 생기기도 한다. 임신으로 잇몸 조직의 저항력이 떨어지기 때문이다. 평소 세균의 번식을 억제하는 역할을 했던 입안의 산성과 알칼리성의 균형이 산성으로 쉽게 바뀌어져 버리는 것도 충치가 잘 생기는 이유이다.

하지만 직접적인 원인은 따로 있다. 임신 전보다 치아 관리에 소홀해진다는 것이다. 임신 초기에는 입덧이 심해 칫솔질을 제대로 하지 못할 수 있다. 중기 이후가 되면 입맛이 당겨 자주 많이 먹게 되는데 칫솔질은 그만큼 자주 하지 않는다.

임신 중에는 충치가 생기기 쉬운 만큼 평소보다 세심한 관리가 필요하다. 음식을 먹은 후에는 반드시 양치질을 해야 한다. 비타민 C가 풍부한 과일과 채소를 많이 먹으면 잇몸을 건강하게 만들 수 있다.

웬만한 치과 치료는 임신 중에도 받을 수 있다. 하지만 치아의 대부분을 치료해야 한다면 출산 후로 치료를 미루는 것이 좋다. 치료를 하고 나도 다시 나빠지기 쉬워 이중으로 치료를 하게 될 수도 있기 때문이다.

치질

임신 중의 치질은 혈액순환이 잘되지 않아서 생기는 정맥류의 하나이다. 치질이 없던 사람도 임신 후기가 되면 앓는 경우가 많다.

변비도 치질을 일으키는 원인이 된다. 식습관에 문제가 있거나 임신 호르몬의 영향으로 딱딱한 변을 자주 보게 될 때도 치질이 생기기 쉽다. 변이 딱딱하면 배변 시 힘을 많이 주는데 이때 항문의 정맥에 피가 몰려 단단한 혹이 되면 치질로 발전한다.

변비를 없애려면 아침에 일어나자마자 물이나 우유를 마시고 섬유소가 함유된 식품을 많이 먹어 변을 부드럽게 만들어야 한다. 변을 보고 나서 따뜻한 물에 3분 정도 좌욕을 해 주는 것도 좋다.

치통

치과 치료가 임신부나 태아에게 영향을 미치지는 않는다. 오히려 치통 때문에 식사를 제대로 하지 못하는 것이 태아에게는 나쁜 영향을 미칠 수 있다. 따라서 치통이 있을 때는 임신 중이라도 치료를 받는다. 단, 유산 위험이 적은 임신 중기 이후에 치료를 받는 것이 좋다.

임신부들 중에는 태아에게 영향을 미칠까 염려해서 치료를 꺼리기도 한다. 하지만 치아의 상태를 보기 위한 X선은 태아에게 큰 영향을 주지 않는다. 치아를 치료할 때는 마취도 국소 마취로 소량의 마취제만 사용하기 때문에 걱정할 필요 없다.

코피

평소에는 코피를 흘리지 않던 사람이 임신하고부터 코피를 자주 흘리는 경우가 있다. 콧속 점막 혈관이 충혈되고 몸속의 압력이 증가하면서 약간의 자극만 주어도 코피가 쉽게 나는 것이다.
코피가 나면 콧망울을 쥐고 누워 있으면 금방 멎는다. 그래도 멎지 않으면 탈지면으로 콧구멍을 막고 머리를 똑바로 든 채 이마와 콧등에 찬 수건을 얹는다. 머리를 뒤로 젖히면 코피가 목 안으로 들어가게 되므로 조심한다. 코피가 어느 정도 멎었다고 코를 푸는 것은 위험하다. 코피가 자주 나거나 출혈량이 많다면 반드시 이비인후과 진찰을 받는다.

트림

임신 초기에 몸에서 다량 분비되는 에스트로겐과 프로게스트론이라는 호르몬은 소화를 지연시켜 소화불량을 일으키기도 한다.
한번에 많은 양을 먹으면 위장에 부담을 주게 되므로 소량으로 여러 번 나누어 먹는다. 가공 육류, 양념이 진한 음식, 튀긴 음식이나 기름진 음식, 탄산음료나 알코올 음료도 되도록이면 피한다. 느슨하고 편안한 옷을 입으면 소화에 도움이 된다.
누워 있으면 위산이 식도로 역류해 속 쓰림이 심해진다. 베개를 여러 개 이용하여 상체를 받치고 누우면 위산 역류로 인한 속 쓰림과 트림을 예방할 수 있다.

호흡 곤란

임신 후기가 되면 커진 자궁이 주변의 장기를 눌러서 자주 가슴이 두근거리고 쉽게 숨이 차곤 한다.
태아 커져서 임신부의 횡격막은 정상적인 위치에서

4cm나 밀려 올라가 있다. 그래서 폐가 눌려 두근거림이나 숨이 찬 증상을 느끼게 된다. 심장의 위치 역시 다소 밀리게 되고 임신 전과 비교해 혈액의 양도 45% 정도 증가해 있다. 심장은 세게 뛰어서 혈액을 멀리까지 보내려고 한다. 이것이 두근거림의 원인이 된다.
가슴이 두근거리거나 숨이 찬 것이 일상생활에 별다른 지장이 없다면 임신으로 인한 변화의 하나로 생각한다. 대신 심장에 부담을 주지 않도록 갑자기 일어서거나 무거운 것을 드는 일은 피한다.
계단을 오르내릴 때는 난간을 잡고 천천히 걷는다. 바로 누워 있기 힘들 때는 왼쪽을 밑으로 향하게 해서 눕는다. 심장에 부담이 덜 가서 훨씬 편안해진다.
심하게 두근거리고 숨이 차는 증상이 고혈압이나 심장병의 전조인 경우도 있다. 고혈압은 임신중독증이나 뇌일혈, 태반의 출혈로 태반 조기 박리를 일으킬 수 있는 위험한 증상이다. 정기 검진에서 고혈압이 체크되면 의사의 지시에 따라서 반드시 입원 또는 통원 치료를 받는다.
두근거림 외에 담, 기침, 위장 장애, 부종 등의 증상이 있으면 심부전이 의심되므로 그에 해당하는 치료를 받아야 한다. 숨이 차는 것 외에 다른 증상이 있는 것은 아닌지 잘 살펴본다.

고위험 임신과 대처법

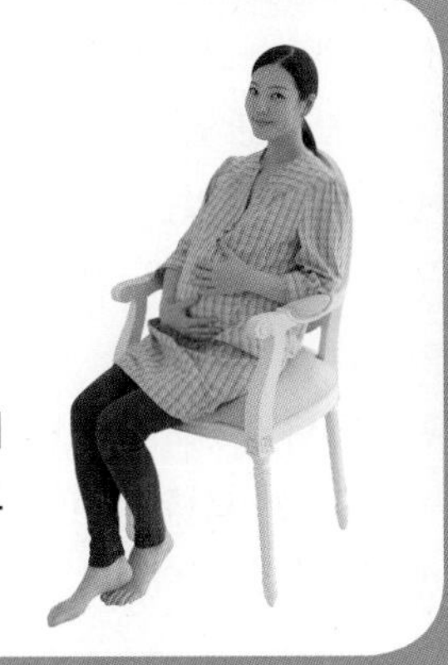

만 35세 이상의 고령 임신과 지병이 있는 등 위험 부담이 있는 경우를 고위험 임신이라 한다. 최근에는 사회적 변화로 고령 임신부가 늘어나면서 고위험 임신 또한 흔한 일이 되었지만, 더 많은 주의와 관리가 필요하다.

고령 임신

의학계에서는 35세 이후의 임신을 고령 임신으로 분류한다. 임신부의 연령만을 가지고 고위험 임신군으로 분류하는 것은 임신부의 나이가 많아질수록 고혈압, 임신중독증, 자궁 근종, 태아 위치 이상, 난산, 조산 등의 발생 빈도가 높아지기 때문이다.
무엇보다 35세 이상 여성들의 가장 큰 과제는 임신의 성공이다. 20~24세가 임신 확률이 가장 높은 때이고, 20대의 임신 성공 확률 대비 35~39세는 75%, 40~45세는 5%이다. 불임 치료(시험관 수정)도, 나이가 들면 성공률이 더 떨어진다.
고령 임신부는 나이가 많을수록 유전상의 결함을 가진 아기를 낳을 확률도 높아진다. 다운증후군 아기가 태어날 확률은, 30세에 1/885에서 35세에는 1/365, 40세에는 1/109, 45세에 이르러서는 1/32로 증가한다.
고령 임신부에게 이러한 이상이 더 많이 발견되는 것은 사실이다. 하지만 고령 임신의 위험에 대한 생각은 지나치게 과장된 편이다. 건강한 여성이라면 늦은 임신이라고 해서 지나치게 걱정할 필요는 없다. 젊은 여성이 갖는 위험과 별로 다르지 않다.
다만 나이가 들수록 건강 상태가 나빠지는 것이 문제가 된다. 만성 질환에 걸려 있을 가능성도 많고 일반적으로 20대보다는 체력도 떨어진다. 임신을 감당할 모체의 건강 상태가 나쁘면 태아에게도 영향을 미친다. 각종 이상이 증가하는 이유도 이 때문이다.
임신을 고려하고 있다면 건강 상태를 먼저 체크해봐야 한다. 고령 임신부라면 좀 더 철저한 검사와 관리가 필요하다. 임신 전에 유전자 검사를 받는 것도 좋다. 이상을 미리 발견한다면 기형아 출산이나 임신중독증 등의 위험을 예방할 수 있다.

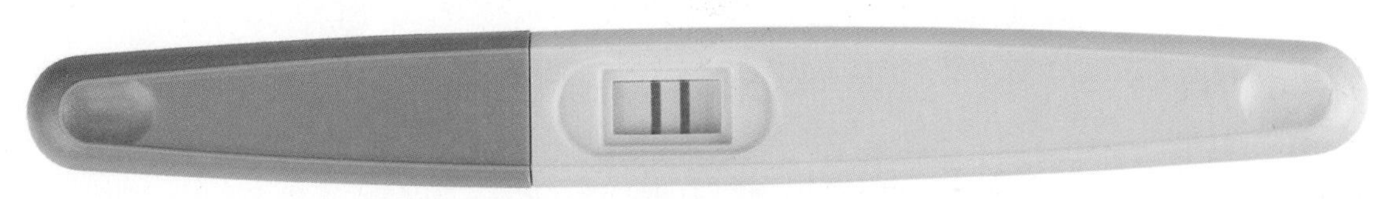

산전 검사를 받는다

임신을 계획하고 있다면 미리 병원을 찾아 검진을 받는다. 모르고 있던 질환은 없는지, 자궁경관 무력증 등의 위험은 없는지 살펴본다. 염색체 검사를 받아두는 것도 기형아 출산의 공포에서 벗어나는 방법이다.

질환이 있다면 치료 후에 아기를 갖는 것이 좋다. 계획을 세우고 임신한다면 보다 건강한 임신과 출산을 보장받을 수 있다.

꾸준한 운동으로 체력을 키운다

20대 후반이 되면 신체는 노화가 진행된다. 30대에 들어서면 신체 기능이 월등히 떨어진다. 20대에 거뜬히 넘기던 감기나 몸살도 30대가 넘어서면 호되게 앓는 경우가 많은 것도 이 때문이다.

나이가 많은 여성은 임신 중에 질병에 걸릴 확률이 더 높아진다. 평소에 지속적으로 운동을 해서 신체의 면역 능력을 키우는 것이 좋다.

임신 초기, 절대 안정이 필요

평균적으로 임신 초기에 유산될 확률이 12~15%라면 35세 이상의 임신부가 유산할 확률은 20%로 높게 나타난다.

대부분 초기 유산의 원인은 수정란의 염색체 이상인 경우가 많으므로 이를 좀 더 이른 시기에 알아내기 위해서는 철저한 정기 검진과 임신부의 안정이 필요하다.

기형아 검사를 받는다

산모의 나이가 많을수록 주의가 요구되는 부분이 다운증후군 등 태아 기형의 위험이다. 특히 다운증후군은 산모 365명에 1명꼴로 젊은 산모보다 높은 비율로 나타난다. 기형아 검사 및 임신 중 검사를 꼼꼼하게 받아 기형 걱정을 줄이도록 한다.

제왕절개 분만 가능성을 미리 고려한다

나이가 들면 자궁경부의 탄력이 줄어든다. 자연분만을 할 경우 산도가 잘 늘어나지 않아 분만 시간이 길어진다. 이럴 경우 난산으로 사산의 비율이 높아지기 때문에 의사는 제왕절개, 흡입분만 등의 출산 방법을 임신부에게 권유하는 일이 많다.

물론 임신부마다 개인 차가 있어서 건강 상태에 따라

얼마든지 자연분만도 가능하다. 자신감을 갖고 자연분만 준비를 철저히 하되 제왕절개의 가능성도 미리 고려한다.

부종 예방에 신경 쓴다

나이가 많은 임신부일수록 얼굴, 눈, 손, 발등에 걸쳐 몸이 붓는 현상이 자주 나타난다. 주로 아침과 저녁에 부종이 심하게 나타나는데 그냥 두면 임신중독증이 될 수 있다. 체중 관리에 신경 쓰고 적당한 운동을 해서 예방하는 것이 중요하다.

저염식으로 혈압 관리

35세 이상의 임신부가 임신중독증에 걸릴 확률은 20대 임신부에 비해 최고 4배 이상 높다. 임신중독증은 주로 임신 후기에 많이 나타나는데 부종, 비정상적인 체중 증가, 고혈압, 두통, 심한 갈증 등의 증세가 나타난다. 가급적 짠 음식을 피하고 매일 적당한 산책과 체조를 한다.

지병이 있는 임신부

고혈압

고혈압이 있는 상태에서 임신을 하면 임신중독증이 일어나기 쉽다. 태반의 기능이 저하되어 조산이나 미숙아 출산, 사산할 위험도 있다.

고혈압이라도 신장 기능에 문제가 없다면 비교적 순조롭게 임신이 지속될 수 있다. 하지만 임신 후기로 갈수록 혈압이 올라가고 임신중독증을 일으킬 확률이 높아진다.

고혈압이 중증인 경우는 태아뿐만 아니라 모체에도 위험이 따르게 되며, 경우에 따라서는 임신 상태를 더 이상 지속하지 못할 때도 있다. 본인의 혈압이 정상이더라도 가족 중에 고혈압 환자가 있으면 임신 중에 고혈압을 일으킬 수 있다.

고혈압 증세가 심하다고 해서 임신을 못하는 것은 아니다. 임신 전 반드시 의사와 상담해서 임신 시기를 결정하고, 일단 임신이 되었다면 철저한 자기 관리가 필요하다.

체중을 확실하게 조절하여 필요 이상 체중이 증가하지 않도록 하며, 저염식 · 고단백 · 저칼로리 식사에 특히 신경을 써야 한다. 충분히 안정을 취하면서 출산 때까지 정기적으로 혈압을 검사해 정상 상태를 유지한다.

당뇨병

임신 중 당뇨병은 임신 전부터 질환을 앓던 경우와 임신한 뒤 발병한 경우로 나눌 수 있다. 임신 후에 생긴 임신성 당뇨병은 대부분 출산 후에는 정상으로 돌아온다.

당뇨병이 있을 경우 거대아나 미숙아, 양수 과다증, 조산, 태아 사망 등을 초래할 수 있다. 태어난 아기가 저혈당, 호흡 곤란을 일으키기도 한다. 당뇨병을 앓고 있는 엄마에게서 태어난 아기는 출산 후에 비만이나 당뇨병에 걸릴 확률이 높다.

임신을 하면 생리적으로 임신 당뇨병에 걸리기 쉬운데, 특히 비만인 경우나 35세 이상의 고령 출산인 경우, 가족 중에 당뇨병 환자가 있는 경우, 과거에 거대아를 출산한 경험이 있는 경우에는 발병 확률이 높다. 이외에 체중이나 자궁저의 높이가 갑자기 늘어난 경우도 조심해야 한다.

임신 중 당뇨병의 가장 기본적인 치료법은 식사 요법이다. 균형 잡힌 식사를 할 수 있도록 항상 신경 쓰며, 하루 섭취 열량은 임신 전 체중을 기준으로 하루에 평균 30kcal/kg의 식사를 권한다.

체질량 지수가 30kg/m² 이상인 비만 여성은 30~33% 정도의 칼로리 제한을 권한다. 또 혈당치 당뇨를 정기적으로 검사해서 상태가 좋지 않으면 인슐린 주사나 식사 요법으로 혈당치를 정상으로 되돌린다.

신장병

신장 질병은 신장 기능 저하가 원인인 신부전증, 당뇨병이 원인인 당뇨병성 신부전증, 소변 중에 다량의 단백질이 배출되는 네프로제 증후군 등이 있다. 신장 기능이 떨어져 임신중독증이 진행되면 신부전증으로 악화되는 경우도 있다.
임신을 하면 신장은 아기 몫까지 합해 평소보다 두 배의 일을 하게 된다. 평소 신장이 좋지 않았다면 신장이 제 역할을 다하지 못해 혈액 중에 노폐물이 쌓이게 된다. 그 결과 요독증이나 고혈압이 발생하기도 한다.
신장 기능이 저하되면 태반에 충분한 영양과 산소를 공급하지 못해 태아가 제대로 성장하지 못하고, 유산이나 조산, 태아 사망을 초래할 수도 있다.
만성 신장병이 있는 사람이라도 병의 정도나 증세에 따라 임신과 출산이 가능하다. 일단 임신이 확인되면 산부인과 진료와 함께 신장 질환 전문의의 진료를 받는다. 평소 무리하지 말고 안정을 취하며, 감염에 주의하고 고단백, 저칼로리 식사를 할 수 있도록 세심하게 신경 쓴다.

심장병

심장에 이상이 있으면 유산이나 조산, 사산, 임신중독증 등을 일으키기 쉬우므로 임신 전에 신중한 판단과 검사가 필요하다.
심장병 환자가 임신을 하기 위해서는 먼저 임신과 출산 과정을 견딜 수 있는지 심기능검사를 받아야 한다. 심장의 기형이나 부정맥, 심방과 심실 사이에 문제가 있는지 등 전문적으로 진단을 받게 되며, 그 결과에 따라 주치의가 임신 가능 여부를 결정한다.
심장이 약하거나 심장 질환이 있을 때는 임신 기간 동안 무리하지 말고 충분히 안정을 취한다. 염분을 최대한 줄인 식사를 하는 것도 중요하다.
출산 방법은 제왕절개를 할 경우 심장에 부담이 갈 수 있으므로 자연분만을 하는 편이 좋다. 조금이라도 부담을 줄이기 위해, 태아의 머리에 흡입 기구를 이용해서 빠른 분만을 도와주는 흡입분만을 하는 경우도 있다.

천식

천식의 원인으로는 유전적인 것과 집 안의 먼지, 벌레, 꽃가루, 대기 오염, 약물 등을 들 수 있다. 때로는 바이러스에 의해 발병하는 경우도 있다. 하지만 천식이 임신에 미치는 영향은 그다지 크지 않다.
임신을 함으로써 증세가 가벼워지거나 악화되기도 하며 여전히 같은 증세가 계속되기도 한다. 유산이나 조산으로 이어질 확률은 그다지 크지 않다.
만일 임신 중에 발작을 일으켰다면 일반적인 천식 치료법을 받는다. 보통 약물 치료를 하는데, 태아에게는 전혀 영향을 미치지 않는 것으로 처방받는다.
천식은 정신적인 요인이 크게 작용하므로 평소 마음을 편안히 갖고 즐겁게 생활하도록 노력한다.

그 밖의 이상

다태 임신

다태 임신은 쌍둥이를 임신한 경우를 말한다. 일반적으로 80~90회의 출산 중 1회의 비율로 쌍둥이 아기가 태어나고 있다.
쌍둥이에는 일란성 쌍태와 이란성 쌍태가 있으며, 우리나라에서는 일란성이 많다고 한다. 일란성은 여성이 배란한 한 개의 난자에 하나의 정자가 수정하고, 수정란이 분열하여 늘어날 때 완전히 두 개로 갈라져서 성장한다. 이처럼 원래는 한 사람이던 것이 두 명으로 나누어지는 것이므로 두 사람의 성별은 같으며 혈액형이나 지능 등도 매우 비슷하다.
이와 반대로 이란성은 여성의 난소로부터 두 개의 난자가 배란되고, 각각의 난자에 다른 정자가 수정하는 것이다. 일란성과 달리 처음부터 난자도 정자도

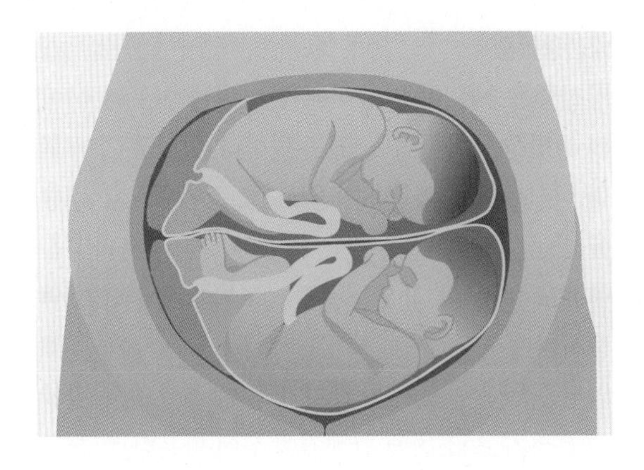

각기 다르므로 성별이 반드시 같지는 않다.
또한 한 개의 난자가 수정한 후에 다시 한 번 배란이 이루어져 수정이 이루어지는 경우도 있다. 드문 예이지만, 첫 번째 수정이 이루어지고 1개월 후 두 번째 난자의 수정이 이루어지는 것이다.
예전에는 쌍둥이를 구분하기 어려워 분만 후에야 비로소 알게 되는 경우가 많았지만, 요즘은 임신 6~8주째 정도면 초음파 진단으로 쌍둥이 여부를 알 수 있다. 두 명의 태아와 두 개의 심장 박동이 인정되면 쌍둥이가 확실하다. 늦어도 10주까지는 쌍둥이인지 아닌지 확실히 알 수 있다.
다태 임신은 단태 임신보다 임신 이상을 일으키기 쉽다. 엄마 몸의 부담이 한 아이를 임신한 것보다 커지므로 그만큼 더 주의가 필요하다.

자궁경관 무력증

37주가 되기 전에 양수가 파수되는 것을 조기 파수라고 하는데, 그 원인인 자궁경관 무력증은 자궁의 입구, 즉 자궁경관의 근육이 이완되어 태아가 더 이상 자궁 속에 있을 수 없는 상태를 말한다. 대부분 첫 출산이 난산이었거나 임신 초기 이후에 중절 수술을 받아 자궁경관이 파열되었을 때 나타나기 쉽다. 때로는 임신 중기 이후에 태아가 성장하면서 그 무게를 지탱하지 못해 조기파수를 일으키는 경우도 있다.
임신 때마다 조기 파수를 일으킨다면 자궁경관 무력증일 가능성이 높다. 따라서 임신 전부터 의사와 상담을 통해 미리 대책을 세우는 것이 안전하다. 만약 임신 중에 증세가 나타났다면 자궁경관을 묶어두는 자궁경관 봉축술을 시술해 임신 상태를 지속한다. 증세에 따라서는 수술 이후 출산 때까지 누워서 지내야 하는 경우도 있다.

전치태반

정상적인 태반은 태아가 자궁경부를 빠져나오기 쉽도록 자궁경부에서 멀리 떨어져 있다. 이에 비해 전치태반은 태반이 자궁경부 근처에 자리를 잡았거나 자궁경부를 덮어버린 경우를 말한다.
전치태반은 임신 8개월 이후에 주로 나타난다. 임신 후기에 출혈이 있으면 전치태반을 의심할 수 있다. 자궁경부를 막고 있는 위치와 모양에 따라서 출혈량은 달라진다. 태반이 자궁경부를 전부 막고 있으면 출혈량이 많아지므로 소량의 출혈이 보여도 빨리 병원으로 가야 한다.
보통 통증 없이 출혈만 있는 경우가 많은데 같은 전치태반이라도 그 정도에 따라 처치가 달라진다. 가벼운 것은 지혈한 다음 예정일에 맞춘 출산이 되도록 처치하지만 심한 경우는 제왕절개가 필요하다.
이런 전치태반이 일어나는 빈도는 전체 분만의 약 0.5%이고 경산부(특히 다산부)에게 많이 보인다. 출산한 다음 자궁내막을 손상하지 않는 것과 소파수술 등을 받지 않는 것이 예방법이다.

역아(逆兒)

아기가 거꾸로 있다는 진단을 받으면, 대부분 임신부는 무사히 출산할 수 있을지를 걱정한다. 역아의 위치를 바로잡는 결정적인 방법은 없지만, 저절로 정상적인 상태로 돌아오는 경우도 많다.
역아는 임신 중후반기 이후에 태아가 머리를 위로 한 형태로 자리 잡는 것을 말한다. 정식 명칭으로는 골반위(骨盤位)라고 한다.

역아는 태아의 자세를 기준으로 5가지로 구분된다. 다리를 오므리는 자세가 복전위(復殿位), 배 앞으로 다리를 뻗친 자세를 단전위(單殿位), 이 두 가지를 합친 전위(殿位)가 역아 전체의 75%를 차지한다. 그리고 나머지 대부분은 발을 아래쪽으로 향하고 있는 족위(足位)이다. 양다리를 뻗치고 있는 전족위(全足位)와 한쪽 다리를 가슴에 붙이고 또 한쪽은 늘어뜨리고 있는 부전족위(不全足位)의 두 가지 자세가 있다. 무릎으로 서 있는 슬위(膝位)는 역아 중 1% 전후의 희귀한 자세이다.

흔히 첫아이가 역아였으면 다음 아이도 역아가 된다고 말하지만, 역아의 원인이 분명치 않으므로 반드시 그렇다고는 할 수 없다. 또 반대로 첫아이가 정상이라고 해서 다음 아이가 절대로 역아가 되지 않는다고 할 수도 없다.

역아인지 아닌지는 검진할 때 촉진과 초음파 진단으로 알 수 있다. 임신 30주 이후에 역아라고 진단하는 것은 전체의 20%를 차지한다. 그러나 출생할 때 자연스럽게 머리가 아래로 향하는 아기가 많고, 분만 때까지 역아로 있는 경우는 전체의 3~4% 정도이다. 태아의 1/3은 역아 상태인데다가 임신 중기까지의 태아는 몸을 움직여 바른 자세로 돌아오는 경우가 많으므로 너무 일찍부터 걱정할 필요는 없다.

역아 출산은 난산이 되기 쉽다고 하는데 머리부터 나오지 않으면 어느 정도 위험은 있다. 분만 시 팔, 다리와 몸통의 만출 후 머리의 만출이 지연되는 경우는 질식의 위험이 매우 크다. 임신 후기까지도 역아라면 진통 시작 전에 제왕절개 수술을 시행하는 것이 안전하다.

역아의 가능성이 높은 경우는 다태(쌍둥이 이상의 임신), 양수 과다증(양수의 양이 2,000ml 이상), 전치태반(태반이 자궁구를 가리고 있음), 자궁이 기형이거나 자궁 근종이 있는 경우, 골반이 좁을 때, 미숙아의 경우가 있다.

임신중독증

임신중독증은 며칠 사이에 발병해서 산모와 아이의 생명을 앗아갈 수도 있는 병이다. 임신 후기가 되면 나타나는데 임신 8개월부터 2주 간격으로 병원을 방문하고, 9개월부터는 매주 병원을 방문하라는 이유도 바로 이 임신중독증을 조기에 발견하기 위해서이다.

임신중독증이 생기면 갑자기 몸이 부으면서 혈압이 올라가고, 소변에 단백질이 섞여 나온다. 임신중독증은 유전적 요인, 초산에 많고, 쌍둥이를 임신한 경우, 당뇨, 혈압이 높은 산모에게 자주 발생한다. 임신 말기에 체중이 갑자기 늘거나 혈압이 자꾸 증가하는 산모는 주의를 기울여야 한다.

임신중독증에 대한 확실한 예방법은 없다. 과거에는 소금이 적은 음식을 권했지만 별로 효과가 없는 것으로 알려졌으며, 비만과 고혈압이 되지 않도록 신경 쓰고 임신중독증에 대한 치료는 담당 의사와 상담 후 시행하는 것이 바람직하다.

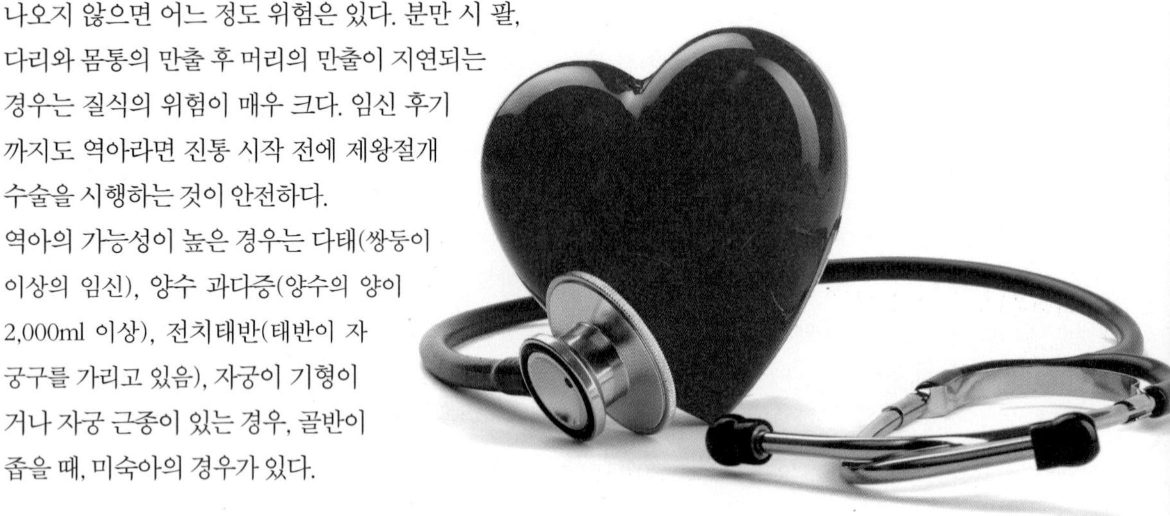

임신 관련 속설

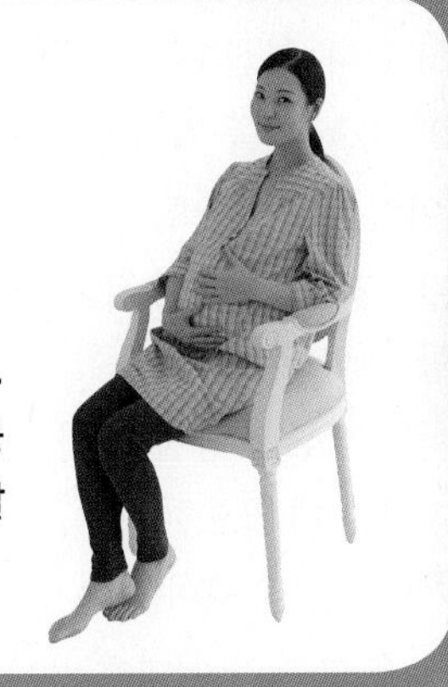

임신에 대한 속설은 전통적인 것부터 근래에 와서 생긴 것까지 다양하다. 그러나 무턱대고 믿을 수도 없고, 그렇다고 엄마와 아기의 건강이 달린 문제니 아예 무시하기도 꺼림칙하다. 임신에 관련된 속설들을 의학적으로 살펴보자.

여행, 가지 말아야 할까

아직 태반이 안정되지 않은 초기에는 여행을 가능한 한 자제하는 편이 좋다. 특히 해외나 장거리 여행은 무리이다. 임신 중기가 되면 가까운 곳으로 여행해도 괜찮다. 휴양을 위한 것이라면 해외여행도 가능하다.
하지만 출산 예정일이 가까워진 산달에는 절대 안 된다. 중기에도 먼 거리 여행을 떠나고 싶다면 가기 전에 의사의 허락을 받고 여행을 하는 게 좋다. 단, 스케줄에 여유가 있고 의료 설비가 잘 갖춰진 곳이라야 만약의 사태에 대처할 수 있다.
또한 너무 추운 나라는 가지 않는 편이 좋다. 급격한 온도 변화는 태아와 엄마 모두에게 좋지 않다.

커피, 홍차 먹어도 될까

카페인을 섭취하면 심박 수가 증가되기 때문에 태아에게 전달되어 스트레스를 줄 수 있다. 커피 한 잔으로 전해지는 스트레스의 양이란 그리 크지 않다. 하지만 많이 마실 경우는 문제가 된다. 지나친 카페인 섭취는 불면증, 신경과민 및 두통을 일으킬 수 있다.

많이 마시지만 않는다면 카페인이 든 음료수를 마셔도 된다. 임신부의 카페인의 하루 섭취 허용량은 300~400mg, 즉 커피 3~4잔 또는 콜라 7~9캔이다. 그 이상은 문제가 될 수 있다. 연구에 따르면 커피를 지나치게 많이 마실 경우 신생아의 체중 미달을 초래할 수 있다고 한다.

커피는 이뇨 작용을 하기 때문에 임신을 건강하게 유지하는 데 필요한 수분, 기타 액체 및 칼슘을 빼앗아가며 철분을 흡수하는 능력을 떨어뜨릴 수 있다. 식사 후 한 시간 이내에 카페인을 복용할 경우 철분 흡수력을 40%나 감소시킨다.

카페인을 함유한 식품과 음료수로는 커피, 홍차, 콜라, 초콜릿, 코코아, 특정한 녹차, 처방전 없이 약국에서 파는 두통약과 감기약, 수면제와 알레르기 치료제 등이 있다.

카페인 섭취를 줄이는 방법

임신 전에 즐겨 먹던 커피를 갑자기 끊으라고 하면 오히려 스트레스를 받을 수 있다. 원두의 종류와 블랜딩, 추출 방식에 따라 카페인 함량을 줄일 수 있다. 향미와 신맛이 좋은 아라비카 원두는 카페인 함량이 적은 편이다. 반면 인스턴트 커피의 재료로 많이 쓰이는 로부스타 원두는 아라비카보다 카페인 함량이 두 배 정도 높다.

또한 고압으로 단시간에 커피를 추출하는 에스프레소 방식이 드립식 추출법보다 카페인 함량이 적다.

먹어도 되는 약, 안 되는 약

의사의 처방 없이는 약물 복용을 해서는 안 된다. 약물 복용이 태아에게 큰 영향을 미치는 것은 특히 임신 4~8주부터이다. 처음 수정되어 임신 4주 이전까지는 크게 영향을 받지 않는다. 아직 엄마가 섭취하는 물질을 태아가 모두 받을 만큼 혈관 형성이 완성되지 않았기 때문이다.

하지만 그 이후부터 임신 3개월 말까지는 태아의 심장, 눈, 귀, 팔다리 등이 완성되므로 이 기간 에 약을 복용하면 기형아가 생길 가능성이 매우 높다. 특히 피부 치료제인 스테로이드계 약물은 장기간 사용하면 언청이를 유발한다고 알려져 있다.

약을 먹어야 할 때는 반드시 의사의 처방을 받아야

한다. 흔히 찾는 빈혈 약도 의사의 처방이 먼저다. 약보다는 시금치, 고기, 생선, 채소 등 식품을 통해 필요량을 섭취하는 것이 더 바람직하다.

먹는 피부약은 스테로이드제가 들어 있으므로 바르는 연고 종류를 사용하고 되도록 얇게 펴 바른다.

영양제 먹을까 말까

비타민 A, D, E는 지용성이기 때문에 과잉 섭취해도 소변과 함께 배설되지 않고 몸에 축적된다. 이런 비타민을 임신 중에 대량 섭취하면 태아가 기형이 될 가능성이 있다. 하지만 시판 비타민제에 들어 있는 것은 이런 걱정을 할 필요가 없는 정도의 양이다.

비타민제, 철분제, 칼슘제 등은 의사와 상담 후에 먹는 것이 원칙이다. 특별히 비타민이 부족하다는 진단을 받은 경우를 제외하고는 먹지 않는 게 좋다.

자동차 운전, 할까 말까?

임신 초기에는 괜찮지만 중기 이후부터는 주의해야 하고 출산이 임박하면 삼가야 한다. 임신 중에는 신체 리듬이 달라지고 체형도 변하므로 반사 신경이 둔해진다. 자연히 사고가 일어날 확률도 높아지고, 가벼운 접촉 사고라 할지라도 배가 불러 있어서 핸들에 부딪힐 염려가 있다.

운전을 하면 같은 자세를 오랫동안 유지해야 하기 때문에 쉽게 피로해진다. 반드시 해야 하는 경우라면 몸의 상태를 의식하면서 안전 운전을 한다.

남편과 함께 드라이브를 즐기는 것은 이보다는 좀 안전하다. 그래도 임신부의 몸에 어떤 상황이 발생할지 모르니까 너무 먼 거리를 드라이브하는 것은 좋지 않다. 기분 전환 하는 정도의 근교 드라이브 정도면 무난하다. 2시간 이상의 거리라면 1시간에 한 번 휴식한다.

인공 감미료 먹어도 될까

인공 감미료 아스파탐의 주성분인 아스파르테임은 1981년 FDA의 허가를 받은 비교적 안정된 식품 첨가물이다. 설탕처럼 단맛을 내지만 칼로리가 없어 대부분의 다이어트 소프트 드링크에 함유되어 있다. 지금까지 출산에는 영향을 미치지 않은 것으로 알려져 있다.

문제가 되는 것은 초기 인공 감미료의 하나인 사카린이다. 요즘은 사용량이 많이 줄었지만 아직 청량 음료나 빙과류에 간혹 사용된다. 이런 식품을 먹을 때는 포장의 식품 표시 성분을 잘 살펴봐야 한다.

사카린이 출산에 나쁜 영향을 미친다는 보고는 없지만, 동물 연구를 통해 태아와 산모에게 방광암 위험률을 증가시킬 수 있다는 사실이 알려졌다.

만일 엄마가 많은 양의 사카린을 먹었다면, 아기의 방광에 축적되어 잠재적으로 아기의 방광암 위험률을 증가시킬 수도 있다. 이런 이유로 일부 의사들은 임신부에게 사카린 섭취를 금한다.

조미료 넣어도 될까

우리나라 사람이 원하는 '감칠맛'에 가까운 맛을 내기 위해 화학적으로 만들어진 것이 바로 조미료라고 하는 식품 첨가물이다. 흔히 MSG(글루타민산 소다: Mono Sodium Glutamate)라고 알려진 것이 주성분이다. 화학조미료의 과다 사용은 음식을 먹은 뒤 손발이 떨리고 가슴이 답답해지는 '중국음식점 증후군'을 발생시키며, 어린이의 뇌 손상과 천식 유발 가능성이 있는 것으로 연구 보고되었다.

특히나 우리나라의 조미료 사용 실태는 미국의 14배 이상이다. 따라서 현재 입맛대로 계속 화학조미료를 넣는다면 심각한 문제를 유발할 수 있다. 입맛을 한꺼번에 바꾸기는 어려우므로 조미료의 양을 점점 줄이는 것이 좋다.

자극적인 음식 먹어도 될까

고추장, 고춧가루가 많이 들어간 매운 음식이 특별히 태아에게 나쁜 영향을 미치지는 않지만 위에 자극을 줄 수 있다. 너무 매운 음식은 피하는 것이 좋다. 하지만 매운 음식이 입맛을 개선하는 데에는 다소 도움을 줄 수 있으므로 입덧이 있는 기간에는 약간씩 먹어도 괜찮다.

사실 매운 음식보다는 짠 음식이 문제이다. 지나친 염분 섭취는 혈압을 올리는 동시에 몸이 붓는 증상의 원인이 되고, 모체와 태아 모두에게 치명적인 영향을 미치는 임신중독증의 증상을 악화시키기도 한다. 입덧을 하는 시기에는 먹고 싶은 것을 먹는 것이 중요하므로 짜게 먹던 습관을 조금 만족시켜도 좋지만, 중기 이후부터는 싱겁게 먹어야 한다.

기형아 검사, 할까 말까

기형아에 대한 걱정은 많지만 실제로 기형아를 출산하는 산모는 그다지 많지 않다. 신생아 100명 중 기형아가 태어나는 숫자는 적게는 3명, 많게는 5명 정도이다. 적은 수라고 할 수는 없지만 통계상의 수치일 뿐이다.

최근에는 환경 오염 등으로 태아의 기형에 대한 걱정이 더 커졌다. 지나친 걱정이 임신부의 건강을 해칠 수도 있으니 신경이 많이 쓰인다면 검사를 받는다. 하지만 대부분은 의사가 권하는 경우에만 시행하면 된다.

빠르게는 임신 2, 3개월부터 기형아 검사를 해볼 수 있다. 기형아 출산 가능성이 있는 임신부는 가능한 한 서둘러서 검사를 받는다. 기형아로 진단될 경우 빨리 발견할수록 임신부의 건강을 보호할 수 있다.

모기향이나 방향제 써도 될까

모기향은 흰색 국화의 일종인 제충국(除蟲菊) 가루에 일종의 끈적한 풀을 섞어 단단하게 만든 것이다. 모기향이든 스프레이식 모기약이든 모두 모기의 신경을 마비시켜 죽게 하는 살충 성분과 모기가 싫어하는 혐오 성분을 포함하고 있다. 벌레가 싫어하는 성분이라면 사람에게도 그다지 이로운 물질은 아니다.

문제는 그 성분이 얼마나 포함되어 있는가 하는 점이다. 모기향을 여름에만, 그것도 저녁 시간에만 잠깐 피운다면 인체에 치명적일 정도로 흡입되지는 않는다. 하지만 밀폐된 공간에서 연기를 직접 들이마시면 좋지 않을 수 있으므로 창문을 열고 환기가 잘되는 곳에서만 피운다.

모기향의 연기는 위로 올라가므로 바닥보다는 중간 정도 높이의 책상 위에 두고, 방 위쪽의 모기들이 연기에 의해 없어지면서 연기는 자연스럽게 위쪽 공기를 타고 밖으로 빠져나가게 하는 것이 좋다. 일반 모기향이든 전자 매트형 모기향이든 원리는 바람을 타고 약제가 퍼지는 것이므로 환기를 잘하는 것이 중요하다.

스프레이 살충제

모기향보다 성능이 뛰어난 스프레이식 모기약도 마찬가지로 약간의 주의를 요한다. 특히 상처가 있는 피부에 모기약이 닿지 않도록 뿌리는 것이 좋다.

모기약을 뿌린 후에는 반드시 환기를 한다. 모기약은 사용 후 5~10분에 가장 효과가 크다. 잠자리에 들기 전에 방문과 창문을 닫고 약을 뿌린 뒤 5~10분 지난 후에, 창문을 열어 환기시킨 다음 잠자리에 든다. 문을 닫은 채 모기약을 사용하면 살충 농도가 높아지므로 아기나 어린이에게 좋지 않다.

또 약의 뒷면에 표시된 살충 농도를 지켜서 사용한다. 전자 매트형 모기약은 3~6평에 하나씩 설치해야 효과를 볼 수 있으며, 스프레이식 모기약도 살충 농도가 맞아야 효과적이다.

방향제

현재 많이 사용되는 방향제는 스프레이식과 휘발성의 두 가지이다. 두 종류 모두 40여 종이 넘는 화학 물질을 섞어 만든 것들이다. 오래된 제품일 경우는 물론이고 그렇지 않을 때도 알레르기를 일으키기 쉽다.

개인에 따라 화학 물질에 의한 충혈, 두통, 불쾌감이 나타날 수 있다. 일부 스프레이식 방향제에 들어 있는 트리클로로에틸렌(Trichloroethylene: TCE)이라는 유독 물질은 두통, 졸음, 현기증, 손 떨림, 구토, 호흡기 자극, 피부의 자극 등을 유발시킬 수도 있다.

스프레이를 직접 흡입하지 않게 하고 밀폐된 장소에서 사용하지 않는 것이 좋다. 사용 중 눈이나 손에

묻으면 맑은 물로 씻어 내고 병원을 찾는다.

임신 중에는 특정 냄새에 민감해질 수 있으므로 이 점에도 주의한다. 어떤 향에 민감한 반응이 나타난다면 그 향기는 사용하지 않는다. 가능하면 아로마 오일 등 천연향을 뿌리는 것이 좋다.

물파스

물파스 성분 중 살리실산메틸(아스피린의 성분)은 염증을 가라앉히는 소염 작용과 통증을 가라앉히는 진통 작용을 하며 말레인산클로르페니라민은 항히스타민 제제로 가려움을 없애는 작용을 한다.

일반적으로 아스피린계 성분에 약간의 부작용이 있는 것으로 알려져 있지만 물파스에 함유된 살리실산메틸의 양은 얼마 되지 않는다. 가려움증을 없애는 성분 역시 임신부에게 특별한 영향을 주는 것은 아니므로 안심하고 사용해도 된다.

애완동물 키워도 될까?

애완동물이 문제가 되는 것은 '톡소플라즈마'라는 원충이 개, 고양이, 새 등 동물을 매개로 하여 임신부에게 감염되기 때문이다. 한때는 임신 중에 톡소플라즈마증에 걸리면 태아의 무뇌증, 망막 이상 등을 유발한다고 해서 임신부들을 긴장하게 했다.

최근에는 애완동물을 길러도 톡소플라즈마증에 걸릴 확률이 매우 낮으며, 발병해도 태아에게 감염되는 일은 별로 없는 것으로 밝혀졌다. 또한 평소 애완동물을 키우는 사람은 이미 톡소플라즈마에 면역된 경우가 많다.

감염 여부가 걱정될 때는 검사를 통해 알 수 있다. 톡소플라즈마는 동물의 분뇨와 함께 배설되므로 애완동물의 대소변 처리를 하고 반드시 손을 잘 씻어야 한다. 또 개가 혀로 핥지 못하도록 주의를 준다. 톡소플라즈마는 특히 개보다 고양이가 주 전염원이다. 그러나 임신 중에는 고양이가 아니더라도 애완동물 자체를 너무 가까이 하지 않는 게 현명하다. 애완동물을 기르지 않다가 임신하면서 기르는 것은 더욱 피해야 한다.

X-레이 검사 받아도 될까?

치과를 비롯한 대부분의 병원 진단 X-레이 검사는 태아에게 문제가 될 정도의 방사선은 아니다. 태아에게 정신 지체나 시력 장애 등의 악영향을 끼칠 수 있는 방사선의 양은 10래드(래드: 방사선의 흡수를 재는 단위) 이상이지만 진단용 X-레이는 5래드를 초과하는 경우가 거의 없다.

흔히 많이 받는 치과의 X-레이 검사는 0.01밀리래드(millirad)로 10래드만큼의 방사선을 받으려면 치과 진단 X-레이 검사를 백만 번이나 받아야 한다는 계산이 나온다. 다른 X-레이는 흉부 검사 60밀리래드, 복부 검사 290밀리래드, 그리고 CT 촬영 시 800밀리래드이다. 보통 정상적인 임신 기간 중 태아는 태양과 지구로부터 100밀리래드 정도의 자연적인 방사선에 노출된다.

비록 진단용 X-레이로는 위험도가 낮기는 하지만, 전문가들은 임신부들에게 가능하면 출산 후까지 X-레이 검사를 피할 것을 권한다. 아주 작은 위험이라도 피해 보자는 의도이다. 만일 X-레이 검사를 해도 태아에는 안전한 범위 내에서 이루어지므로 마음을 편히 갖는다. X-레이 검사를 받게 되면 반드시 임신 중이라는 사실을 알려야 한다.

만약 임신 사실을 알기 전에 암 치료를 위해서 방사선 검사를 받았다면 어떻게 해야 할까? 먼저 담당 의사와 함께 태아가 방사선에 어느 정도 노출이 되었을지 상담하고 전문가의 도움과 세밀한 초음파 검사를 받아야 한다.

욕조에 들어가면 안 될까?

욕조 목욕은 임신 중기 이후부터 하는 편이 좋다. 또한 출산 직전에는 횟수를 약간 줄인다. 너무 오랫동안 욕조에 몸을 담그거나 42℃ 이상의 뜨거운 물은 피하고 37~38℃의 물로 가볍게 샤워하는 것이 좋다.

욕조에서 목욕하는 것이 좋다고 하루에 여러 번 하지 말고 한 번 정도만 한다. 입덧과 빈혈기가 있을 때 욕조에 들어가면 어지럼증이 더 심해지므로 넘어지지 않도록 주의한다.

그렇다면 땀을 흠뻑 빼는 사우나는 어떨까? 사우나 역시 멀리하는 것이 좋다. 급격한 온도 변화는 태아에게 좋지 않다.
특히 태아가 자궁에 자리를 잡는 임신 3주에서 6주 사이가 가장 위험하고 임신 중기에는 방광염과 신우염에 걸릴 위험이 있다. 임신 초기부터 출산 직전까지 임신 전기에 걸쳐서 고온의 사우나는 하지 않는 것이 바람직하다.
너무 덥거나 춥다고 해서 지나치게 차갑거나 뜨거운 물로 목욕하면 자칫 자궁 수축을 일으킬 수 있으므로 피한다. 또한 온탕과 냉탕을 번갈아 하는 목욕도 좋지 않다. 따뜻하다고 느낄 정도의 온도가 가장 적당하다. 그리고 사우나나 쑥탕 등 특별한 목욕법은 피하는 것이 만약에 일어날 수 있는 위험을 예방하는 길이다.

에어컨 사용해도 될까?

몸을 극단적으로 차게 하는 것은 임신부뿐 아니라 일반인에게도 좋지 않다. 특히 임신 중에 배가 차면 자궁이 수축되어 유산이나 조산으로 이어질 수 있다. 또 여름에 냉방이 지나치게 잘된 곳에서 생활한다면 감기에 걸리기 쉽다.
몸이 차가워지지 않도록 주의해야 할 시기는 겨울보다 오히려 여름이다. 겨울에는 누구나 보온에 신경을 쓰기 때문에 웬만해서는 배가 차가워질 일이 없다. 그러나 여름에는 덥다고 시원한 곳만 찾게 되므로 배가 차가워지는 것에 신경을 쓰지 않게 된다.
자궁 수축은 더운 곳에서 추운 곳으로 이동할 때 일어나므로 극장이나 백화점에 들어갈 때는 주의가 필요하다.
밖에서 땀을 흘린 다음에 냉방이 잘된 실내에 들어가면 더욱 차게 느껴지므로 외출할 때는 꼭 카디건이나 무릎 덮개를 준비해 온도 변화에 대처한다.

담배는 반드시 끊어야 하나?

흡연은 건강한 사람에게도 나쁘다. 심장병이나 암에 걸릴 위험을 급격히 높인다. 임신부가 흡연을 하면 미숙아를 출산할 위험이 있다. 흡연한 산모에게 태어난 아기는 그렇지 않은 경우보다 200g 이상 저체중 현상을 보인다.
그 밖에도 흡연은 자궁 외 임신, 유산, 비정상적인 태반 착상, 조기 태반 분리, 질 출혈, 조산, 사산의 위험을 초래한다. 출산 후에도 아이의 지적 성장과 행동에 나쁜 영향을 끼쳐서 집중력 저하와 활동 항진(활동이 비정상적으로 과잉 흥분된 상태)의 원인이 된다는 연구도 있다. 선천적 기형도 더 많이 나타난다고 한다. 엄마가 흡연을 하고, 유전병의 요소를 가진 사람이라면 태아가 언청이가 될 확률이 8배나 높다는 사실이 밝혀졌다.

술을 마시면 될까 안 될까?

'한두 잔은 마셔도 좋다' 또는 '절대로 마시면 안 된다' 등 알코올 섭취에 대해서는 전문의들의 의견도 약간 엇갈린다. 알코올 신진대사가 사람마다 다르고 안전한 알코올 양이 얼마인지를 알 수 없기 때문이다. 하지만 태아에게 해를 미치는 것은 분명하다. 적어도 담배보다도 훨씬 해롭다.
주기적인 음주는 특히 태아에게 좋지 않은 영향을 미친다. 알코올은 혈관과 태반을 거쳐 태아에게 신속하게 전달된다. 매일 한두 잔의 술을 마신 여성이 출산한 아이들에게 학습, 말하기, 집중력, 언어 및 활동 항진 문제가 더 많다고 한다. 심지어 약간씩 마신 것도 유산, 조산 또는 체중 미달을 야기한다는 보고도 있다.
하루에 두 잔 이상으로 술을 많이 마실

경우, 태아 알코올 증후군을 가진 아기를 출산할 위험이 높아진다. 태아 알코올 증후군과 관련된 병으로는 행동 및 지적 능력 손상, 학습 능력 부족 및 발달 지체가 있다. 이런 아기들은 정신 지체 및 성장 지체, 행동 문제, 얼굴 근육 및 심장에 결함을 보이기도 한다.
임신 전에 술을 많이 마셨다면 담당 의사와 상의해야 한다.

한약, 먹을까 말까?

임신 중에 한약을 먹으면 태아가 커져 난산하거나 머리가 나빠진다는 속설이 있다. 그러나 한의사들은 한약은 자연의 동식물을 그대로 이용하기 때문에 약성이 강하지 않으며 인체에 부담이 적고 부작용이 거의 없다고 한다.
대체로 임신 중에 먹는 보약은 몸의 기와 혈액순환을 건강하게 유지할 수 있게 돕는 약들이다. 그러나 땀을 내거나, 설사를 유발하거나, 소변을 자주 보게 하는 한약재는 임신부에게 쓰지 않는다. 구토를 일으키거나 독성이 있는 약재들도 멀리한다.
그래서 무조건 한약이라는 이유로 멀리할 필요는 없다. 가장 중요한 점은 임신부의 체질과 증상에 적합한 처방을 필요할 때 복용하는 것이다. 한약을 꼭 먹고 싶다면 반드시 본인이 직접 믿을 만한 한방부인과를 찾아 약을 조제한다. 물론 그 전에 주치의와 상의하는 것을 잊지 않는다.

인스턴트식품 괜찮을까?

라면이나 인스턴트식품은 대부분 칼로리도 높고 식품 첨가물도 다량 함유되어 있다. 특히 칼슘의 흡수를 방해하는 물질인 인도 함유되어 있어서 칼슘이 많이 필요한 임신부에게 좋지 않다. 가능하면 먹지 않아야 한다.
임신 전에 즐겨 먹던 기호 식품 중에서도 탄산음료는 가급적 멀리하는 것이 좋다. 탄산음료의 탄산은 태아의 뼈 형성을 방해한다. 대부분의 탄산음료에는 인이 함유돼 있어서 칼슘 흡수를 방해하기 때문이다. 게다가 설탕 함유량이 높다.
탄산음료를 하루 한 잔 정도 마시는 것은 허용할 수 있지만, 탄산음료보다는 당분과 카페인이 적은 이온 음료 등을 가끔 마시는 편이 더 낫다.

환경 호르몬, 어떻게 피할까?

학술 용어로는 '내분비계 교란 화학 물질'이라고 하는 환경 호르몬은 체내에 들어가 호르몬 작용을 방해하거나 혼란시키는 물질이다. 호르몬은 아니지만 우리 몸 안에서 비정상적인 생리 작용을 하는 등 진짜 호르몬처럼 작용하는 경우가 많아 그렇게 불리는 것이다.
환경 호르몬으로 밝혀진 것은 다이옥신, 살충제인

DDT 등 60여 종이다. 그 중 다이옥신은 생식 기능 이상, 호르몬 분비 이상, 면역 기능 저하, 암 발병 확률 증가 등을 초래하는 것으로 보고되고 있다. 다이옥신을 비롯한 환경 호르몬의 오염을 비켜 갈 방법은 없을까? 다음 항목을 주의해서 읽고 환경 호르몬을 멀리한다.

- 육류를 먹을 때 지방을 버린다. 다이옥신은 오염된 고기 중에서도 지방 부분에 축적된다.
- 통조림 캔, 플라스틱의 사용을 줄인다. 전문가들은 조리 시 플라스틱과 랩을 쓰지 말고 종이, 나무, 도자기 등의 자연 용기를 쓸 것을 권한다.

국산 식품을 먹는다

보존제나 방부제가 들어간 수입 식품보다는 신선한 국내 제품을 먹는 것이 안전하다.

어패류의 오염에 주의한다

일본 후쿠시마 원전사고로 오염수에 노출된 수산물에 대한 불신이 높아지고 있다. 검역을 통과한 수산물이 원산지를 바꾸거나 허위 표시하여 국내산 수산물까지 오해를 받고 있다. 수산물을 먹을 때는 이전보다 원산지를 꼼꼼히 확인하고 손질 및 조리 과정을 깨끗이 한다.

표백제를 쓰지 않는다

다이옥신은 옷감이나 종이를 흰색으로 표백할 때 사용된다. 그러므로 흰색 이불이나 속옷은 다이옥신에 오염됐을 가능성이 높다. 사용하기 전에 반드시 삶아서 다이옥신의 오염 수위를 낮추는 것이 좋다.

파마나 염색, 할까 말까?

의약품 이외의 물품은 태아에게 어떤 영향을 미치는지 실험 보고하도록 의무화되어 있지 않다. 따라서 파마약이나 염색약의 성분이 태아에게 어떤 영향을 주는지 정확히 밝혀지지 않았다. 안전할 수도 있지만 그렇지 않을 가능성도 있다는 뜻이다.

파마를 하더라도 태아가 안정적이지 않은 초기는 피하고 임신 중기 이후 몸의 컨디션이 좋은 날 한다. 주치의가 반대한다면 지시에 따른다. 또한 같은 자세로 오랫동안 있는 것 자체가 피곤하게 느껴질 때는 파마를 하지 않는 것이 좋다.

습진 연고, 발라도 될까?

대부분의 병원균 유해 물질은 태반에서 차단된다. 하지만 임신 중의 약 복용은 충분히 주의를 기울여야 한다. 동물 실험에서 기형을 유발하는 것으로 밝혀진 약은 시판 허가가 나지 않지만 동물 실험에서 기형이 밝혀지지 않았다고 해서 꼭 사람에게도 유해하지 않다는 보장은 없다.

바르는 약 중에는 피부를 통해 침투해서 몸 안으로 흡수되는 성분도 있으므로 피부 연고를 장기간 사용하는 것은 위험하다.

손이나 목 주위가 가려워 부신피질 호르몬이 들어 있는 연고를 발랐을 경우 걱정할 필요는 없다. 그러나 부신피질 호르몬이 든 약을 복용하거나 주사로 많은 양을 투여했다면 좋지 않다. 적은 양이어도 며칠 동안 바르면 부신피질 호르몬이 피부를 통해 흡수될 수 있으므로 주치의와 상의하는 것이 좋다.

출산 전 관리, 산후 조리

임신을 하면 건강이나 영양 상태만큼 중요한 부분이 임신 전 뷰티 관리와 산후 조리이다. 임신을 했다고 피부 관리 등을 등한시하면 우울해질 수 있고, 출산 후 몸이 약해졌기 때문에 산후 조리를 제대로 하지 않으면 산후풍 등의 후유증이 올 수 있다. 현대적인 방법과 전통적인 방법을 활용하여 건강한 출산 전후 관리를 해보자.

임신★

출산 전 관리

임신을 하면 아기와 엄마의 건강도 걱정되지만, 배가 나오며 둥글둥글해진 자신의 모습을 보며 우울함을 느끼는 임신부가 많다. 그러나 임신부라고 해서 아름다움을 포기할 필요는 없다. 건강만큼 외모에도 신경을 써서 활기차고 즐거운 시간을 보내야 엄마와 아기 모두가 행복하다.

스킨케어

모공 관리

일단 모공이 넓은 상태라면 임신으로 더욱 넓어지는 일이 없도록 신경 써야 한다. 모공 속의 피지부터 말끔히 없애주는 것이 모공을 좁히는 첫 번째 단계이다. 스팀 타월로 모공을 연 상태에서 꼼꼼히 클렌징을 하고 모공 수축 전용 제품을 이용하면 다소 효과를 볼 수 있다.

딥클렌징은 주 2~3회

피지 분비가 유난히 많은 지복합성 피부라면 1주일에 2~3번 규칙적인 딥클렌징이 필요하다. 거뭇거뭇해진 코 부분이나 모공 트러블로 고민되는 부위는 딥클렌징을 한 후 세안한다. 다음엔 모공을 조이는 화장수로 마무리 정리까지 잊지 않는다.

클렌징 제품은 유분기가 너무 많지 않은 것이 좋다. 클렌징을 닦아 낼 때도 힘을 주어 문지르듯 박박 닦지 말고 티슈로 누르듯 닦아야 한다.

페이셜 폼을 이용할 때는 뜨거운 물보다는 미지근한 물을 이용하고, 얼굴 라인과 턱, 목 부분의 경계

라인은 세심하게 헹구어 피부 트러블을 방지한다.

부은 얼굴 관리

임신 6개월 정도가 되면 입덧이 거의 끝나고 임신에 대한 스트레스도 줄어든다. 하지만 배가 많이 불러서 혈액순환이 제대로 이루어지지 않기 때문에 몸이 쉽게 붓는다.

붓기로 얼굴도 부석부석해진다. 부기를 빼는 것도 중요하지만 잔주름 관리에도 신경을 써야 한다. 특히 눈가는 부기가 빠지면서 잔주름이 생기기 쉬운 부위이다.

부기 빼고 탄력 유지하기

눈이 부으면서 눈 밑에 다크서클이 생기기 쉽다. 그냥 방치하면 주름살로 변하므로 아이크림을 마사지하듯 발라 눈의 부기를 뺀다. 부기가 빠지면서 피부가 처질 수 있으므로 리프팅 효과가 있는 제품을 이용하여 일주일에 1~2회 팩을 한다.

화장품은 세포 재생 효과가 있는 기능성 제품을 고른다. 바를 때는 마사지하듯 잘 펴 바른다.

녹차 우린 물을 차갑게 식힌 다음 화장솜이나 거즈에 묻혀 눈 쪽에서 얼굴 바깥쪽으로 미끄러지듯 마사지한다. 우려낸 녹차 티백을 차게 해서 부은 눈에 얹어 놓아도 효과가 있다.

잔주름 막아 주는 경혈점 지압법

부기가 빠지고 생기는 잔주름이 걱정이라면 아이크림을 바를 때 지압점을 눌러 자극을 해보자. 혈액순환을 촉진시켜 잔주름을 예방할 수 있다.

눈 위 누르기 3회
눈을 감고 양 엄지손가락으로 눈 주위의 뼈를 따라 눈꼬리 쪽으로 가볍게 누른다.

양 눈꼬리 주름 펴기 30초
양손의 집게손가락으로 눈꼬리의 상하를 살짝 당겼다 멈춘 다음 뗀다. 주름이 펴지는 듯한 상상을 하면 더 효과적이다.

관자놀이 누르기 30초
관자놀이에 셋째 손가락과 넷째 손가락을 대고 30초 간 살짝 힘을 주어 누른다.

볼 마사지 2회
손끝으로 얼굴의 중앙에서 귀 옆쪽을 향해 촘촘한 간격으로 두드린다.

미간 누르기 30초
미간의 한가운데를 눌러 문지르듯이 마사지한다. 기분 좋을 정도의 진동이 느껴지도록 30초 동안 문지른다.

임신부 목욕법

물 마시기

효과적으로 목욕하려면 먼저 목욕하기 전에 물 한 잔을 마신다. 미리 물을 마시면 목욕 중 갈증과 동시에 피부가 건조해지는 것을 예방할 수 있다.

온도

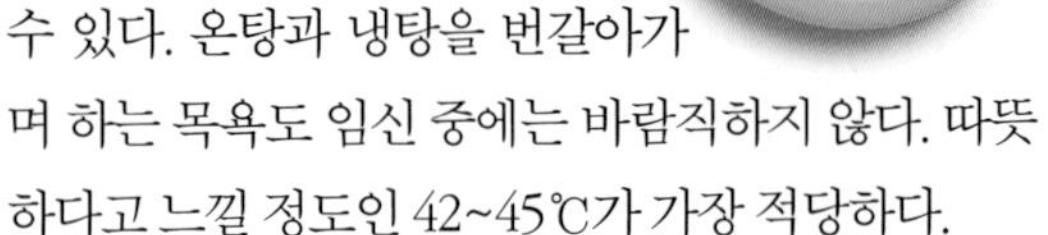

너무 뜨겁거나 찬 물로 샤워하면 자칫 자궁 수축을 일으킬 수 있다. 온탕과 냉탕을 번갈아가며 하는 목욕도 임신 중에는 바람직하지 않다. 따뜻하다고 느낄 정도인 42~45℃가 가장 적당하다.

환경

겨울에는 피부가 갑자기 찬 공기를 쐬면 좋지 않으므로 목욕하기 10분 전에 욕조에 물을 받아 욕실 안의 공기를 데운다.

시간

몸을 적신 다음에는 욕조에 물을 받아 발부터 시작해서 하반신, 상반신으로 차츰 몸을 담그고 5분 정도 그대로 있는다. 피로 회복에 효과적인 시간은 20분 정도이며 건성 피부는 15분 정도면 충분하다.

횟수

임신 중에는 피지와 분비물이 증가하기 때문에 매일 샤워하는 것이 좋다. 추운 겨울에는 혈관이 수축되어 혈액순환이 잘되지 않으므로 하루 한 번 정도 너무 뜨겁지 않은 물로 목욕한다. 여름에는 덥다고 해서 지나치게 찬물로 목욕하지 않는다.

복부 마사지도 함께 한다

임신 중 마사지는 혈액순환을 원활하게 하고 임신 후반에 생기기 쉬운 임신선도 예방할 수 있다. 특히 배 부분에 임신선이 많이 생기는데 이를 방지하려면 목욕하면서 배 부분을 둥글게 나선형으로 그리며 마사지한다. 목욕 후에는 물기가 있을 때 오일을 발라 가볍게 마사지한다. 이때 목욕용 브러시를 이용하면 몸에 자극을 주면 피로 회복을 돕고 활동하기 불편한 임신부도 쉽게 마사지 할 수 있다.

피부 보습 대책

임신을 하면 피부에 윤기가 흐르고 예뻐진다는 말을 듣기도 한다. 하지만 대부분의 임신부는 피부가 처지고 거칠어진다는 느낌을 받는다. 피부를 부드럽고 탄력 있게 하고 싶다면 보습에 신경 쓴다. 수분이 부족하면 탄력을 잃어 처지고 주름살이 늘게 된다.

기초 화장을 꼼꼼히

세안을 깨끗이 한 다음 피부에 충분한 수분을 공급할 수 있는 스킨로션, 에멀전 등의 기초 화장품을 꼼꼼히 바른다. 처지기 쉬운 눈가에는 아이크림을 꼭 바른다. 눈가의 처진 부위는 손가락으로 두드리듯 가볍게 마사지한다. 이렇게 하면 크림의 영양분이 피부에 더 잘 침투된다.

하루 1.5ℓ 수분 섭취

촉촉한 피부를 유지하려면 하루 1.5ℓ 정도의 수분을 섭취해야 한다. 물 대신 우유를 마시는 것도 좋은데, 우유를 직접 피부에 발라도 효과를 볼 수 있다. 적절한 보습 화장품을 사용하는 것도 중요하다. 유분이 많이 함유된 보습제는 모공을 막아 여드름을 일으킬 수 있다. 수분이 많은 보습제를 바른다.

기미와 주근깨 관리

얼굴에 생기는 기미, 주근깨 같은 갈색 점은 임신부의 상징으로 여길 정도로 흔하다. 임신을 하면 여성 호르몬인 에스트로겐이 피부 색소 형성 세포를 자극하기 때문에 기미가 많이 생긴다. 기미는 한번 생기면 없애기 쉽지 않다. 예방을 철저히 해서 생기지 않도록 하는 것이 중요하다.

자외선 차단제 꼼꼼히 바르기

자외선은 피부 세포의 노화를 촉진시키고 기미를 만드는 직접적인 원인이 된다. 외출할 때는 계절에 상관없이 자외선 차단제를 얼굴에 바른다.
햇볕이 강해지는 여름에는 모자나 양산을 반드시 준비한다. 외출할 때는 자외선 차단제를 바르고 메이크업을 해서 햇빛이 피부에 직접 닿는 것을 피한다. 선글라스를 쓰는 것도 좋다.

안심하고 사용할 수 있는 천연 미용 팩

피부가 건조하거나 진정시킬 필요가 있을 때는 미용팩을 이용하면 좋다. 1주일에 1~2회 팩을 하면 피부의 건강을 가장 효과적으로 유지할 수 있다.

기미 · 잡티 제거에 탁월한 키위팩

재료 잘 익은 키위 간 것 2큰술, 해초가루 1/2큰술, 물 1큰술

만드는 방법

❶ 물에 해초가루를 솔솔 넣어 뭉치지 않게 잘 젓는다. 여기에 키위 간 것을 넣고 섞는다.

❷ 세안 후 수렴 화장수로 피부를 정돈하고 아이크림, 립밤을 바른다.

❸ 얼굴 위에 거즈를 얹고 그 위에 팩을 고루 바른다. 15~20분 뒤 미지근한 물로 씻고 찬물로 헹군다.

시판되는 제품의 성분을 정확히 알 수 없어 염려될 때는 집에서 직접 만들어 사용할 수도 있다.
천연팩은 자연 성분을 그대로 이용한다는 것이 가장 큰 장점이다. 하지만 여과되지 않은 자연 성분이 오히려 피부에 자극을 줄 수도 있다. 얼굴에 팩을 바를 때는 거즈를 얹고, 팩을 만들 때는 정해진 분량을 꼭 지켜서 만들도록 한다.

임신선과 튼살 대책

임신으로 갑자기 피부가 팽창하여 생기는 임신선과 튼살은 대부분 임신 7개월 정도에 나타난다. 이미 살이 트기 시작한 다음에는 관리하려고 해도 늦는다. 임신 4~5개월부터 예방을 시작해야 한다.

보습용 오일과 튼살 크림

복부, 유방, 사타구니, 종아리, 엉덩이 아래쪽 등 피하 지방이 많아 튼살이 생기기 쉬운 부분에는 보습용 오일 또는 튼살 방지 크림을 발라 마사지해 준다. 하지만 모유를 먹일 산모라면 가슴 부위는 피해야 한다.
복부를 마사지할 때는 태아에게 자극이 가지 않도록 부드럽게 문질러 주어야 한다. 배꼽을 중심으로 시계 방향으로 원을 그리며 마사지하고, 특히 많이 트는 아랫배 쪽을 꼼꼼하게 문지른다.

허브 성분 크림은 주의

튼살 크림에는 주성분인 비타민 A(레티노이드) 외에 비타민 C, 콜라겐, 각종 아미노산이 들어 있는데 이런 성분은 임신 중에 써도 안전하다. 하지만 자스민, 주니퍼, 마조린, 페퍼민트, 로즈마리 같은 허브 성분이 포함된 제품은 주치의에게 물어보고 사용해야 한다. 어떤 허브 성분들은 개인의 체질에 따라 유산에 영향을 줄 수 있기 때문이다.

튼살 예방을 위한 오일 마사지법

가슴 가슴 아래쪽에서 위쪽으로 둥글게 마사지한다.

가슴 옆선 가슴 바깥쪽에서 겨드랑이 쪽으로 직선을 그리며 마사지한다.

배 배꼽을 중심으로 둥글게 원을 그리며 마사지한다.

엉덩이 엉덩이 양쪽에 나선형을 그리며 마사지한다.

허벅지 무릎에서 허벅지 위쪽을 향해 나선형으로 마사지한다.

종아리 발목에서 무릎 쪽을 향해 나선형으로 마사지한 다음 주물러 준다.

각질 관리 대책

임신 후기로 갈수록 관리가 소홀해지면서 피부가 거칠고 칙칙해 보이기 쉽다. 봄가을 환절기에는 관리가 더욱 어렵다. 기온이 내려가면 피부 신진대사 기능이 약해지면서 각질 제거가 잘되지 않는다. 혈액순환의 장애와 수분 부족도 피부의 투명함을 잃게 하는 원인이 된다.
건조한 대기와 바람 때문에 수분이 부족해져 피부가 건조해지면 각질이 생긴다. 반대로 오염물과 각질이 혼합되어 모공을 막아 피부 트러블과 건조를 동시에 가져오는 유분 부족형 각질도 있다.

묵은 각질 제거

임신 중에는 작은 일에도 예민해지기 쉽다. 스트레스를 받거나 피로가 쌓이면 피부가 민감하게 반응한다. 피부 세포는 28일 주기로 새로 태어나고 죽는다. 컨디션이 나쁘면 죽은 세포가 자연스럽게 떨어져나가지 않고, 피부 표면에 쌓이기 때문에 묵은 각질은 따로 제거해 주어야 한다.

주 1~2회 스크럽제로 필링을 하되 너무 세게 마사지하면 피부에 자극을 주므로 주의한다. 지복합성 피부는 1주일에 2번, 중건성 피부는 1주일에 1번이 적당하다. 필링 전에 스팀 타월을 해 주면 훨씬 효과적이다.

반신욕으로 혈행 촉진

혈액순환이 제대로 이루어지지 않으면 피부색이 칙칙해지거나 투명감을 잃는다. 혈액순환 촉진에는 반신욕이 효과적이다. 욕조에 뜨거운 물을 반쯤 받아 놓고 허리 아래만 욕조에 담가 주면 하반신이 뜨거워지면서 혈액순환이 원활해진다.

임신 기간 중 뜨거운 사우나는 피해야 하지만 반신욕 정도는 괜찮다. 목욕할 때는 욕실 온도가 떨어지지 않도록 하고 물은 지나치게 뜨겁지 않게 한다.

욕탕의 뜨거운 수증기가 모공을 열어 주므로 모공 속의 노폐물 제거에도 도움이 된다. 반신욕 후에 얼굴 마사지를 하면 효과가 두 배로 늘어난다.

에센스와 로션 마사지로 수분 공급

수분이 부족하면 피부색이 칙칙해지고 피부 노화가 촉진된다. 젊은 피부를 유지하기 위해 충분한 수분 공급은 필수이다. 각질을 제거한 피부는 수분과 영양의 공급을 필요로 하기 때문에 유수분의 적절한 밸런스가 필요하다.

먼저 수분 공급 에센스를 바른 후, 유분이 너무 많지 않은 로션을 부드럽게 바르고 흡수를 돕기 위해 손가락으로 피아노 치듯 충분히 마사지한다.

물이나 우유 등의 수분을 많이 섭취하고 얼굴에는 보습 화장품을 충분히 바른다. 건조가 심해 각질이 많이 일어나면, 유분이 많은 크림보다는 수분 타입 크림으로 수분 보호막을 만들어 준다. 잠들기 전 방안의 습도를 적당하게 조절하는 것도 중요하다.

여드름 관리

임신 중에는 호르몬의 변화로 여드름이 생기는 경우가 있다. 피부가 한결 민감해진 상태이므로 작은 자극에도 트러블이 생기기 쉽다. 이럴 때는 딥 클렌징으로 피지를 제거한 후 일주일에 한두 번 팩이나 마사지를 한다.

피부 저항력을 높이는 에센스 마사지

입덧이나 냄새에 민감하면 화장품을 고르기가 어렵다. 피부 관리 재료를 선택할 때는 가능한 한 순한 것으로 고르고 유통 기간이 많이 지난 것은 사용하지 말아야 한다.

또 피지 분비가 활발해도 수분이 부족하면 피부가 당기면서 더욱 예민해지기 때문에 충분한 수분을 충분히 공급하여 피부 저항력을 높인다. 세안 후 알코올이 들어간 화장수는 자제하고, 에센스나 영양크림을 발라 손바닥 전체로 감싸면 흡수가 훨씬 빠르다.

로션 타입 클렌징 제품으로 이중 세안

땀을 많이 흘려 피부 톤이 지저분해 보일 때는 민감해진 피부에 적합한 순한 클렌징 제품을 사용해 철저하게 이중 세안한다. 평소에 워터 클렌징을 사용했다면 임신 기간에는 피하는 것이 좋다.

워터 클렌징 제품에 함유된 석회 성분이 민감해진 피부에 닿아 빨갛게 되거나 따끔거릴 수 있다. 피부를 진정시키고 보습 효과가 있는 부드러운 크림이나 로션 타입 클렌징 제품을 사용한다.

메이크업

임신 중이나 출산 후에는 피지 분비가 왕성해서 피부 트러블이 많이 생겨 메이크업하기 난감하다. 메이크업을 가볍게 하고 화장품 선택에 주의를 기울인다.

임신부를 위한 스피드 메이크업

피지 분비가 왕성하고 잡티와 여드름이 많이 생긴 피부를 커버하기 위해 두꺼운 화장을 하는 것은 금물이다. BB 크림이나 CC 크림을 사용하면 유분기를 없애고 투명한 피부 톤을 살릴 수 있다.

깨끗이 세안한 다음 피지 분비가 왕성한 T존 부위는 아스트린젠트로 모공을 조인다. 여름은 물론이고 봄, 가을에도 자외선 차단 효과가 뛰어난 선블록 크림을 얼굴 전체에 꼼꼼히 펴 바른다.

그런 다음 기미나 주근깨가 두드러진 부분에만 살짝 BB 크림이나 CC 크림을 발라 커버한다. 파운데이션을 바르지 않고 그냥 파우더만 두드려 주어도 맑고 투명한 피부가 연출된다.

화장품 사용 시 주의

많은 임신부가 기미나 주근깨, 잔주름 때문에 레티놀 화장품을 쓰는 경우가 많다. 일반적으로 바르는 레티놀은 안전하다고 알려져 있으니 안심해도 된다. 다만 임신 직전이나 임신 중에 화장품이 아닌 레티놀(비타민 A) 약제를 복용하면 기형아를 출산할 가능성이 있으므로 조심해야 한다.

임신 중에는 슬리밍 제품의 사용도 금해야 한다. 태아와 산모의 영양 공급과 보호를 위해 엄마의 몸에 지방이 축적되는데 인위적으로 지방을 제거해서는 안 된다. 또한 제품 중에는 간혹 태아에게 치명적인 성분이 포함된 것도 있으니 주의한다.

헤어 관리

헤어케어 탈모 방지법

머리카락은 하루 50~70개 빠지는 것이 정상이다. 그런데 임신 중이나 출산 후에 갑자기 머리카락이 많이 빠지는 경우가 있다. 탈모는 남성 호르몬의 증가, 고지방과 고칼로리 식사, 스트레스가 주원인이다. 샴푸를 덜 헹구어도 머리카락이 잘 빠진다.

탈모를 방지하려면 두피의 혈액순환을 촉진시켜 주어야 한다. 올바른 샴푸법으로 두피에 쌓인 지방을 제거한 다음 탈모 방지제를 두피에 바른다. 하루 한 번 두피 마사지를 하는 것도 두피 건강을 유지하는 방법이다.

❶ 충분한 영양 공급

규칙적이고 균형 잡힌 식사를 통해 모발에 영양 공급을 충분히 해 주는 것이 올바른 모발 관리의 첫걸음이다.

적당한 운동으로 건강한 신체 상태를 유지하고 혈액순환을 원활히 하여 머리끝까지 영양분이 골고루 갈 수 있도록 한다. 특히 피해야 할 것은 흡연이다. 흡연을 하면 말초신경이 수축되어 모근에 영양 공급을 줄이기 때문에 모발 상태가 나빠진다.

❷ 직접적인 자극을 줄인다

최소한 출산 6개월 동안은 모발에 직접적인 손상을 주는 일을 삼가는 것이 좋다. 이 시기에는 모발의 성질이 바뀌기 쉬우므로 염색이나 파마, 지나친 스타일링 등으로 머리카락을 손상시키면 회복이 어렵다. 샴푸나 린스 후에 물로 충분히 헹궈 내지 않는 것도 모발 손상의 원인이 되며, 드라이어를 할 때는 바람 세기를 강중약 중에서 중으로 사용한다.

❸ 청결 유지

머리를 감는 알맞은 횟수는 두피의 상태에 따라 달라진다. 피지 분비가 왕성하면 하루에 두 번까지도 가능하지만, 되도록이면 이틀에 한 번 정도 감는 것이 가장 적당하다.

❹ 브러시로 가벼운 두피 마사지

적당한 브러싱과 두피 마사지는 두피의 혈액순환을 도와서 건강하게 한다. 머리카락이 빠질까봐 빗질을 하지 않는다면 오히려 머리카락이 엉켜서 더 많은 양이 빠지게 된다. 머리를 감기 전에 브러시로 머리를 한 번 빗는 것도 좋다.

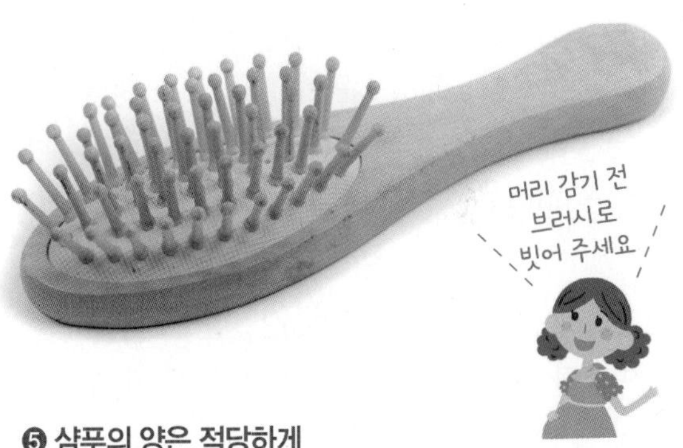

❺ 샴푸의 양은 적당하게

머리 감는 물의 온도는 체온보다 약간 높은 38℃ 정도가 알맞다. 샴푸를 할 때는 손톱으로 긁지 말고 손끝의 피부를 이용해 마사지하듯 부드럽게 문지른다.

샴푸의 양을 정량만 사용하고 더 깨끗하게 감는다고 양을 늘리지 않는다. 린스 후에도 흐르는 물로 충분히 헹궈 내 잔여물이 남지 않도록 한다.

❻ 트리트먼트는 주 1~2회

트리트먼트는 주 1회나 2회 정도 사용하는 것이 좋다. 머리카락의 손상 상태를 보아서 필요하다면 헤어 팩도 사용한다. 제품에 따라 사용법을 정확히 확인하여 사용해야 모발에 적절한 영양을 공급할 수 있다.

❼ 마른 수건으로 누르듯이 말리기

머리카락이 젖었을 때는 특히 조심스럽게 다루어야 한다. 머리카락을 말릴 때 타월로 마구 비비면 머리카락에 손상을 입히기 쉽다. 마른 타월로 머리카락을 감싼 뒤 누르듯이 물기를 제거하는 것이 좋고, 양손으로 비비지 않도록 한다.

❽ 드라이어와의 거리는 15~20cm

헤어드라이어는 보통 온도에 따라 2~3단계로 스위치가 나누어져 있다. 지나치게 뜨거운 바람은 두피와 모발에 좋지 않으므로 중하 단계의 미지근한 바람으로 말린다. 드라이어는 머리카락과 15~20cm 정도 떨어뜨려서 사용하는 것이 좋다.

❾ 빗은 끝부분이 매끈한 것으로

대수롭지 않게 생각하기 쉬운 것이 바로 빗살이다. 빗의 끝부분 마무리가 매끈한지 확인하고 빗살이 낡았다면 새것으로 바꾼다. 고를 때에도 마무리 상태를 잘 점검하고 구입한다.

머릿결 상태에 따른 손질법

끈끈해지기 쉬운 지성 모발

임신 중에 두피의 피지선에서 분비되는 피지의 양이 늘면 머리카락이 쉽게 지저분해진다. 임신 중에도 남성 호르몬의 활동이 활발하면 피지 분비가 많아진다.

지성 모발은 대체로 굵고 강한 편이라 쉽게 손상되지 않는다. 하지만 기름기가 많아 머리카락이 끈끈하고 스타일링을 해도 곧 축 늘어지며 비듬이 많고 먼지가 잘 낀다.

지성 모발▶▶케어 순서

① 따뜻한 물로 머리를 적신 다음 샴푸를 손바닥에 덜어내 두피에 대고 마사지하듯 샴푸한다. 머리카락 끝보다 두피 쪽을 집중적으로 마사지한다. 그런 다음 흐르는 따뜻한 물로 샴푸 찌꺼기가 남지 않도록 충분히 헹군다.

② 산성 성분의 린스로 두피와 머리카락을 골고루 마사지한 뒤, 수건으로 머리 전체를 감싸 5분 동안 그대로 둔다.

③ 흐르는 찬물이나 미지근한 물로 완전히 헹구고 수건으로 머리를 감싼 다음 다독거려 물기를 닦는다. 적당히 물기가 제거되면 굵은 빗으로 머리를 빗는다.

④ 헤어드라이어로 스타일링 한다. 이때 머리카락이 두피에 찰싹 붙은 상태에서 머리를 말리면 피지가 빨리 머리카락에 퍼지므로 빗질을 고르게 하면서 스타일링 해야 한다.

부석부석한 건성 모발

출산 후에는 건성 모발로 변하기 쉽다. 머리카락의 수분 부족은 건조한 모발이 되는 첫 번째 원인이다. 두피의 피지 분비가 너무 모자라도 건성 모발이 된다. 젊은 여성들에게는 드물지만 중년에 가까워지면 머리카락이 건조해지고 비듬이 잘 생길 수 있다.

건성 모발▶▶케어 순서

① 따뜻한 물로 머리를 적신 다음 샴푸로 마사지하고, 2분 동안 흐르는 물로 완전히 헹군다.

② 부드러운 수건으로 머리를 감싸서 다독거려 물기를 닦는다. 린스를 발라 두피에서 머리카락 끝을

향해 골고루 가볍게 마사지한다.

③ 2~3분 그대로 두었다가 2분 동안 헹군다. 부드러운 수건으로 머리를 감싸서 다독거려 물기를 닦고 굵은 빗으로 빗는다.

④ 헤어드라이어의 세기를 중간 정도로 해서 말린다.

⑤ 헤어 에센스를 손바닥에 몇 방울 떨어뜨려 잘 비빈 다음 머리카락에 고르게 바르고 빗질한다.

두피를 건강하게 하는 셀프 케어

❶ 지성, 건성 모두에게 좋은 스팀 타월

지성과 건성 모발 모두 수분이 부족한 상태이다. 스팀 타월은 부족한 수분을 공급하고 혈액순환을 촉진하고 모공을 열어 두피를 안정시키는 데 효과적이다.

❷ 지성 피부라면 두피 자극은 금물

지성 피부는 각질이 심하게 일어나기 때문에 브러시로 두피를 자극하면 좋지 않다. 두피 부분은 빗질하지 않고 머리 끝부분만 빗질하는 것이 중요하다.

❸ 건성 피부라면 꼼꼼한 빗질을

건성 피부라면 큰 브러시를 이용하여 두피부터 꼼꼼히 빗질하는 것이 좋다. 두피가 건조하면 브러시로 두피를 두드려 자극을 주는 것도 좋다.

❹ 건성 피부에 좋은 두피 지압법

지압을 하면 닫힌 모공이 열리고 혈액순환이 잘된다. 손톱으로 지압하면 두피에 상처가 날 수도 있으니까 비닐장갑을 끼고 한다.

❺ 지성 피부라면 부드러운 마사지

지성 피부라면 일어난 두피를 안정시키는 것이 중요하다. 두피를 지압하는 것은 좋지 않고 손바닥 전체를 이용, 두피를 안정시킨다는 기분으로 살살 누른다.

손질하기 편한 스타일 연출

머리 감을 때나 스타일링 할 때 모두 편한 스타일은 아무래도 커트나 단발머리이다. 임신 중 가장 이상적인 헤어스타일이라고 할 수 있다.

머리가 길다면 헤어밴드나 리본, 핀 등의 액세서리를 이용해 목선이 시원하게 드러나도록 연출해 본다. 한결 생기 있고 발랄해 보인다.

짧은 커트 머리

드라이어로 머리 전체를 안으로 가볍게 컬한 후, 헤어로션이나 젤 등을 살짝 바르면 깔끔한 인상을 줄 수 있다. 옷차림에 맞는 헤어밴드로 포인트를 주면 캐주얼하면서 생기 있어 보인다.

단발머리

단발은 누구에게나 잘 어울리는 무난한 스타일이면서 경우에 따라 우아하게 연출할 수도 있는 장점이 있다. 외출이나 모임이 있을 때는 끝부분만 컬을 하거나 드라이어로 잘 빗는다. 볼륨감을 주면 지적이면서 우아한 이미지를 연출할 수 있다.

또는 머리 리본으로 깔끔하게 장식해 발랄함을 더할 수도 있다.

긴 머리

긴 머리는 되도록 머리를 올리거나 리본으로 묶어서 목선이 드러나도록 하는 것이 좋다. 머리가 목을 덮고 있으면 답답해 보인다. 몸이 불어날수록 이런 스타일은 둔한 인상을 주기 쉽다.

앞머리를 뒤로 넘긴 후 뒷머리를 하나로 모아 살짝

땋아 주고 머리를 둥글게 말아 큰 핀을 이용해 머리를 고정시켜 깔끔하게 정리한다.

샴푸, 헤어 팩 요령

비듬이 많은 머리

임신 중에는 피지가 증가한다. 피지가 잘 제거되지 않아 세균이 번식하면 두피의 각질과 세포가 너무 많이 떨어져 나온다. 이것이 비듬이다.

적절한 횟수의 샴푸와 컨디셔닝으로 수분을 공급하고 피지 균형을 맞추면 치유와 예방이 가능하다. 두피 마사지와 브러싱을 해 주는 것도 좋다. 혈액순환이 활발해져 두피가 건강해진다. 영양을 충분히 공급해 주고 모발과 두피가 건조해지지 않게 주의하는 것도 잊지 말아야 한다.

거칠고 부스스한 머리

파마나 염색을 자주 하거나 샴푸 사용법, 머리 건조 등을 제대로 하지 않으면 머리에 윤기와 수분이 없고 거칠어진다.

머리의 수분량은 헤어 팩 등으로 다시 좋아질 수 있다. 우선은 잘못된 샴푸법부터 고친다.

샴푸한 후 약간 물기가 남아 있는 상태에서 헤어 트리트먼트제를 충분히 바른다. 드라이를 하기 전에는 반드시 에센스를 발라 모발에 충분한 수분을 공급한다.

갈라지고 끊어지는 머리

머리카락의 큐티클 층이 파괴되면 쉽게 갈라지고 끊어진다. 한 번 파괴된 큐티클 층은 회복이 쉽지 않다. 헤어 관리에 소홀해져 손상된 모발은 더 부석해 보인다. 머리카락 끝이 갈라지고 끊어질 정도로 손상되었다면 커트를 하는 것이 최선이다.

머리카락이 손상된 부분에서 2~3cm 더 잘라낸 다음 잘라낸 부분에는 헤어 로션이나 헤어 에센스를 바른다. 빗질은 자주 하지 않는 것이 좋다. 빗질을 할 때는 끝이 둥근 빗을 사용한다.

속옷 고르기

임신이 진행되면 배는 물론 허리, 엉덩이, 가슴의 치수가 달라져서 임신부용 속옷이 필요하다. 태아를 안전하게 보호해 주고 달라진 몸매를 교정하기 위해서도 속옷을 바르게 입을 필요가 있다.

브래지어

유선이 발달하면서 커지는 가슴을 적절하게 받쳐 주므로 활동하는 데 불편을 덜어 준다. 땀 흡수와 보온도 도와준다.

간혹 임신 중에 브래지어를 하지 않는 여성이 있는데 이는 출산 후 가슴이 처지는 원인이 되므로 반드시 착용한다.

브래지어 고르기

- 유방이 계속 커지므로 브래지어의 컵이나 와이어가 유방을 압박하지 않아야 한다.
- 와이어는 늘어난 유방의 무게를 잘 받칠 수 있어야 한다.
- 유방뿐 아니라 밑가슴 둘레도 계속 늘어나기 때문에 둘레 사이즈를 조절할 수 있는 것이 좋다.
- 임신 2개월 경부터 젖샘이 발달하는데, 5개월 경에는 한 사이즈 위, 출산 전에는 두 사이즈 이상 커진다.
- 브래지어 고리가 앞으로 달려 있으면 입고 벗기가 더 편하다.

팬티

외부 충격으로부터 태아를 보호하고 땀 흡수와 보온을 도와준다. 착용 시기는 임신 5개월부터 출산 후 2개월까지 정도이다.

팬티 고르기

- 자궁저를 충분히 덮을 수 있어야 한다.
- 팬티의 고무줄 부위가 배를 너무 누르지 않아야 한다.
- 복부를 압박하지 않도록 신축성이 좋아야 한다.
- 땀이나 분비물 흡수가 잘되는 천연 소재가 좋다.
- 음부에 닿는 부위가 흰색인 것이 좋다.
- 팬티는 6개월까지는 한 사이즈 위, 6개월 이후부터는 또 한 사이즈 위를 구입해서 입는다.

거들

배 주위를 따뜻하게 덮어 자궁 수축을 예방한다. 배가 나와서 자세가 불안정해지고 무게로 인해 허리에 가는 부담을 덜어 주는 역할도 한다. 산후 몸매 회복을 위해서도 꼭 필요하다. 착용 시기는 임신 5개월부터 만삭 때까지이다.

거들 고르기

- 배 앞부분을 충분히 덮어 주고 만삭 때까지 착용할 수 있도록 신축성이 좋아야 한다.
- 하복부를 받쳐 주고 곡선으로 재단된 부분이 배를 올려 주는 기능이 충분한지 본다.
- 허리를 지탱해 주는 패널이 부착되어 있어야 한다.
- 엉덩이를 충분히 감싸는지 살펴본다.
- 팬티와 마찬가지로 5~6개월에는 한 사이즈 위, 만삭 때에는 또 한 사이즈 위를 선택한다. 하지만 현재 판매되는 임신부용 팬티와 거들은 회사에 따라 사이즈 표시가 약간씩 다를 수 있으므로 매장에 들러 상담한 뒤 구입한다.

복대

허리 통증과 배 처짐을 방지하고 태아를 바른 위치에 있게 해 주어 몸을 한결 가뿐하게 한다. 착용 시기는 임신 6개월부터 만삭까지이다.

임신부용 속옷 관리법

브래지어나 거들처럼 신축성이 있는 소재를 사용한 제품은 삶거나 산소계 표백제를 사용하면 늘어나므로 주의한다. 임신부가 사용하는 속옷류는 세탁할 때 유연제를 사용하지 않는 것이 좋다. 유연제 성분이 분비물과 화학 작용을 일으켜 피부 트러블이 생길 수 있기 때문이다. 햇볕에 직접 말리지 말고 그늘에서 말려야 속옷의 색과 형태가 변하지 않는다.

복대 고르기

- 임신 중기부터 만삭까지 착용해야 하므로 사이즈 조절이 되는지 반드시 확인한다.
- 처음부터 큰 것을 구입해 배 크기에 따라 조절하면서 착용하는 것이 좋다.

스타일 사는 임신복 고르기

서서히 배가 불러오면 어떤 옷을 입어야할지 고민에 빠지게 된다. 임신했다고 해서 후줄근한 옷만 입고 초라한 모습으로 다닐 필요는 없다.
완전히 새로운 스타일로 바꿀 필요는 전혀 없다. 시기별 패션 선택 포인트만 알아 두면 된다.

캐주얼은 편안한 생활복

캐주얼 복장은 우리가 가장 즐겨 입는 기본적인 스타일이다. 입었을 때 편하면서도 멋스러워 보이는 스타일 포인트를 알아 둔다.

바지

임신 초기에 늘 입던 편안한 청

바지와 면바지를 입어도 좋다. 임신 후반기에는 아무래도 배가 짓눌리지 않기 위해서는 임신부용 바지를 구입한다.
허리 부분이 버클로 되어 있거나, 신축성이 없는 바지는 배가 불러오면 배를 압박해서 불편하다. 허리 부분이 밴드형으로 된 레깅스 스타일의 신축성 있는 소재의 바지를 고르면 스타일 연출을 하기도 좋고 몸도 편안하다.
레깅스는 임신 기간에 입기에 가장 편안한 바지이다. 또 날씬해 보이기도 한다. 사이즈가 큰 셔츠나 스웨터와 함께 레깅스를 입으면 직장 출근용으로도 손색없다.
멜빵바지도 편하지만 이때는 반드시 몸에 붙는 셔츠와 함께 입는다. 그렇지 않으면 몸집이 전체적으로 커 보인다.

스커트

넓고 신축성 있는 허리 밴드만 있다면, 임신 초기에는 어떤 길이의 스커트든 다 괜찮다. 면이나 라이크라 섬유로 만들어진 것이 배가 커져도 탄력이 있기 때문에 편안하다. 다리가 굵다면 길고 통이 좁은 스타일이 좋다. 통이 넓으면 실제보다 더 뚱뚱해 보이니까 조심한다. 긴 스커트는 어중간한 길이보다는 발목까지 내려오는 것으로 고른다.

셔츠

티셔츠는 배 부분에서 편안하게 늘어나기 때문에 거의 문제될 일이 없다. 늘 입던 티셔츠를 입을 수 있을 때까지는 계속 입고, 너무 끼게 되면 XL나 XXL 사이즈를 입는다. 남편의 것을 빌릴 수도 있다.
터틀넥도 편안하고 재킷, 카디건, 오버롤 안에 받쳐 입기에 좋다. 단순한 검정색 면이나 라이크라 섬유로 된 튜닉도 배 위를 헐렁하게 덮어주므로 좋다.

신발

캐주얼 슈즈는 임신한 여성들에게 적격이다. 편안할 뿐 아니라 레깅스나 반바지와도 잘 어울리는 스타일이기 때문이다. 이것 역시 발이 부을 것을 대비해서 약간 큰 사이즈를 사야 한다. 또 신발 모양이 자신의 발 모양과 맞아야 한다.
앞부분은 진짜 발 모양대로 엄지 발가락부분은 크고 새끼발가락 쪽으로 갈수록 작아져야 한다. 디자인만 고려해 만든 신발은 사이즈가 커도 불편하다. 신발을 살 때 여분의 고무 밑창을 준다면 사양하지 말고 챙겨 둔다. 바닥이 폭신하면 체중으로 인한 충격을 줄일 수 있다.

외출용 패션은 클래식하게

임신 기간에도 공식적인 모임에 참석할 일이 있다. 결혼식이나, 부부 동반 모임, 집안 어르신들을 뵙는

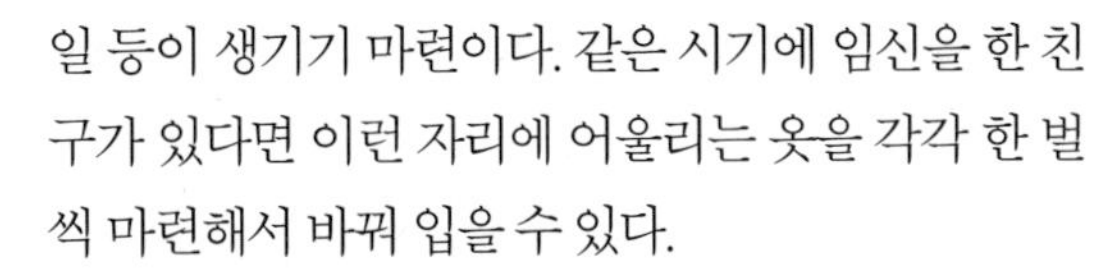

일 등이 생기기 마련이다. 같은 시기에 임신을 한 친구가 있다면 이런 자리에 어울리는 옷을 각각 한 벌씩 마련해서 바꿔 입을 수 있다.
벨벳 숄, 화려한 지갑, 목걸이(초크) 등을 이용해 외출복에 포인트를 준다.

원피스

통이 넓으면 실제보다 더 뚱뚱해 보인다. 긴 원피스는 어중간한 길이는 안 되고 발목까지 내려오는 것으로 고른다. 니트 원피스에 레깅스를 신고, 카디건을 레이어드 하면 한층 세련되어보인다.

바지

직장에 다니는 사람은 옷을 갖춰 입어야 한다는 생각만으로도 귀찮을 때가 있다. 스타킹에 구두까지, 무거운 몸에는 이만저만 불편한 것이 아니다. 이럴 때 바로 멋진 바지 한 벌이 필요하다. 가장 우아하고도 날씬해 보이도록 색깔은 검정색이어야 한다.
허리에 끈이 들어 있어 당겨 매는 바지는 임신 초기에 아주 멋있다. 벨벳 레깅스는 편할 뿐 아니라 우아한 느낌까지 준다. 여기에다 길이가 여유 있고 미끈한 라인의 상의를 갖춰 입는다. 구두가 좀 화려하다면 훨씬 돋보일 것이다.

셔츠

기본적인 셔츠를 선택한다면 액세서리로 화려하게 포인트를 준다. 또는 심플한 스커트나 바지에 화려한 셔츠를 입어도 좋다. 구슬 장식이 된 카디건을 레이어드하면 편하면서 초라하지 않다. 장식이 없는 것이라면 보석 목걸이 등으로 포인트를 준다.

신발

새틴이나 실크로 된 발레화 모양의 납작한 구두는 편안하면서도 모임 복장에도 잘 어울린다. 임신 후에는 발이 잘 붓기 때문에 약간 큰 사이즈를 고른다.

출산 후 관리

아기가 태어났다. 아기가 소중한 만큼 엄마의 몸도 소중하다. 일생의 큰일을 마친 엄마의 몸은 많이 지쳐 있고 자칫하면 건강을 잃을 수도 있다. 철저한 산후 조리로 건강한 엄마가 되자.

산후 엄마 몸의 변화

자궁

출산 직후의 자궁은 어른 머리만 하다. 그래서 분만을 위해 입원했을 때나 출산 후 퇴원했을 때 배의 크기는 그대로인 것처럼 보이는 것이다. 출산 이후에 자궁은 계속 수축하는데 원래 크기로 돌아오는 데에는 만 4주가 걸린다.

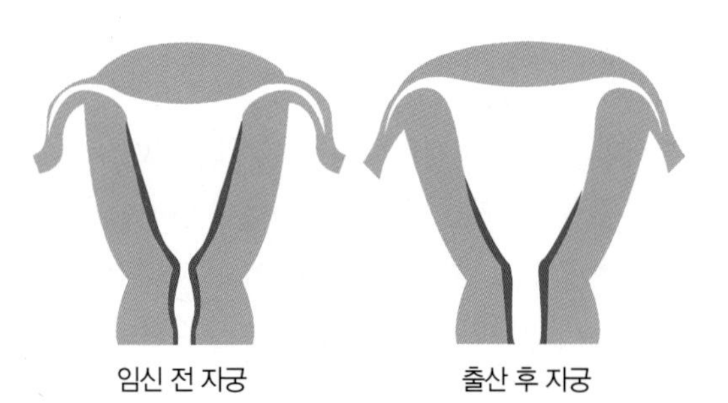

오로

자궁 안에서 태반이 떨어져 나오고 자궁 안에서 여러 가지 분비물이 마치 생리 같은 형태로 배출되는데 이것을 오로라고 한다. 오로는 처음에는 붉은색이다가 나중에는 흰색이 된다. 산모마다 차이가 있지만 보통 4주가 지나면 그친다. 만약 4주가 지난 후에도 오로가 계속 나오거나, 오로의 양이 생리의 양보다 많으면 의사에게 문의한다.

출산 후 날짜	자궁의 변화
1일째	자궁이 줄어들며 배꼽 위 5cm 정도 위치, 자궁 수축으로 후진통을 느낀다.
2일째	자궁이 배꼽 부위까지 하강한다.
3일째	자궁이 배꼽과 치골 중간 정도로 하강, 자궁 내 점막이 새로 생기고, 후진통 거의 사라진다.
4~5일째	자궁의 크기가 눈에 띄게 감소한다.
6~7일째	자궁이 주먹만해진다.
2주째	자궁은 잘 만져지지 않는데, 출산 직후의 1/3 크기가 된다.
3주째	자궁 크기가 임신 전과 비슷해진다.
4주째	자궁은 임신 전 크기를 완전히 회복한다.
5~6주째	생리가 나오기도 한다.

유방

출산 후 2~3일 노란색의 초유가 나온다. 그 후에는 유방이 커지고 단단해지며 하얀 모유가 나온다.

출산 후 날짜	자궁의 변화
2~3일째	젖이 돌기 시작하며 노란색 초유가 나온다. 유방이 딱딱해지고 통증을 느낀다.
4~5일째	젖이 잘 나온다. 젖을 먹인 후 반드시 남은 젖을 짜내야 한다.
6~7일째	노란색의 초유가 거의 줄어든다.
2주째	유즙 분비가 활발해진다.
4주째	모유가 본격적으로 나온다.

회음 절개 부위

출산 후 날짜	회음 절개 부위의 변화
1일째	회음부 통증이 오면 도움을 요청한다.
2~3일째	회음부 통증이 많이 사라진다.
4~5일째	부기가 가라앉기 시작하고 바로 앉아도 통증이 거의 없다.
6~7일째	회음 절개 부위가 거의 아문다.
2주째	회음 절개 부위가 아문다.
3주째	질이나 회음부의 부기가 가라앉는다.

배설

출산 후 며칠 동안은 소변과 땀이 많아진다. 대개 출산 후 3~4일이면 변이 보고 싶어진다. 그러나 배에 힘을 주기 어렵거나 복부가 늘어나서 또는 정신적인 이유로 변비가 많으며 이로 인해 치질이 생기기 쉽다.
대부분의 산모가 요실금을 겪는다. 소변이 많아지는 것은 몸 안의 수분을 배출하기 위한 생리적인 현상이고, 요실금은 괄약근이 늘어나서 생기는 것이다.

피부, 잇몸

출산으로 배가 쭈글쭈글해지고 임신선은 선명하게 남아 있다. 임신 중일 때보다 기미가 더 많이 생기지만 서서히 없어져 6개월이면 거의 없어진다. 출산 후 이가 흔들리는 듯한 느낌을 받는데 1개월 전후에 회복된다.

눈, 머리카락

호르몬의 영향으로 머리카락이 많이 빠지고 눈이 갑자기 침침해진다. 6개월~1년에 서서히 회복된다.

제왕절개 분만한 산모의 회복

제왕절개 분만한 경우에는 산모로서 산후 회복은 물론 수술에서도 회복되어야 한다. 회음부에 아무 상처도 입지 않았다는 점 빼고는 후진통, 오로, 젖몸살, 피로, 탈모, 발한, 산후우울증 등 다른 자연분만 산모들의 증상도 겪게 된다.

절개 부위 통증

마취약 기운이 떨어지면 절개 부위가 아프기 시작한다. 마취약은 초유로 나오지 않고, 젖이 돌기 시작할 때는 진통제를 먹지 않아도 되므로 아기에게 먹일 젖에 미치는 영향은 걱정하지 않아도 된다.
통증이 몇 주간 지속되면 의사의 지시에 따라 진통제를 복용하게 된다. 수술로 횡격막이 자극을 받게 되면 어깨에 예리한 통증을 느낄 수도 있다.

마취제 후유증

제왕절개 때 맞는 마취제는 후유증을 가져올 수 있다. 몸을 심하게 떨고 온도 변화에 민감해지고, 깨어

나는 순간 정신을 못 차리거나 환상을 보거나 악몽을 꾸기도 한다.

복통

마취제를 맞으면 하루 이틀 정도면 가라앉는 증상이다. 그러나 더 오래되면 좋지 않다. 복통을 해소하기 위하여 복도를 걸어 다니거나, 왼쪽으로 눕거나 바로 누워서 무릎을 올리고 절개 부위를 누른 채 심호흡하는 것도 좋다.

변비

마취제와 수술로 장운동이 둔화되어 수술 후 며칠 동안 대변을 보지 못하는 경우가 많은데 이는 정상이다. 변비 때문에 가스가 차서 배가 아플 수도 있다. 처음 며칠 동안은 채소, 과일 등을 피한다.

실 뽑기

흡수되지 않는 실로 꿰맨 경우에 출산 4~5일 뒤에 실을 뽑는다. 약간의 통증은 예상해야 한다. 산후 4일 뒤에는 집으로 갈 수 있다.
실을 뽑기 전, 또는 실이 흡수되기 전까지는 목욕이나 샤워를 할 수 없으므로 수건 등으로 몸을 닦는다.

상처 입은 회음부 관리

약 3kg에 달하는 아기가 빠져나오느라 회음부는 상당히 많이 늘어나고 상처를 입었기 때문에 미약하든 심하든 간에 아래쪽, 즉 회음부의 통증이 오게 된다. 며칠 동안은 앉기 힘든 경우도 많다.
회음부가 찢어졌거나 일반적인 회음 절개를 하고 봉합한 경우에는 그 통증이 더욱 심한 것은 당연하다. 어떤 경우이든 상처 부위가 회복되는 데 대개 일주일 내지 열흘 정도 걸린다.

회음부 상처 부위와 감염 예방법

최소한 4~6시간마다 생리대를 교환한다. 생리대는 앞에서 뒤쪽으로 떼어 낸다. 소변, 배변 후에는 회음부를 흐르는 미지근한 물로 씻고, 가제나 위생 패드로 앞에서 뒤로 살짝 두드리며 닦는다. 회음부가 완전히 나을 때까지 손으로 만지지 않는다.

회음부 통증 완화법

하루 3회 20분씩 좌욕하거나 적외선을 쬔다. 의사가 권하는 크림, 연고, 진통제를 이용한다. 가능한 한 옆으로 눕고 오랫동안 서거나 앉아 있지 않는다. 앉을 때 치질 환자용 튜브를 활용할 수 있다.
몸에 꼭 끼고 자극을 주는 속옷이나 겉옷을 피하고 편안 옷을 입는다. 출산 후와 산후 회복기에 혈액순환과 근육 회복을 돕는 케겔 운동을 많이 한다.

케겔 운동 ● 고양이 자세

❶ 바닥에 엎드려 고양이 자세(네발기기)를 한다.

❷ 코로 숨을 들이마셨다 입으로 강하게 내뱉으면서 등과 엉덩이를 둥글게 만다. 천천히 코로 숨을 다시 들이마시면서 시작 자세로 돌아간다. 3회 반복한다.

산후 성관계

아내가 성관계에 대한 준비가 신체적으로 되어 있을 때 남편과 성관계를 다시 가질 수 있다. 이는 대개 산후 4주 후인데 회복이 늦거나 감염되었거나 오로가 4주 후에도 분비가 되고 있다면 더 기다리는 것이 좋다. 제왕절개 분만한 한 산모는 상처 부위의 회복 정도도 고려해야 한다.

산후 4주가 지나서 성관계에 흥미를 가지지 못하는 경우도 적지 않다. "아기 때문에 밤낮으로 정신없는데……." "또 임신하는 건 아닐까?" "아플지도 몰라." "질 안이 다치지 않을까?" "기분이 예전 같지 않을 것 같은데……." "관계를 가지다가 젖이 새면 어쩌지?" 이런 걱정들이 대부분이다. 남편과 산모의 상황에 따라 다음과 같이 대처한다.

- 삽입은 하지 않아도 스킨십과 전희를 즐기는 등 성관계 시작 시기를 늦춰도 된다.
- 산후 성관계에서 아프더라도 곧 회복되니까 낙심하지 않는다.
- 출산 후 처음 성관계를 가지면서 완벽한 오르가슴을 기대하지 않는다.
- 남편과 관계에 대한 심정을 충분히, 그리고 정직하게 대화한다.
- 아기가 있기 때문에 원하는 시간에 하기 힘들다. 가능한 한 시간을 미리 계획한다.
- 그다지 중요하지 않은 일이라면 사랑을 위한 힘을 아껴 둔다.
- 지금 만족스럽지 못하다고 앞으로의 성관계를 미리 걱정하지 않는다.

아직 무리한 체위는 피한다. 둘 다 옆으로 눕는 체위나 여성 상위는 산모가 삽입 정도를 조절하면 회음부나 제왕절개 부위에 힘이 가해지는 것을 줄일 수 있다.

그 밖에 여러 가지 시도를 하여 자신에 맞는 가장 적합한 체위를 찾아본다.

모유 수유를 하는 경우 젖 분비 호르몬의 영향으로 배란이 출산 1년 후까지 미뤄지는 경우도 있으므로 피임이 필요하지 않은 것으로 잘못 아는 경우가 있다. 하지만 모유 수유를 해도 배란이 언제 시작할지 알 수 없으므로 필요하다면 피임을 준비해야 한다.

우유를 먹이는 경우에는 배란이 빨라 1개월이면 생리가 시작되므로 출산 후 첫 관계 때부터 피임을 철저히 챙겨야 한다.

모유 수유를 위한 산후 유방 관리

출산 당일부터 유방 마사지를 한다. 유두나 유방을 마사지해서 유관 입구를 열고 유선을 부드럽게 해준다. 또한 유두는 외부 저항에 대한 면역력이 없어서 마사지를 하기 전에 손을 깨끗이 씻고 손톱을 잘 깎는다.

모유가 잘 나오게 하는 마사지

유두는 외부의 세균에 대한 면역력이 없어서 내출혈, 균열, 수포와 같은 트러블이 발생할 수 있다. 유선 조직을 발달시키는 유방 마사지를 꾸준히 하면 외부의 세균에 대한 면역력 증진은 물론 유선 조직을 발달시켜 혈액순환을 좋게 함으로써 원활한 모유 수유를 할 수 있다.

마사지를 하기 전에는 뜨거운 물에 소독한 타월로 유방을 감싸 찜질을 먼저 하면 피부가 부드러워져서 더 효과적이고 혈액순환도 잘되며 유선이 확장되어 모유 분비가 잘된다.

뜨거운 물로 목욕을 하면서 마사지하는 것도 좋다.

- 유두 앞부분만 눌러 젖을 짜 내듯이 한다.

임신 태교 출산 육아

• 유두 '주변'을 엄지와 검지손가락으로 잡은 후 강하게 누른다.

젖 말리기

젖이 너무 많이 나와 불었거나 모유 수유를 할 계획이 없다면 모유 분비를 억제해 젖이 붓는 것을 막아야 한다. 그렇지 않으면 젖이 고여 통증이 온다.

유방 아래쪽을 받쳐 올리듯 압박 붕대 등으로 가슴을 꼭꼭 묶는다. 되도록 풀지 말고 조이면 젖을 말리는 데 효과적이다. 그래도 젖이 고이면 젖을 짜낸 후 다시 묶는다. 심한 젖몸살이라도 12~24시간을 넘지 않는데, 이를 해소하기 위해서는 유방에 얼음 팩을 대고 약한 진통제를 복용한다.

국물과 탕 종류의 음식, 음료수 등 수분이 많은 음식은 젖을 끊으려 할 때는 일시적으로 제한한다. 뜨거운 물 샤워는 젖 분비를 촉진시키므로 피한다.

남은 젖은 반드시 짜낸다

젖을 먹인 후 남은 젖은 그대로 두지 말고 깨끗하게 짜내어 다음번에 새로운 젖이 잘 나오도록 한다. 손으로 직접 짜거나 유축기를 이용할 수 있다.

유축기를 이용해 젖을 짤 때는 손으로 마지막 젖까지 짜 내야 유방이 비워진다. 젖을 짠 뒤에는 따뜻한 수건으로 유두와 유방을 닦은 후 젖의 물기를 말리고 나서 속옷을 입는다. 이것은 젖이 물러져 아기가 다시 빨 때 상처가 나는 것을 막기 위해서이다.

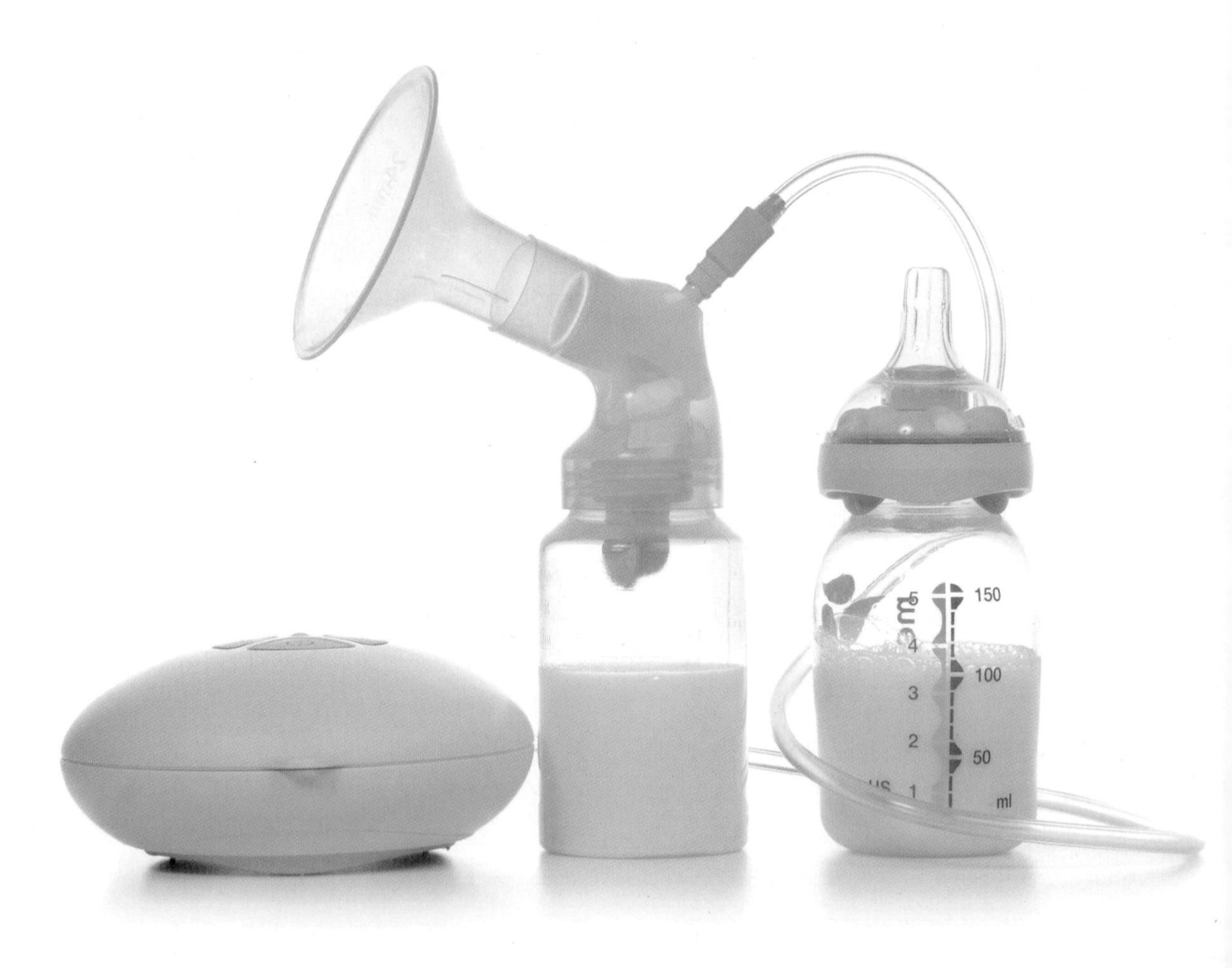

Mom's 솔루션

모유 수유를 위한 유방 마사지

1조작

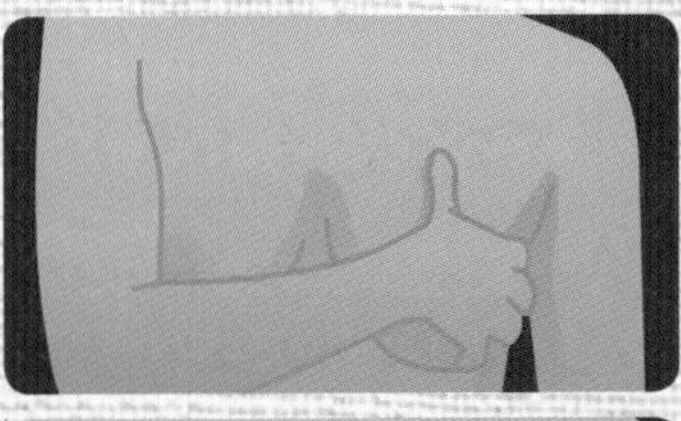

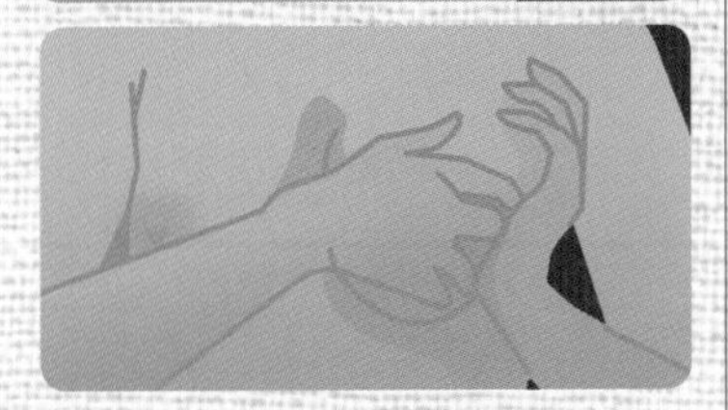

❶ 마사지하는 유방 반대쪽 손을 펴고 손을 가볍게 구부려 유방 주위에 갖다 댄다.

❷ 마사지하는 쪽의 팔꿈치를 옆으로 내밀고 손목을 젖혀서 손가락 끝이 얼굴 쪽을 향하게 돌리고 모지구(엄지손가락과 손바닥이 이어지는 부풀어 있는 부분)를 보호하는 손가락 바깥쪽에 댄다.

❸ 팔꿈치를 상하로 움직인다. 정확히 어깨로부터 힘이 지레를 이용했을 때처럼 팔꿈치로 유방 아래 부분을 움직이게 한다. 이때 팔꿈치의 움직임은 바로 옆에서 보면 몸과 일치되게 상하로 일직선으로 움직인다. 이 동작을 3회 실시한다.

2조작

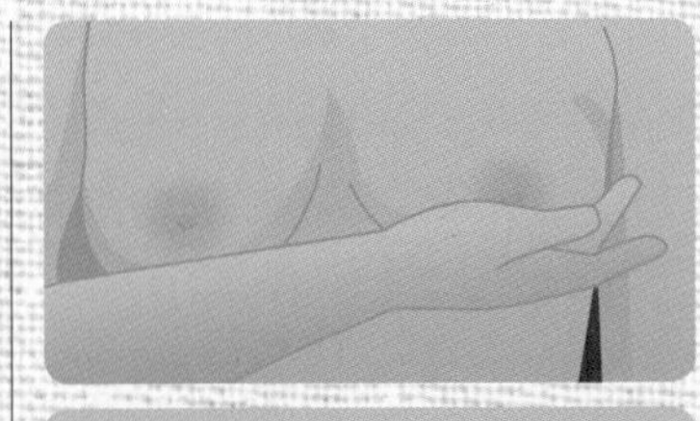

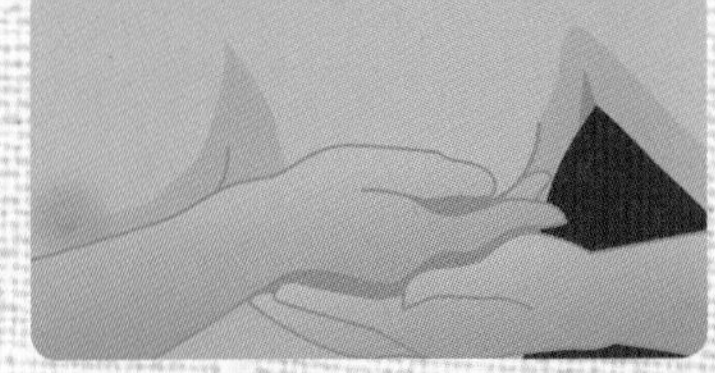

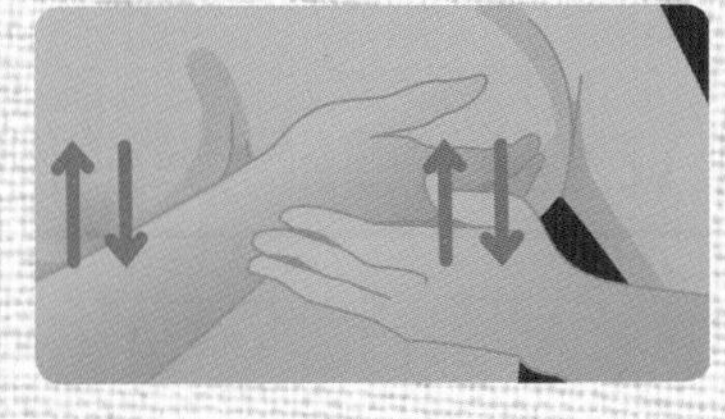

❶ 손을 모아 새끼손가락을 유방의 바깥쪽 아래쪽에 대어 유방을 보호한다.

❷ 1조작과 같이 팔꿈치를 옆으로 내밀고 손목을 젖혀 엄지손가락 끝이 아래로 향하게 돌린다.

❸ 새끼손가락과 손바닥이 이어지는 부분을 보호하는 손의 바깥쪽에 대고 1조작과 마찬가지로 팔꿈치를 상하로 흔든다. 이 동작을 천천히 힘을 주어 3회 실시한다. 이때 젖힌 손목을 펴지 않는다.

3조작

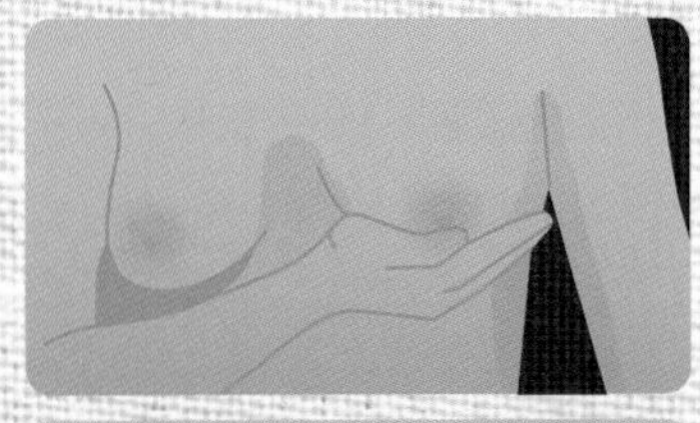

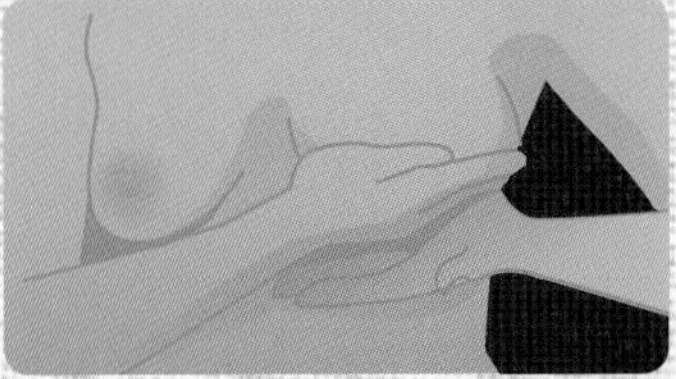

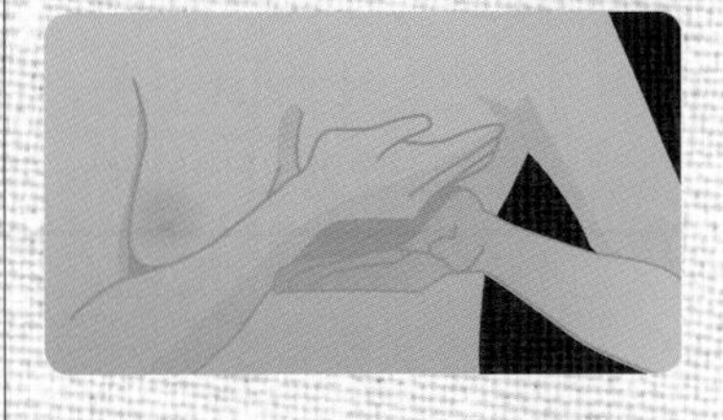

❶ 손을 모아 새끼손가락쪽을 유방 아래 부분에 대고 유방을 아래에서 받친다.

❷,❸ 마사지하는 쪽의 팔꿈치를 옆으로 내밀고 이번에는 손목을 굽히지 않고 받친 손의 아래쪽에 대고 팔꿈치를 중심으로 앞 팔로 유방을 떠받히듯이 한다. 이 동작을 천천히 힘을 주어 3회 실시한다.

출처: 모유 육아 상담소 모유 119

산후 조리

산후 조리는 출산 후 엄마의 건강을 좌우할 만큼 중요하다. 출산으로 몸이 약해졌기 때문에 회복하기까지 시간도 오래 걸리고 돌보아야 할 부분도 많다. 또한 전통적인 방법과 현대 의학에 따른 방식이 약간씩 다르기도 하다. 자신에게 알맞은 산후 조리법을 찾아 실행하는 것이 좋다.

계절별 산후 조리

계절은 임신 기간과 산후 조리에 큰 영향을 미친다. 바로 기온의 차이 때문이다. 산모는 체온 유지가 중요하기 때문에 계절별로 산후 조리 방식이 다르다. 이런 이유로 애초에 임신 계획을 세울 때 계절을 염두에 두는 엄마들도 많다.

봄, 가을

산후 조리하기에 가장 좋은 계절이다. 하지만 산모는 출산으로 체력이 저하되어 있기 때문에 항상 몸을 잘 돌보아야 한다.

봄철에도 산모는 찬바람을 쐬면 안 된다. 봄에는 아침 기온이 특히 차기 때문에 이 점에 유의한다. 춥지도 덥지도 않은 계절이라고 해서 가볍게 옷을 입으면 안 된다.

반드시 긴팔 옷을 여러 겹 겹쳐 입어 몸을 따뜻하게 하고 찬바람이 사이사이 들어가지 않도록 한다. 산모가 있는 방은 따뜻하게 해야 하지만, 너무 덥게 느껴지면 온도를 낮추고 땀 흡수가 잘되는 두꺼운 이불을 덮는다.

여름

여름이라 덥더라도 미지근한 물로 샤워하는 것이 좋다. 너무 차게 해서 감기에 걸리지 않도록 주의한다. 출산 후 3~4일은 옷을 자주 갈아입어 깨끗하게 한다. 땀이 너무 많이 나면 수건에 뜨거운 물을 적셔 몸을 닦는다.

여름철에는 더운 방에서 땀을 흘리면 오로 등의 분비물이 섞여서 냄새를 풍길 뿐만 아니라, 회음 절개 부위가 쉽게 감염될 수 있으므로 깨끗이 처리해야 한다. 게다가 땀을 너무 많이 흘려 땀띠가 날 수 있으므로 실내 공기를 상쾌하게 유지하도록 노력한다.

출산 후 3주일까지는 반소매 옷보다는 긴소매의 옷을 입도록 하고 흡습성이 좋은 면 소재가 좋다.

출산 후에는 치아, 관절, 위가 약해져 있어, 찬 음식을 먹으면 이가 시리고 관절이 아프며 소화도 잘되지 않는다.

여름이어서 산모도 더위에 힘들어 지칠 때가 있다. 너무 더울 때면 선풍기나 에어컨을 틀어 공기를 시원하게 해 주되, 산모 몸에 바람이 직접 닿지 않도록 한다.

겨울

겨울철에 출산을 하면 추위가 문제이다. 병원에서 퇴원하기 전에 목덜미와 손에 찬바람이 들어가지 않도록 단단히 준비하고 나오도록 한다. 집에서는 산모를 맞이하기 위해 미리 살펴서 준비해 놓는다.

산모가 있을 방뿐만 아니라 집 전체의 공기를 훈훈하게 덥혀 놓는다. 문이나 창문 틈으로 찬바람이 들어오지 않도록 문풍지 등으로 막는다. 수건 등을 여러 장 빨아 널어 습도를 조절한다. 또한 가습기 등을 이용해 습도를 60~65%로 유지한다.

샤워는 뜨거운 물을 욕조에 가득 담아 욕실 온도를 높인 뒤에 한다. 샤워가 끝난 후에는 한기가 느껴지지 않도록 실내 온도를 미리 약간 높인다.

산모의 체온을 보존하려면 얇은 옷을 여러 겹 입는 것이 효과적이다. 실내에서도 양말을 꼭 신도록 하고 아랫도리를 따뜻하게 입는다.

산후 조리 8주 매뉴얼

출산 후 몸의 모든 기관이 약해진 산모는 계속 변화를 겪는다. 매주 이에 알맞은 조리를 해야 건강하게 회복할 수 있다. 몸이 가벼워졌다고 해서 무리를 하는 것도 금물이고 그렇다고 너무 누워만 있어서도 안 된다. 1~8주 산후 조리 주요 매뉴얼을 통해 산후 조리의 맥락을 이해한다.

1주 / 몸과 마음이 약해져 있다

귀여운 아기를 품에 안게 된 산모는 기쁨에 들떠 있지만, 한편으로는 힘든 출산 과정을 겪으면서 몸과 마음이 극도로 쇠약해진 상태이므로 안정이 필요하다.

음식은 딱딱하거나 신 음식을 피하여 약해진 치아와 장을 배려하고 영양가 높은 음식을 먹는다.

오로 상태 체크

정상 분만일 경우에는 걸어서 화장실을 갈 수 있지만 다량의 출혈로 빈혈이 생길 수 있기 때문에 남편이나 보호자와 함께 간다. 출산 2일째까지 오로 양이 많으므로 패드를 자주 교체한다.

오로의 양과 색을 체크해 면 산모의 몸이 어느 정도 회복되고 있는지 알 수 있다. 오로 색은 산후 3일째까지 짙은 적색이고 그 후에 갈색이었다가 황색에서 흰색으로 바뀐다.
산모의 빠른 회복을 위해서 먼저 소화 기관이 빨리 회복되어야 한다. 따라서 제왕절개 분만한 산모는 상처 부위가 아프더라도 자주 걸어서 방귀가 빨리 나오도록 한다. 또 커졌던 자궁이 후굴될 수 있으므로 너무 누워 있는 것은 좋지 않다. 병실에서라도 조금씩 걷는다.

산욕 체조

산욕 체조는 손가락과 발가락을 꼼지락거리는 정도에서 시작해서 점차 운동량을 늘린다. 비만을 예방한다고 무리한 체조를 하는 것은 관절 이상을 초래할 수 있다.
그리고 모유를 먹일 산모라면 젖이 잘 나오도록 유방 마사지를 한다. 그러나 유방 마사지는 혼자 하기 힘들기 때문에 남편이나 다른 식구들한테 부탁한다. 수유 리듬은 한 달 이전까지는 그 양이나 횟수가 불규칙하므로 수시로 젖을 물려 젖이 잘 돌고 자궁 회복을 돕도록 한다.
물론 산후 일주일은 남편이나 집안 식구들이 집안 일을 처리하고 산모는 쉬는 것이 우선이다. 산모는 일을 해서도 안 되고 오랫동안 한 자세로 앉거나 긴 시간 이야기를 나누는 것도 피한다.

병원에서 생활하는 것이 보통이므로 입원 중에는 병원 스케줄에 따라 지내면서 퇴원 후 생활이나 육아법에 대해 충분히 숙지한다.

2주 / 안심은 금물

일주일 동안 꼼짝하지 않고 몸조리를 한 탓에 하루가 다르게 몸이 가벼워지는 것을 느낄 수 있다. 하지만 몸이 완전히 회복된 것이 아니기 때문에 아직 힘든 일은 해서는 안 된다. 그래서 쇼핑이나 장보기, 외출 등은 모두 삼가야 한다.

체온 조절에 유의

피곤할 때는 언제든지 이부자리에 누워서 편히 쉬며 많이 자도록 한다. 두꺼운 이불보다는 얇은 이불을 여러 장 준비해서 더우면 한 장씩 벗겨 내면서 체온을 조절한다. 이 체온 조절이 전체적인 산후 조리를 좌우한다.
지난주에는 땀을 많이 흘렸기 때문에 2주째가 되면 목욕이나 샤워를 하고 싶을 것이다. 욕조 안에 몸을 담그는 것은 자궁과 회음부나 질의 감염을 우려해 피해야 하지만 샤워 정도는 가능하다.

가벼운 움직임은 가능

가사나 육아는 가족이나 산후 관리 도우미에게 맡기는 것이 좋다. 그러나 너무 누워만 지내는 것은 좋지 않다. 힘든 일은 금물이지만 이부자리 위에서 앉았다 일어났다 하는 정도의 운동이나 아기의 옷을 갈아입히는 정도의 가벼운 움직임은 산후 회복을 위해서도 좋다.
체조도 점차로 횟수와 시간을 늘려 가지만 아랫배와 허리 운동은 복압의 증가로 인한 출혈의 위험성이 있기 때문에 가능한 한 피하는 것이 좋다. 이 기간에는 무거운 것을 들거나 몸을 차갑게 하는 것은 금물이다.

3주 / 가벼운 외출 가능

가까운 거리는 외출해도 되는 시기이다. 집 근처 시장에서 장보기 정도는 괜찮지만 무리한 쇼핑은 피하고 혼자서 외출하는 것도 삼간다.
이 시기에는 몸이 나아졌다고 안심한 나머지 관절의 이상이나 피곤을 가장 많이 느끼는 시기이기 때문에 특히 더 조심한다. 또한 체온 조절을 위해 이불은 여전히 얇은 것 여러 장을 준비해 덮는다.

육아와 가사는 모두가 분담

이 시기에는 아기 기저귀 갈기나 목욕 시키기, 옷 입히기, 간단한 청소, 취사 등 무리가 가지 않는 범위에서 육아와 집안일을 병행해도 좋다.
그러나 산모는 한밤중의 수유로 잠이 모자라고 아기를 돌보느라 피로한 상태이므로, 산모가 지치지 않도록 육아와 가사는 남편이나 가족 모두가 나누어서 하는 것이 좋다.

철분 섭취에 신경 쓰기

아기를 낳은 후에는 뼈와 이가 약해지므로 멸치나 치즈, 우유 등 칼슘이 풍부한 음식을 먹는다. 빈혈이 있다면 철분제를 섭취한다. 욕조에 들어가 하는 목욕은 아직 무리이다. 분만 시 출혈이 심했거나 빈혈이 있는 사람은 목욕탕에서 쓰러질 위험이 있으므로 유의한다.

4주 / 본격적인 육아 시작

본격적으로 육아와 가사 생활이 시작되는 때이다. 아내로서, 어머니로서 새 생활을 꾸려야 할 때가 온 것이다.
아기 돌보기와 가벼운 집안일은 혼자서도 가능하다. 그러나 무거운 것을 들거나 이불 빨래 등 힘든 일은 피한다. 그 동안 삼갔던 외출도 할 수 있다. 그러나 너무 먼 곳이나 장시간 외출은 피한다. 사람이 많은 곳도 피한다.

평상시 생활 회복

몸에 이상이 없다면 이때부터 이부자리를 걷어 내고 임신 전처럼 생활해도 좋다. 이 시기에 술도 마실 수는 있지만 피하는 것이 좋다. 그러나 담배는 산모나 아기에게 해를 끼치므로 금연한다.

목욕은 아직 오로가 끝나지 않았으면 피하는 것이 좋고, 목욕할 때는 탕에는 들어가지 말고 따뜻한 물로 샤워하는 것이 안전하다.

산후 검진

출산 후 한 달째 되는 기간이므로 산후 병원 첫 검진을 꼭 받는다. 병원에서는 자궁의 회복 정도, 자궁암 검사, 빈혈 여부, 혈압 검사, 아기 BCG 예방 접종, 고관절 탈구 검사, 아기의 성장 발육, 영양 상태 등을 체크한다.

5~6주 / 임신 전의 생활로

몸이 거의 임신 전의 상태로 회복되는 시기이다. 조리원에서 산후 조리를 했다면 가정으로 돌아가는 시기이다. 임신 전의 몸매로 돌아가기 위해 산욕 체조를 꾸준히 하고 간단한 운동도 시작하는 것이 좋다.

산후 6주째가 되면 샤워뿐만 아니라 욕조에서 하는 목욕도 가능하다. 오로가 갑자기 늘어나거나 피로하면 당분간 샤워로 만족하는 것이 좋다. 산후에 따뜻한 물에서 하는 목욕은 몸의 회복을 도와주므로 규칙적으로 깨끗이 한다.

오로가 보인다면 주의

일상적인 육아나 가사 모두를 처리할 수 있고, 몸의 회복이 순조롭다면 의사로부터 진단을 받은 후 성관계를 가져도 좋다. 성관계가 시작된 후부터는 탕에 들어가 목욕을 해도 좋다. 그러나 몸의 회복은 개인마다 다를 수 있으므로 이 시기에도 계속 오로가 보인다면 성관계를 피한다.

7~8주 / 자유롭게 활동한다

출산 후 겪었던 몸의 변화로부터 해방되는 시기이다. 일하는 여성은 직장으로 복귀해도 좋다. 그러나 직장 형편상 또는 본인이 희망할 경우 의사의 지시를 받고 출산 후 5주째부터 일을 해도 큰 무리는 없다.

수영이나 자전거 타기 등 간단한 스포츠도 할 수 있기 때문에 임신 중에 맛보지 못했던 자유를 만끽할 수 있다. 여행도 할 수 있다. 그러나 아직은 쉽게 피로해질 수 있는 시기이므로 긴 여행이나 무리한 스포츠는 피해야 한다.

산후 다이어트

영양 관리

산후 피로를 회복하고 엄마의 건강을 유지하려면 영양소를 충분히 섭취해야 한다. 출산 후 모유 수유하는 엄마는 320kcal의 열량을 더 섭취해야 한다. 수유에 필요한 열량은 500kcal이지만, 수유부의 저장 에너지에서 자체적으로 170kcal가 공급되므로 500kcal를 모두 다 공급할 필요는 없다. 그래야 임신 수유로 인한 비만을 예방할 수 있다. 반면 젖을 먹이지 않는 엄마는 임신 전 권장량과 같은 1,900~2,100kcal이다. 당연한 이야기지만 음식 섭취 시에는 양보다 질이 우선이다.

ⓒ베스트산부인과

아기가 태어나면 엄마의 몸에서 아기 체중, 태반, 양수, 혈액 등이 빠져나오기 때문에 4~6kg 체중이 줄어든다. 그러나 임신 때 10~15kg이나 불었기 때문에 아기가 태어났다고 해서 통통 부은 몸이 예전과 같아지지는 않는다. 불어난 체중이 다시 원래 체중으로 돌아가는 데는 평균 산후 4개월이 걸린다. 만약 임신 중에 불은 체중이 표준 이상인 사람은 늦어도 산후 6개월 이내에 체중 조절을 해야 한다. 그 이후는 호르몬의 영향으로 체중 조절이 힘들다.
출산 직후부터 출산 4~6주까지는 산후 허약해진 몸의 회복에 온 정성을 쏟아야 하기 때문에 체중 조절을 할 생각을 하지 않는 것이 좋다. 출산 후 6주 이후에 체중 조절을 한다.
출산 후 6주가 지나면 산욕기가 끝나므로 서서히 운동을 시작하며, 2개월째부터는 체중 조절을 위해 힘써야 한다. 조깅, 수영 등의 유산소 운동이 좋다.

산후 부기 관리

출산을 하면 아기가 엄마 몸에서 빠져나왔는데도 온몸이 통통 부어 있다. 이것은 배 속의 아기를 키우기 위해 저장해 두었던 수분과 지방 때문이다.
산후 3~4일이 지나면 부기가 빠지기 시작하는데 6~8주의 산후 조리를 거쳐 정상으로 돌아가는 6개월이 지나도록 부기를 빼지 못하면 산후 비만으로 이어지기 쉽다.

스트레칭, 마사지

스트레칭과 마사지로 몸을 풀어 주면 부기가 가라앉는다. 스트레칭은 출산 2일째부터 손목, 발목, 발가락 운동 등 간단한 움직임으로 시작하면 된다.
마사지는 산욕기 때는 엄마가 힘을 쓰면 안 되므로 다른 사람이 해 주도록 한다. 팔, 다리, 목뼈에서 꼬리뼈까지 꾹꾹 누르고 주물러 준다.

민간 요법

민간에서 호박은 산후 부기를 빼는 대표적인 식품으로 꼽힌다. 이것은 호박의 이뇨 성분 때문이다. 꿀과 함께 끓인 호박탕, 쌀을 넣어 끓인 호박죽, 호박만 끓여 받은 맑은 물 등 다양한 조리법으로 먹을 수 있다.
호박은 몸의 부기를 빼줄 뿐만 아니라 원기를 회복하는 데에 도움이 되고 비타민이 풍부하여 산후 음식으로 권장된다. 호박 외에 몸의 부기를 빼는 식품으로 율무, 시금치, 미역, 김, 양배추 등이 있다.

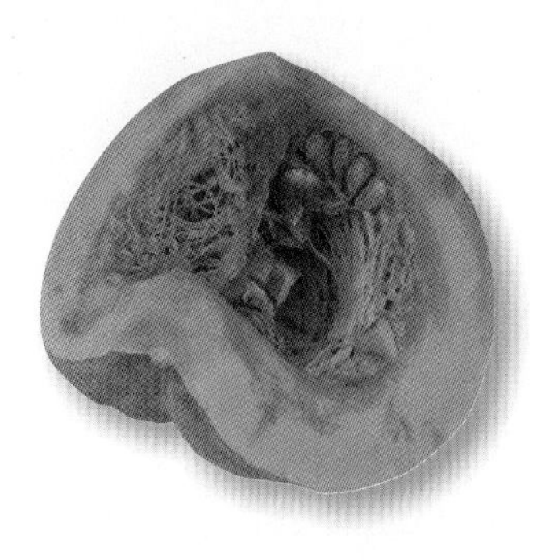

Part 2
태교

생명의 탄생은 남편과 아내의 공동 작품이다.
열 달 동안 아기를 품은 엄마는 아기를 사랑으로 감싸며
세상에 있는 아름다운 것들을 보여 주고, 들려주려고 노력해야 한다.
아빠는 아기와 꾸준히 교감하고 엄마와 아기가
열 달 동안 행복한 시간을 보낼 수 있도록 최선을 다해야 한다.

Step 1

엄마와 아기가 행복해지는 태교

많은 임신부가 아기의 태교를 위해 노력한다.

"클래식을 들어라, 그림책을 읽어라……."

주변에서 추천하는 태교법은 많은데 어디서부터 어떻게 시작해야 할지 난감하다. 임신 전부터 출산 후까지, 생활 속에서 실천할 수 있는 태교 요령을 자세히 알아보자.

태교★

임신 전 태교 준비

태교는 임신 3개월 전부터 시작한다. 태교 음반, 그림책 등은 미리 준비해 둔다. 씨앗 태교에서는 엄마 못지않게 아빠의 역할도 매우 중요하다는 사실을 잊지 말아야 한다.

태교 자료 준비

아기를 임신하면 산모와 아기의 건강을 챙기기에도 바쁘기 때문에 태교를 하기 쉽지 않다. 아기가 태어나기 전에 미리 옷을 구입하듯 임신 전에 태교할 준비를 해 둔다면 여유롭게 태교에 집중할 수 있다.

태교 음반, 동화책은 미리 구입

소장하고 있는 음반과 새로 구입해야 할 것이 무엇인지 정리하고 동요, 클래식, 가곡 등 태교에 좋은 장르와 곡명을 알아 두었다가 구입한다.

그림책, 동화책, 학습서도 미리 준비한다. 색채가 선명하고 밝은 그림책과 재미있고 감동적인 내용의 동화책, 영어나 일어 등 어학에 중점을 두고 싶다면 해당 언어의 학습서를 마련한다. 그러나 아기가 나중에 볼 유아용 도서까지 한꺼번에 미리 사 놓는 것은 좋지 않다. 유아용 도서는 나중에 아기의 성향을 파악한 뒤에 사도 늦지 않다.

학습 자료는 대여하거나 헌책방을 이용

책 말고도 벽에 붙여 놓고 볼 수 있는 그림판이나 글자판을 이용할 수도 있다. 이런 학습 자료들은 구입하기보다는 주변에서 빌리고, 사야 할 때는 헌책방을 이용하는 것이 좋다.

대형 서점에 간다

태교에 필요한 자료를 전부 다 구입할 수는 없다. 대형 서점이나 도서관에 나갈 때 수첩을 준비해 유용한 정보를 메모해 놓는 것도 좋은 방법이다.

음식 정보는 스크랩한다

임신을 준비하면서 임신부와 산모에게 좋다는 음식 정보를 스크랩 하고 종종 실습도 해보자. 이때 이유식 정보도 모아 두면 임신 기간부터 이유식 기간까지 유용하게 쓸 수 있다.

아빠와 아기의 교감, 씨앗 태교

태교는 엄마는 물론 아빠도 충실히 해야 하는데 아빠가 되는 마음가짐을 다지는 것이 '씨앗 태교'이다. 전통적으로도 태교는 임신 전부터 시작된다고 본다. 현대적 시각에서 보아도 훌륭한 내용이 담긴 전통 태교서 〈태교신기〉에서는 성관계 때도 아빠의 마음가짐이 중요하며 아빠의 청결한 마음가짐은 엄마의 10개월에 못지않게 중요하다고 말한다.
〈태교신기〉에 보면 '스승의 10년 가르침이 임신한 어머니가 열 달 기른 것만 못 하고, 어머니의 열 달 기름이 아버지가 하루 낳는 것만 못 하다'라는 구절이 있다. 이는 아빠 태교에 대한 중요성을 강조한 것이다. 좋은 씨앗과 건강한 아이를 위해 아빠 역할의 중요성을 강조한 부분이다.
씨앗 태교는 임신 3개월 전부터 시작해야 하는데 이를 위해 아빠가 할 수 있는 것은 다음과 같다.

- 성욕 억제하기
- 담배와 술 자제하기
- 아기와 태담 나누기

금주와 금연, 금욕의 실천은 일상의 생활 습관을 완전히 바꿔야 하므로 쉬운 일이 아니다. 하지만 효과는 음식 태교를 능가한다. 씨앗 태교는 아빠로 하여금 생명을 존중하고 태아를 책임지는 마음을 갖게 한다.

아빠 태교가 왜 중요할까?

우리나라 전통 태교에서는 부성 태교, 즉 아빠의 태교를 강조했다. 태아는 자궁 안에서 엄마의 목소리를 가장 많이 듣지만 외부에서 들려오는 소리 중에는 남성의 목소리를 더 잘 듣는다. 아버지의 따뜻한 목소리는 자궁 내부에서 들리는 어머니의 목소리와 같이 태아에게 각인된다. 그런 점에서 부성 태교는 모성 태교만큼이나 중요한 것이다.

선조들은 부부가 날마다 공경으로 서로 대하고 예의를 잃거나 흐트러짐이 없어야 하며, 헛된 욕망이나 간악한 기운이 몸에 붙지 않게 하는 것이 자식을 갖는 부친의 도리라고 했다. 완전한 인간으로 기르기 위해서는 아이를 가질 때부터 정갈하고 아비 된 도리를 생각하라는 것이 옛 조상들의 가르침인 것이다.

그밖에도 아기의 마음은 부친의 태교에서, 생김새는 모친의 태교에서 비롯한다고 적었다. 부분적으로 전통 태교를 기술한 〈동의보감〉, 〈증보산림경제〉, 〈의심방〉 등에서도 부성 태교는 어김없이 강조되고 있다.

〈태교신기〉란?

〈태교신기〉는 조선 후기에 태어난 사주당 이씨의 작품으로 동서를 막론하고 태교에 관하여 집대성한 가장 오래된 고전이다. 사주당은 당시에 학식이 뛰어나고 훌륭하여 많은 사람에게 존경을 받았던 인물로, 자신의 태교 경험과 풍부한 학식을 바탕으로 이 책을 서술하였다.

이 책은 1966년 한글로 해석되어 일반인들이 볼 수 있게 되었지만, 일본에서는 이미 1932년에 일본어로 번역되어 많은 임신부에게 도움을 주고 있다. 〈태교신기〉에는 임신부의 마음가짐, 태교의 구체적인 방법, 임신부의 생활 태도 등에 관한 내용이 자세히 나와 있다. 조금은 설득력이 부족한 면도 있지만 대부분이 과학적인 지혜로 이루어져 있다.

한 예로, 임신부는 잘 때 엎드리지 말고 송장처럼 눕지 말며 임신 후반기에는 옷을 쌓아 옆을 괴고 절반은 왼쪽으로, 절반은 오른쪽으로 누워야 한다고 기록되어 있다. 이는 똑바로 누우면 커진 자궁이 대동맥을 눌러 자궁으로의 혈류에 지장을 초래하여 태아에게 영양 및 산소 공급이 원활히 이루어지지 않는다. 〈태교신기〉는 우리 조상들의 지혜를 엿볼 수 있으며 임신부라면 한 번쯤 읽어볼 가치가 있다.

임신 후 태교법

아기의 교육은 태중에 있을 때부터 시작한다. 임신 중 제때에 알맞은 태교를 하지 않으면 그만큼 아기의 재능을 조기에 계발할 기회는 점점 줄어드는 것이다. 배 속에서부터 부모의 사랑이 듬뿍 담긴 태교를 받고 태어난 아기는 이후에 계속해서 재능을 키워 가기가 수월해진다.

엄마를 위한 맘스 태교

엄마는 임신 후 아기에게 가장 큰 영향을 끼치는 존재이다. 따라서 엄마의 마음, 생각, 생활 습관은 아이의 모든 것을 좌우한다고 할 수 있다. 즐겁고 기쁜 마음을 유지하면서 세상에 나올 우리 아기를 기다린다.

밝은 생각을 하자

태교 중에는 해야 할 것과 하지 말아야 할 것들이 늘어나므로 임신부는 자칫 몸과 마음이 지칠 수 있다. 이럴 때마다 태어날 예쁜 아기를 생각하면서 밝은 생각을 유지하는 연습을 한다.

임신부라면 누구나 좋은 것만 보고 좋은 것만 생각하고 좋은 행동만 하려고 노력한다. 바로 이런 생각과 행동이 아기의 기운을 맑게 하고 머리를 총명하게 하는 밑거름이 된다.

임신 중의 자연스러운 신체 변화도 밝은 마음으로 받아들인다. 자신의 임신 전 몸매와 비교하며 우울해하지 말자. 배 속에 아기를 위한 공간이 마련되었는데 몸매가 변하는 것은 당연한 일이다.

아기가 세상으로 나오면 다시 예전 몸매로 돌아가는 것이 순서이다. 또 다른 사람과 자신을 비교하지도 않는다. 산모의 우울한 기분은 태아에게 전해진다는 연구 결과가 있으니 항상 긍정적인 마음가짐을 갖는다.

규칙적인 생활 습관은 태교의 기본

태아는 모체를 통해 명암을 느끼고 밤과 낮을 구별한다. 따라서 임신부가 규칙적인 생활을 하지 않으면 태아 역시 생활 리듬을 잃는다. 태아가 태교를 즐길 수 있는 안정적인 환경을 만들어 주는 것이 중요하다.

건강한 식생활 유지

아기의 성장 단계에 따른 필요한 영양분을 충분히 섭취한다. 엄마가 섭취한 영양소는 그대로 아기의 성장에 필요한 영양분이 되므로 양질의 음식을 골고루 먹는다. 고기나 생선은 반드시 익혀 먹어서 혹시 모를 식중독, 감염 등을 예방한다.

흡연, 음주, 약물 복용 금지

음주나 흡연은 태아에게 나쁜 영향을 미치므로 금한다. 정상적인 임신 과정에도 항상 위험 요인이 있음을 염두에 두고 세심하게 주의한다. 특히 임신 초기에 약물을 복용하는 것은 위험하다. 불가피하게 복용해야 한다면 반드시 의사와 상담 후 결정한다.

전자파를 조심한다

전자파는 자연 유산과 기형아 발생률을 높인다. TV를 볼 때는 160cm 이상 떨어져서 시청하며, 휴대전화는 손에 직접 잡지 말고 주머니나 가방에 넣고 이어폰을 이용해서 통화하는 것이 좋다.

엄마의 TV 시청

태교에 신경 쓴다면서 임신 전처럼 TV를 장기간 시청해도 될까? 물론 아니다. 영화나 TV는 책이나 이야기 듣기보다 아기의 정서에 훨씬 큰 영향을 미친다. 영상과 소리가 직접적인 자극을 주기 때문이다. 그래서 공포 영화나 폭력적인 영화는 태교하는 동안 잠시 피하는 것이 좋다. 엄마의 두려움, 공포, 분노 등이 아기의 정서에 나쁜 영향을 미칠 수 있기 때문이다.

엄마가 평소에 좋아하는 스포츠 중계, 동물들을 소재로 한 프로그램이나 건전한 내용의 드라마는 좋다.

스트레스, 증오심에서 벗어나라

증오심은 가장 부정적인 기운이 강한 마음이다. 임신부가 증오심을 품으면 그 생각이 그대로 아이에게 전달되므로, 생각이 자연스럽게 흘러가도록 마음을 편안하게 하는 연습을 한다.

어떤 생각을 해도 나빠진 기분이 풀리지 않을 때는 명상 태교를 해 보자. 심호흡을 하고 사랑하는 사람을 생각하면서 하면 더욱 효과적이다.

마음의 안정을 되찾는 태교

얼굴 표정을 바꾸면 우리의 모습과 기분이 달라지는 것을 느낄 수 있다. 입꼬리를 위로 올리고 얼굴의 긴장을 풀고 미소를 지으면 기분이 좋아진다.

❶ 자세를 바르게 하고 손을 배에 얹은 뒤 눈을 감고 이 세상에서 가장 아름다운 미소를 지으며 심호흡한다.

❷ 내 속에 있는 모든 기분 나쁜 것, 모든 찌꺼기를 다 내보낸다고 생각한다.

❸ 숨을 들이쉴 때는 우주 속의 좋은 생명력을 내 몸속 구석구석까지, 아기에게 제일 많이 보낸다고 생각하며 숨을 들이쉰다.

❹ 심호흡을 함으로써 내 몸속이 깨끗해지고 몸이 시원하고 편안해진다.

숲 속 명상 태교

임신부는 체내 호르몬에 변화가 생겨 우울증에 쉽게 걸리기도 하고, 출산에 대한 두려움으로 마음이 불안해지기도 한다. 생활 속에서 여러 가지 스트레스를 받을 때 명상으로 마음을 안정시키고 정신을 맑게 하여 마음을 부드럽게 가꾸어 나간다. 명상 시 호흡법은 천천히 들이쉬고 천천히 내쉰다.

〈준비물〉

알파파 음악 테이프, 카펫이나 매트 또는 편안한 의자

❶ 안경, 목걸이, 시계 등을 몸에서 풀어놓는다.

❷ 알파파 음악을 켠다.

❸ '지금부터 순수하고 긍정적인 마음으로 명상을 하면 몸과 마음이 편안해진다.'라고 생각한다.

❹ 몸 전체에 힘을 빼고 척추와 가슴을 편안하게 하고 앉는다.

❺ 얼굴을 조금 위로 들고 긴장을 풀고 눈을 감는다.

❻ 천천히 심호흡을 하면서 "나는 편안하다", "기분이 좋다", "행복하다"등의 말을 3회 정도 소리 내어 반복하고 편안하고 행복한 기분을 느껴 본다.

❼ 이제 머릿속에서 자연의 풍경을 그려 본다.

태아를 위한 교감 태교

태아를 소중한 인격을 지닌 귀중한 생명으로 존중하고 사랑한다. 아빠와 늘 함께하는 태교를 통해 태아와 교감하면서 마음과 영혼이 건강한 아기의 탄생을 준비한다. 아빠와 함께 하루에 10분 이상 다양한 강좌나 책을 통해 학습하면서 임신과 출산을 계획한다.

수다쟁이 엄마 아빠 되기

청각은 오감 중 가장 빠른 발달을 보이는 감각으로, 임신 5개월 이후부터 태아는 외부의 소리를 들을 수 있다. 클래식 음악을 들려주는 것도 좋지만, 사고와 감정의 결과가 드러나는 언어야말로 아기와의 교감을 쌓는 가장 좋은 방법이 될 수 있다.

특히 태아는 부모의 목소리를 더 잘 알아듣기 때문에 태아의 애칭을 미리 정해 놓고, 이름을 부르며 정다운 대화를 나누는 것도 좋은 방법이다.

배를 자주 쓰다듬고 산책은 자주한다

엄마가 배를 부드럽게 쓰다듬으면 태아의 뇌와 정서 발달에 좋은 영향을 준다. 엄마의 감정이 뇌로 전달되어 만족 호르몬이 분비되어 사랑하는 마음으로 쓰다듬고 있다는 것을 태아도 느낄 수 있다. 이 호르몬은 아이에게 정서적 안정과 만족감을 준다.

또한 가벼운 운동이나 산책을 하면 양수가 적당히 출렁거려 태아가 좋아하는 배 속 환경이 만들어진다.

밝고 예쁜 것을 본다

좋은 그림을 보거나 풍경을 접하면 태아의 시각을 자극해 뇌 발달에 효과적인 것은 물론, 감수성을 기르고 감각 기관의 발달을 촉진할 수 있다.

조선 후기 실학자 유희 선생의 어머니인 사주당 이씨는 〈태교신기〉에서 '임신한 사람이 귀인이나 호인을 즐겨 만나고 공작새와 같은 화려하고 아름다운 물건을 자주 보면 귀하고 반듯한 아이가 태어난다'고 했다.

맑은 공기를 마신다

태아가 있는 엄마의 자궁은 산소가 충분하지 않으므로 복식 호흡을 하는 것이 좋다. 사람이 많이 모이는 실내에는 되도록 오래 머물지 않도록 하며 가까운 공원에 나가 산책하는 것도 좋다.

태교에 맞는 그림책 고르기

- ♥ 엄마의 취향에 맞는 그림책을 고른다.
- ♥ 아이에게 물려주고 싶은 것을 고른다. 어른을 대상으로 한 태교용 그림책은 임신 기간밖에 활용할 수 없으므로, 나중에 아이가 태어나서도 읽을 수 있는 유아용 그림책을 골라 태교에 활용한다.
- ♥ 다양한 표현 기법의 그림책을 골고루 본다. 아이들의 발달 단계에 따라 색채 대비가 선명한 그림, 파스텔 톤의 온화한 그림, 콜라주 기법을 사용한 대담한 구성 등 다양한 스타일로 표현된 그림책을 읽어 줘야 미적 감각도 발달하고 정서도 풍부해진다는 것이 전문가들의 의견이다.
- ♥ 영아용부터 4세용 그림책까지 골고루 본다.
- ♥ 이야기 그림책은 단편적인 내용이 낭독하기 좋다.
- ♥ 대화체가 많은 그림책은 재미있게 읽을 수 있다.

태교의 종류

태교는 배 속 아기의 뇌 세포망을 촘촘하게 만들어 주기 때문에 다양한 자극을 경험하게 하는 것이 효과적이다. 음악 태교, 미술 태교, 영어 태교, 태담 태교 등 다양한 태교법 중 하나만 골라서 하겠다는 생각보다는 할 수 있는 모든 태교법을 조금씩 실천해 보는 것이 좋다.

아기를 위한 최고의 선물 태교 일기

임신을 하면 감정의 기복이 심해진다. 기분이 좋다가 갑자기 슬퍼지고, 또 아기에게 바라는 마음 역시 계속 변한다. 임신 기간 동안 일어나는 몸의 변화, 그날의 느낌, 아기에게 하고 싶은 말을 일기로 기록해 둔다. 일기를 통해 아기와 교감할 수 있으며 출산 후 아이가 컸을 때 소중한 선물이 될 수 있다.

어떤 사람은 "글재주도 없고 매일 써야 한다고 생각하니 머리부터 아파요."라고 말하기도 하지만 태교 일기는 자랑하려고 쓰는 것이 아니다.

임신한 기분은 어땠는지, 태아는 어떻게 자라고 있는지 자신의 느낌을 자연스럽게 기록한다. 매일 써야 한다고 부담을 가질 필요도 없다. 쓰고 싶을 때만 쓰면서 시작해 본다. 마음이 편안하고 아기에 대한 사랑이 충만하다면 글의 분량이 저절로 늘어날 것이다.

아기가 자란 뒤에 태교 일기를 보여주면 아이에게는 매우 소중한 선물이 된다. 아이들은 자기 어릴 적 사진만 봐도 신기해하며 끊임없이 질문을 해대는데,

엄마 배 속에 있을 때의 기록이라면 더욱더 신기해 한다. 또 엄마의 일기를 보면서 엄마 아빠가 자신을 위해 얼마나 애썼는지 깨달을 수 있다.

어떻게 쓸까?

먼저 날짜와 날씨를 쓰고 오늘 한 일을 적는다. 엄마가 평소에 어떤 일을 하는지 알려 준다고 생각하면 된다. 음악을 들려주었다면 왜 이 음악을 선택했는지 쓰자.

아빠가 태아에게 태담을 했다면 그 내용을 적어 둔다. 가족 이야기나 가족 모두의 고민거리 같은 것을 적어도 좋다. 태아와 대화하면서 써 보고, 다 쓴 뒤에는 아기에게 읽어 준다. 자주 하면 아이를 위해 무엇을 해 주었는지 체크하고, 빠뜨리거나 소홀히 한 점은 없는지 반성하는 시간이 되기도 한다.

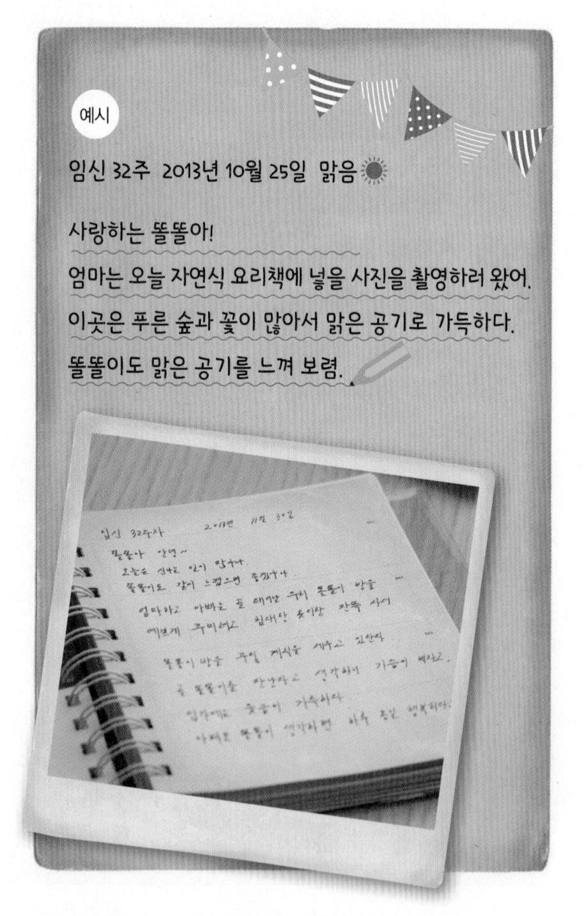

아빠 대화법

엄마뿐만 아니라 아빠도 태아와 자주 대화를 해야 한다. 태아가 아빠의 이야기를 듣게 하고, 남편에게는 배를 만지며 아기의 반응을 살피게 해보는 것도 좋은 태교의 하나이다. "당신은 어떤 아빠가 되고 싶어요?", "나는 이런 엄마가 되고 싶어요." 등 서로 묻고 답하면서 자녀에 대한 생각들을 나눠 본다.

평소 즐겨 듣는 음악으로 시작하는 음악 태교

태교를 위해서 평소에 음악을 즐겨 들음으로써 음악에 대한 감각을 키우는 것이 중요하다. 임신 전에 음악에 대해 전혀 관심이 없던 사람이 태교를 위해 억지로 음악을 듣는 것은 별로 도움이 되지 않는다. 클래식이 태교에 좋다고 하지만 엄마가 좋아하지도 않는 클래식을 아기에게 들려주면, 태아의 반응이 나타나지 않는다. 또한 음악을 선택하는 것 못지않게 감상법도 중요하다. 다양한 종류의 음악과 다양한 음색의 악기로 연주한 좋은 곡을 편안한 마음으로 듣는 것이 좋다. 소리가 너무 크지 않게 잔잔하게 듣는다.

태내에서 들었던 음악은 아기도 기억한다. 나중에 태어난 아기에게 태교할 때 들었던 음악과 듣지 않았던 음악을 각각 들려주면, 아기의 반응이 눈에 띄게 다르다는 걸 알 수 있다. 태내에서 많이 들었던 음악을 들으면 아기는 편안해하고 잠을 잘 잔다.

왜 음악 태교가 좋은가?

태아는 다른 감각보다 청각이 더 빨리 발달한다. 그리고 촉각 또한 간접적으로 느낄 수 있다. 엄마의 음성이나 말할 때의 어감, 정서가 태아에게 전달된다고 생각하며 배를 어루만지면서 태아와 대화를 해 보자. 태아와 단둘이 있는 공간이 아닌 여러 사람이 함께 있는 곳에서는 마음속으로 태아와 대화를 나누는 것 또한 좋은 태교가 될 수 있다.

클래식이 정말 태교에 좋을까?

클래식이 태교 음악의 백미로 꼽히는 이유는 완벽한 화성과 부드러운 선율로 수백 년이라는 시간의 흐름을 뛰어넘은 아름다운 음악이기 때문이다. 또한 자연계에 존재한다는 독특한 파장인 F분의 1을 담고 있다.

F분의 1 파장은 시냇물 소리, 조용한 파도 소리, 바람 소리, 새 지저귀는 소리 등에 있는 파장으로 일정한 듯하면서도 일정하지 않은 묘한 주파수가 있다. 듣고 있으면 마음이 편안해지며 안도감을 느끼는 것도 모두 이러한 이유 때문이다.

한 연구 결과에 따르면 F분의 1 파장은 뇌가 가장 편안하고 안정된 상태일 때 나오는 뇌파의 알파파 리듬과 파장과 모양이 같은 것으로 나타났다. 뇌에서 알파파가 많이 발생하면 두뇌에는 엔도르핀이 활발히 공급되어 행복감을 느끼고 심리적으로도 안정감을 느끼게 되는 것이다.

재미있게 시작하는 클래식 음악 태교

TV 속 광고에서 들었던 곡, 학창 시절 음악 시간에 들었던 곡, 어떤 곡이든 상관없다. 귀에 익은 음악을 골라서 하루 30분이라도 집중해서 들어 보자.

클래식을 LP 등 아날로그 방식으로 듣거나 너무 길지 않은 적절한 길이의 곡을 골라 일과에 따라 음악을 바꾸어 들어도 좋다. 자연 속에서 감상하는 것도 좋은 방법이다.

출퇴근 시간을 이용한 음악 태교

임신 3개월 이후부터는 태아의 청력이 발달하기 시작하므로 음악 태교를 본격적으로 시작할 수 있다. 그러나 일하는 임신부는 바쁜 일정을 쪼개 따로

클래식 음악 추천

- **바하** : G선상의 아리아, 브란덴부르크 협주곡 제5번
- **비발디** : 사계, 두 개의 만돌린과 현악 합주를 위한 협주곡
- **모차르트** : 자장가, 교향곡 25번·40번·41번, 바이올린 협주곡 5번
- **베토벤** : 로망스, 피아노 소나타 17번·21번, 피아노 협주곡 5번
- **요한 슈트라우스** : 비인 숲 속의 이야기, 아름답고 푸른 도나우
- **차이콥스키** : 호두까기 인형, 백조의 호수, 안단테 칸타빌레
- **슈베르트** : 세레나데, 아베마리아, 자장가
- **리스트** : 사랑의 꿈
- **드보르자크** : 유모레스크

음악을 듣는 시간을 내기 쉽지 않다. 이럴 때 출퇴근 시간을 이용해 차 안에서 틈틈이 음악을 듣는다. 태아가 직접 음악을 이해하고 듣는 것은 아니지만, 음악은 엄마의 마음을 안정시키고 그 영향이 태아에게 그대로 전해진다. 아침 출근길에 기분을 상쾌하게 하는 부드러운 클래식을 듣는 것도 좋다.
바하의 〈G선상의 아리아〉, 베토벤의 교향곡 〈제6번 전원 1악장〉, 차이콥스키의 〈잠자는 숲속의 미녀〉 중 〈폴라카〉 등은 가장 인기 좋은 태교 음악이다.

건강한 아기를 위한 음식 태교

음식 태교란 아기를 위해 영양가 높은 건강한 식품을 골라 먹는 것은 물론, 그것을 먹고 소화시키는 산모의 올바른 식습관까지를 말한다. 외식 문화, 패스트푸드, 인스턴트식품이 늘어나면서 음식 태교가 어려워지고 있다.
과장되게 표현하면 인스턴트식품을 좋아하는 남녀가 결혼하면 100% 아토피 피부의 아기가 태어난다고도 한다. 그만큼 먹을거리 선택에 주의를 기울여야 한다는 뜻이다. 자신의 건강뿐 아니라 아기의 건강까지 생각한다면 먹을거리만큼은 편리성을 추구하는 대신 시간과 노력을 요하는 전통적인 슬로 푸드(Slow food)로 바꿔야 한다.

먹거리의 공포

방사능 오염 수산물, 유전자 조작 식품, 화학적 가공 식품 등 먹거리의 공포에서 벗어나고 싶다면 다섯 가지만 유의하자.

❶ 인스턴트식품을 멀리한다.

❷ 제철에 나는 친환경 농산물을 선택한다.

❸ 5백 식품(흰 설탕, 수입 밀가루, 백미, 소금, 화학 조미료) 섭취를 줄인다.

❹ 무지개 색 컬러 푸드의 채소와 과일을 즐겨 먹는다.

❺ 안전한 그릇에 담는다. 다이옥신과 같은 환경 호르몬에 노출되지 않도록 가급적 플라스틱 용기 등을 사용하지 않는다.

음식 태교 효과 100% 높이기

태교를 생각한다면 진수성찬을 먹더라도 올바른 태도를 가져야 한다. 음식의 영양가는 물론 그것을 먹고 소화시키는 좋은 식습관을 유지해야 태교 효과가 100% 나타난다.

입맛이 없을 때는 식사 장소와 분위기를 바꾼다

전업주부인 임신부는 평일에 식사를 거의 혼자 하는 경우가 많다. 혼자 식사를 하면 쓸쓸하기도 하고 입맛이 없기도 하다. 하지만 임신부는 혼자가 아니라 아기와 함께 먹는다는 사실을 잊지 않는다.
정 입맛이 없으면 베란다에 탁자를 내다 놓고 음식을 차리거나 식탁보를 바꾸는 등 장소와 분위기를 바꿔 본다.

너무 급히 먹는 것은 금물

아무리 급한 일이 있어도 식사 시간은 1시간으로 정해 놓고 천천히 먹는다. 복잡하고 붐비는 곳은 되도록 피한다. 그런 곳에서는 빨리 먹어야 하기 때문에 마음이 불안하고 바빠진다.

식사를 거르지 않는다

임신 중에 불규칙하게 식사하면 영양의 불균형을 초래하기 쉽다. 또한 엄마가 공복감을 느끼면 정서적으로 불안해지거나 초조해져서 아기에게 나쁜 영향을 줄 수도 있다.

정해진 식사 시간에 먹도록 노력하고, 간식도 하루에 정해진 양을 꾸준히 먹는 것이 좋다. 외출할 때는 곡물과 견과류를 섞어 만든 가루나 과일 등 휴대할 수 있는 간식을 가지고 다니면서 우유 등과 함께 먹는다.

아기와 함께 태동 놀이, 청각

소리를 내어 동화책을 읽으면서 아기에게 다정하게 말을 건다. 노래나 몸짓을 이용해 엄마 몸이 느끼는 리듬을 아기에게 전달하는 방법도 있다.

동화책 읽어 주기

태교 동화책을 소리 내어 읽어 주자. 먼저 동화책을 읽기 전에 배를 톡톡 치면서 "아기야, 엄마가 이제 재미있는 이야기를 들려줄게." 하고 말을 건다. 다 읽어 준 후에도 배를 가볍게 치면서 "잘 들었지?" 하고 말한다.

노래하며 어루만지기

태담을 나누듯 노래를 들려주며 배를 어루만진다. 남성의 저음은 양수를 통과해 태아에게 더 잘 전달되므로 아빠가 노래하면 좋다. 특히 오후 8~12시에는 태아의 움직임이 가장 활발한 때이므로 아빠가 퇴근 후 엄마와 함께하면 태아의 움직임을 유도할 수 있다.

손가락 리듬 타기

좋아하는 음악을 틀고 리듬에 맞춰 배 위에서 검지와 중지를 움직인다. 빠른 음악이 나올 때는 "뛰어가요!"라고 말하면서 손가락을 빠르게 움직이고, 느린 음악이 나오면 "걸어가요!" 하면서 천천히 움직인다. 음악에 맞춰서 "뱅글뱅글 돌아요!" 하며 배 위에 검지로 달팽이집 모양을 그리거나 "성큼성큼!" 하면서 손가락 폭을 넓게 움직이면 활발한 태동 놀이가 된다.

아기와 함께 태동 놀이, 촉감

엄마가 이런저런 물건을 만질 때의 촉감이 아기에게 전달이 될까? 답은 '그렇다'이다. 엄마의 뇌에서 촉감을 인지한다는 것은 그대로 아기에게 전달이 된다는 뜻이다. 아기는 엄마의 모든 것을 그대로 받아들이기 때문이다.

까끌까끌 보들보들 만져 보기

수건, 수세미, 나무 등 촉감이 다른 물건을 손으로 만지면서 태아에게 느낌을 말해 준다. "까끌까끌하네.", "이건 울퉁불퉁하구나." 말하면서 부드럽게 매만지면 태아에게도 그 감촉이 전달된다.

통통통 두드리기

태아가 배를 차면 "통"하고 말하면서 찬 곳을 살짝 두드린다. 몇 번 반복한 후에는 태아가 찬 곳과 반대쪽 배를 "통"하면서 두드린다. 태아가 그곳을 발로 차면 성공! 잘 되면 배의 위, 아래 등 여러 곳으로 이동하며 놀이를 한다.

찰박찰박 물놀이하기

대야에 물을 받아 놓고 손바닥으로 물을 치면서 감촉을 느끼도록 한다. 엄마가 손바닥으로 느끼는 감촉이 태아에게도 전해진다. 또, 따뜻한 물과 차가운 물을 각각 떠 놓고 따뜻한 물에 손을 담그며 "따뜻해요.", 차가운 물에 손을 담그며 "차가워요." 하고 말한다.

엄마 목소리가 똑똑한 아기를 만든다

임신 중 엄마의 목소리는 자궁 내에서 측정되는 다양한 음향 중에서 가장 우세한 소리이며, 이러한 엄마의 목소리가 태아의 뇌를 꾸준히 자극하여 뇌를 발달시킨다. 엄마의 목소리는 태아의 청력계 발달에도 영향을 주며 사회성 및 정서적인 발달에도 영향을 미친다. 태아란 결국 엄마에게서 배우게 되는데, 듣는 것뿐만 아니라 다른 자극들도 모두 중요하므로 태아가 보다 다양한 경험을 하도록 환경을 조성해 주는 것이 중요하다.

항상 조용하면서도 아름다운 말을 들으며 자라난 태아의 뇌는 그렇지 않은 태아에 비하여 눈에 띄는 발육을 보인다는 사실을 꼭 기억하도록 한다.

허리 돌리기

엄마가 많이 움직이면 양수가 움직이면서 피부를 부드럽게 자극한다. 케겔 운동을 해도 자궁 근육이 긴장되어 태동을 유도할 수 있다.

아기와 함께 태동 놀이, 시각

아기는 엄마 배 속에 있지만, 빛의 밝기는 감각적으로 느끼고 있다. 엄마 배에 햇볕을 쬐면 아기에게까지 밝은 빛이 전달된다.

무슨 모양일까?

두꺼운 색도화지를 네모, 세모, 동그라미, 하트 등 여러 가지 모양으로 자른다. 손가락으로 배를 톡 친 후 색도화지를 들고 비슷한 모양의 주변 사물을 얘기해준다. "동그라미네. 접시도, 컵도 모두 동그란 모양이란다."

일광욕 하기

햇빛이 따뜻하게 비치는 오후 시간에 베란다나 창가로 가서 배를 드러낸다. 얇은 옷을 입거나 가능하면 옷을 걷어 올려 태아에게 햇빛이 더 잘 전달되게 한다. 이때 햇빛은 엄마의 근육과 혈관을 통과하여태아가 분홍색 빛으로 느끼게 된다.

이불 까꿍 놀이

편안한 자세로 앉아 이불로 배를 덮었다가 걷어 내면서 "까꿍!"하고 말한다. 이불을 덮거나 걷을 때 손가락으로 배를 톡톡 치면 "우와~ 환하다!", "깜깜하네" 하고 말한다. 이불을 걷을 때는 태아가 눈이 부셔 스트레스를 받을 수 있으니 천천히 한다.

동요 부르기

한 연구에 따르면 임신 4개월 반 정도부터 태아의 감각 기간이 작용하며 소리를 들을 수 있다고 한다. 엄마의 목소리로 직접 불러 주는 동요는 태아에게 가장 아름다운 음악이며, 언어 흡수와 어휘 능력을 기르는 데 가장 이상적인 방법이라고 할 수 있다. 노래로 가사를 기억하게 하는 것이 언어 학습을 즐겁게 할 수 있는 효과적인 방법이다.

엄마가 직접 부르면 엄마의 마음도 즐겁고 편안해지며 그 마음이 아기에게도 전해져 정서적인 안정감, 친밀감, 집중력, 애정을 기를 수 있다.

미술 태교

엄마의 상상과 희망을 그림으로 그리거나 감상하면서 배 속 아기와 교감하는 것을 말한다. 미술로 얻어진 엄마의 심리적 안정을 아기에게 그대로 전달하는 것이다.
태아는 임신 6~7개월이 지나면 시각, 미각, 촉각, 청각, 후각 등의 오감을 엄마의 자궁 속에서 느낄 수 있다. 미술 태교는 태아의 오감 가운데 시각은 물론 정서적으로도 풍성한 자극을 주는 것으로, 비교적 부담 없이 시작할 수 있다.
아름다운 그림을 편안하게 감상하는 것만으로도 충분하며, 태아뿐 아니라 임신부에게도 마음의 안정을 줄 수 있어 임신 기간을 순조롭게 보낼 수 있도록 돕는다.
예쁘고 아름다운 그림을 감상하면서 아름다운 아기의 얼굴을 상상해 보는 것도 좋다.

향기 태교

향기를 맡으며 하는 태교이다. 임신부가 향기를 맡으면 향기 분자가 코 점막과 접촉하여 몸속으로 흡수돼 태아에게 직접 그 향기를 전달한다는 원리를 이용한 태교법이다. 따라서 향기 태교는 다른 태교와 달리 태아에게 직접 외부의 자극을 물리적으로 전달한다는 점에서 큰 차이가 있다.
향기 전문가들이 말하는 향기 태교는 단순히 생활

속에서 맡는 향기를 말하는 것이 아니라 천연 향을 농축시켜 에센스만을 뽑아낸 아로마 에센스 오일을 사용해 흡입하는 것을 뜻한다. 하지만 아로마 오일은 꽤 강한 물리적 작용을 해 임신부와 태아에게 미치는 영향이 크기 때문에 반드시 전문가와 상담을 한 뒤에 사용한다.

아빠와 태담 나누기

태담은 부모와 태아가 유대감을 나누고 교감할 수 있는 중요한 태교 방법으로, 아기가 건강하고 똑똑하게 태어나기를 바란다면 부부 모두가 태담 및 태교에 각별히 신경을 써야 한다. 특히 상대적으로 태아와의 교감 기회가 적은 아빠들은 자신을 알려줄 방법이 '목소리'뿐이므로 수시로 엄마와 함께 태담을 하는 것이 좋다.

연구에 따르면 부모 모두로부터 태담 태교를 받은 아기는 사회성이 좋으며, 아빠와 태내에서부터 교감을 나눈 아기들은 성장과 발달이 빠른 것으로 나타났다. 건강하고 똑똑한 아기를 원한다면 아빠는 적극적으로 태교를 해야 한다.

아기는 소리를 골라 듣는다

미국 컬럼비아 대학의 연구에 의하면 신생아는 최소 생후 2일 이내에 엄마의 목소리를 확실히 구별할 수 있었다. 또한 태아는 여자보다 남자의 목소리를 더욱 잘 듣는다. 미국 플로리다 의과대학 교수가 임신부를 대상으로 신생아가 남녀의 목소리에 어떻게 반응하는지에 관한 연구를 수행했다.

이 연구에 따르면 태아는 엄마의 목소리를 가장 크게 듣고 있으며 자궁 밖에서는 여자보다는 남자의 목소리를 더 크게 듣고 있는 것으로 나타났다. 따라서 태교를 위해서는 엄마의 역할 뿐만 아니라 아빠의 역할도 매우 중요하다. 아빠는 엄마와 함께 바르고 건강한 아기의 모습을 상상하며 수시로 대화를 나누도록 노력해야 한다.

- ♥ 좋아하는 음악도 선별해서 듣기
- ♥ 절대로 남편과 큰 소리로 다투지 않기
- ♥ 음악은 편한 마음으로 듣기
- ♥ 볼륨은 낮추기
- ♥ 다른 사람과 대화할 때 목소리를 가다듬고 차근차근 얘기하기

테마 태교

엄마는 아이가 태어나기 전에 '우리 아이가 이렇게 컸으면' 하고 마음속으로 바라는 아이의 모습이 있다. 많은 지식을 갖춰 똑똑하거나, 공부는 좀 못해도 인간성이나 감수성이 풍부한 아이가 되기를 바라거나……. 학습 태교, 심성 태교, 소리 태교, 음식 태교 등은 이런 엄마의 바람을 담은 태교법이다.

학습 태교

태아는 임신 4개월이 지나면 청각이 발달해서 바깥 소리를 듣는다. 또한 비슷한 시기부터 태아의 뇌에서 기억 장치가 만들어지기 시작한다. 이 시기부터 바깥의 자극이 더욱 직접적으로 청각에 전달되고 뇌에서 기억되는 것이다. 그러므로 4개월이 지나면 본격적인 학습 태교를 시작하는 것이 좋다.

아기에게 공부를 시킨다고 생각하자

임신 4~5개월은 엄마와 태아가 모두 임신 후 환경 변화에 비로소 제대로 적응해 나가기 시작할 무렵이다. 태아는 엄마의 몸에서 자라나면서 자기가 있는 자궁이라는 곳이 편안하고 안전한 곳임을 서서히 깨닫는다.

학습 태교는 이 시기부터 시작하는 것이 가장 적당하다. 초기처럼 느낌과 기분만으로 태교를 하기보다는 태아에게 직접 공부를 시킨다는 생각으로 시작한다.

그림책 읽어 주기

그림이 예쁜 그림책을 읽어 줄 때는 그림의 모양, 색상, 느낌 등을 구체적으로 설명하면서 읽는다. "하얀 털을 가진 토끼가 초록색 풀밭을 뛰어가고 있어. 하얀 토끼의 눈은 빨간색이야."라는 식으로 눈에 보일 만큼 구체적으로 태아에게 설명한다.

영어 학습 태교

영어로 학습 태교를 한다면 아기가 영어를 친숙하게 접하도록 미리 알려준다는 의미도 있지만, 엄마 스스로가 영어 실력을 쌓는다는 목표를 잡는 것도 좋다. 영어 교재를 고를 때는 되도록 쉽고 재미있는 것으로 선택한다.

공부할 때는 테이프를 들으면서 책을 보고 읽는다. 아기에게 영어로 읽어 주기도 하고 그림이 나오면 그림책을 보여주듯 구체적으로 설명하며 읽는다.

세계의 국기 외우기

국기를 외우면서 태교를 하는 임신부도 있다. 각 나라의 국기를 소개한 책을 읽으면서 국기마다 얽힌 사연, 상징, 모양 등을 기억한다. 비슷하면서도 다른 색깔의 배열이나 게양법에서도 차이를 발견할 수 있다.

나라 이름과 국기를 연결해 보며 게임을 하기도 하고, 화려한 국기를 따라 그려 보며 색감을 느끼기도 한다. 국기 외우기 태교는 기억력, 관찰력, 색채 학습을 동시에 하는 훌륭한 태교법이다.

한자 학습 태교

한자는 학습 태교로 드물지만, 알고 보면 두뇌 개발 효과가 큰 태교법이다. 얼핏 어렵고 지루해 보이지만, 교재를 잘 고르고 공부하는 방법을 익힌다면 쉽고 재미있게 할 수 있다.

한문 교재로는 중학교 1학년 교과서가 좋다. 한문을 왜 배우는지, 자전 활용, 쓰는 순서, 부수, 획수 계산법, 한자는 어떤 글인지 등 한문과 한자에 대한 기초 지식이 잘 설명되어 있다. 옥편도 구비하면 좋다. 옥편은 글자의 원리와 근원을 설명하고 그림으로 설명하는 것이 좋다.

천자문을 조금씩 써 보거나 신문 사설에 나오는 단어들을 한자로 쓰고 뜻을 헤아려 보는 것도 좋은 공부법이다.

심성 태교

이미 IQ 만능 시대는 지나갔다. 또한 IQ가 좋다고 해서 반드시 공부를 잘하는 것도 아니다. 머리는 좋지만 정서가 메말랐다면 사회적인 성공을 기대하기도 어려운 시대, 그래서 각광을 받는 것이 바로 EQ, 감성 지수이다.

인간성 좋고 감성 풍부한 아이로 키우려면 심성 태교를 해보자. 앞을 내다보는 엄마라면 똑똑한 아이를 만들겠다는 의욕과 함께 다른 사람들과 원만하게 지낼 수 있는 지혜로운 인간성과 풍부한 감성을 가진 아이를 키우겠다는 의욕을 가질 수 있다.

엄마의 생활 태도가 심성 태교의 교재

심성이 바른 아이로 키우고 싶은 것은 모든 엄마의 희망이다. 하지만 심성 태교에 특별한 교재가 필요한 건 아니다. 임신 중 엄마의 생활 태도 자체가 태아에게 영향을 미친다.

도움이 필요한 사람을 보면 도와주고, 바른 마음을 가지려고 노력하면 분명히 태교에 영향을 미친다.

전통 태교에서 심성 태교법

전통 태교에서도 임신부의 마음가짐이 태아에게 미치는 영향이 중요하다고 한다.

"모성이 성내면 태아의 피가 병들고, 두려워하면 태아의 정신이 병들고, 근심하면 태아의 기운이 병들고, 놀라면 태아에게 바람병이 생기므로 모성의 도리는 공경으로써 마음을 차분히 하고 입으로 망령된 말이 없으면 얼굴에 어두운 그늘이 없을 것이니, 만약 잠깐이라도 공경하는 마음가짐을 잃게 되면 이미 피가 그릇되니 항상 마음가짐과 안정에 신경을 쓰라."(《가정교육》-태교편)

이렇게 아이에게 자세히 설명한다. 얼음의 차갑고 딱딱한 느낌, 솜이불의 폭신폭신하고 아늑한 느낌, 각종 냄새, 사물의 색깔과 모양 등을 설명하려면 태교하는 내내 쉴 틈이 없을 것이다.

좋은 것만 먹자

예로부터 임신부는 좋은 것, 예쁜 것만 골라 먹어야 한다는 말이 있다. 이를 대충 넘기지 말고 유념해 두고 따른다. 상에서 떨어뜨린 음식물이나 생선의 끝부분, 과일의 속이나 끝부분을 먹는 것도 되도록 삼가한다. 임신부는 가장 신선하고 영양이 풍부한 부분을 먹는 것이 안전하고 좋다.

아이의 눈으로 바라보기

엄마한테는 익숙한 것들이라도 태아는 처음 접해보는 것이라고 생각하면, 태교를 할 때 할 말이 더 많아진다. 아기가 태어나서 세상의 모든 사물을 좀 더 쉽게 인식하고 이해하기를 바란다면, 태아에게 사물에 대해 아주 자세하게 설명하는 것이 좋다. 태어난 뒤에 열 번 백 번 설명하고 이해시키는 것보다 훨씬 이해 속도가 빠르다.

예를 들어 엄마가 따뜻한 욕탕에서 기분 좋게 목욕하는 상황을 설명해 보자.

"엄마는 목욕을 하고 있어. 따뜻한 물로 목욕하니 몸이 노곤하다. 너도 엄마 배 속에서 이런 기분을 느끼는지 궁금하다. 물은 아주 투명해. 몸을 담그면 둥둥 뜨기도 하지. 너도 나중에 엄마랑 꼭 물놀이 하자."

예전에 닭고기, 오리 고기, 오징어 등은 임신부에게 금기되던 식품 중 하나였다. 닭고기를 먹으면 아기의 살결이 닭살이 된다, 오리 고기를 먹으면 손발에 갈퀴가 생긴다, 오징어를 먹으면 뼈가 물러진다는 등 이제는 미신으로 분류되는 이야기지만 이미지 태교를 생각하면 그럴 듯한 부분도 있다. 임신부가 음식물의 형상을 보고 자기도 모르게 모습을 연상할 수도 있기 때문이다.

외모에 신경 쓰기

임신을 하면 내적, 외적으로 많은 변화가 따른다. 임신 초기에는 잘 표시가 나지 않지만, 임신 중반기를 넘어서면 체형 자체가 바뀐다. 배가 불룩하게 나오기 시작하고, 등은 저절로 뒤로 젖혀지고, 걸음은

동화책으로 상상력 기르기

그림책이나 동화책은 심성 태교에 딱 맞는 아이템이다. 예쁜 그림이 그려진 책을 읽어 주면 감성 지수는 물론 상상력과 창의력도 발달할 수 있다. 책을 읽을 때는 감정을 자세히 전달하려고 노력한다. 내용이 주는 감동, 긴장, 평안을 목소리에 담아 본다. 읽는 사람도 지루하지 않고 기분이 좋아진다. 그림책이라면 동물, 집, 배경 등의 그림을 자세히 설명한다.

그림이 없는 동화책을 읽을 때는 상황을 스스로 상상해서 그림 그리듯이 묘사해 줄 수 있다. 한 발 더 나아간다면, 인상 깊은 장면을 그림으로 그려 본다. 나중에 책을 다시 읽을 때 그림도 함께 보면서 설명해 준다. 또한 각 장면을 그림으로 그려 놓으면, 아이가 태어나 책을 볼 수 있을 때 세상에서 가장 훌륭한 그림책으로 만들어 선물할 수도 있다.

팔자가 된다. 사람에 따라서는 얼굴에 통통하게 살이 오르기 시작하고 기미가 보이기도 한다.

임신 후반기로 넘어갈수록 체형은 더욱 변화가 심해진다. 등은 S자로 휘고, 살이 허리, 다리, 어깨 등에 몰려서 전체적으로 체형이 볼품 없어진다. 머릿결은 아기가 영양분을 다 빨아먹어 윤기를 잃고 푸석거린다.

간혹 이렇게 심각하게 변하는 체형으로 우울증에 빠지는 임신부도 있다. 날씬한 몸매를 자랑하던 임신 전을 그리워하며 자신의 매력을 잃어버렸다는 불안감에 빠지는 것이다. 실망감에 빠지다 보니 아예 자포자기해 외모에 전혀 신경 쓰지 않는 경우도 많다. 이미 몸은 흐트러질 대로 흐트러졌고, 눈길 주는 사람도 없으니 대충 꾸미고 다니면 된다고 생각한다. 그러나 임신부 스스로 임신이라는 변화를 기쁨으로 받아들이지 못하고, 외모의 변화 때문에 우울해하면 이는 곧 태아를 불안하게 만드는 결과로 이어진다.

바른 생활 임신부 되기

임신부는 몸이 힘들어지면 자칫 게을러질 수 있다. 하지만 임신 중의 게으름은 곧 건강의 적신호로 이어진다. 임신부는 평소보다 더 부지런해지려고

임신했다고 초라해질 필요 없다

배가 점점 불러서 임신복이 필요해지면 마음에 드는 임신복을 골라 구매한다. 기분이 조금씩 나아질 것이다. 또한 영양을 잃고 푸석거리는 머릿결을 위해 단백질, 칼슘 등의 영양 섭취에 신경 쓴다. 임신부에게 해롭지 않은 헤어 로션을 구입해서 헤어 마사지를 하는 것도 좋은 방법이다. 이렇게 꾸준히 관리하면 출산 후에도 금방 윤기 나는 머릿결을 되찾을 수 있다.

스스로 임신이라는 새로운 환경을 받아들이고 적응하려고 노력한다. 임신은 기쁜 일이라고 생각하면 체형의 변화에 따른 스트레스도 많이 줄어든다. 화장도 자주 하고, 거울도 자주 보면서 엄마로서의 아름다움을 잘 가꾸어 나간다. 임신 전보다 더 신경을 써야 출산 후 예전 몸매로 회복할 때 덜 고생한다.

노력하는 것이 좋다. 휴일에도 늘어지기보다는 평일과 똑같이 지내는 것이 올바른 생활 패턴 형성에 좋다. 일찍 일어나 식사를 준비하고 임신 체조를 하는 등 하루의 패턴을 정해 두고 생활한다.

또한 매일 가장 많은 시간을 보내는 집안이 지저분하고 정리되어 있지 않다면 집안에서 편안함을 찾을 수가 없다. 임신 전에 집안일을 미루는 습관이 있었다면 임신 중에 바꾸어 본다. 미뤄 뒀던 일을 한꺼번에 하면 그만큼 몸에 무리가 오기 때문에 미루는 습관은 미리미리 고치는 것이 건강에도 좋다.

이부자리는 늘 깨끗하게 정리하고, 옷은 자주 갈아입어야 하기 때문에 빨래도 미루지 않는다. 특히 몸에 직접 닿는 속옷은 자주 삶아 햇빛에 보송보송 말려서 입는다.

심성 태교를 위한 실내 인테리어

임신하면 좋고 아름다운 것만 보고, 듣고, 생각하는 것은 산모의 정서 안정을 통해, 태아의 정서 교육을 돌보기 위함이다. 직장을 그만 둘 계획이 있거나 전업 주부라면 대부분의 시간을 집에서 보내게 되므로 집안 환경에서 많은 영향을 받는다. 그러므로 태교를 위해 집안 환경에 신경을 쓰는 것은 무척 효과적인 태교법 중 하나이다.

안정감을 주는 녹색

녹색은 눈의 피로를 풀어줄 뿐 아니라 마음을 편안하게 하는 효과까지 있다. 원예 치료 이론에 따르면 녹색 식물을 많이 접하고 보는 것만으로도 심리적인 안정을 얻을 수 있으며, 녹색 식물이 뿜어내는 좋은 기운으로 머리가 맑아진다. 만약 식물을 실내에서 키우기 어려운 조건이라면 숲이나 자연이 나온 사진이나 그림을 붙여 놓는 것도 좋다.

화분, 꽃, 액자를 이용

거실, 식탁 등 집안 구석구석에 잎이 크고 넓은 화분, 작고 귀여운 식물들을 놓는다. 실내에 녹색 식물이 많아지면 공기도 맑아지고 냄새도 좋아지며 실내 분위기가 한결 부드러워진다. 물론 이렇게 집을 가꾸다 보면 마음도 평안해지는 것을 느낄 수 있을 것이다.

화분을 두기에 집이 너무 좁다면 액자를 활용한다. 편안한 느낌을 주는 파스텔 톤 그림을 걸어 놓거나 아기가 닮았으면 하는 예쁜 아기 사진을 걸어 놓아도 좋다.

편안하고 안전한 환경

식물이나 화분을 이용해 집안 분위기를 바꾼 다음, 편안하고 안전한 환경을 만든다. 자주 쓰는 물건이나 가구 때문에 몸을 많이 굽히지 않도록 위치를 바꾼다. 소파가 있다면 길게 붙여서 언제든 누워서 편히 쉴 수 있게 하는 것도 좋다.

빨래를 널 때 발뒤꿈치를 들지 않아도 걸 수 있도록 건조대 높이를 낮추는 것도 추천하는 방법이다. 자주 쓰는 그릇은 싱크대의 손이 잘 닿는 부분에 놓는다.

소리 태교

연구에 따르면 태아는 1개월 무렵부터 이미 복잡한 조건 반사 활동을 시작한다. 진동을 느끼면 발로 차는 반응을 보이는 것이 실험으로 밝혀지기도 했다. 3개월 무렵이면 태아는 자기의 머리와 팔, 몸을 움직일 뿐만 아니라 엄마의 배를 찌르거나 차는 등의 몸동작을 할 수 있다.

4개월이 되면 이맛살을 찌푸리거나 얼굴을 찡그릴 수도 있고, 미소를 짓기도 하고 입술을 만지면서 빨기도 한다. 임신 5, 6개월 무렵이면 태아는 생후 1세 된 아이와 비슷할 정도로 촉각이 발달해서 정기 검진을 할 때 태아의 머리를 건드리기라도 하면 재빨리 머리를 움직이기도 한다.

임신 6개월 째가 되면 태아는 청각이 발달해 엄마의 자궁 안에서도 여러 가지 소리를 듣는다. 엄마 아빠의 목소리, 음악 소리, 엄마의 심장 박동 소리, 엄마가 음식을 먹고 소화시키는 소리 등을 다 듣고 있다. 그 중 가장 많이 들어서 익숙해지는 소리는 엄마의 심장 박동 소리이다. 심장 박동 소리가 규칙적일 때 태아는 가장 안전하다고 느낀다.

만약 엄마가 화가 나거나 불안하고 초조하다면 심장 박동에 변화가 생기고, 그럴 땐 태아도 불안감을 느낀다.

한 연구에 따르면 심장 박동 소리를 녹음해 신생아실에 틀어 주었더니 그 소리를 들은 아기는 듣지 않았을 때보다 활발한 활동을 보이고 잘 먹고 잘 자고 잘 울지 않고 병치레도 적었다고 한다.

이렇게 태아는 엄마의 자궁 안에서 귀를 열고 있다.

눈으로 바깥 세계를 볼 수는 없지만, 귀로 듣고 느끼고 반응을 보인다. 음악 태교가 태아에게 정서적인 안정감을 주어 발달을 돕는다는 것은 이제 상식이다.

소리 환경 만들 때 주의 사항

첫째, 좋아하는 음악도 선별해서 듣는다.

엄마가 좋아하는 소리라고 해서 무조건 아기에게도 좋은 것은 아니다. 보고 듣는 모든 것을 선별해야 하듯이, 아무리 귀에 익숙하고 좋아하는 음악이라도 엄마를 차분하게 안정시키는 음악이 아니라면 좋지 않을 수도 있다. 지나치게 우울해지거나 흥분시키는 음악은 맞지 않는다.

둘째, 절대로 남편과 큰 소리로 다투지 않는다.

태아에게 가장 익숙한 소리 중 하나인 엄마와 아빠의 소리에 태아는 가장 민감하다. 그런데 늘 다정히 대화를 나누던 엄마 아빠가 큰 소리로 폭언을 주고받는다면 태아는 굉장히 놀라고 상처받는다. 화나는 일이 있어도 차분하게 대화로 해결하자.

셋째, 음악은 편한 마음으로 즐긴다.

클래식을 들으면 따분하고 짜증이 난다면 무리해서 클래식 음악을 고집할 필요는 없다. 더구나 어려운 음악이라는 생각 때문에 억지로 음악을 이해하면서 들으면 태아 역시 불편해한다. 음악을 들을 때는 편안한 마음으로 즐기면서 들어야 산모와 태아의 정신 건강에 도움된다.

넷째, 너무 크게 듣지 않는다.

아기는 편안하지 않은 소리, 갑자기 크게 울리는 소리 등에 자극을 받는다. 음악은 중간 정도의 볼륨으로 놓고 옆 사람과 이야기할 때 방해되지 않을 정도로 잔잔하게 듣는다.

또한 다른 사람과 대화할 때도 되도록 목소리를 가다듬어서 낮고 차근차근 얘기하려고 노력한다. 엄마의 목소리가 흥분된 듯이 커지거나 너무 급히 말하려고 하면 아기가 자극받을 수 있다.

스트레스를 유발하는 소리와 해소하는 소리

소리는 여러 가지 자극 중에서도 사람에게 미치는 영향이 매우 크다. 소음 때문에 노이로제에 걸리는가 하면 아름다운 음악이 스트레스를 해소하기도 한다. 태교 음악이 중요한 것도 마찬가지다.

소리에는 나쁜 소리와 좋은 소리가 있어서, 좋은 소리를 들으면 좋은 영향을 주지만 나쁜 소리는 정서적으로 나쁜 영향을 미친다.

주변의 소리를 예를 들어 보면, 나뭇잎이 바람에 스치는 소리, 졸졸졸 계곡물 흐르는 소리, 맑게 울리는 아이의 웃음 소리 등은 기분을 가라앉히고 편안함을 느끼게 한다. 반대로 차가 급정차하는 소리, 소리 지르며 우는 소리, 개가 광폭하게 짖는 소리, 부딪혀 깨지는 소리 등은 듣는 사람을 움츠리게 하고 기분 나빠지게 한다.

기분 좋은 소리는 편안함, 청량함을 느끼게 하는 뇌파인 알파파가 증가하는 반면, 기분 나쁜 소리는 사람을 긴장하고 흥분하게 만드는 뇌파인 델타파가 증가한다는 연구 결과가 있다.

심박 수와 비슷한 모차르트 음악

태아는 엄마의 심장 박동과 비슷한 박자의 소리를 좋아한다. 즉 사람이 쉬고 있을 때의 심박 수인 1분에 60~70박의 빠르기에 주파수로 따지면 1,000~3,000Hz 이하의 소리를 들을 때 안정감을 느끼고 기분이 좋아진다.

모차르트의 곡은 엄마의 심박 수와 템포가 비슷하여 태교 음악에 많이 쓰인다. 모차르트의 곡에는 엄마의 심박 수와 비슷한 72템포의 곡과 태아의 심박수와 비슷한 144템포의 곡이 많아서 임신부와

태아에게 좋다. 이밖에 바흐, 헨델, 비발디 등의 바로크 음악이 태교 음악으로 손꼽힌다.

소음은 해롭다

사람들은 보통 귀에 거슬리는 소리, 째지는 소리, 부서지는 소리 등 파괴적이고 흥분을 자아내는 소리에 신경질적으로 반응하곤 한다. 하물며 신경이 날카로워진 산모가 이런 소음을 자주 접하면 태아에게까지 부정적인 영향을 준다.

일본의 오사카 국제공항 주변에 사는 임신부 가운데 임신중독증에 걸린 임신부가 많았다고 한다. 그 원인을 추적한 결과, 공항에 이착륙하는 비행기의 엔진 소음 때문에 임신부들이 스트레스를 많이 받은 것이 주원인으로 밝혀졌다.

또한 이 지역에 사는 아기들의 출생 시 체중도 정상아에 못 미치는 경우가 많았다. 이런 결과를 보면 임신부가 스트레스를 받는 소리 환경이 산모와 태아에게 얼마나 치명적인지를 단적으로 알 수 있다.

성모가 아기 예수를 왼쪽으로 안은 까닭

연구 결과에 따르면 대부분의 엄마가 아기를 왼쪽으로 안는다고 한다. 또한 성모 마리아 상의 80%가 왼쪽으로 아기 예수를 안고 있다고 한다. 왼쪽으로 아기를 안는 데에는 두 가지 이유가 있다. 하나는 엄마가 오른손을 자유롭게 사용하기 위해서, 또 하나는 왼쪽으로 안으면 아기가 엄마의 심장 박동 소리를 들으면서 안정감을 느끼기 때문이다.

음식 태교

사람의 뇌세포는 약 160억 개이며, 그중 140억 개가 태내에 있을 때 만들어진다. 처음에는 한 개의 세포였던 뇌세포가 140억 개로 분열하는 것이다.

뇌세포는 태아 때부터 생후 6개월까지 활발하게 늘어나는데, 이 시기에 증식된 세포는 이후 다시는 분열하지 않는다. 태아의 뇌세포가 활발하게 분열하도록 하려면 무엇보다 충분한 영양을 섭취해야 한다.

영양 상태 나빴던 아기, 지능도 낮다

뇌세포가 분열할 때 영양이 불충분하면 그만큼 세포 분열은 불완전해진다. 미국에서 실시한 연구에 따르면 출생 전부터 생후 1년까지 영양 상태가 나빴던 아기와 영양 상태가 좋았던 아기를 비교하니 영양 상태가 나빴던 아기의 지능 수준이 뚜렷이 낮았다.

또한 한 살 이전에 사망한 아기 가운데 영양실조가 원인이었던 아기의 뇌세포 수가 평균치보다 적었다는 연구 결과도 있다. 생후 6개월부터 뇌세포는 더 이상 분열도 재생도 하지 않기 때문에 이때 벌써 기본 기능이 결정된다.

인간은 평생 뇌세포의 4분의 1 정도밖에 쓰지 않고 나머지는 잠재되어 있는데, 후천적인 노력에 따라 얼마만큼 뇌세포를 계발하느냐가 결정되는 것이다.

태아기에는 뇌세포뿐만 아니라 신경 세포끼리 연결시켜 서로 정보를 전하는 회로인 뇌의 네트워크가 조성된다. 세포마다 정보를 전달하는 연결망이 늘어나면서 뇌로써의 능력을 발휘하게 되는 것이다.

태아기부터 벌써 뇌의 복잡한 활동이 시작되어 출생 후로 이어지는 것이다. 만약 태아기 때 영양이 부족하면 이것은 곧바로 태아의 뇌에 영향을 주어 기억력 감퇴, 지능 저하 등 뇌 기능 저하를 일으킨다.

시기별로 꼭 챙겨 먹어야 할 음식

초기

임신 초기(1~3개월)는 대부분의 산모가 입덧을 하여 음식을 충분히 먹지 못할 때가 많다. 임신 초기에는 태아가 영양분을 그렇게 많이 필요로 하지 않으므로 너무 걱정하지 않아도 된다.

입덧이 심할 때는 차가운 음식, 상큼한 샐러드 등으로 입맛을 돋운다. 이 시기에는 음식의 양보다는 질을 고려해서 먹어야 한다. 태아의 몸이 각 기관으로 분화하여 발달하고, 뇌세포가 급속히 발달하는 시기이므로 단백질과 칼슘은 평소보다 많은 양을 섭취한다.

시기별로 꼭 챙겨 먹어야 할 음식

중기

임신 중기(4~6개월)에는 단백질과 칼슘을 충분히 섭취한다. 임신 중기에 접어들면 입덧도 어느 정도 가라앉고 엄마와 태아 모두 변화하는 환경에 적응하는 상태라서 비교적 몸과 마음이 편해진다. 단, 이 시기부터는 태아가 무럭무럭 자라기 시작하므로 영양분을 충분히 공급해야 한다.

특히 고단백질 식품과 철분, 칼슘을 충분히 섭취해야 한다. 칼슘은 태아의 뼈를 튼튼히 하기 위해서나 출산 후 모체의

골다공증 예방을 위해서 꼭 필요하다. 멸치, 우유, 요구르트 등의 유제품에 많이 함유되어 있다.

칼슘의 체내 흡수율을 높이려면 비타민 D 함유 식품을 함께 먹는 것이 좋다. 비타민 D는 햇빛을 쬐이면 얻을 수 있는데, 식품 중에서는 연어, 참치, 표고버섯 등에 함유되어 있다.

태반과 기타 부속물을 형성할 때나 태아의 두뇌 발달과 근육 형성에 반드시 필요한 단백질의 섭취도 신경 써야 한다.

시기별로 꼭 챙겨 먹어야 할 음식

임신 후기(7~9개월)는 임신중독증에 걸릴 염려가 있으니 염분과 수분 섭취를 조절한다. 너무 짜게 먹거나 수분을 너무 많이 섭취하면 임신중독증과 부종 등이 초래된다. 지나치게 살이 많이 찌는 임신성 비만도 주의한다.

이 시기부터 출생 후 6개월까지 태아의 두뇌가 가장 많이 발달한다. 두뇌 발달에 좋은 단백질과 비타민을 충분히 섭취한다. 또한 단백질의 아미노산과 함께 두뇌 발육을 돕는 비타민 B군, 비타민 C와 비타민 E 등을 많이 함유한 음식을 먹는 것이 좋다.

건강을 생각해서 맛있게 먹는다.

가족 태교

전통적인 대가족 때에는 굳이 친인척을 찾아다니지 않아도 한 집안에 모여 살았기 때문에 온 가족이 태교에 동참했다. 임신 중 조심해야 할 일, 금기 식품 등을 어른들에게 배웠고, 가족 구성원들이 함께 임신부를 돌보았다.

태아는 배 속부터 어른들과 부모의 사랑 가득한 음성을 듣고 보살핌을 느끼며 정서적으로 훨씬 안정된 상태에서 자랐을 것이다.

최근에는 대가족이 드물어 이러한 가족 태교를 하기가 힘들다. 그래서 더욱 신경 써서 가족 태교를

해야 한다. 태교는 가족 모두가 함께해야 좋은 효과를 볼 수 있다. 아기의 탄생은 엄마 아빠만의 기쁨이 아니라 양가 식구들 모두가 축복하고 함께 누려야 할 기쁨이기 때문이다.

아기 이름 공모로 관심 모으기

아기 이름을 양가 가족 및 가까운 친척들에게 공모해보자. 원하는 뜻이나 글자가 있다면 조건으로 넣고, 그럴 듯하게 상금도 걸어 공모전을 한다.
가족들도 재미있어 하며 공모전에 참여하면서 공모전이 끝난 뒤에서 자연스럽게 아기에 대한 관심을 갖게 된다. 또한 공모전에 당선된 가족은 아기를 생각할 때마다 특별한 애정을 품게 될 테니 든든한 후원자를 얻는 셈이다.
일반적으로 첫째 아이에게 가장 정성을 들여 태교를 한다. 첫째라서 신비감과 기대감이 충만해서 최선을 다하기 때문이다. 하지만 아기를 낳을수록 기대감이 감소하면서 태교에 점점 소홀해지기 쉽다. 이 점은 엄마 아빠뿐 아니라 주변 가족들도 마찬가지다. 소홀해지기 쉬운 둘째 아기라면 가족 태교에 더욱 힘쓴다.

Mom's 톡톡

이웃을 사귈 때에도 조심한다

엄마의 스트레스가 태아에게 미치는 영향을 조사한 기록을 보면, 육체적인 고달픔보다는 정신적인 스트레스가 더 큰 영향을 미친다고 한다. 그 중에서 1위가 부부간의 갈등이고, 2위는 이웃간의 갈등이다.
남편은 임신부와 가장 많이 접촉하는 사람이기 때문에 가장 큰 영향을 주는 것이 당연하다. 이웃 또한 자주 오가는 사이라면 임신부의 일상생활에 큰 영향을 준다. 혹시 가깝게 지내는 이웃 중 남의 흉을 자주 본다든가 늘 나쁜 말만 하는 이웃이 있다면 친하게 지내는 것을 다시 고려한다. 그 사람이 하는 나쁜 말을 전부 아이가 듣고 있기 때문이다. 좋은 것만 보고 좋은 것만 먹어야 할 임신부가 귀로는 나쁜 말만 듣는다면 태교에 이로울 리가 없다. 내가 만나는 사람이 곧 아기가 만나는 사람이라는 생각을 갖고 행동한다.

Mom's 솔루션

우리 아기 태교 동화

〈맥아더의 기도문〉을 활용한 태교법

이런 자녀를 주옵소서.

약할 때 자기를 돌아볼 줄 아는 여유와 두려울 때 자신을 잃지 않는 대담함을 지니고, 정직한 패배를 부끄러워하지 아니하며 승리에 겸손하고 온유한 자녀를 저에게 주옵소서.

생각해야 할 때 고집하지 말게 하시고 자신을 아는 것이 지식의 기초임을 깨닫는 자녀를 허락하옵소서.

그를 평탄하고 안이한 자로 인도하지 마시고, 고난에 직면하여 인내하고 분투할 줄 알게 하여 주옵소서.

그 마음이 깨끗하고 그 목표가 높고 고상한 자녀를 남을 정복하려고 하기 전에 자신을 다스릴 줄 아는 자녀를, 장래를 바라봄과 동시에 땀 흘려 일하는 부지런한 자녀를 주옵소서.

이런 것들을 허락하신 다음 이에 대하여 제 자녀에게 남을 사랑하는 마음과 유머를 알게 하시고, 생을 엄숙하게 살아감과 동시에 이웃과 더불어 생을 즐길 줄 알게 하옵소서.

자기 자신에 지나치게 집착하지 말게 하시고 겸허한 마음을 갖게 하시어 참된 위대성은 소박함에 있음을 알게 하시고 참된 지혜는 열린 마음에 있으며 참된 힘은 온유함에 있음을 명심하게 하옵소서

맥아더 〈기도문〉 중에서—

이렇게 활용하세요

아기에게 갖는 소망

아기를 가진 엄마 아빠라면 누구나 우리 아기가 미래에 어떤 사람이 되었으면 하고 바라게 된다. '건강하고 씩씩한 사람이 되었으면 좋겠다.', '똑똑한 사람으로 자랐으면 좋겠어.', '지혜가 있는 사람이라면 좋겠는 걸.', '남을 사랑할 줄 아는 사람이어야겠지. 슈바이처처럼 훌륭한 의사가 되는 것도, 모차르트처럼 훌륭한 음악가가 되는 것도 좋겠지.'

배 속에 있는 아기가 어떤 아이로 자라기를 바라는지 배 위에 손을 얹고 작은 목소리로 엄마의 소망을 이야기해 보자.

가난한 이들의 어머니, 마더 테레사의 일화를 활용한 태교법

"어머니, 저분들은 누구시죠?"

"저 분들은 모두 우리집 사람들이란다."

마더 테레사의 집에는 매일 손님이 오셨습니다. 테레사는 항상 낯선 사람들과 같이 식사를 했습니다. 테레사는 나이가 들어가면서 그 낯선 사람들이 먹을 것이 없고 잠잘 곳이 없어서 어머니가 도와준다는 것을 알게 되었습니다.

"어머니, 어디 가세요?"

"이웃집에 먹을 것이 떨어졌다는구나. 먹을 것과 옷가지들을 조금 마련했단다."

"저도 같이 가고 싶어요."

어머니는 정기적으로 음식이나 옷을 가지고 이웃 사람들을 찾아가서 도와주셨습니다. 테레사도 어머니를 따라다니며 어머니가 가난한 이웃을 돌보는 것을 보며 자랐습니다.

'나도 어머니처럼 가난한 사람들을 도우며 살아야지.' 테레사는 결심했습니다.

"세상에는 굶주리고 병으로 고통받는 사람들이 많단다."

"항상 이웃을 사랑하고 그들에게 봉사하며 살아야 한다. 잊지 말아라."

테레사는 신앙심이 깊고 부지런한 어머니로부터 이웃 사랑을 배웠습니다. 가난한 사람들의 어머니 테레사는 평생 세상의 굶주리고 병들어 고통 받는 사람들을 도우며 살았습니다.

이렇게 활용하세요

행동으로 보여주자

많은 사람은 아이가 부모의 말이 아니라 행동을 보고 배운다고 말한다. 아이에게 "이렇게 해라, 저렇게 해라." 말하기는 쉽지만, 행동으로 그것을 보여주기는 참 어렵다. 오늘 태아와 약속을 하나 해보자. "아가야, 엄마는 네가 늘 본받고 싶어 하는 사람이 되고 싶어. 백 마디 말보다 행동으로 보여 주는 엄마가 되겠다고 약속할게."

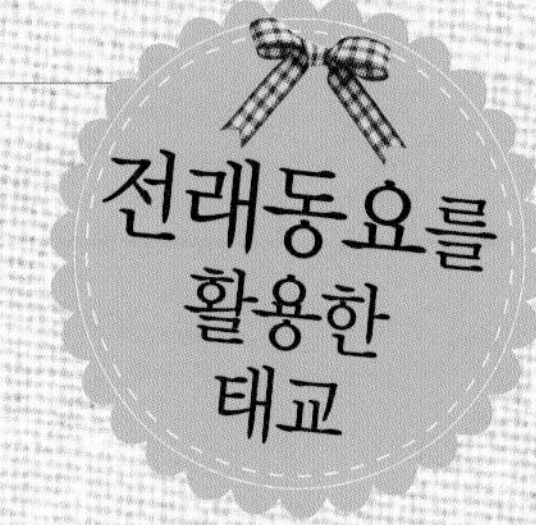

전래동요 〈숨바꼭질〉을 활용한 태교법

꼭꼭 숨어라 꼭꼭 숨어라!
텃밭에도 안 된다.
상추 씨앗 밟는다.
꽃밭에도 안 된다.
꽃모종을 밟는다.
울타리도 안 된다.
호박순을 밟는다.
꼭꼭 숨어라 꼭꼭 숨어라.
종종머리 찾았네.
까까머리 찾았네.
장독대에 숨었네.
까까머리 찾았네.
방앗간에 숨었네.
빨간 댕기 찾았네.
기둥 뒤에 숨었네.

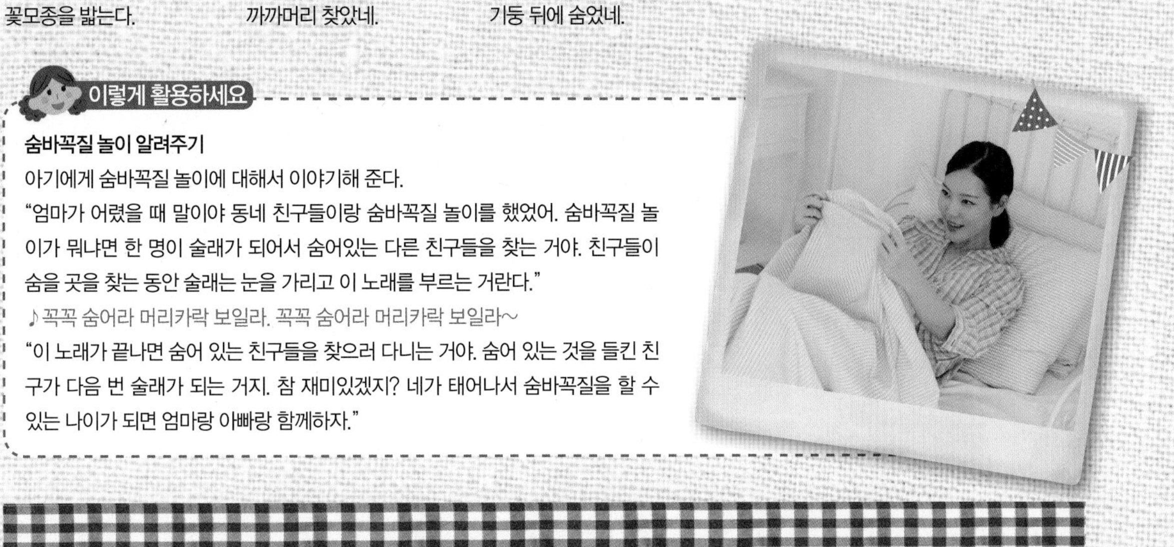

이렇게 활용하세요

숨바꼭질 놀이 알려주기

아기에게 숨바꼭질 놀이에 대해서 이야기해 준다.

"엄마가 어렸을 때 말이야 동네 친구들이랑 숨바꼭질 놀이를 했었어. 숨바꼭질 놀이가 뭐냐면 한 명이 술래가 되어서 숨어있는 다른 친구들을 찾는 거야. 친구들이 숨을 곳을 찾는 동안 술래는 눈을 가리고 이 노래를 부르는 거란다."

♪꼭꼭 숨어라 머리카락 보일라. 꼭꼭 숨어라 머리카락 보일라~

"이 노래가 끝나면 숨어 있는 친구들을 찾으러 다니는 거야. 숨어 있는 것을 들킨 친구가 다음 번 술래가 되는 거지. 참 재미있겠지? 네가 태어나서 숨바꼭질을 할 수 있는 나이가 되면 엄마랑 아빠랑 함께하자."

Step 2

부성 태교에서 아빠의 역할

아직도 '남자가 무슨 태교?'라고 생각하는 사람이 있다면 이제부터라도 생각을 바꿔 보자.

부성 태교는 현대뿐 아니라 우리 전통 사회에서도 매우 중요한 부분이다. 우리나라 전통 태교에서는 부성 태교, 즉 아버지 될 사람의 태교를 강조했다. 임신 기간 아빠는 어떤 역할을 해야 하는지, 또 잘하고 있는지 알아보자.

태교★

아빠의 월별 태교

태아는 외부에서 들리는 소리 중에서 남성의 저음을 특히 잘 인식한다. 그래서 예비 아빠는 아기에게 자주 말을 걸어서 마음을 전달해야 한다. 태교는 엄마만의 몫이 아니다. 아기는 낮은 저음의 아빠의 목소리를 더 많이 듣고 싶어할지도 모른다.

1개월 | 아빠의 태교

1개월째는 엄마 아빠 당사자들이 인지하지 못한 상황에 지나가는 경우가 많다. 3~4주차에 확실히 확인하는 경우가 대부분이다. 이 시기는 눈에 보이는 신체적 변화가 나타나기 전이므로, 아기가 느낄 수 있도록 부모의 기쁜 마음을 맘껏 표현한다.

1~2주차 / 축하 선물 준비하기

아내는 지금 반가움과 임신의 진행에 대한 걱정, 아이에 대한 생각으로 머리가 복잡하다. 두 사람의 사랑의 결실인 아기를 갖게 된 심정을 아내에게 잘 표현하고 있는가? 축하 선물로 마음을 전한다.

아내는 어떤 선물을 받고 싶을까? 결혼하기 전에 종종 선물했던 꽃과 함께 마음을 담은 카드를 선물하는 것도 좋다. 또는 임신 중 계속 변하는 몸을 체크할 수 있도록 손목형 혈압계를 선물하는 것도 좋다. 하지만 무엇보다 중요한 것은 남편의 마음이다. 아무리 비싼 것이라도 남편의 마음이 전해지는 것보다 더 좋은 선물은 없다. 사랑하는 아내에게 40주

동안 진행될 임신 동안 그 누구보다 든든한 보호자가 되겠다는 자신의 마음을 지금 바로 전한다.

3~4주차 / 일하는 아내 챙기기

임신한 몸으로 직장 일을 하려면 육체적으로도 튼튼한 체력이 필요하다. 직장 업무라는 것은 일상적인 몸 상태에도 항상 스트레스와 긴장감의 연속인데, 임신한 상태에서는 더욱 부담스럽다. 회사의 규칙이나 헌법 조항들이 모성 보호를 뒷받침해 주지만 임신으로 직장에서 불이익을 당하는 경우도 많이 있다.

그래서 남편은 절대적으로 아내의 확실한 조력자가 되어야 한다. 임신 초기에는 입덧이 심할 수 있으므로 회사에서 어떤 일이 있었는지 관심을 갖는다. 음식을 먹기 힘들어하는 경우에는 작은 간식거리라도 챙길 수 있도록 마음을 쓴다.

중기에 접어들어 배가 나오기 시작하면 대중교통을 이용한 출퇴근이 어려워진다. 승용차로 출퇴근을 한다면 아내를 직장까지 데려다 준다. 그 밖에도 어려운 일은 없는지, 직장에서의 일은 잘 진행되는지 항상 관심을 갖는다. 남편이 든든한 지지를 보낼 때, 일하는 아내는 더욱 건강하고 아름다워진다.

4주차 / 아기를 위한 선물, 태교 일기

남편으로서 임신에 동참하는 가장 쉬운 방법은 바로 태교 일기를 쓰는 것이다. 태교 일기의 기본은 아빠의 느낌을 하루하루 적어 보는 것이다. 어쩌면 초등학교 때 쓰고 나서 처음 쓰는 일기일지도 모르지만 양이나 형식이 중요한 것은 아니다. 하루하루 아빠가 어떤 생각을 했는지, 새로운 생명을 선물 받은 기쁨과 걱정은 무엇인지 솔직하게 적는다.

엄마와 함께 아기를 위해 보내는 시간들 모두를 기록해 두었다가 아기가 성장한 후에 보여준다면 그것만으로도 커다란 선물이 된다. 또한 매일 달라지는 자신을 보며 임신 기간을 보내는 아내도 다시

아빠가 도와주는 태교

처음 임신 사실을 알게 된 많은 아빠가 아내에게 어떻게 해 줘야 할지 몰라 망설일 때가 많다. 그러나 의외로 임신한 아내는 따뜻한 말 한마디면 족하다. 임신 소식이 기쁘고, 아내의 불안을 잠재워줄 수 있는 따뜻하고 든든한 말을 전해 보자. 마음을 담은 편지를 써서 준다면 더욱 좋다.

예민해진 아내에게 스트레스를 주지 말기

아직 신체적인 변화는 뚜렷하게 보이지 않지만, 임신으로 아내는 무척 긴장하고 걱정스러워하고 있다. 늦게 귀가하거나 과음 또는 잦은 손님 초대 등을 피한다. 또한 아내가 잔소리나 불평하기 전에 미리미리 배려하도록 노력한다.

출산 계획 함께 세우기

어느 병원에 가야 아내 마음이 편할지, 어떤 출산 방법으로 낳으면 좋을지 아내와 함께 계획해 본다. 요즘에는 엄마와 아빠가 함께하는 프로그램이 많다. 이런 것들을 하나하나 찾다 보면 임신의 소중함도 느끼고 임신 출산에 대한 공부도 할 수 있다.

한 번 속 깊은 남편의 사랑을 확신하게 될 것이다. 오늘부터 시작해 보자.

2개월 | 아빠의 태교

5주차 / 출산 계획 세우기

아기는 아내의 몸 안에서 크고 있지만 임신은 남편과 아내가 함께 만들어 가는 축제와 같다. 아름답고 즐거운 과정이 되도록 남편의 아낌없는 사랑이 필요하다. 아내의 몸을 건강하게 지켜 줄 운동 계획, 병원 정기 검진, 달라지는 입맛에 대한 대비 등 임신에 따른 변화에 맞춰 세부적인 사항들을 함께 점검한다.

임신 초기에는 첫 진단과 산전 검사에 대한 내용을 알아 두어야 한다. 입덧이 심하다면 어떤 음식으로 입덧을 달랠 수 있는지도 함께 찾아본다. 기형아 검사나 임신에 수반되는 증상들에 대해서도 알아야 아내 몸의 변화에 대처할 수 있다.

후기가 되면 좀 더 바빠진다. 병원도 확정해야 하고 태어날 아기를 위한 용품도 마련해야 한다. 임신이 진행될수록 준비해야 하는 물건도 적지 않으므로 이에 따르는 비용도 생각해야 한다. 임신 중 어떤 일을 준비해 나가야 하는지 임신과 출산에 대한 책자 등을 이용해 자세한 내용을 알아 두고 아내와 함께 계획을 세운다.

6주차 / 입덧을 가라앉히는 식단

입덧은 사람마다 증상과 정도가 모두 다르다. 평소에는 입에도 대지 않던 음식이 갑자기 먹고 싶어지는가 하면, 속이 메슥거리기도 하고, 심한 경우에는 물만 먹어도 토하는 경우도 있다.

대체로 신맛의 과일과 음식이 입덧을 가라앉힌다고 한다. 저지방 요구르트를 얼린 것, 과일, 식초를 넣어 무친 오이, 도라지 등의 반찬도 좋다. 일단 입덧 때문에 식사를 못하게 되면 아내가 먹을 수 있는 음식, 먹고 싶어 하는 것들 위주로 먹게 하는 것이 좋다. 개인마다 조금씩 다르지만 아내의 입맛에 맞는 음식들을 함께 찾아보는 것이 좋다.

엄마가 되기 위해 고생하는 아내의 마음을 이해하려 노력하고 따뜻한 관심을 보여줌으로써 아내가 정신적인 안정 상태가 되도록 돕는다.

7주차 / 아내에게 사랑을 표현하자

임신 초기에는 신체적 심리적으로 힘들어하는 아내를 배려하고, 함께 있는 시간을 늘리는 것이 좋다. 아내의 심리적인 불안을 떨쳐 줄 수 있는 든든한 버팀목이 되도록 노력한다.

- 아내를 관찰하고 주시한다.
- 아기에 대한 사랑을 표현한다.
- 담배를 끊고 술을 자제한다.
- 아내와 함께 정기 검진을 받는다.
- 집안일을 적극적으로 분담한다.
- 아내를 위한 이벤트를 준비한다.

8주차 / 임신 초기의 성관계

임신을 했다고 해서 성관계를 피할 필요는 없다. 하지만 초기에는 아직 태반이 완성되어 있지 않아 유산의 가능성이 높은 시기이므로 주의가 필요하다. 자극으로 자궁이 수축되면 착상되어 있던 수정란이 떨어져 나갈 수 있다.

아내가 입덧을 하는 시기이기도 하므로 성관계를 자제하는 부부도 많지만, 무조건 피하기보다는 기본적인 주의를 하면서 관계를 갖는 것이 좋다. 아빠의 신중한 대처가 배 속의 태아를 지킨다.

3개월 | 아빠의 태교

9주차 / 태교 스케줄 짜기

임신 6~12주 사이가 되면 아기는 소리와 진동에 반응하기 시작한다. 이때가 되면 생활을 음악으로 가득 채워 주는 것도 아주 좋은 태교 방법이다. 음악을 들려주면 아기의 감수성이 풍부해진다. 클래식 음악이 가장 좋지만 아내가 싫어한다면 억지로 강요하지는 않는다.

무엇보다 긴장하지 않고 느긋한 마음을 갖는 것이 좋고, 임신하면서 일어난 일들이나 생각을 태교일기로 정리해 보는 것도 좋다. 하루 동안 있었던 일을 아기와 대화하듯이 써 가는 것이다.

태아의 움직임이 활발해지는 6개월부터는 음악에 맞춰 몸을 움직이거나 배를 마사지하면 아기의 움직임을 직간접적으로 돕는다. 이와 함께 심호흡으로 충분한 산소를 공급해 태아의 뇌세포 발달이 잘 이루어질 수 있게 해 주어야 한다.

태교의 기본 원칙은 태아의 발달 상황에 따라 자극의 종류를 다르게 한다는 것이다. 임신과 출산에 대한 책을 보고 시기별로 어떤 자극 위주의 태교를 할 것인지 생각해 보자.

〈예시〉 영재 아빠의 태교 스케줄

– 한국영재연구원생 중 한 아빠의 태교 스케줄

오전 6시 30분	기상. 아내가 아침 식사를 준비하는 동안 야채 주스 만들기. 전날 밤 미리 다듬어 놓은 감자, 당근 등의 채소를 갈아서 아내와 함께 마실 주스 두 잔을 만든다.
오전 7시 30분	출근. 현관에서 아기에게 "아빠 회사 다녀올게. 엄마랑 잘 놀고 있어." 하고 인사한다.
오후 2시	회사에서 아내에게 전화 걸기. 아내의 상태가 어떤지, 점심 식사는 어떻게 했는지 물어보고 말동무를 해 준다.
오후 5시	퇴근 1시간 전, 별일 없으면 아내에게 6시에 퇴근한다고 전화하고, 야근이나 부득이한 약속이 있을 때는 변경된 퇴근 시간을 미리 말해 준다. 아내가 기다리는 일이 없게 한다.
저녁 7시	퇴근. 현관문에 들어서면 아내와 아기에게 인사하고 아기에게 하루를 어떻게 보냈는지 물어본다.
저녁 7시 30분	저녁 식사. 식사는 되도록 천천히 하고 아내가 정성껏 준비한 음식을 맛있게 먹는다. 이때 여러 가지 반찬이 아기에게 어떻게 좋은지 설명한다.
저녁 8시 10분	설거지와 청소. 하루 중 저녁 설거지는 내 몫. 청소기를 돌리고 걸레질하는 일 역시 임신한 아내에게는 버겁다. 저녁시간에 가끔씩 청소를 하는 것은 물론 쉬는 날 청소도 전담한다.
밤 9시	TV 시청 및 독서. 뉴스는 혼자 본다. 아내가 끔찍한 사건, 사고 소식을 듣지 않도록 신경 쓴다.

밤 9시 40분	아빠의 태교 시간. 태아에게 책을 읽어 주고 아기와 태담도 나눈다.
밤 10시 30분	체조 시간. 아내와 함께 순산에 도움을 주는 간단한 산모 체조를 한다.
밤 11시	취침. 잠들기 전에 아기에게 인사하고, 아내와 함께 자장가를 불러 준다.

10주차 / 금연, 금주 목표를 세우자

흡연은 임신과 함께 사라져야 할 첫 번째 장애물이다.

간접 흡연이 건강에 더 해롭다는 것은 이미 널리 알려져 있다. 아내의 임신과 함께 건강한 환경을 만들어 주는 것도 남편의 몫이다. 당장은 끊기 어렵겠지만 적어도 줄이려고 애는 써야 한다. 쉽지 않은 일이지만 아내의 배 속에서 담배 연기를 마시고 있을 태아를 생각한다.

임신과 알코올의 관계도 좋지 않다. '태아 알코올 증후군'이란 것도 있기 때문에 엄마들을 걱정스럽게 한다. 아내가 임신 전에 술을 즐겨 마셨어도 태아를 위해서 술을 멀리하고 있을 것이다. 함께 도와주는 차원에서 남편 역시 술을 자제하는 것이 바람직하다. 임신은 아내만이 책임지고 견뎌야 하는 일방적인 짐이 아니다. 함께 도와주는 성실하고 믿음직한 아빠의 모습을 보여 준다.

11주차 / 엄마와 아기가 행복해지는 아빠의 집안일

임신 초기에는 유산의 위험이 높으며 아내의 안정을 위해 남편이 집안일을 돕는 것이 매우 중요하다. 힘들어하는 아내를 위해 남편은 일부 집안일을 맡아 하자.

장 보기

임신 중에는 자주 외출하기가 쉽지 않다. 그래서 한꺼번에 장을 보는 경우가 많아 이것저것 사다 보면 장바구니가 무거워지기 쉽다. 주말을 이용해서 아내와 함께 일주일 동안 사용할 필요품을 한꺼번에 구입해 두면 좋다.

쓰레기 버리기

쓰레기 봉투는 무거워서 임신부가 들기에 부담이 되며 또한 냄새가 심해 입덧을 악화시킬 수 있다.

높은 곳에 있는 물건 내리기

임신 초기에는 현기증이 자주 일어난다. 높은 곳에 있는 물건을 내리다가 갑자기 현기증을 일으켜 넘어질 수 있으므로 남편의 도움이 필요하다.

집안 청소

집안 청소, 특히 화장실이나 베란다 청소는 시간이 오래 걸리며 체력 소모가 크기 때문에 남편이 그 역할을 담당한다면 아내와 태아의 수고를 덜어 줄 수 있다.

12주차 / 남편은 아내의 감정 조종사

부부 싸움을 자주 하는 부부 사이에서 태어난 아이에게서 정신적, 육체적 장애가 발생할 가능성은 사이 좋은 부부 사이에서 태어난 아이보다 약 2.5배 높다. 이것은 임신 중의 질병, 흡연, 음주, 지나친 과로 등으로 인한 위험보다도 높은 수치이다.

임신부의 빈혈이 신생아에게 미치는 장애의 정도는 1.12, 소화기 장애는 0.77, 고혈압은 1.1, 육체적 스트레스, 즉 중노동은 1.0, 치아 수술은 0.7, 우울증이 1.2, 충격이 1.5, 이웃과의 갈등이 4.0이었는데, 부부 싸움은 6.0이다.

만약 남편이 매일 밤늦게 취한 상태에서 귀가해 임신한 아내에게 짜증을 부린다면 어떨까? 아내가 원하지 않는데도 성관계를 강요한다면? 집안일을 도와주지 않는다면? 모두 아내의 스트레스를 높이는 일들이다. 머리 좋고 성격 좋은 아기를 원한다면 특히 임신한 아내에게 그런 태도를 보이지 않는다.

반면 남편이 배려하고 노력하는 모습을 보이면 임신부의 마음이 진정되는 효과가 있다. 아내가 기분이 좋지 않거나 피곤해 보이면, 평소보다 한두 시간 더 자면서 안정을 취할 수 있도록 도와준다.

4개월 | 아빠의 태교

13주차 / 가족 소개하기

태아가 조금씩 외부의 소리에 반응하기 시작할 때이다. 가장 먼저 청각이 발달하기 때문이다. 아기는 자궁 안에서 여러 가지 소리를 듣게 되지만, 아마 가장 먼저 듣게 되는 것은 엄마의 목소리와 심장 소리일 것이다. 그 다음에는 외부의 목소리들을 인식하게 된다.

주변 가족들의 목소리, 이웃 사람들과 친구들의 목소리……. 매일 들려오는 친근한 목소리의 주인공이 누구인지 아빠가 설명한다. 주변에 다른 사람은 없고 아빠만 있을 때는, 아빠의 생김새는 어떻고 아기와는 어떤 관계인지 천천히 직접 눈을 맞추고 대화한다는 느낌으로 얘기해 준다.

태아는 아빠의 음성을 기억한다. 자신에게 사랑의 말을 건넨 주위 가족들의 목소리에도 익숙해질 것이다.

14주차 / 위험한 주변 환경 체크

겉으로 드러나게 배가 부르기 시작하고 태동을 느끼게 되는 시기이다. 집안일과 함께 레저 활동으로 활기찬 생활을 하는 것이 바람직하다. 하지만 초기보다 조금 안정되었을 뿐이니 무리하지 않는다.
먼저 아내가 불규칙한 생활을 하지 않는지 살펴본다. 몸이 고단하다 보니 하루 종일 집안에서 늘어져 있을 가능성이 많다. 정해진 시간에 일어나고 8시간 이상 정해진 시간에 잘 수 있게 하고 생활 리듬을 갖도록 해 준다.
임신부가 직장에 다닌다면 작업 환경이 안전한지도 점검해 준다. 대부분의 사무직은 별다른 위험이 없지만, 외근이나 출장이 잦다면 업무 환경을 바꿀 수 있는지도 알아봐야 한다.
다음으로는 빈혈이나 칼슘 부족을 유발하는 식생활을 하지 않는지 살펴본다. 빈혈이 심하면 임신중독증의 위험이 있으므로 식사 때마다 철분이 많이 든 간, 달걀노른자, 굴, 우유, 치즈, 시금치 등을 많이 먹을 수 있게 배려한다. 식품으로 임신부 권장 철분량을 섭취하기 어렵다면 임신부용 철분 제제를 복용할 수도 있다.
태아 발육에 필수적인 단백질 및 비타민도 고루 섭취할 수 있도록 신경 써야 한다. 임신으로 늘어나는 체중은 10~16kg이 적당하다. 이를 넘어서면 임신중독증의 위험이 있으므로 아내와 함께 체중 관리에도 신경 쓴다.

15주차 / 조용하고 아늑한 카페에서 따뜻한 차를 마시자

임신부는 몸을 따뜻하게 하는 것이 좋기 때문에 야외보다는 조용한 음악이 흐르는 카페에서 데이트를 한다. 빛이 환하게 들어오는 통 유리창이 있는 카페가 좋다.
연애하던 시절 자주 갔던 커피숍을 찾는 것만으로도 기분이 한결 나아질 수 있으며, 남편과 나누는 대화는 아내의 마음을 편안하게 할 뿐 아니라 태아에게까지 좋은 영향을 줄 수 있다.
차를 마실 때는 카페인이 없는 허브차, 감잎차, 둥굴레차 등을 마신다. 금연석에 앉는 것은 필수이다.

16주차 / 몸이 무거워지는 시기, 아내의 건강을 챙기자

임신 중기는 아내가 비교적 안정되는 시기로 입덧도 어느 정도 가라앉는다. 하지만 배가 점점 불러 오면서 움직임이 둔해지고 허리, 발목 등에 통증을 호소하는 일이 잦아진다.
임신부는 활동하는 데 불편을 느끼면 자연히 신경이 예민해진다. 이때 남편은 아내가 몸을 편히 쉴 수 있게 배려하고 마사지를 해 준다.

Mom's 톡톡 — 공부하는 부모, 똑똑한 아이

아빠를 닮은 똑똑한 아기를 낳고 싶다면? 아기는 아내 몸에서 자라지만 총명한 아기로 키우는 것은 아빠의 책임도 크다. 임신 4개월에 접어들어 태아의 감수성이 높아지기 시작하면 아빠의 목소리로 동화책을 읽거나 말을 건넨다. 아내와 함께 몸을 움직이며 체조를 해도 아기가 아주 즐거워한다.
아내가 어학 공부를 시작했다면 학습 파트너가 되어 준다. 아내가 읽고 싶어 하는 책도 챙겨 준다. 하지만 아이에게 좋을 것 같다는 이유만으로 아내가 좋아하지도 않거나 이해할 수 없는 이야기를 하는 것은 큰 효과가 없다.
태아에 대해 알수록 챙겨 주어야 할 것도 많고 하지 말아야 할 일도 많다. 총명하고 똑똑한 아이로 키우는 일은 이미 엄마 배 속에 있을 때부터 시작된다는 것을 잊지 말자.

5개월 | 아빠의 태교

17주차 / 아기를 즐겁게 하는 소리

태아는 자궁 속에서 들었던 소리를 기억한다. 당연한 얘기지만 가장 익숙한 소리는 엄마의 목소리인데, 엄마의 목소리는 태아의 뇌를 지속적으로 자극해 뇌의 발달을 돕는다. 그런 의미에서 태담이란 아주 중요한 태교 방법이다.

엄마의 목소리 외에 아기가 좋아할 만한 소리는 무엇일까? 엄마의 안정된 목소리와 유사한 중간 높이의 음악들, 바람 소리, 물 소리 같은 자연의 소리들이다. 엄마가 평소에 자주 듣던 음악이나 자연의 소리들이 담긴 음반을 들려 준다.

더욱 자연에 가까운 소리를 듣게 하고 싶으면 가까운 공원에라도 나가 바람 소리와 나뭇잎 부딪치는 소리를 들으면 좋다.

태아는 외부에서 들리는 소리가 좋은 소리든 나쁜 소리든 기억하고 또 적응한다. 태내에 있을 때부터 시끄럽고 큰 소리에 익숙해진 아기는 나중에는 아주 큰 소리를 듣고도 정상적으로 반응하지 못한다. 소중한 우리 아기가 맑고 깨끗하고 부드러운 소리를 듣게 하자.

18주차 / 여행 계획 세우기

이제는 답답한 방안을 벗어나 주위를 둘러볼 수 있을 정도로 아기가 안정된 시기이다. 오랜 시간 자동차를 타는 장거리 여행을 제외하고 1박 2일 정도의 여정으로 가까운 곳으로 여행을 다녀오는 것은 좋다. 한적한 시골 마을이나 공원, 삼림욕장에서 나무가 뿜는 신선한 공기를 마신다면 엄마의 기분뿐만 아니라 아기의 기분도 훨씬 좋아진다.

약간 먼 거리를 간다면 출발 전에 병원에 한번 들르거나 여행 도중 자주 쉬어서 아내의 피로가 쌓이지 않도록 배려한다. 혹시나 돌발 상황이 일어날지도

모르기 때문에 건강보험증과 산모 수첩 등을 잊지 말고 가져간다.

19주차 / 육아 교실 참가하기

몸의 상태가 안정기에 접어든 중기 무렵부터는 임신부 교실이나 육아 교실 등 임신부를 위한 강좌에 참가하여 임신과 출산, 태어날 아기에 대한 육아법을 미리 알아둔다.

이런 강좌에 참여해 보면 임신과 출산에 대해 가졌던 막연한 불안감에서 벗어날 수 있다. 지금 아내의 몸에 일어나는 변화들을 객관적으로 볼 수 있는 기회가 마련되기 때문이다.

게다가 함께 온 다른 남편들과 이야기를 나누면서 걱정과 불안을 떨칠 수 있다. 아내 역시 같은 처지에 있는 임신부들과 정보를 교환하며 함께 갖는 고민을 해소할 수 있어 심리적으로도 안정된다.

임신 중기에 좋은 아빠 되는 노하우

아빠의 나쁜 생활 습관 고치기

서서히 아기를 맞을 준비를 하면서 자신 위주로 생활하던 습관을 버린다. 옷도 아기를 잘 볼 수 있는 것으로 바꾸고, 담배를 피운다면 아기를 위해 끊는 것이 좋다.

아내와 짧은 여행 떠나기

아기가 태어나면 최소 1년간은 여행하기가 힘들다. 따라서 어느 정도 몸이 안정된 시기인 임신 5개월 정도에 1박 2일이나 2박 3일 정도의 짧은 여행을 다녀오는 것이 좋다.

밤마다 아내의 허리 찜질해주기

임신 5개월부터 요통을 겪는데 심한 사람은 잠을 못 잘 정도이므로 아내를 위해 매일 밤 10분 정도 허리 찜질을 해 주는 센스를 발휘한다.

매일 아침 과일 주스 챙겨주기

배가 불러오면 소화가 잘 안 되고, 변비로 고생을 하므로 아내를 위해 섬유질이 풍부한 과일 주스를 준비한다.

수시로 태담하기

이 시기부터 태아는 소리에 민감하게 반응하기 때문에 태담을 자주 들려주는 것이 좋다.

20주차 / 영양 보충에 신경 쓰자!

임신부는 기본적으로 모든 영양소를 골고루 먹어야 한다. 아마 가장 부족하기 쉬운 것이 철분일 것이다. 하루 필요한 철분량은 초기와 중기에는 26mg, 후기에는 30mg이다.

음식만으로는 섭취하기 힘드므로 부족한 철분은 철분 제제를 이용해 보충한다. 철분은 적혈구 세포를 만드는 데 꼭 필요하다. 철분이 풍부한 음식으로는 소고기와 같은 붉은색 고기, 닭고기, 생선, 콩류, 시금치 그리고 철분이 강화된 시리얼이나 주스 등이 있다.

이외에도 태아의 성장 발달에 필요한 단백질과 지방의 섭취도 매우 중요하다. 고기와 품질 좋은 콩류, 땅콩, 호두 등의 견과류를 골고루 먹을 수 있도록 신경 써 준다.

6개월 | 아빠의 태교

짧은 여행을 떠나 보자. 아내에게는 평생 잊지 못할 추억으로 남을 것이다.

21주차 / 특별식 만들기

임신 중기 이후부터는 태아가 엄마의 몸속 철분을 이용해 혈액을 만들기 시작하는 시기이다. 철분이나 칼슘은 많이 먹는다고 해서 전부 몸에 흡수되지는 않는다. 칼슘과 철분의 흡수를 도와주기 위해서는 비타민 C와 D도 충분히 섭취해야 한다.

야채를 섞어 철분이 풍부한 음식을 만들어 먹어 보면 어떨까? 요리 방법이 어렵지 않은 채소 굴전을 만들어 본다. 손질한 굴에 잘게 다진 미나리, 파, 당근 등의 채소를 묻혀 밀가루를 입힌다. 밀가루를 입힌 굴을 잘 풀어놓은 달걀을 묻혀 익혀 내면 된다.

아빠가 직접 음식을 만들고, 이것이 어떤 음식인지, 먹으면 어떻게 몸에 좋은지를 태아에게 설명해 준다. 음식을 만들 때 어떤 마음으로 만들었는지도 얘기해 준다면 아기도 아빠의 마음을 느낄 수 있을 것이다.

임신 말기가 가까워지면 태아의 두뇌 발달에 좋은 음식들을 해 주면 좋다. 양질의 단백질과 비타민B군이 많이 든 음식으로는 현미 오곡밥이나 고기 산적, 콩국수 등 콩을 이용한 요리를 꼽을 수 있다. 땅콩, 잣, 호두 같은 견과류는 아이의 두뇌 발달에 도움이 된다. 이밖에 톳무침, 재첩국, 무장아찌 등도 좋은 식품들이다.

22주차 / 비행기 타고 여행 어떨까

임신 열 달 중 비행기를 타고 여행하기 가장 적절한 시기로, 1~2시간 비행은 임신부나 태아에게 무리를 주지 않는다. 남편은 월차를 내고 부담 없이 가까운 제주도나 일본, 중국으로 주말을 이용해 여행을 떠난다. 엄마는 출산 예정일이 가까워지거나 출산 후 아이를 키우면 당분간 여행하는 것이 쉽지 않다. 그래서 이 시기에 남편과 함께 한 여행은 평생 아내의 기억 속에서 행복한 추억이 될 것이다.

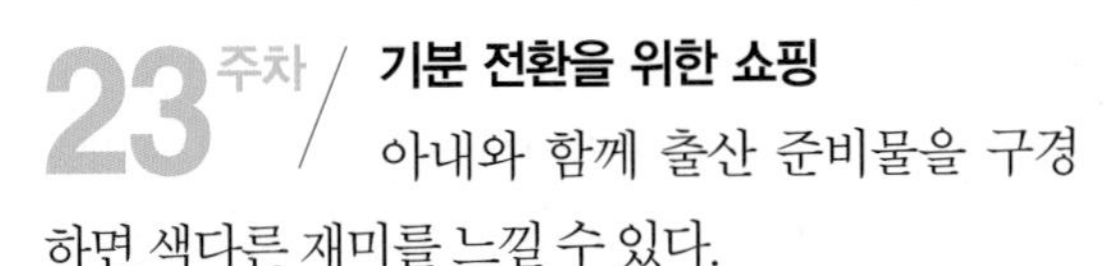

23주차 / 기분 전환을 위한 쇼핑

아내와 함께 출산 준비물을 구경하면 색다른 재미를 느낄 수 있다.

유모차, 카시트, 그네 등 앞으로 구입해야 할 것들을 구경해 보고 꼭 필요한 물건은 체크해 두면, 나중에 사러 올 때 시간과 비용이 줄어든다.

미리 유아 용품 박람회 일정을 알아두었다가 다녀와도 좋다. 국내 대부분의 업체가 참가하며 할인판매를 하거나 사은품을 주기 때문에 단시간에 많은 제품을 둘러볼 수 있다. 단, 인파로 붐빌 수 있으니 아내의 건강이 염려된다면 주의해야 한다.

집안에만 있으면 우울해지기 쉽다. 임신 중에 아내는 변하는 호르몬의 영향으로 감정의 기복이 매우 심해진다. 몸도 무거워지는데 마음마저 무거워지면 앞으로의 변화에 현명하게 대처하기 어렵다. 데이트를 신청하는 기분으로 아내를 밖으로 데리고 나간다.

23주차 / 정기 검진 갈 때

산부인과는 아내만 가는 곳이 아니다. 남편은 아내와 병원에 동행함으로써 더 많은 것을 함께할 수 있다. 예를 들어 최근 아내 몸에 생긴 변화들이나 성관계에 대한 문의, 또는 앞으로의 주의 사항 등을 함께 들을 수 있어 아내를 이해하는 데 많은 도움을 받을 수 있다.

아내의 변화를 이해하고 임신 진행 과정에 대해 알아 갈수록 보다 편안한 임신 기간을 보낼 수 있다. 앞으로 이루어질 출산 역시 더 쉬워질 것이다.

임신이란 아내와 남편이 함께 만들어가는 인생의 또 다른 장이다. 그런 만큼 남편 역시 아내의 임신에 깊이 관여하고 있어야 한다. 아내의 임신이 어떻게 진행되는지를 아는 것은 너무 당연한 일이다. 게다가 함께 병원에 가는 일은 자신과는 다른 몸에서 이루어지는 변화를 이해하고, 남편 자신의 의문점을 풀 수 있는 기회가 된다는 것을 기억한다.

7개월 | 아빠의 태교

다른 아빠들은 어떻게 할까? 내가 잘하고 있는 걸까? 문득 의문이 들 수도 있다. 같은 상황의 다른 아빠들을 만나서 서로의 고민과 정보를 공유하는 것도 좋다.

25주차 / 아기에게 편지 쓰기

이맘때가 되면 아기도 청각 기능이 발달하여 외부의 소리에 본격적으로 반응하기 시작한다. 좋은 음악으로 태교를 하는 것도 좋고, 무엇보다 엄마 아빠의 사랑이 담긴 목소리로 자장가를 불러 주는 것도 좋다.

이번에는 아빠의 마음을 그대로 담은 편지를 써 보는 것은 어떨까? 엄마 아빠가 아기를 기다리며 어떤 일들을 하는지 예쁜 편지지에 적어 본다. 아빠의 마음을 아기에게 전하는 것이니까 글재주에 자신이 없더라도 전혀 부담 가질 필요 없다.

아기가 발길질을 하거나 몸을 버둥거릴 때면 부드럽게 배를 쓰다듬으면서 다정한 목소리로 자장가를 불러 주는 것도 좋다. 아기의 심리 상태가 안정된다. 노래를 잘 부르고 못 부르는 것보다 얼마나 사랑을 담아서 노래를 부르는가가 중요하다.

26주차 / 미술관 데이트

엄마가 보고 듣는 것이 모두 태교가 되는 시기이다. 따뜻한 색감이 있는 미술 전시회에 가서 편안한 마음으로 그림을 감상한다. 이 시기에 태아는 가족의 목소리를 구분할 수 있다. 아빠가 다정한 목소리로 그림의 내용을 설명해 주면 태아가 아빠의 사랑을 느끼고 편안해한다.

27주차 / 다른 아빠들에게 물어보기

내 아내가 특별한 임신부처럼 느껴지지는 않나? 아니면 지금 당신이 처한 상황이 걱정스러운가? 다른 남편들은 도대체 이 상황에 어떻게 대처하고 있을까? 궁금하다면 베이비 커뮤니티에서 다른 아빠들을 만나 본다.

비슷한 만큼 비슷한 고민을 하는 다른 아빠들과 만나다 보면 그동안 속을 끓였던 일들, 해결되지 않아 고민이었던 일들의 해결 방법이 눈에 보일 것이다. 최소한 같은 고민을 하고 있는 아빠들과 함께 이야기를 나누면서 마음이 편해지는 것을 느낄 수 있다.

28주차 / 새 신발이 필요한 때

임신 초기에도 굽 높은 신발이나 하이힐을 신는 것은 곤란하다. 중기에 접어든 지금은 당연히 편안한 신발로 바꿔 신어야 한다. 배가 불러오면 몸의 중심이 뒤로 쏠리게 되어 걸음걸이가 힘들어진다. 넘어지기도 쉬우므로 발 폭이 넉넉해 꽉 조이지 않으면서 굽이 높지 않은 신발이 필요하다. 걷기 편한 신발은 굽이 3cm 정도의 것으로 바닥에 돌기가 있어 미끄러지지 않도록 된 것이 안전하다.

이맘때가 되면 발이 자주 붓는데 신던 신발이 발에 맞지 않아 고생하기도 한다. 그럴 때는 가장 편한 신발만 골라 신거나 새 신발을 구입한다. 예쁜 모양보다는 양말을 신고 신었을 때 가장 편안하게 발을 감싸 주는 신발을 고른다.

8개월 | 아빠의 태교

아내의 몸이 많이 무거워져서 활동하기 불편한 후기에 접어든 시기이다.

29주차 / 아내를 위한 깜짝 파티

몸이 점점 무거워져 자칫하면 늘어지기 쉬운 시기이다. 한 번쯤 아내를 위해 작은 파티를 열어 본다. 작은 풍선이나 촛불 하나만 켜고 준비한 작은 케이크로 아내를 감동시켜 보자.
더불어 카드에 지금까지 잘 견디는 아내에 대한 사랑과 무럭무럭 크고 있는 우리 아기에 대한 애정의 글을 써서 전한다면 세상에서 가장 멋진 아빠의 모습을 보여줄 수 있다.
많은 기혼 여성은 임신한 지 얼마 되지 않아 남편의 관심이 순식간에 사라진다고 불평한다. 아내가 바라고 원하는 것은 바로 남편의 작은 관심과 배려라는 걸 기억한다. 멋진 남편, 멋진 아빠가 되는 방법은 어렵지 않다. 아내를 생각하며 만든 작은 준비로 의외로 큰 행복이 찾아온다.

30주차 / 집안일을 좀 더 많이

배가 점점 불러 오면서 아내가 하기 힘든 일이 늘어난다. 이때쯤이면 남편의 집안일이 조금씩 늘어날 수밖에 없다. 아내가 전업 주부라도 남편의 일이 늘어나게 된다. 집안 청소에서 잠자리 정리까지 남편의 손이 많이 필요하다.
맞벌이 부부라면 좀 더 많은 일을 남편이 담당한다. 시장 보는 일에서 서랍 정리, 또는 음식 만드는 일까지도 남편의 손을 거쳐야만 할지도 모른다.
하지만 그런 남편의 도움이 없다면 아내 혼자 임신을 유지하기 벅차다. '남자가 무슨 부엌일이냐', '남녀의 일은 따로 있다'고 생각하지 말고 아내를 위해, 태어날 아기를 위해 아빠로서의 책임을 다하고 있다는 자부심을 갖는다. 아내를 위해 집안일을 마다 않는 당신이 최고의 남편이자 최고의 남자이다.

31주차 / 임신 후기, 아빠는 이렇게 해보자

임신 후기에 접어들면 하루가 다르게 배가 불러 와서 아내의 몸은 더욱 무거워진다. 숨

쉬기가 불편할 뿐만 아니라 옆으로 누울 수가 없어 밤잠을 설치기도 한다. 때문에 신경이 날카롭고 출산일이 다가옴에 따라 불안감이 극에 달하고, 배가 점점 불러와서 일상생활이 어려워진다. 따라서 이 시기에 남편은 아이를 맞이할 준비를 하고 아내의 마음을 진정시키도록 노력한다.

32주차 / 둘만의 낭만적인 저녁 식사

임신 후기에는 장거리 여행이나 사람들로 붐비는 장소에는 다니기가 어려워진다. 그렇다고 계속 집에만 있으면 스트레스가 더 쌓인다. 하루쯤 분위기를 바꿔 둘만의 가벼운 외출을 해 보자.

이제 아기가 태어나면 당분간 둘만의 시간을 갖기 어려우니, 이왕이면 전망 좋은 레스토랑이나 야외 자동차 극장 등 낭만적인 분위기를 연출할 수 있는 곳을 선택한다.

남편의 따뜻한 배려에 힘든 아내도, 태아도 감동할 것이다.

9개월 | 아빠의 태교

드디어 임신 말기에 들어섰다. 아내의 몸은 만삭이지만 컨디션을 유지할 수 있도록 아내와 함께 가볍게 산책한다.

33주차 / 아내와 함께 가까운 공원 산책

몸이 불편하다고 외출을 거의 하지 않는 경우가 많은데, 순조로운 출산을 위해서는 꾸준한 운동이 필요하다. 굽 높이가 2~3cm인 편안한 신발을 신고 집 근처 공원으로 가벼운 산책을 자주 나가도록 한다.

차가운 벤치에 앉는 것은 좋지 않으므로 남편은 작은 담요를 준비해 아내가 편안히 휴식을 취할 수 있도록 세심하게 배려한다. 피곤한 느낌이 오면 등을 편안하게 받친 자세에서 다리를 높여 휴식을 취한다. 이때 남편은 아내의 다리를 가볍게 주물러 주면서 피로를 풀어 준다.

Mom's 톡톡

9개월, 아빠가 할 수 있는 일

- ♥ 출산 후 아내에게 필요한 물건 구입하기
- ♥ 안락하고 안전한 아이 공간 만들기
- ♥ 하루 10분, 아내와 함께 산전 체조하기
- ♥ 아내와 가까운 공원으로 산책 나가기
- ♥ 아내가 숙면할 수 있는 환경 만들기
- ♥ 배 부른 아내가 할 수 없는 일 대신하기
- ♥ 출산에 대한 불안감 없애기
- ♥ 출산 준비물 목록 적기

34~35주차 / 출산 준비물 목록 점검

이제는 본격적으로 출산 이후를 준비해야 할 때이다. 아기에게 필요한 물건이 무엇인지 체크해 본다. 배냇저고리와 배냇 가운 등의 의류와 기저귀, 이불과 요, 베개 등 필요한 목록을 적는다.

가장 필요한 것이 무엇인지 우선순위를 정한다. 잠깐 동안만 써야 하는 것이라면 굳이 사지 말고 가까운 사람들에게 빌릴 수 있는지 물어본다. 빌릴 수 있는 것들을 제외한 마지막 남은 목록들은 어디서 어떻게 사야 할지 걱정될 것이다.

커뮤니티를 찾아 선배 엄마들에게 물어본다. 가장 싸고 좋은 유아 용품 전문점 목록이나 제품 평가를 받을 수 있다.

36주차 / 아내의 직장 계획

아내가 출산 휴가나 휴직 중이라면 출산 후에 다시 직장으로 복귀할지 상의한다.
아내의 직장에서 정한 출산 휴가 규정이 어떠한지, 직장을 다니면서 아이는 제대로 돌볼 수 있을지 세심하게 고려해 본다.
맞벌이를 원한다면 엄마 아빠가 없는 시간에 아기를 건강하게 돌보는 방법을 생각한다. 시부모님이나 친정 부모님의 도움을 받거나, 탁아 관련 시설을 이용할 수 있다. 하지만 방법을 정하기 전에 아내의 생각과 의지가 가장 첫 번째라는 걸 기억한다.

10개월 | 아빠의 태교

출산일을 기다리는 시기가 되었다. 시간이 가까워질수록 불안하고 두려운 아내를 다독이고, 마음의 여유가 없는 아내 대신 출산 용품을 체크한다.

37주차 / 아내와 태아 안심시키기

출산일이 가까워질수록 아내는 분만에 대한 두려움이 생길 수 있다. 하지만 아내에게 아기를 낳는다는 것은 인간의 본능에 가까운 일이라는 점을 상기시켜 준다. 위험이 있을 수도 있지만 출산 자체는 어려운 질병 수술과는 다르다.
의학이 충분히 발달하지 못했던 과거에도 아기를 제대로 낳았다. 중요한 것은 분만 자체를 두려워하지 않도록 남편이 도울 수 있어야 한다는 점이다. 최근에는 너무 삭막하기만 했던 분만 환경을 보다 자연스럽고 친숙하게 만들어 산모의 스트레스와 긴장을 풀어주는 방법이 많이 시도되고 있다.
출산일이 가까워질수록 아내의 두려움을 신경 써 준다. 엄마가 편안해야 품속에 있는 태아도 두려움 없이 세상에 나올 수 있다.

38주차 / 비상 연락망 점검

주위를 둘러보면 남편이 없을 때 진통을 겪다가 혼자서 출산하는 일도 종종 있다. 첫아이든 그렇지 않든 간에 출산할 때 남편이 곁에 없었다는 사실은 평생 서운한 기억으로 남는다. 특히 남편과 떨어져 있을 때 도움을 청할 사람이 아무도 없다면 매우 당황스럽다.
남편이 언제라도 연락을 받을 수 있는 전화번호, 시어머니나 친정어머니의 연락처, 가까이 사는 친척들, 친구들 등 가능한 연락처를 찾아 잘 정리한다. 휴대폰과 수첩에 정리해서 아내가 항상 휴대하게 하면 한결 마음이 가벼워질 것이다.

39주차 / 진통이 시작된 아내 케어하기

처음 아내의 진통을 지켜보는 남편은 대부분 당황해하는데, 기본적인 원칙만 익히면 된다. 진통부터 출산까지는 산모 스스로 할 수 있는 게 거의 없기 때문에 남편이 신속하고 정확하게 수속을 밟아야 한다.

Mom's 톡톡

진통이 왔다! 병원에 도착한 뒤 어떻게 할까?

❶ 원무과에 접수부터 한다.
❷ 입원 수속을 신속하게 밟는다.
❸ 보호자 대기실에서 인터폰으로 아내의 상황을 물어본다.
❹ 면회 시간을 확인한다.
❺ 대기실에서 기다리는 동안 가까운 친인척과 직장에 연락을 한다.
❻ 아내의 통증을 완화시켜 주도록 노력한다.
❼ 아내에게 먹을 것을 주지 않는다.
❽ 출산하는 순간을 준비한다.

40주차 / 아기가 태어난 후 할 일

아내에게 감사의 인사

새 생명을 탄생시키기 위해 열 달 동안 애쓴 아내에게 짧은 한마디라도 직접 감사의 뜻을 전한다. 생각만으로 뜻이 전해질 것이라고는 생각하지 말자.

아기의 첫 모습 촬영

병원마다 분만실 환경이 다르므로 담당 의사와 상의한 후에 분만 과정을 촬영한다. 일반 카메라의 플래시에 아기가 놀랄 수 있으므로 주의해야 한다. 신생아실로 가기 전까지 아기의 모습을 담아 놓는다.

신생아 정보와 주의사항 메모하기

아기가 신생아실로 옮겨지기 전에 태어난 시간, 성별, 몸무게, 산모의 이름을 담당 간호사와 함께 대조한다. 확인이 끝나면 신생아실과 관련된 내용, 아기에 대한 여러 가지 주의사항을 듣는데, 이때 꼼꼼하게 메모해 두었다가 아내에게 전한다.

아내의 나머지 짐 꾸리기

입원 기간 산모와 보호자에게 필요한 물건을 챙겨 온다. 병원에서 신을 슬리퍼, 간단한 침구류, 갈아입을 옷 등을 꼼꼼히 챙긴다.

임신 중 성관계

임신을 하면 성관계를 가질 수 없다고 생각하는 사람이 많은데 그렇지 않다. 임신 중 성관계는 여러 가지 체위를 연구할 수 있는 소중한 시간이 될 수 있다. 임신 전보다 제약이 많이 따르는 것은 사실이지만 그럴수록 창의적인 아이디어를 내는 노력이 필요하다.

♥ 임신 초기 | 성관계

성욕이 감퇴되기 쉽다

임신 초기에는 호르몬의 변화로 신경이 예민해지고, 쉽게 피로를 느낀다. 유선이 발달함에 따라 유방에도 통증을 느끼고 자궁이 긴장하여 많은 임신부가 성욕 감퇴를 느낀다. 그래서 남편의 요구에 마지못해 응하는 여성들이 많다.

반대로 정신적 만족감이나 편안한 휴식, 충분한 영양 섭취 등으로 오히려 성욕이 증가하는 경우도 있다. 특히 신혼에는 임신을 해도 이전처럼 성관계를 계속하기도 하는데, 아직 안정적이지 못한 태아를 생각한다면 위험한 일이다.

자극적인 체위는 피한다

임신을 했다고 당장 성관계를 중지할 필요는 없다. 하지만 임신 초기는 아직 태반이 완성되지 않아 유산의 위험이 높으므로, 배를 압박하거나 결합도가 높은 체위는 피해야 한다. 너무 깊이 삽입하거나 강한 오르가슴을 느끼는 체위는 자궁 전체를 자극한다. 횟수는 줄이고, 시간은 짧게 하는 것이 기본이다.

움직임이 적고 배를 압박하지 않는 체위를 선택하되 한 동작을 장시간 하지 않는다.

임신기에는 호르몬의 영향으로 신경이 예민해져 있으므로, 대화와 스킨십으로 친밀감을 높여 횟수는 줄이고 스킨십을 늘리는 것도 하나의 방법이 될 수 있다.

특히 임신 초기에 유산한 경험이 있을 때, 임신 중에 출혈이 있었을 때, 조산한 경험이 있을 때, 모체가 외부 병원균에 감염되었을 때, 골반에 통증이 느껴질 때, 양수가 터지거나 샐 때, 자궁경관이 확장되었을 때는 성관계를 피해야 한다.

정상위

정상위 변형

교차위

임신 초기의 체위

정상위

남자가 무릎과 두 손을 바닥에 대고 결합하는 자세이다. 아직은 배가 부르지 않아서 임신 초기까지는 정상위를 해도 좋다. 압박감을 그다지 느끼지 않으면서 삽입도 깊지 않다.

신장위

남녀 모두 몸을 길게 펴서 결합하는 신장위는 가볍게 할 수 있어 임신 초기에 가장 알맞다. 남자의 몸이 둔해지는 체위이므로 그다지 무리가 따르지 않는다.

정상위 변형

남편이 무릎과 팔로 바닥을 짚고 허리를 들어 몸을 지탱하므로 삽입이 얕고 아내의 배를 압박하지 않는다.

교차위

남자가 약간 몸을 비틀어서 결합하는 교차위도 깊게 삽입되지 않으며 배에 가해지는 압박감을 줄일 수 있어 그다지 무리가 없는 체위이다.

성관계는 짧게

아직 배가 나오지 않았기 때문에 과도한 체위를 시도하기 쉽다. 하지만 임신 11주까지는 유산의 위험이 있으므로 결합은 얕게, 시간은 짧게 하며 되도록이면 성관계를 자제하는 것이 좋다.

움직임이 적고 배를 압박하지 않는 체위를 선택하되 한 동작으로 장시간 하지 않는다. 통증, 출혈, 배당김이 나타나면 즉시 중단하고 휴식을 취한다.

남편이 기억해야 할 것

임신 중 성관계는 아내에게 부담이 될 수 있다. 남편은 아내가 성관계를 갖고 싶어도 아기를 지키고 싶은 모성 본능 때문에 참는다는 사실을 기억한다. 지나친 요구를 자제하고, 욕구 해결이 힘들더라도 외도를 하는 것은 서로 간의 신뢰에 금이 가는 행동이므로 절대적으로 금해야 한다.

임신부 중에는 성관계를 하지 않아 남편의 사랑이 식었다고 우울해하기도 한다. 성관계를 갖지 못할 때는 포옹이나 키스를 자주 해 주고, 성관계를 가질 때는 전희에 소홀하지 않도록 한다. 또한 자기 비하의 말은 삼가도록 하며, 자신을 책망하는 언어보다는 사랑한다는 말을 더 많이 해 주는 것이 좋다. 하루하루 달라지는 아내의 몸 상태를 체크하면서 아내와 함께 조심스럽게 성관계를 한다.

♥ 임신 중기 | 성관계

안정된 성관계 가능

임신 4개월부터 중기에 들어서면 태반이 완성되어 불안한 기분을 벗어 던지고, 편안하게 성관계를 즐길 수 있다. 또한 임신부의 몸이 편해지면서 성욕도 증가하는 편이다. 입덧이나 피로감이 사라지고 태반이 완성되는 시기이므로 유산 위험으로부터도 어느 정도 안심할 수 있다.

자궁이 점점 커져 배가 나오기 때문에 남편의 체중이 배를 압박하는 체위는 피하는 것이 안전하다. 오르가슴을 느낄 때 자궁이 수축되고 태동이 감소할 수도 있지만 곧 원상태로 회복되므로 너무 예민해질 필요는 없다. 섹스 후에 일시적으로 배가 묵직해지기도 하는데, 옆으로 누워 휴식을 취하면 없어지므로 걱정하지 않아도 된다.

복부를 압박하는 체위는 피한다

아내가 앞으로 구부정한 자세를 취함으로써 삽입의 깊이를 조절하고 남편이 상반신을 일으키는 자세로, 아내의 복부를 압박하거나 자궁에 자극을 주지 않도록 조심한다. 남편이 팔꿈치나 손바닥으로 자신의 체중을 떠받치는 자세가 좋으며 옆으로 누워서 서로 바라보는 전측위 등의 자세를 취하는 것이 바람직하다.

임신 중기의 체위

전측위

남녀가 마주 보는 자세로 남편은 다리로 아내의 다리를 감싸고, 손바닥에 체중을 싣는다.

후배위, 전좌위

배에 압박이 가해질 염려가 없는 후배위와 전좌위는 결합의 깊이를 자유롭게 조절할 수 있다는 장점이 있다. 이밖에도 남자가 밑에 눕고 여자가 그 위에 앉는 듯한 자세로 배에 압박을 주지 않는 방법도 있다.

너무 자주하지 않는다

입덧이나 피로감이 사라지고 태반이 완성되는 시기로, 유산 위험으로부터 어느 정도 안심할 수 있다. 피임의 부담이 없고 임신부의 몸이 임신에 적응하면서 성욕이 왕성해져 그 전보다 자주 섹스를 하게 되는데, 이럴 때일수록 성관계를 조심스럽고 소극적으로 하는 것이 안전하다.

태동에 주의를 기울인다

오르가슴을 느끼면 자궁이 수축되고 태동이 감소할 수 있다. 대부분 섹스가 끝나면 좋아지지만, 갑자기 태동이 심해지면 태아가 힘들다는 것이므로 가벼운 체위로 바꿔 보고 전희 과정을 즐기며 삽입 시간을 줄인다. 그래도 나아지지 않으면 섹스를 중단하고 태동이 정상적으로 돌아오는 것을 확인한다.

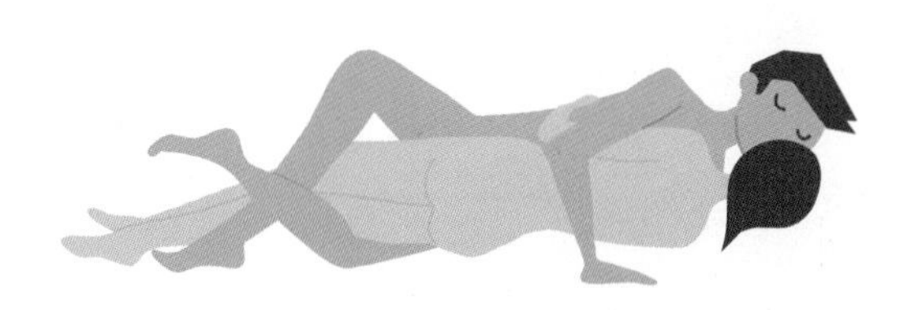

전측위

후배위, 전자위

횟수는 줄이고 스킨십을 늘린다

호르몬의 영향으로 신경이 예민해져 있는 때이므로 대화와 스킨십으로 친밀감을 높인다. 남편의 요구에 억지로 응하기보다는 자신의 상태를 이해시키고 스킨십을 늘려 서로가 만족할 수 있는 방법을 찾는다.

전희를 충분히, 길게

임신 중에는 질이나 자궁의 점막이 충혈되어 상처를 입기 쉬우므로 삽입은 질이 충분히 촉촉해진 상태에서 해야 한다. 감염의 위험이 있으므로 전희 과정에서 남편이 아내의 질에 손가락을 넣어 애무하는 것은 삼간다.

성관계를 한 후에는 깨끗이 씻는다

임신 중 질은 점막이 민감해져 잡균이 발생하기 쉬운데 성관계가 원인이 되어 감염을 일으키는 경우도 있다.

특히 남성은 성기를 청결하게 하지 않으면 이물질이 끼기 쉽고 성병에 감염될 우려가 많으므로 임신 중 성관계 전후에는 반드시 깨끗이 씻는다.

유두를 심하게 자극하지 않는다

유두를 자극하면 반사적으로 옥시토신이라는 호르몬이 분비되는데, 이 호르몬은 자궁 수축을 촉진한다. 조산이나 유산의 가능성이 있는 고위험 임신부는 유두를 지나치게 자극하는 애무는 피한다.

♥임신 후기 | 성관계

성욕이 감퇴되고 체위가 제한된다

임신 후기에는 가끔씩 배가 당기고 자궁경관에서의 분비물도 늘어나며 가슴이 커지는 등 몸이 분만을 준비하는 시기이다. 신체 변화가 급속도로 빨라져 성욕이 자연스럽게 떨어진다. 임신 8개월 이후에는 출산을 앞두고 자궁 입구나 질이 약해지고 충혈된 상태라 상처를 입기 쉬우므로 격렬한 성관계는 절대 금물이다.

임신 8개월부터는 자궁 입구와 질이 연해지고 충혈되어 상처를 입기 쉬우므로 성관계 시 각별히 주의한다.

이때 가장 무난한 자세는 옆으로 누워 여성의 배후에서 삽입하는 자세이다. 조산의 위험을 피하기 위해 남편은 삽입의 깊이와 시간을 잘 조절한다.

무리한 자극은 조산의 원인

임신 후기에는 질내의 산성도가 낮아지고 세균이 침투하기 쉬운 상태가 된다. 안전한 출산을 위해서는 병원균뿐만 아니라 잡균도 최소한으로 억제한다. 또한 거친 섹스는 조산이나 조기 파수를 일으킬 수도 있다. 무리한 자극을 피하고 항상 청결을 유지한다. 특히 말기의 6주와 출산 후 6주는 관계를 금해야 한다. 80일 이상 되는 기간 성관계를 금한다는 것이 힘들 수도 있다. 남편의 성적인 만족을 위해 아내의 따뜻한 배려가 필요한 때이다.

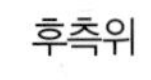
후측위

후좌위

임신 후기의 체위

후측위

아내는 상체를 들지 않고 베개를 베고 옆으로 편안하게 눕는다. 남편이 아내의 뒤에서 감싸는 자세이다. 아내의 배에 전혀 무리가 없고 질이나 자궁구 손상을 최소한으로 줄이는 체위이다.

후좌위

아내의 등이 가슴에 닿도록 허벅지 위에 아내를 앉히고 삽입한다. 아내는 가능한 다리를 오므리고 남편은 아내의 가슴을 감싸 애무한다. 조산을 방지하기 위하여 삽입은 깊지 않게, 소극적으로 하는 것이 좋다.

콘돔, 임신 후기의 필수품

임신 중 여성의 질 벽은 상당히 예민해져 있고, 분비물도 증가해 세균 감염을 일으키기 쉽다. 콘돔을 사용하면 질 내 세균이 침투하는 것을 막을 수 있다. 또한 정액에는 자궁 수축을 유발하는 프로스타글란딘이라는 호르몬이 있고, 정액은 강한 산성이어서 질 내에 퍼지면 자궁이 수축하므로 조산이 될 수 있는 임신 후기에는 콘돔을 사용한다.

막달에는 성관계를 출산 후로 미룬다

유산이나 조산의 위험이 있는 경우, 전치태반의 경우는 성관계를 피하는 것이 안전하다. 임신 후기에는 섹스로 세균 감염, 양막 파열을 초래할 수 있으며 조산의 위험도 높아진다.

출혈이 있거나 하복부 통증 등이 있는 경우, 질에서 느끼는 불쾌감이 심할 때에도 성관계를 자제한다.

Part 3
출산

안전하고 건강한 출산을 위해서는
여러 가지 출산 준비가 필요하다.
순산을 위한 호흡법, 운동법, 근육 이완법, 체력 관리 등
아기를 소중히 맞이하고 엄마의 건강을 지켜 주는 방법들을 알아 두자.

출산 준비

엄마는 분만 예정일이 가까워질수록 열 달간 함께한 아기를 만날 수 있다는 생각에 설레어서 잠이 오지 않기도 하고, 출산에 대한 두려움이 들기도 한다. 이때 특히 아빠의 역할이 중요하다. 진통 완화와 순산을 위한 훈련법을 함께하고, 엄마 대신 입원 및 출산 준비물을 미리 챙겨 두면 안전한 출산 준비를 할 수 있다.

출산★

진통 완화와 순산을 위한 훈련법

분만 시 도움을 주는 라마즈호흡법, 순산을 위한 근육 훈련법과 긴장을 완화시키는 이완법을 익히면 출산으로 인한 스트레스와 통증을 감소하고, 산후 회복에도 도움이 된다.

진통을 완화시키는 호흡법

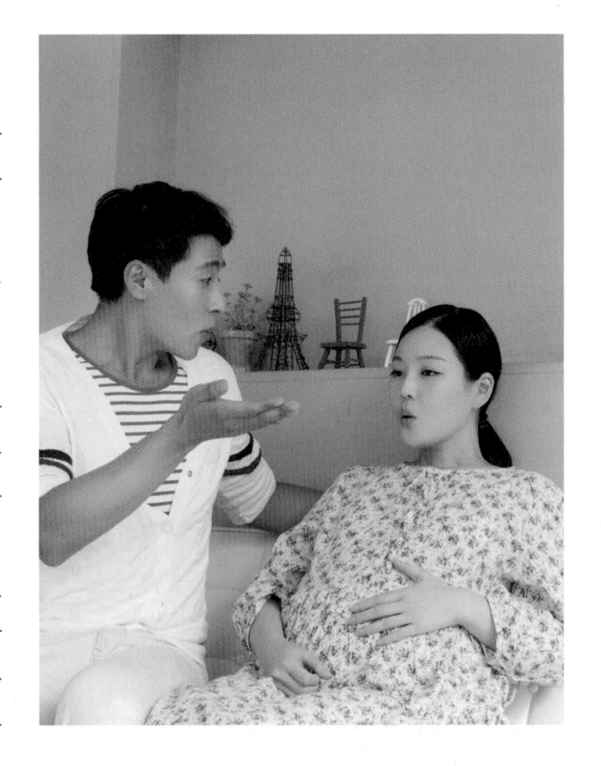

호흡법의 목적은 산소를 체내에 충분히 공급해 산모의 근육이나 조직의 이완을 돕고 태아에게는 산소 공급을 원활히 해 주는 것이다. 또한 분만할 때 리듬을 주어 호흡함으로써 진통에 집중이 되어 있는 관심의 초점을 호흡 쪽으로 분산시켜 통증을 덜 느끼게 한다.

라마즈 호흡법은 흉식 호흡의 기본으로 흉골이나 늑골이 움직이기 쉽고 호흡 횟수도 늘어나므로 분만 시에 많은 도움을 준다. 그러나 복식 호흡도 무관하며, 임신부 자신이 편한 방법이면 된다.

같은 호흡법이라도 각자에게 적당한 호흡수가 다르므로 그에 맞는 연습을 해야 한다. 우선 본인의 정상 호흡수를 알기 위해 편안한 상태에서 1분간 호흡수를 여러 번 측정하여 평균치를 계산한다. 보통 1분간의 정상 호흡수는 17~22회이다.

진통이 강해지면 호흡이 빨라지는 경향이 있는데, 이때는 과호흡에 주의한다. 과호흡은 본인의 정상 호흡의 두 배 이상을 하거나 호흡량이 너무 많을 때 일어나는 현상이다. 이산화탄소가 부족하면 호흡중추의 조절 능력이 떨어져 현기증이 나거나, 손 다리가 저리고, 심하면 경련이 일어날 수도 있다.

이럴 때는 두 손을 입 앞에 모으거나 종이 봉투를 입에 대고 내쉰 숨을 다시 들이마셔야 한다.

전기 호흡(느린 흉식 호흡 – 잠행기)

호흡은 이완과 연상을 충분히 하여 실시하며 최대한 이완을 돕기 위해 호흡은 부드럽게 천천히 한다.
진통의 시작과 끝에는 천천히 심호흡을 한다. 성인 정상 호흡수의 1/2~2/3 정도로 잠을 잘 때처럼 깊이 느리게 호흡한다. 심호흡→느린 흉식 호흡 6회→심호흡 순이다.

중기 호흡(빠른 흉식 호흡 – 활동기)

활동기에는 산모가 당황하여 호흡 조절이 어려워지므로 정상 호흡수의 1.5~2배로 빠르게 한다. 1분 호흡수가 20회인 경우를 기준으로 할 때 30회 정도 실시한다. 1회 호흡에 2초 소요, 1초 들이쉬고 1초 내쉬는 호흡을 한다.

후기 호흡(이행기)

이행기에는 산모가 혼자 조절하기 힘들어지므로 옆에서 간호사나 남편이 호흡을 유도해 준다. 속도는 중기 호흡과 같으나 3번이나 4번에 한 번씩 한숨 쉬는 듯한 '히-히-히-후'호흡을 한다.

만출기 호흡(분만 2기 호흡)

진통이 오면 심호흡을 2회 하여 입을 다물고 아래로 힘을 주어 6초 동안 힘을 주고, 빠르게 내쉬고 다시 들이쉰 후 다시 6초 동안 힘을 준다.
진통이 있을 때만 대변 볼 때의 느낌으로 힘을 준다. 산모와 태아의 스트레스 감소에 도움은 되지만, 너무 오래 호흡을 참으면 산모가 쉽게 피곤해지고, 태아에게 산소가 부족해질 수도 있다. 몸을 둥글게 하고 골반을 기울이며 다리와 회음부는 힘을 빼는 편안한 자세를 취한다.

순산을 위한 근육 훈련

임신 기간을 건강하게 보내고 순산하기 위해서는 정신적인 안정은 물론 신체적인 변화에 대처할 수 있는 준비가 필요하다. 임신 중 운동량의 감소와 체중 증가, 체형 변화로 근육과 관절, 인대 등이 다치지 않도록 미연에 예방하고, 임신이 진행되는 동안 생기는 호흡계나 순환계의 변화에 대처할 수 있도록 호흡, 이완, 수축법 등 보조 운동이 필요하다.
또한 이런 운동을 꾸준히 하면 생활의 활력이 생겨 스트레스를 감소시킬 수 있고 출산 시 통증을 완화하고 산후 회복에도 도움이 된다.

근육 강화 및 유연 운동

가볍게 땀을 흘리며 약간 빠른 속도로 걷기, 산책, 물 안에서 걷기 또는 수영, 천천히 계단 오르내리기 등이 있다.

목 운동

① 바른 자세로 편안하게 앉아 눈을 감고 턱이 가슴에 닿을 정도로 앞으로 숙인다.

② 천천히 턱을 돌려 오른쪽을 바라본 후 다시 고개를 천천히 앞으로 숙인다.

③ 같은 방법으로 왼쪽 방향도 실시하고 목을 돌리며 코로 숨을 들이마시고 턱이 어깨와 일직선이 되면 숨을 내쉰다. 같은 동작을 3회 이상 반복한다.

허벅지 안쪽 강화 운동

① 바닥에 앉아 발바닥을 서로 마주보게 붙이고 양손으로 무릎을 감싼다.

② 무릎을 바닥으로 튕기듯이 내렸다 다시 올린다.

쪼그려 앉기

① 양팔을 앞으로 들어올린다.

② 팔을 곧게 펴서 손바닥은 아래를 향하도록 한다.

③ 중심을 잡으며 무릎을 천천히 구부리면서 쪼그려 앉는 자세를 취한다. 이때 가능한 한 다리를 넓게 벌려서 쪼그려 앉고 균형을 잡기 위해 팔은 그대로 앞으로 향한다.

④ 숨을 깊이 들이 마시고 '후~' 하고 소리를 내어 입을 벌려 숨을 내쉰다.

다시 일어서서 같은 동작을 5회 이상 반복한다. 단, 정맥류인 임신부, 조산 위험이 있는 임신부는 금한다.

질 회음부 운동

근육을 강화시켜 자궁을 지지하고 분만 시 회음부의 손상을 최소화하기 위한 것으로 산후 요실금을 예방할 수 있으며 치질 예방 및 성관계에도 도움된다.

① 방광이 차 있는 상태에서 소변을 볼 때 소변을 보다가 중단하기를 방광이 완전히 비워질 때까지 계속하며 관련 근육에 집중한다.

② 배뇨 시가 아니어도 같은 느낌으로 질 회음 근육의 수축 이완 연습을 반복한다.

③ 한번에 15회씩 하루에 6번 이상 반복 실시하고 수축은 3초간 유지한다.

긴장을 완화시키는 이완법

이완법은 교감 신경계의 활동을 부교감 신경계의 활동으로 바꿔서 긴장을 완화시켜 이완을 도모하는 것이다.

이완 반응이란 불안이나 골격근의 긴장이 없는 상태이며 마음과 근육이 조용하고 평안한 상태로서 산소 소모량 감소, 호흡률 감소, 심박동수 감소, 근육 긴장 감소, 고혈압 감소, 뇌파 중 알파파 증가의 효과가 있다.

이완법을 산과에 적용시킨 라마즈법은 모든 근육에 힘을 주어 긴장시켰다가 모든 근육을 이완시키는 것이다. 분만 시 간호사나 남편은 신체의 부분을 움직이는 것을 돕거나 잡아 주면서 산모 몸의 각 부분의 이완 상태를 확인해 준다.

또한 긴장 상태의 근육을 최대한 이완해 분만의 고통을 줄이는 것을 목표로 하는 것이니만큼 자신의 신체 부위의 근육이 긴장될 때와 이완될 때의 감각이 어떻게 다른지 그 차이를 느낄 수 있도록 매일 이완 운동을 반복하는 것이 효과적이다.

이완 운동을 위한 준비

실내 온도가 너무 덥거나 춥지 않도록 한다. 안경이나 콘택트렌즈를 빼고 실내를 약간 어둡게 한다. 공복 상태에서 하는 게 좋다.

이완 방법

운동하는 동안 매 단계마다 신체의 일부를 긴장시킨 후 이완시켜 긴장과 이완이 전파됨을 인지한다.

① 한쪽 다리를 긴장시키면서 동시에 몸의 다른 부위는 이완시킨다. 보조자는 몸의 다른 부위가 이완되었는지 손으로 만져 점검한다.

② 번갈아 가면서 신체의 일부를 긴장시키고 동시에 몸의 다른 부위는 이완시켜 보조자로 하여금 이완 정도를 점검한다.

③ 임부가 진통이 오는 동안 어떻게 자신의 몸을 이완시킬 것인지에 대한 방법을 알려준다.

보조자(남편)의 행동

아내에게 수축, 이완에 대해 지시한다. 이때 같은 말을 반복하여 사용해야 한다. 시각적으로 이완이 되는 광경을 묘사하여 아내가 이완을 잘할 수 있도록 도와준다.

손바닥이나 손가락을 사용하여 신체의 중앙인 배 부위를 중심으로 바깥쪽으로 마사지한다.

이마, 턱, 어깨, 오른팔, 왼팔, 복부, 엉덩이, 산도, 오른쪽 다리, 왼쪽 다리의 순서로 수축과 이완을 반복한다.

운동할 때 주의점

❶ 공복에 실시하고 준비 운동을 철저하게 한 후 적은 양부터 시작한다.
❷ 적어도 일주일에 3회 이상 꾸준히 하고 운동의 종류는 다양하게 하되 한 운동을 15분을 넘지 않게 한다.
❸ 하루 최소 1L 이상의 물을 마시고 충분한 영양을 섭취한다.
❹ 운동 시 통증이 느껴지거나 숨이 가쁘면 즉시 중단한다.
❺ 너무 덥거나 습기 찬 날씨에는 운동을 삼가는 게 좋다.

출산 준비와 컨디션 조절

출산이 가까워지면 아기를 맞는다는 기대감과 함께 진통이나 출산에 대한 두려움이나 불안감을 느끼기도 한다. 편안한 마음으로 분만을 기다리며 출산에 도움이 되는 운동과 호흡법 등 지금까지 익힌 것을 꾸준히 연습하고 출산 후 필요한 준비물도 미리 점검한다.

출산을 위한 컨디션 조절

분만 예정일이 가까워질수록 몸을 따뜻하게 하여 감기나 소화불량에 걸리지 않도록 주의한다.

임신 10개월에 들어서면 아기가 밑으로 내려가면서 위에 부담이 줄어 식욕이 당기게 되므로 체중이 급격히 증가하기 쉽다. 과식이나 운동 부족으로 인해 살이 찌는 일이 없도록 주의한다.

출산하는 당일에는 소화하기 쉽고 영양가가 높은 음식을 먹는 게 좋다. 출산 때 관장을 하지만, 가능한 한 변비를 막을 수 있도록 섬유질이 많은 식품을 먹는다. 초산인 경우는 중간에 응급 수술을 하는 경우도 있으므로 가볍게 식사를 한다.

출산 예정일 2~3주 전부터는 충분한 수면과 휴식도 중요하지만 걷는 운동이 순산에 도움을 줄 수 있다.

분만 예정일이 가까워질수록 언제 출산할지 모르니 샤워는 매일 하고 외음부의 청결에 특별히 신경 쓴다.

출산 계획서 작성하기

출산 계획서를 작성한다. 출산 전에 내가 원하는 것, 준비할 것을 꼼꼼히 정리해 놓으면 그만큼 특별하고 편안한 출산이 될 수 있다.

이렇게 계획서를 작성하는 이유는 좀 더 안전하고 만족스러운 출산을 위해서이다. 임신 과정에서 무엇보다 중요한 것은 바로 아기의 건강과 안전이다. 항상 이 사실을 잊지 말고 최선의 노력을 다한다.

기본 정보

본인 이름	
산부인과 주치의 이름	
출산 센터 또는 병원	
출산 예정일	년 월 일

입원 가방 챙기기

막상 진통이 시작되어 병원에 급하게 입원하면 잊고 가는 물건이 많다. 출산이 가까워지면 출산 준비물을 미리 챙겨 둔다.

급히 병원으로 가야 할 때는 입원에 꼭 필요한 산모 수첩, 건강보험증, 진찰권, 도장, 약간의 현금 등을 챙겨서 출발 직전에 다시 한 번 체크한다. 갈아입을 옷이나 복대, 아기 용품 등 출산 당시에 필요하지 않거나 부피가 큰 것은 가족들에게 가져오도록 부탁한다.

입원 시 필요한 것

병원에 입원할 때 일반적으로 필요한 건강보험증, 신용카드, 현금 등은 물론 진통 시간을 체크하기 위한 초침 달린 시계를 준비한다.

- 건강보험증, 모자 보건 수첩, 신분증, 병원 진찰권
  : 임신을 확인하는 순간부터 정기 검진 때마다 사용하는 것들이므로 작은 손가방에 잘 챙겨 두고, 임신 말기에는 외출할 때도 항상 가지고 다닌다.
- 휴대전화
- 산모 수첩
- 도장
- 신용카드 외에 현금은 입원 중 비상금으로 10만~20만 원을 준비한다.
- 초침 달린 시계
- 진통 시간과 간격을 재고, 분만 진행 과정을 체크하기 위해 필요하다. 숫자와 바늘이 커서 눈에 잘 보이는 것으로 준비한다.

입원 중 필요한 것

산모가 입을 속옷은 물론 출산 후 오한이나 찬 기운을 막아 줄 여분의 옷과 양말 등이 필요하다. 수유를 위한 유축기, 가제 손수건 등도 준비한다.

Mom's 솔루션

우리 아기에게 꼭 필요한 출산용품 체크리스트

분류	용품	갯수	가이드	선물 or 받을 품목	구매
의류 용품	배냇저고리	2~3장	여름에 태어나는 아기는 조금 더 넉넉히 준비한다.	○	○
	속내의	2~3벌	기저귀를 채우고 그 위에 덧입히므로 넉넉한 사이즈로 구입한다.	○	○
	손싸개, 발싸개	2켤레	외출 시 여름에도 발싸개는 착용하는 것이 좋다.	○	○
	우주복	1벌	모자가 달리고, 기저귀 갈기 편리하도록 된 것을 선택한다.	○	○
	모자	1개	끈으로 조절이 가능하고, 털모자는 안쪽에 자극이 없도록 면이 덧대 있어야 한다.	○	○
	턱받이	2~4장	생후 3개월 이후 사용한다.	○	○
침구 용품	이불, 요	1세트	이불 홑청은 지퍼나 단추로 된 것이 세탁할 때 편리하다.	○	○
	속싸개	2~3장	흡수력이 좋고 부드러운 순면으로 준비한다.	○	○
	겉싸개 보낭	1개	태어나는 계절이 겨울이라면 보낭을, 여름이라면 겉싸개를 준비한다.	○	○
	베개	2개	좁쌀베개나 메밀베개로 준비한다. 짱구베개는 생후 1개월 이후 사용한다.	○	○
	방수요	2개	침대 또는 요 위에 깔아 두면 좋다.	○	○
	아기 띠	1개	앞으로 매는 것이 아기 상태를 확인하기 좋다.	○	○

분류	용품	갯수	가이드	선물 or 받을 품목	구매
수유 용품	젖병	3~4개	모유 수유 시 2~3개, 분유 수유 시 5~8개를 준비한다.	◯	◯
	젖꼭지	3~4개	젖꼭지는 매일 소독하므로 자주 교환한다.	◯	◯
	젖병 세정제	2켤레	세정제 세척 후에도 자주 열탕 소독한다.	◯	◯
	젖병 세척솔	1개	젖병 크기에 맞게 준비한다.	◯	◯
	소독기	1개	냄비가 적당하지 않을 때 준비한다.	◯	◯
	보온병	1개	밤중 수유나 외출 시 유용하다.	◯	◯
	유축기	1개	수동보다는 전동이 좋다.	◯	◯
	분유 케이스	1개	외출 시 필요하다.	◯	◯
목욕 용품	가제 수건	1세트	수유나 목욕 시 다양하게 사용하므로 넉넉히 준비한다.	◯	◯
	체온계	1개	전자 체온계가 더 편리하다.	◯	◯
	목욕 타월	2개	아기 몸 전체를 감쌀 수 있도록 큰 것을 준비한다.	◯	◯
	아기 욕조	1개	미끄럼 방지가 되는 아기 전용으로 준비한다.	◯	◯
	로션, 오일, 파우더, 비누	1개	저자극성, 아기 전용으로 준비한다.	◯	◯
	손톱 가위	1개	신생아용으로 준비한다.	◯	◯
	면봉	1케이스	항균 처리 면봉, 면봉대는 종이 또는 플라스틱으로 된 것을 준비한다.	◯	◯

BABY

step 2 출산 과정

건강한 출산 과정의 첫 단계는 분만의 징후를 정확히 감지하여 병원으로 가는 시점을 아는 것이다. 병원에 가기 전에 미리 해 두어야 할 일을 점검하고 미리 분만 과정을 공부하면 엄마와 아기 모두 건강한 출산 과정을 맞을 수 있다.

출산★

분만을 알리는 신호

분만의 징후로는 태동이 거의 느껴지지 않거나, 이슬이 보이거나, 생리통 같은 진통 등이 있다. 이런 분만의 징후가 나타난 후 규칙적인 간격으로 진통이 나타나거나, 양수가 흐르거나 많은 양의 출혈, 복통이 나타나면 서둘러 병원으로 간다.

분만의 징후

출산 징후는 여성마다 약간씩 다르지만 15~10분 정도 일정한 간격으로 진통이 오다가 강도가 점점 강해지고, 시간이 지날수록 간격이 짧아진다. 허리 아래가 계속 아프고 특히 생리통과 비슷한 느낌이 든다. 양수가 흐르거나 피가 약간 묻는 등의 공통적으로 생기는 분만의 징후들이 있다.

이런 증상이 나타나기 전에 자궁경부를 막고 있는 점액전(粘液栓)이 나오기도 한다. 흔히 '이슬이 비친다'고 한다. 하지만 이슬이 비쳤다고 해서 당장 출산이 시작되는 것은 아니다. 이때부터 서서히 마음의 준비를 하고 병원에 갈 준비를 하면 된다.

진통이 5~10분 간격으로 규칙적으로 오거나 양막이 터진 경우, 혈액이 분비된 징조가 보이면 즉시 병원으로 가야 한다. 만약에 질 출혈, 발열, 심한 두통, 시력 변화, 혹은 복통의 증상이 있으면 의사에게 이야기한다.

태동이 거의 느껴지지 않는다

활발하게 움직이던 아기가 골반 속으로 들어가

움직임이 적어진다. 따라서 태동을 거의 느끼지 못하고 불안한 생각이 들 수도 있다.
이런 경우 왼쪽으로 누워 잠시 동안 휴식을 취하면 미약하나마 태동을 느낄 수 있다. 만약 이렇게 했는데도 아기의 움직임을 전혀 느낄 수 없다면 빨리 진찰을 받는다.

배가 처져 보인다

출산이 임박해지면 아기의 머리 부분이 아래로 내려가 골반 속으로 들어가기 때문에 겉에서 보면 배가 아래로 처져 있는 모양을 하고 있다. 또 숨 쉬기도 편해지고, 몸도 약간 가벼워지는 것을 느낄 수 있다.

몸이 많이 붓는다

출산이 가까워질수록 몸이 잘 붓고, 얼굴도 푸석푸석해진다. 이는 자궁이 커져서 혈액순환이 잘 안 되기 때문인데, 다리나 팔 등을 마사지하고 따뜻한 물로 가볍게 샤워하면 혈액순환이 잘되고 기분도 상쾌해진다.
만약 붓는 정도가 심하고 휴식을 취해도 잘 가라앉지 않는다면 부종이 의심되므로 진찰을 받는 것이 좋다.

배가 자주 뭉치고 당긴다

허리와 등이 아프기도 하고, 아랫배가 단단하게 뭉치며 약한 진통을 느끼게 된다. 이것은 '블랙스톤 힉스 수축'이라고 해서 출산을 대비한 자궁의 수축 연습인데, 배 위에 손을 올려 놓으면 단단해지는 것을 금방 느낄 수 있다.
이런 증세는 잠시만 지속되었다 없어지는데, 하루에도 여러 번 불규칙하게 일어난다.

이슬이 보인다

진통 전에 보이는 소량의 출혈을 이슬이라고 하는데, 자궁경관이 열리고 태아를 싸고 있는 양막과 자궁벽이 벗겨지면서 일어나는 현상이다.
이슬은 일반 출혈과 달리 점성이 있어 쉽게 구별할 수 있다. 이슬이 보여도 며칠 뒤 출산이 시작되기도 하므로 당황하지 말고 침착하게 입원 준비를 한다.

파수가 될 수도 있다

아기가 나오기 위해 자궁 문이 열리고 양막이 찢어지면서 양수가 흘러나오는데 이를 파수라고 한다. 대부분 출산 직전에 파수되는 것이 정상이지만, 자궁구가 어느 정도만 열린 상태에서 파수되는 경우도 있다.
일단 파수가 되면 태아와 양수가 세균에 감염될 가능성이 있으므로, 생리대를 착용하고 바로 병원으로 가는 것이 좋다. 파수 후에 목욕하는 것은 감염의 우려가 있으므로 삼간다.

생리통 같은 진통이 온다

진통은 생리통과 비슷한 느낌으로 아주 미약하면서 불규칙하게 시작된다. 하지만 시간이 지남에 따라 강도가 세지고 진통 사이의 간격이 줄며 규칙적으로 진행된다. 진통이 심해지면 진통이 반복되는 간격을 재어 병원으로 간다.

병원으로 가는 시점

규칙적인 간격으로 진통이 나타나면 병원으로 간다. 양수가 흐르거나 많은 양의 출혈, 복통이 나타나면 서둘러 병원으로 가야 한다.

진통이 올 때

혹시 진통이 아닐까 생각되면 시계를 보고 몇 분 간격으로 통증이 일어나는지 체크한다. 통증 간격이 서서히 줄어들고 규칙적으로 계속되면, 본격적인 진통이 시작된 것이다.
대체로 초산일 때는 진통 간격이 10분, 경산일 때는 15~20분일 때 병원으로 가는 것이 무난하다. 본격적인 진통이 시작되도 출산까지는 초산일 때는 12~16시간, 경산일 때는 6~8시간이 걸리므로 너무 당황하지 않아도 된다.

양수가 흐를 때

진통이 없어도 파수가 되면 곧바로 병원에 가야 한다. 파수는 태아를 싸고 있는 난막이 터져서 그 안의 양수가 흘러나오는 것이다.
파수가 되면 양에 따라 차이가 있지만 따뜻한 액체가 다리를 타고 흐르는 느낌이 든다. 이때 질을 통해서 세균이 자궁 안으로 들어가 감염을 일으킬 위험이 있으므로, 청결한 생리대를 착용하고 되도록 빨리 입원한다.

이상 출혈이나 심한 복통이 있을 때

생리 때와 같이 많은 양의 출혈이나 혈액 덩어리가 나올 때는 당장 병원으로 가야 한다. 태반이 자궁구에 걸려서 태반의 일부가 떨어져 나온 전치태반에 의한 출혈일 수 있으므로 서둘러야 한다.
또한 소량의 출혈이라도 갑자기 얼굴이 창백해지면서 쇼크 상태에 빠지는 정도의 격렬한 복통이 있을 때는 태반 조기 박리일 가능성이 있다. 이때도 지체하지 말고 병원으로 가야 한다.

분만 예정일이 지났을 때

예정일을 2주 이상 넘기면 태반의 기능이 저하되어 태아가 제대로 산소 공급을 받지 못한다. 결국 제대로 숨 쉴 수 없는 태아가 가사(假死)상태에 빠지거나 사망할 위험이 높아진다.
따라서 예정일이 지나면 태아와 태반의 기능 검사를 해서 유도분만을 하기도 한다. 이때 출산을 위한 입원 날짜는 의사가 결정하지만 대개 초산일 때는 예정일 후 2주 정도까지, 경산일 때는 1주 정도까지는 자연적으로 진통이 오기를 기다려 본다.

제왕절개를 할 때

임부나 태아의 상태에 따라 제왕절개로 분만을 하는 경우에는 정기 검진 시 주치의가 정해 준 날 입원하면 된다. 이 경우 입원 날짜는 대개 의사가 결정하지만 평균 예정일 후 2주일 내에 분만하도록 한다.
제왕절개를 할 때 입원 전날 자정부터는 금식을 해야 하는데, 물도 마셔서는 안 된다.

병원에 가기 전에 할 일

초산은 10분 간격, 경산은 15~20분 간격으로 규칙적인 진통이 오면 병원에 전화를 건다. 지금 임신부의 상태가 어떤지 설명하고 병원의 지시에 따른다. 진통이 오기 전이라도 불안할 때는 곧장 병원에 문의한다.
병원에 가기 전에 교통 수단을 확보하고 샤워를 하고 입원 용품을 체크한다.

교통 수단 확보

병원이 걸어서 갈 수 없는 거리에 있다면 대중교통보다는 택시나 자가용을 이용하는 것이 안전하다. 택시를 잡거나 자가용을 이용할 만한 여유가 없을 때 또는 도와줄 사람이 없을 때는 병원 구급차를 이용한다.
응급 환자 정보 센터 129 및 구급 전화 119에 연락해서 도움을 받을 수도 있다.

가벼운 식사와 샤워

분만 시 언제든지 응급 수술의 위험이 있으므로 식사를 하지 않는다.
진통이 약하면 샤워를 하거나 머리를 감고 가는 것은 무방하다.

입원 용품 체크

갈아입을 옷이나 복대, 아기 용품 등 출산 당시에 필요하지 않거나 부피가 큰 것은 가족들에게 가져오도록 부탁한다.
입원 시 꼭 필요한 산모 수첩, 진찰권, 약간의 현금 등만 챙긴다.

출산★

분만 과정

분만 과정은 제1기에서 제3기까지로 나눌 수 있다. 제1기는 진통이 규칙적으로 오고 자궁이 열리고, 제2기는 회음 절개와 분만이 이루어지는 시기이고, 제3기는 태반 배출 후 회음부를 봉합하고 분만 과정이 종료되는 시기이다.

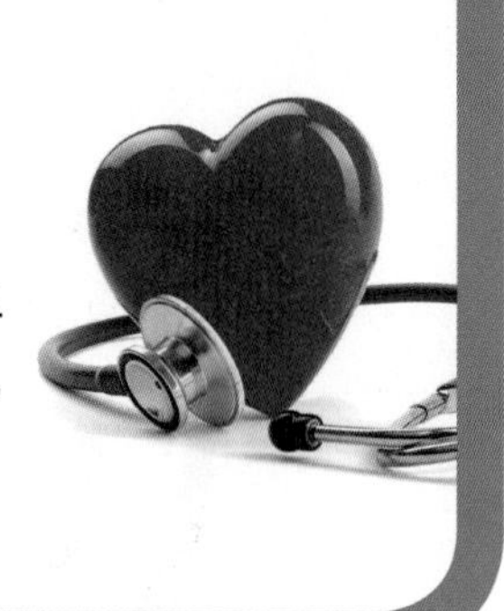

제1기 진통이 규칙적으로 오고 자궁이 열린다

규칙적인 진통이 시작되어 자궁구가 완전히 열릴 때까지를 분만 제1기라고 한다. 보통 규칙적인 진통이 10분 간격으로 올 때 입원하는데, 자궁 입구가 열리는 시기이므로 개구기(開口期)라고도 한다. 초산은 대체로 약 10~12시간이 걸리며 그중 대부분의 시간인 8~10시간이 바로 분만 1기에 해당된다.

1단계 / 잠재기

병원을 찾은 임부는 분만 대기실에서 진통을 참으며 자궁구가 최대한 열릴 때까지 기다린다. 가볍게 걷거나 샤워를 해서 긴장을 풀고, 미리 낮잠을 자 두는 것도 좋다.

일반적으로 진통은 심한 강도로 일정한 간격으로 발생하며, 이전에 배가 단단하게 뭉치는 수축보다 훨씬 더 아프며 진행 속도도 훨씬 느릴 수 있다. 그러나 이런 초기의 진통을 채 인지하지 못하고 곧바로 활성 단계로 넘어갈 수도 있다. 활성기에는 진통이 더 자주 오고 강도가 강해져 이 단계에서 자궁경부는 좀 더 급속히 확장되어 8cm까지 열린다.

2단계 / 진행기

처음에는 자궁구가 서서히 열리다가 입구가 8cm 이상 열린 이후에는 빨리 진행되므로 진통 간격도 3~4분 간격으로 한번에 40~60초 지속되고 강도도 세진다. 이 시점에서 호흡법, 긴장 완화 기술 등이 중요해지며 옆에서 가족이나 간호사가 도와주어야 한다.

▼분만 1기

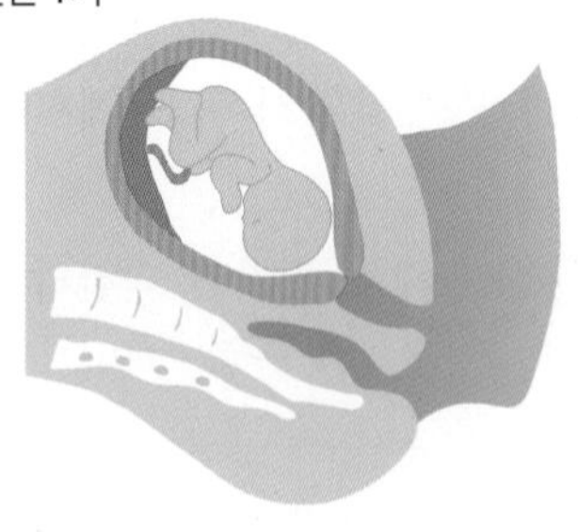

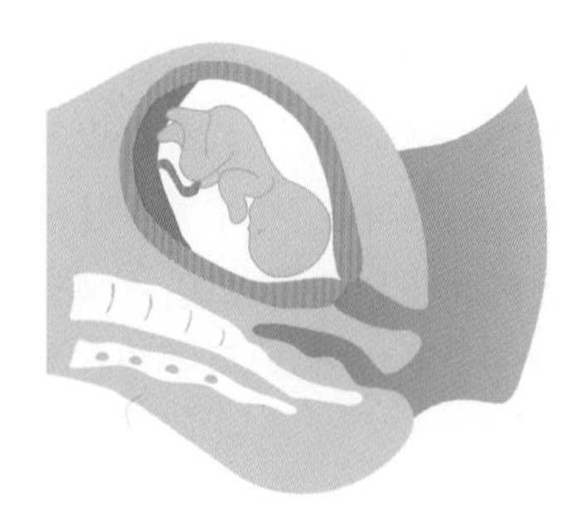

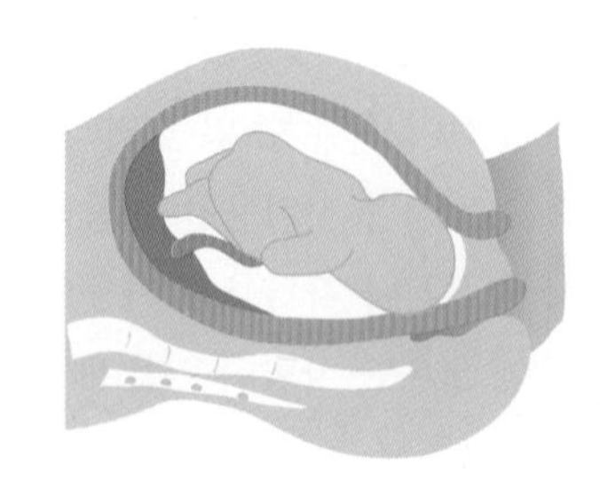

▼분만 2기

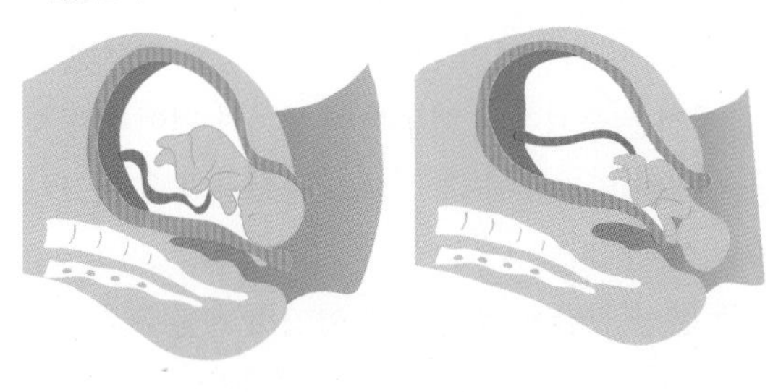

이때 진통을 이겨 내려면 진통이 없을 때 얼마나 몸을 이완시켰는가가 중요한 포인트가 된다. 진통 사이사이에는 옆으로 누워서 한쪽 다리는 쭉 펴고 다른 쪽 다리는 가볍게 구부려 베개 위에 얹는 심즈 체위로 몸의 이완을 돕는 것이 좋다.

진통이 오면 복식 호흡

진통이 없을 때 일상적인 숨쉬기를 하다가 진통이 오면 배로 숨을 쉬는 복식 호흡을 한다. 온몸의 힘을 빼고 아랫배가 부풀어지도록 천천히 숨을 들이마시고, 숨을 내쉬면서 아랫배를 원래대로 돌아가게 하는 호흡법이다.
하지만 진행기 이후에 진통이 잦아지고 강해지면 복식 호흡만으로는 통증을 견디기 힘들다. 이때는 호흡에 맞춰 마사지를 하면 통증이 훨씬 줄어든다. 분만 대기실에 남편이 옆에 함께 있다면 아내를 마사지해 주는 것도 좋다.

3단계 / 이행기

이행기에는 15분 간격으로 평균 1cm씩 열려 최종 8~10cm까지 자궁경부가 열린다. 1분에서 1분 30초 정도 지속되는 진통이 2~3분 간격으로 발생한다. 대체적으로 15분에서 2시간 정도 지속된다.
만일 경막외진통제를 맞았다 해도 압력이 훨씬 증가된 것을 느낄 것이다. 자연분만을 선택했다면 진통의 강도가 증가되고 간격이 좁아지며, 몸이 떨리고, 속이 메스꺼워지기도 하는 등 이 단계가 출산에서 가장 힘든 단계라고 할 수 있다.

제2기 회음 절개와 분만이 이루어지는 시기

경부가 10cm까지 열리면 두 번째 단계가 시작된다. 자궁경부가 완전히 열렸을 때부터 분만 시까지 분만 제2기의 평균 시간은 초산부는 50분, 경산부는 20분이지만 개인에 따라 다르다.
이때 1분 내지 90초 지속되는 짧은 진통이 2분에서 5분 간격으로 온다. 태아의 머리는 밖에서 볼 수 있을 만큼 질구에 가깝게 위치한다. 이 시기가 되면 산모는 분만 대기실에서 분만실로 옮겨진다.

머리가 보이면 회음 절개

이때는 진통이 느껴지고 노력하지 않아도 힘을 주어 밀고 싶은 느낌이 드는데 경막외진통제를 맞았다면 언제 힘을 줘야 하는지 빼야 하는지 모를 수 있으므로 간호사의 지시를 받아야 한다. 몸이 떨려오거나 메스꺼워질 수도 있다.
태아의 머리가 충분히 보이면 회음 절개를 실시하게 된다. 회음 절개는 회음부가 찢어져 상처가 커지는 것을 막고 분만 시간이 지연되지 않도록 하기 위해 실시한다. 먼저 회음부를 국소 마취한 다음, 질 밑에서 항문 위까지를 2~4cm 자른다.

아기의 탄생

회음 절개 후 태아의 머리가 나와 몸 전체가 빠져나오는 탄생의 순간은 길었던 진통 시간에 비해 아주 짧은 시간 안에 이루어진다. 이때부터 태아는 혼자 힘으로 나오므로 산모는 이전과는 다르게 숨을 쉬어야 한다. 숨을 크게 내쉰 뒤 이어서 얕고 가볍게 들이마시고 짧게 내쉬는 호흡을 한다. 의사는 산모의 자궁 밖으로 나온 아기의 입과 코에서 양수와 이물질을 제거해 낸다.

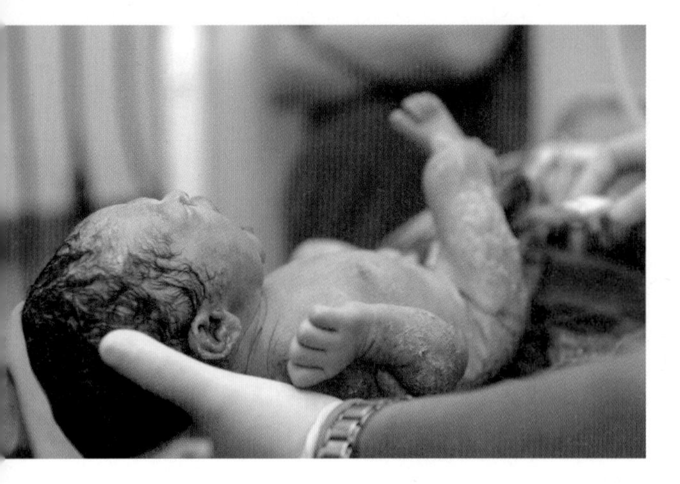

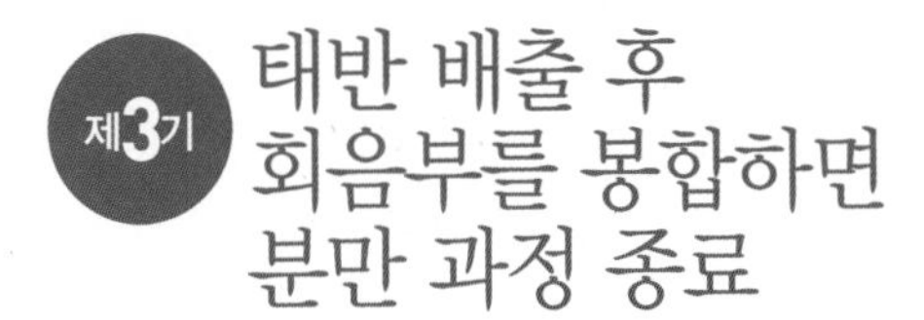

제3기 태반 배출 후 회음부를 봉합하면 분만 과정 종료

아기가 나오는 것으로 분만 과정이 끝나는 것은 아니다. 아기가 나온 뒤 약 10분 지나면 약간의 진통과 함께 자궁이 위로 올라가는 듯한 느낌이 오는데 이때가 바로 자궁에서 태반이 떨어지는 순간이다. 산모는 배에 힘을 빼고 간호사가 배를 누르면 미끄러지듯이 태반이 나오면서 약간의 피가 함께 나온다.

태반 배출 후 회음부 봉합

태반이 쉽게 나오지 않으면 자궁 수축제를 투여하거나 탯줄을 잡아당겨 빨리 나올 수 있게 돕는다. 태반의 일부가 자궁에 남아 있으면 출혈이 계속되기 때문에 마지막까지 세심한 주의가 필요하다.

태반도 나오고 별다른 이상이 없으면 절개한 회음부를 다시 봉합한다. 분만이 무사히 끝났으므로 산모는 회복실로 옮겨진다. 대부분 출산 직후 2시간 정도는 회복실에서 움직이지 않고 누워 안정을 취하게 된다. 이것은 출혈이나 회음부의 상처가 벌어지는 것을 예방하고 자궁 수축 상태와 출혈량 등을 체크하기 위해서이다.

힘든 분만 시간을 잘 견디고 아기의 울음소리가 들리면 대부분의 산모는 태반을 꺼내거나 회음부를 봉합할 때의 통증은 거뜬히 견디게 된다. 특히 무통 분만을 위해 경막외진통제를 맞았다면 아드레날린과 출산 뒤 곧 시작되는 몸의 신체 변화 적응에 대한 움직임으로 몸이 떨릴 수도 있다. 일반적으로 산후 진통은 처음 며칠간 심하게 느껴지며 간헐적으로 이어진다.

▼분만 3기

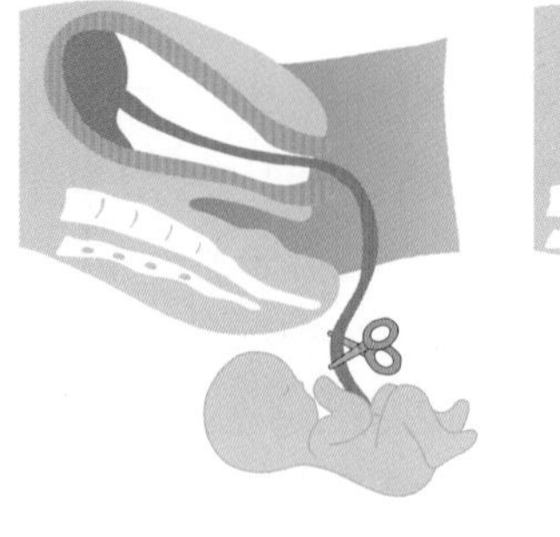

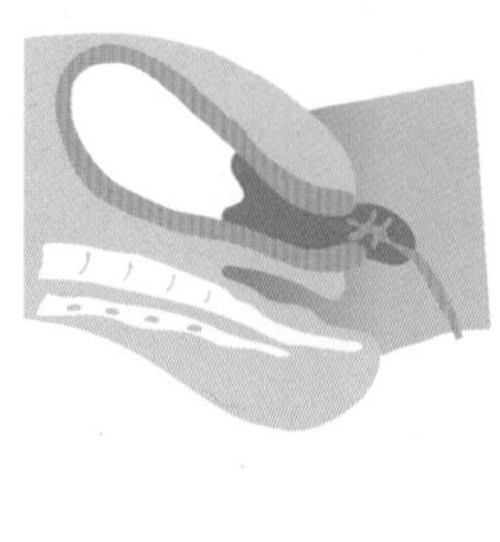

소변 상태 체크

이후 산모의 상태에서 주의 깊게 살펴야 할 것은 산후 출혈량과 무리 없이 소변을 잘 보느냐는 점이다. 병실에 옮겨서도 계속 덩어리 피가 나오면 의사에게 알려 조치를 취해야 한다.

분만 후 가능한 한 빨리 소변을 보는 것이 좋은데 8시간이 지나도 소변을 보지 못하면 도뇨(방광 안에 있는 오줌을 카테테르를 사용하여 배뇨시키는 것)를 실시해야 한다. 분만 후 오랫동안 소변을 보지 못하면 요로 감염 등의 위험이 있으므로 소변을 배출해야 하는 것이다. 이렇게 되면 모든 분만 과정이 끝난다. 이제는 회복과 산후 조리 과정이 남았다.

여러 가지 분만법

산모의 상태를 잘 체크하고 의사는 산모와 상의하면서 산모와 태아에게 가장 적합한 분만 방법을 선택하여 진행한다. 의사에게 각 분만 방법의 장단점을 듣고 산모의 의지와 의학적 소견에 부합하는 분만 방법을 선택한다.

자연분만

자연분만이란 일반적으로 정상적인 질식분만을 말한다. 그러나 현대에 '자연분만'이란 말은 어떤 종류의 약물에도 의존하지 않고 아이를 낳는 것을 의미하는 용어로 보통 쓰인다.
물론 안전한 출산을 위해 처음부터 현대 의학의 도움을 필요로 하는 임신부들도 있을 것이다. 그러나 대부분은 자신의 몸이 약물에 의존하지 않고도 아기를 출산할 수 있을 것이라는 확신이 있는 여성이라면 자연분만이 가능하다.

자연분만의 장점

제왕절개 분만 등 인공적인 도움 없이 임신부의 자연적인 분만력에 의하여 이루어지는 출산이므로 많은 장점이 있다.

❶ 출혈이 적다
일반적으로 500cc 정도의 출혈이 생긴다. 상대적으로 제왕절개 분만을 하면 1000cc 정도의 많은 출혈이 생긴다.

❷ 산욕기 감염이 적다
제왕절개 분만은 자궁의 절개로 인한 수술이니만큼 외부 공기에 노출되거나 접촉으로 그만큼 감염의 위험이 높다.

❸ 회복이 빠르다
반면 제왕절개 분만을 하면 약 1개월은 움직임에 많은 제약이 따른다. 출산 후 방광 기능이 빨리 회복되고 부종도 빠른 속도로 사라진다.

❹ 경제적이다
입원 일수가 짧아 경제적으로도 훨씬 부담이 적다.

❺ 합병증이 훨씬 적다
제왕절개 분만보다 산욕기 감염, 혈전증, 폐혈전증, 양수전색증, 비뇨기계 손상 등의 모성이환율(병에 걸리는 비율) 등의 발병 확률이 낮다.

❻ 마취로 인한 문제가 적다
정상 자연분만은 주로 국소 마취를 이용하기 때문에 심각한 이상이 발생할 확률이 적다. 상대적으로

제왕절개 분만은 전신 마취나 척추에 하는 척수 마취, 또는 경막외마취를 하므로 위험도가 높다.

자연분만을 위한 준비

자연분만을 결심했다면, 출산 계획을 세우고, 분만에 대하여 공부하고 고통을 완화시킬 수 있는 방법들도 익히는 게 좋다.

출산 계획은 진통 및 분만 시 환경을 정하고 산모 및 주변 사람을 포함한 모든 것들이 어떻게 처리되는가를 계획하는 것이다. 특히 남편과 가족의 관심과 보호는 임신 내내 필요하며 특히 분만 시 중요한 역할을 한다.

최근에는 병원이나 문화 센터 등을 통해 분만 시의 긴장이나 통증을 완화하기 위한 라마즈호흡법이나 명상, 요가, 기체조 등 여러 가지 방법을 배울 수 있다. 꾸준히 하면 순산에 도움이 될 것이다.

제왕절개 분만

제왕절개 분만은 정상 분만이 불가능하다고 판단될 때, 배를 절개하고 자궁을 절개하여 아기를 꺼내는 방법이다. 미리 날짜를 정해서 하는 경우도 있고, 정상 분만을 시도하다가 불가피해서 응급으로 수술하는 응급 제왕절개술 두 가지 경우가 있다.

계획된 제왕절개 분만

- 자궁 안에서 아기 다리가 자궁 경부 쪽으로 향하고 있는 경우
- 아기가 자궁 안에서 가로로 있는 경우
- 아기가 병이나 기형이 있는 경우
- 세 쌍둥이 이상인 경우
- 산모가 산도 감염이 있어서 아기에게 전염될 가능성이 있는 경우
- 태반이 자궁경부 쪽에 위치한 경우, 태반이 자궁으로부터 떨어진 경우(전치태반)
- 산모가 임신중독증이 너무 심해서 자연분만을 하기에는 위험한 경우
- 태아의 크기가 너무 커서 거대아인 경우(태아 예상 체중 4.0~4.5kg 이상)
- 이전에 자궁 수술을 받았거나, 제왕절개 분만을 여러 번 받은 경우

▼역아

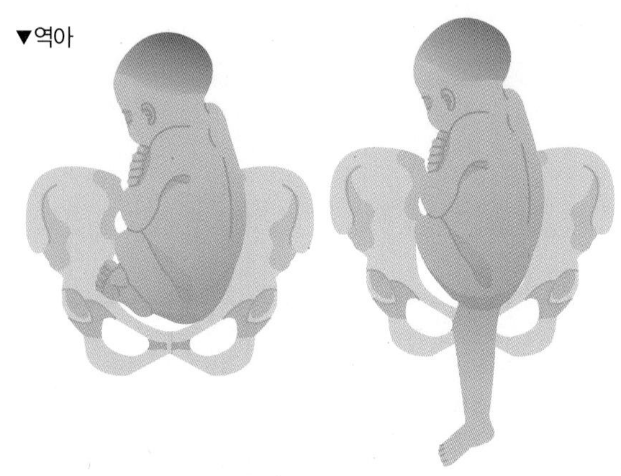

▼전치태반

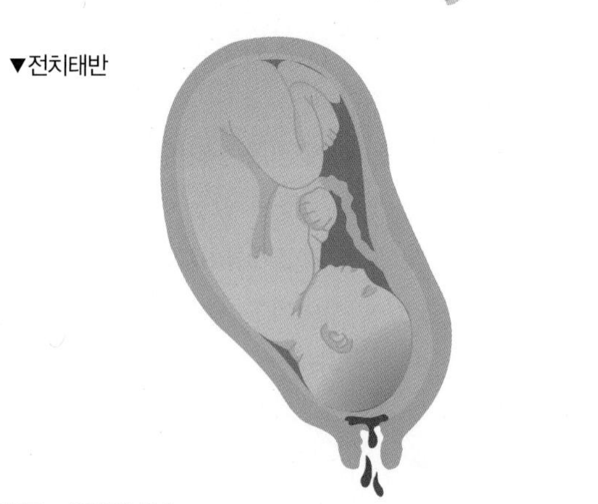

응급 제왕절개술

- 아기의 심장 박동이 불규칙해져서 자연분만을 계속할 수 없는 경우
- 탯줄이 아기보다 먼저 자궁경부로 나와 있어서 자궁이 수축하는 동안 아기가 산소 공급을 받지 못하는 경우
- 아기가 나오기 전에 태반이 먼저 떨어지거나 찢어진 경우

- 자궁경부가 잘 열리지 않거나 다른 이유로 아기가 자궁에서 내려오지 않는 경우
- 분만 진통 과정 중에 진통이 강하게 계속되고 있는데도 불구하고 진행되지 않고 멈춘 경우
- 심한 조산으로 태아가 분만 진통을 견디기 어려울 정도로 미숙아인 경우

제왕절개 분만 후의 회복

마취가 풀리면서 발가락부터 감각이 돌아오며 조금씩 통증을 느끼게 된다. 요즘에는 경막외로 모르핀을 투여하는 방법으로 분만 후의 고통을 덜 수 있다.

전신 마취로 분만을 한 경우 힘이 없고 속이 울렁거린다. 마취가 풀리면, 폐에 마취제가 남아 있을 수 있기 때문에 기침을 할 때는 수술 부위가 아프지 않도록 손이나 베개 등을 이용해서 받쳐 주는 것이 좋다. 처음에는 앉거나 서는 것도 힘들지만, 오래 앉아 있거나 서 있을수록 빨리 회복된다.

24시간 후면 소변 줄과 정맥 주사 줄을 빼고, 부드러운 음식을 먹는데 수술 부위의 회복 경과를 보면서 6~7일 후에 상처에서 실밥을 뽑고 퇴원할 수 있다.

인공 분만

유도분만

진통이 없는 임신부에게 인공적으로 진통을 오게 하여 태아를 분만하는 방법이다. 태아 사망, 심한 임신중독증, 예정일이 많이 지난 경우 등 빨리 분만해야 하는데 저절로 진통이 오지 않을 때 주로 쓰인다.

한편 자연 진통이 있는 임신부는 촉진제를 쓰더라도 유도분만이라고 하지 않고 촉진을 시킨다고 말한다.

유도분만은 분만할 시점인데 진통이 없을 때 진통 촉진제를 써서 진통을 유발하는 것이다.

유도분만의 조건

유도분만을 하려면 진단이 정확해야 하므로 생리의 규칙성, 기초 체온, 배란 초음파 검사, 태아 크기를 재는 초음파 검사 등으로 임신 주수를 확인하는 것이 매우 중요하다.

예정일이 지나서 2주일 이내에 의사의 판단에 따라 촉진제를 쓰는 유도분만을 고려한다.

유도분만의 방법

젖꼭지를 자극하거나 태아를 둘러싼 막을 인위적으로 터지게 하는 방법, 또는 피토신이라는 합성 옥시토신을 정맥으로 주사하는 방법 등이 있다.

그러나 피토신은 심한 분만 진통을 유발하거나 태아를 압박할 수 있기 때문에 정맥 투여 시 태아 맥박 감시 장치로 태아 상태를 지속적으로 체크할 필요가 있다.

흡입분만

그릇 같은 기구를 태아의 머리에 부착시키고, 태아 머리와 기구 사이의 공기를 흡입하여 약간의 진공 상태를 만들어서 기구를 잡아당기는 방법이다.

흡입 기구의 재료로는 쇠나 플라스틱을 사용하는데, 플라스틱은 쇠보다 힘을 많이 받지 못하지만, 반면에 위험성은 줄어드는 장점이 있다.

흡입분만의 장점

- 사용법이 간단하다.
- 태아의 머리에 부착시키므로 얼굴 부위에 상처 나는 일이 없다.

흡입분만의 단점 및 부작용

- 진통이 장시간 있어 태아 머리의 피부가 많이 부어 있을 경우 기구를 부착하는 데 어려움이 있다.
- 흡입분만기를 사용할 때 무리한 힘을 주거나 태아의 머리 피부가 많이 부어 있는 경우는 힘을

많이 주지 않아도 태아 머리 피부에 손상을 입거나 머리가 빠지거나 피하 또는 골막 혈관이 다쳐서 피가 나기도 한다.

- 태아 머리의 윗부분은 성인과 달리 뼈가 완전히 닫혀 있지 않다. 물론 이곳에 흡입 기구를 대는 것은 매우 드물지만 태아 뇌에 압력이 전달되어 뇌가 손상될 가능성이 있다.
- 흡입기가 오랫동안 태아의 머리에 부착되어 있기 때문에 때로는 머리카락이 빠지기도 하고 머리 피하 부분에 피가 나는 경우도 있다. 또 심한 경우 혈종이 생기기도 하는데 출산 후 2~3개월이 지나면 상처는 자연스럽게 없어지므로 걱정할 필요는 없다.

무통분만

진통과 분만을 겪는 과정에서 무통 분만을 할 수 있는 의학적인 기술은 아직 없다. 단지 진통을 경감시키거나 진통하는 어느 기간 동안 마취를 함으로써 진통을 없애 보려고 하는 것이 무통분만이다. 이는 경막내강 내(피하 조직의 일부)에 가는 도관을 삽입하고, 희석된 약물을 지속적으로 주입함으로써 진통을 완화하는 방법이다.

진통을 없앤다는 의미에서 일반적으로 무통분만이라는 말을 널리 사용하지만, 학술적으로는 마취 분만이라고 하거나 산과 마취라고 하는 것이 올바른 호칭이다. 마취 분만도 일단은 4cm 정도 자궁문이 열려야 시행할 수 있다. 그러므로 일단은 호흡법 등을 익혀서 진통 시 어느 때나 감통 효과를 보도록 준비하는 것이 좋다.

무통분만의 장점

- 제통 효과가 우수하다. 경막외강에 직접 약물을 주입함으로써 통증이 대뇌로 전달되는 과정을 일정 시간 차단하므로 소량의 약물로도 우수한 제통 효과를 얻을 수 있다.
- 부작용이 적다. 진통을 전달하는 감각 신경의 바로 인접 부위에 약물을 주입함으로써 인체에 해로운 약물의 사용을 최소화할 수 있다.
- 부위별, 분별 통증 차단이 가능하다. 분만 진통 시 필요한 부위의 통증만 차단해 주며, 운동 능력은 보존함으로써 조기 보행, 조기 퇴원이 가능하다.
- 전신 질환 환자의 수술에 유리하다. 고혈압, 당뇨, 심질환 등 각종 전신 질환을 동반한 산모나 환자의 경우 분만과 수술 및 마취로 인한 합병증의 증가를 예방해 주는 효과도 우수하다.
- 임신부와 태아의 건강을 보호해 준다. 분만 진통 시 산모들은 주기적인 심호흡을 하게 된다. 그러나 이것이 지나칠 경우 산모는 호흡성 알카리즘에 빠지게 되고, 자궁 혈관이 수축하게 되어 태아에게 산소 공급이 감소하게 되며, 태아 곤란증을 유발하게 된다. 무통분만을 하면 이와 같은 불필요한 과호흡을 예방하여 산모와 태아의 건강을 보호한다.
- 만성 요통 환자의 치료 효과가 있다. 만성 요통은 그 원인이 다양하지만 대부분 경막외강의 협착에 의해 신경근들이 눌려 있는 것을 발견할 수 있다. 경막외 차단술은 바로 이 경막외강에 생리식염수로 희석된 약제를 주입함으로써 협착된

기계분만으로 생긴 자국

흡입분만은 분만 2기, 즉 자궁구가 완전히 벌어지고 태아가 산도를 많이 내려온 후에 행하게 된다. 뇌나 그 밖의 부위에 손상을 입힐 염려는 거의 없지만, 간혹 이마나 머리에 자국이 생기는 경우가 있다. 하지만 2~3일 후면 저절로 없어지므로 걱정할 필요는 없다.

경막외강을 해소해 주는 작용을 하기도 한다.

무통분만의 단점

힘줄 때 효과적이지 못하다. 감각이 없어지는 동시에 운동성에도 영향을 주어 정상적으로 자궁문이 거의 다 열렸을 때 오는 '힘 주고 싶은 감각'도 느낄 수 없다. 따라서 분만 2기가 경막외 마취를 안 한 산모보다 더욱 길어지는 경향이 있다.

무통 분만의 안전성

분만 및 수술 후 간혹 발생하는 요통은 경막외 마취와는 무관하다. 경막외 마취를 시술할 때 척추 뼈나 디스크를 건드리지 않으며, 디스크에서 한참 떨어진 경막외강의 후면에 주사를 하여 약제를 주입함으로써 척추나 신경 질환의 원인이 될 수 없다.

다만 수술이나 분만의 필요에 의해 취한 특이한 자세가 일시적인 염좌나 근육통을 유발할 수는 있으며, 자궁이 수축할 때 느껴지는 통증(훗배앓이)이 요통으로 느껴질 수도 있다.

라마즈분만

프랑스의 의사인 라마즈(Lamaze)가 개발한 출산 방법으로 라마즈분만법은 크게 호흡법, 이완법, 연상법으로 구분된다.

그 중 호흡법이 가장 많이 알려져 있으나 이 세 가지 요소가 삼위일체를 이룰 때 효과가 가장 크게 나타

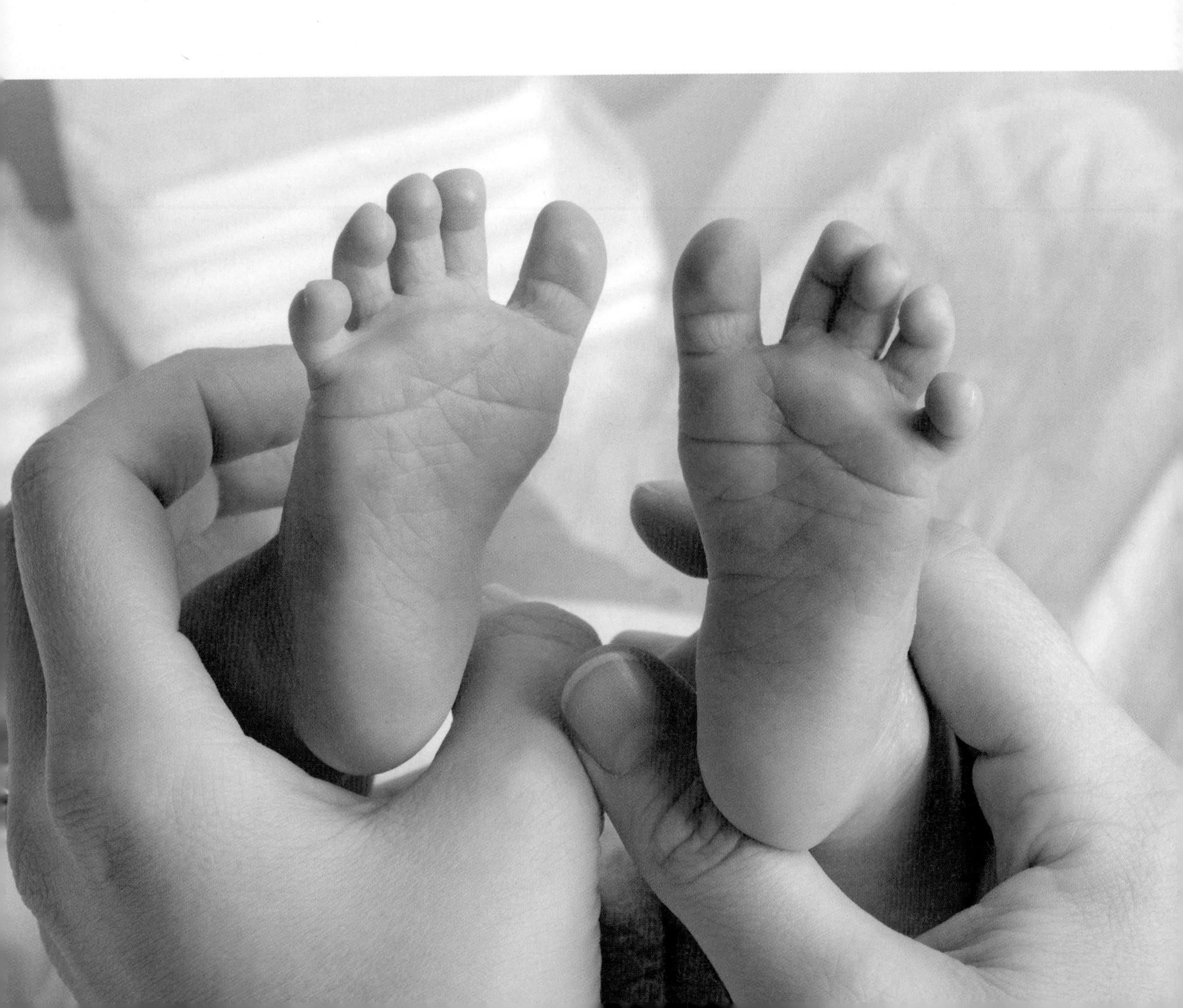

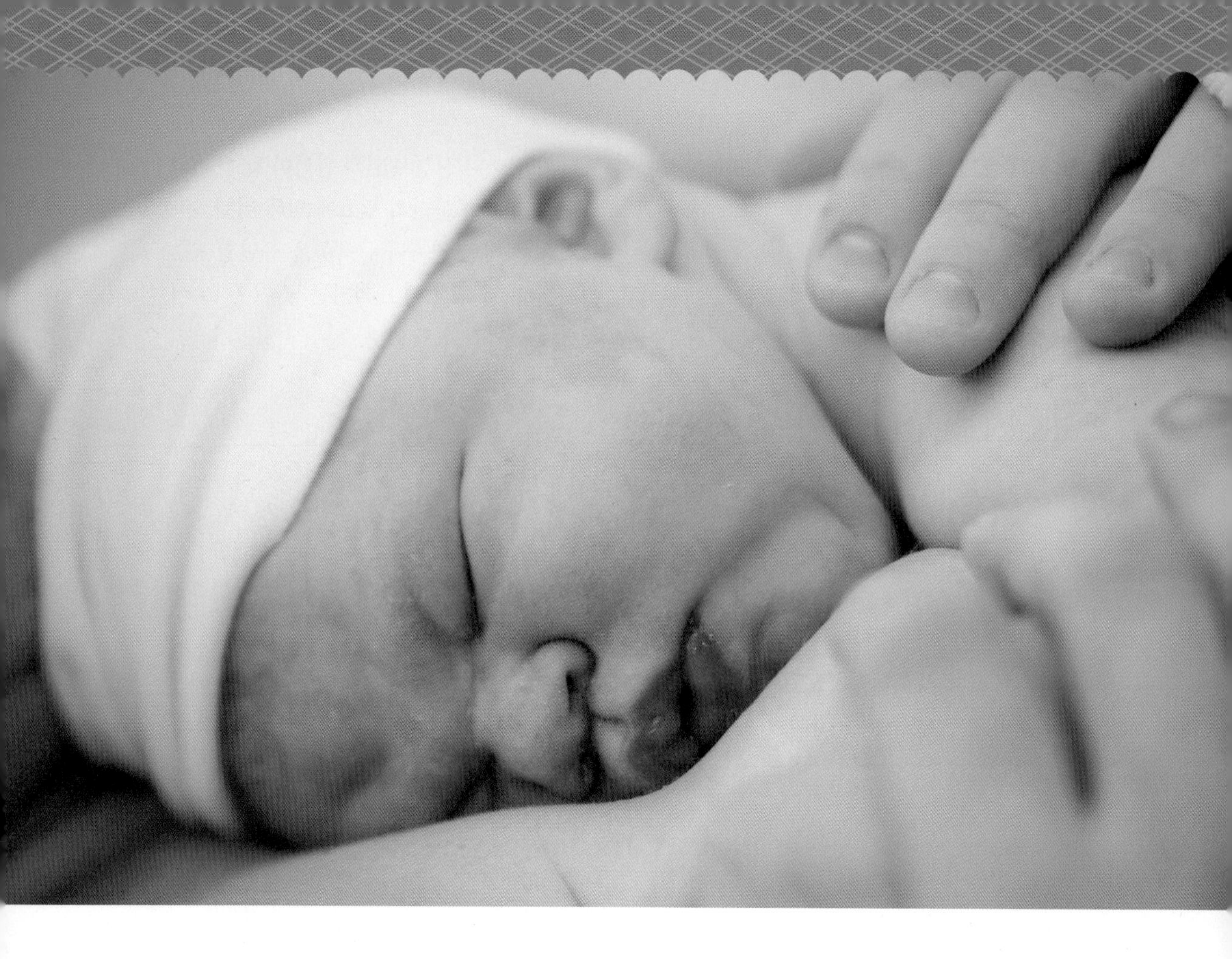

나며 이를 반복하여 훈련함으로써 마음과 신체를 능동적으로 활용하여 산모가 느끼는 출산의 두려움이나 통증을 경감하게 되는 것이다.

라마즈분만법으로 출산하려면 임신 6~7개월째부터 호흡법 교육을 받아야 한다. 교육은 4~5주 과정으로 진행되며 매주 2~3시간씩 남편과 함께 호흡, 이완 신체 운동을 배우고 연습하는 것으로 진행된다.

특히 이 방법은 충분한 훈련과 연습이 매우 중요하다. 분만 시 남편이 아내를 정서적으로 지원하고 아내의 호흡을 도와 피드백해 주는 역할을 하면서, 아내와 태어나는 아기에게 더 강한 정서적 애착을 갖게 되고 나아가 바람직한 아버지상을 갖는 데 도움이 될 수 있다.

성공적인 라마즈분만의 조건

라마즈분만법은 하루 20분 정도씩 매일 연습하는 것이 좋다. 왜냐하면 라마즈분만법의 과학적 근거가 조건 반사에 있고, 이 조건 반사가 일어날 수 있는 수준까지 되어야 성공적으로 진통을 이길 수 있기 때문이다.

르부아예분만

프랑스의 르부아예가 박사가 창안한 분만법으로 출산 시 아기가 겪는 고통과 불안을 최소화할 수 있도록 분만 환경을 만드는 것이다. 엄마 배 속과 비슷한 어둡고 조용한 환경을 만들어줌으로써 아기가 환경 변화에 따른 자극을 최소화한다.

가족분만

가족 분만실에서 진통과 분만까지 모든 과정이 이루어진다. 산모의 남편과 가족들이 분만 과정에 함께 참여함으로써 산모에게 정서적인 안정을 준다.

가족분만의 장점

분만 과정은 일반 분만과 같으며, 분만 후 남편이 직접 탯줄을 자를 수 있다. 남편이 탯줄을 자르는 것은 출산을 산모 한 사람의 몫으로만 하지 않고, 남편도 아빠가 되었다는 책임감을 더할 수 있는 계기가 된다.

아로마테라피분만

아로마 향과 마사지를 이용해서 진통을 이완시켜 주는 분만법으로, 긴장을 이완시켜 출산의 고통을 줄이고 정서적 안정을 주는 데 그 목적이 있다.

뜨는 신생아 케어법 캥거루 케어

국내 방송사에서 방영된 후 엄마들 사이에서 관심이 높아지는 신생아 케어법이다. 1983년 콜롬비아 보고타에서 조기 출산한 신생아들의 인큐베이터가 부족해서 처음 시행되었다. 현재 유럽과 미국 등에서 새로운 신생아 케어 방식으로 자리 잡고 있다. 아기와 엄마의 맨살을 최대한 많이 최대한 오래 밀착시켜 아기의 정서 안정과 발달을 돕는 방법이다.

Part 4 육아

힘든 임신 기간 끝에 드디어 만난 우리 아기.
그러나 반가움이 가시기도 전에 초보 엄마들은
아직 눈도 제대로 못 뜨는 아기를
어떻게 해야 좋을지 몰라 안절부절못한다.
엄마들이 꼭 알아야 할 신생아 돌보기부터
월별 아기의 성장과 꼭 챙겨야 하는 예방 접종,
수유와 이유식까지, 육아에 대한 모든 것을 담았다.

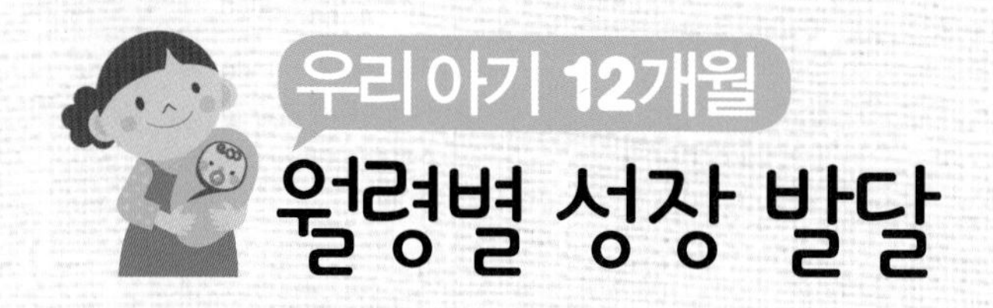

우리 아기 12개월 월령별 성장 발달

25%	50%	75%	90%
25%	50%	75%	90%
25%	50%	75%	90%

아이들의 성장 정도를 구체적으로 나타내기 위해 그래프의 색상을 흐린 색에서 진한 색으로 구분하여 표시하였다.

월령	1개월	2개월	3개월	4개월	5개월	6개월
언어	모든 방향에서 들리는 소리에 반응한다					
언어	스스로 소리를 낸다			소리나는 쪽으로 향한다		
언어	웃는다					
언어		큰소리를 낸다				
사회성	엄마뿐 아니라 다른 사람의 얼굴을 바라본다					처음 보는 사람에게 낯가림을 한다
사회성	반응하며 미소짓는다					
사회성	눈을 맞추며 웃는다					혼자서 과자를 먹는다
사회성					놀던 장남감을 뺏으면 화를 낸다	
사회성						까꿍놀이를 한다
운동성	엎드려 고개를 돌릴 수 있다			다리에 약간 힘을 준다		
운동성	엎드려 45도 머리를 든다			일으키면 머리가 처지지 않는다		
운동성						혼자 앉아 있는다
운동성			팔로 지탱해 가슴을 든다			붙잡고 선다
운동성			머리가 고정된다			
운동성			잘 걷는다			

각 월령에 할 수 있는 말과 운동 반응이 있다. 월령별 성장 발달 사항을 알아 두면 유용하다. 단, 아이들마다 성장 속도가 다르므로 '옆집 아기는 벌써 붙잡고 선다는데, 왜 같은 월령의 우리 아기는 걷지 못할까?'라는 걱정은 하지 않아도 된다. 6개월 이내 범위에서 따라 가고 있다면 걱정하지 않아도 된다.

7 개월	8 개월	9 개월	10 개월	11 개월	12 개월	월령

언어

무의미한 엄마 아빠를 말한다

의미 있는 엄마 아빠를 말한다

말소리를 흉내낸다

사회성

노래에 맞추어서 손뼉치기를 한다

컵으로 물을 마실 수 있다

운동성

잠깐 서 있는다

붙잡고 걷는다

혼자서 잘 서 있는다

팔로 지탱해 가슴을 든다

붙잡고 일어난다

잘 걷는다

일어나 앉는다

Step

1

신생아 돌보기

신생아 돌보기는 일반적인 육아법과는 다르다. 갓 세상에 나온 아기는 눈도 제대로 못 뜨고 목도 못 가눌 정도로 연약하다. 어떻게 안아야 아기가 편안할지조차 고민된다. 좋은 기저귀 고르는 법부터 모유와 분유에 대한 정보, 목욕과 아기와의 외출까지, 신생아 돌보기를 제대로 알아보자.

육아★

기저귀 선택법

우리 아기 기저귀는 어떤 걸 사야 할까? 시중에서 파는 기저귀는 종류만도 수십 가지이다. 이제는 단순히 천 기저귀냐 종이 기저귀냐의 문제를 떠나 어떤 기저귀가 좋은지 아는 것이 중요하다.

체구와 형태에 맞춘다

신생아는 체구가 워낙 작아 시중에 파는 신생아용 기저귀를 채워도 남아돌 수 있다. 또한 몸부림이 많은 아기에게 일자형 기저귀를 채우면 쉽게 벗겨지거나 비뚤어진다. 이처럼 기저귀의 사이즈나 형태가 몸에 맞지 않으면 아기는 불편해하기 때문에 여러 가지로 꼼꼼히 체크해야 한다.

기저귀 사이즈는 아기가 앉았을 때 허벅지 쪽에 손가락 두 개가 들어갈 정도가 가장 적당하다.

흡수력과 감촉

기저귀에서 가장 중요한 것은 흡수력과 감촉이다. 일회용 종이 기저귀는 천 기저귀보다 흡수력이 좋지만 시중에 판매되는 모든 종이 기저귀가 흡수력이 좋은 것은 아니다.

직접 테스트해 보고 구입하는 것이 좋은데, 아기가 세 번 정도 소변을 본 뒤에 엉덩이가 축축한지를 체크해 보면 된다. 이때 아기 엉덩이에 소변이 묻어 축축해졌다면 그 제품은 탈락이다. 그러나 소변을 자주 보지 않고 한 번에 많은 양을 배출하는 편이어서 교체 시간이 길어진다면 아무리 흡수력이 좋은 기저귀도 엉덩이에 소변이 묻게 된다.
또한 소변이 한곳에 집중적으로 모여 뭉쳐 있다면 엉덩이에 소변이 묻지 않아도 흡수력이 좋은 기저귀가 아니다.
한편 순면 감촉이라는 말이 있듯이 아기의 연약한 피부에 직접 닿는 기저귀는 감촉이 좋아야 하는데, 최상의 감촉은 천 기저귀라 할 수 있다. 종이 기저귀는 보송보송한 감촉이어야 아기 피부에 해가 되지 않는다.

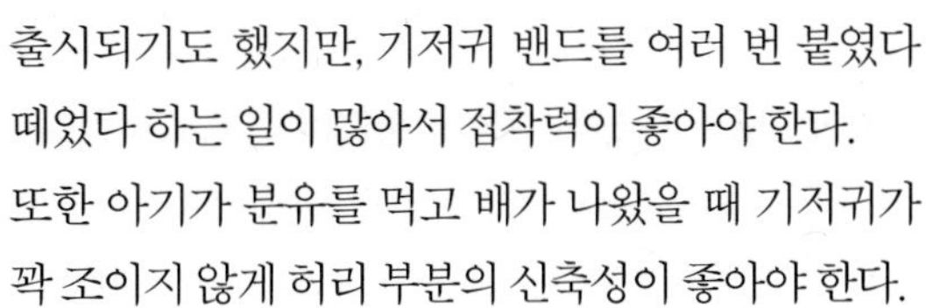

통기성

천 기저귀의 가장 큰 장점은 바람이 잘 통하는 통기성에 있다. 일회용 종이 기저귀는 천 기저귀처럼 바람이 잘 통하지 않아 흔히 말하는 기저귀 발진을 유발시키는데 이를 예방하기 위해서는 통기성 커버인지를 체크해야 한다.
최근에는 엉덩이와 안감 사이에 공기가 통하는 공간을 늘린 종이 기저귀도 출시되고 있다.

밴드의 접착력과 허리의 신축성

초보 엄마는 아기가 소변을 봤는지 아닌지 알기 위해 기저귀를 자주 열어 보게 된다. 천 기저귀는 아기가 용변을 보게 되면 축축함이 느껴지기 때문에 아기가 울음을 터트려 교체 시기를 가늠할 수 있다.
최근에는 소변을 보면 색이 변하는 종이 기저귀가 출시되기도 했지만, 기저귀 밴드를 여러 번 붙였다 떼었다 하는 일이 많아서 접착력이 좋아야 한다.
또한 아기가 분유를 먹고 배가 나왔을 때 기저귀가 꽉 조이지 않게 허리 부분의 신축성이 좋아야 한다.

첫 기저귀 언제 얼마나 살까?

일반적으로 임신 7~8개월이면 출산 준비물을 구입하게 되는데, 기저귀는 직접 입혀 보고 테스트를 한 후 선택하는 것이 중요하기 때문에 출산 전에 기저귀를 선택하는 데는 어려움이 따른다. 따라서 미리 다량을 구입하지 말고 산후 조리 기간인 생후 4~6주간 사용할 양만 구입해 두는 것이 좋다.
한 달을 기준으로 천 기저귀의 소비량은 삶고 말리는 시간을 감안해 넉넉하게 30~40장 필요하며, 일회용 종이 기저귀는 400개 정도 필요하다. 요즘 천과 종이 기저귀를 혼합해 사용하는 엄마들이 많은데 이때는 천 기저귀 15장과 신생아 종이 기저귀 200개 정도를 준비하면 때에 따라 유동적으로 사용할 수 있다.

기저귀 구입처

구입처는 약국이나 대형마트 등 다양하지만 우선 출산을 앞두고 쇼핑하기란 쉽지 않기 때문에 온라인으로 쇼핑하는 것도 좋은 방법이다.
첫 출산일 때는 선배 엄마들의 의견을 수렴해 선택하는 것이 좋은데 주변에 선배 엄마들이 없다면 인터넷 쇼핑몰의 사용 후기를 꼼꼼히 체크해 보면 도움이 된다. 또한 각 브랜드마다 인터넷 쇼핑몰이 있기 때문에 제품 특성을 보고 주문하면 된다

잘못된 기저귀 상식

신생아 기저귀는 남자 여자 상관없이 다 똑같다?

아무리 아기라도 남자와 여자의 신체는 다르기 때문에 기저귀에도 성별이 있다. 남자 아기는 앞쪽에 소변이 많아 뒷부분이 깨끗하고, 여자 아기는 뒤쪽으로 소변이 많다.
그래서 천 기저귀를 사용할 때는 남자 아기는 앞을 두툼하게 접고, 여자 아기는 뒤를 두툼하게 접어 사용하는 것이 좋다. 일회용 종이 기저귀는 여아용과 남아용을 구분하여 판매하고 있다.

기저귀 값 아끼려고 저렴한 제품을 선택한다?

일회용 기저귀 값을 아끼려고 무조건 싼 것만 찾으면 안 된다. 싸다고 무조건 나쁜 것은 아니지만, 대부분의 저가 기저귀는 흡수력이나 통기성 등이 약한 경우가 많아 오히려 사용량이 늘어나게 된다.
많게는 두 배 이상 늘어나는 경우도 있어서 결과적으로 비용이 더 든다.

천 기저귀는 아기에게 무조건 좋다?

물론 천 기저귀가 일회용 종이 기저귀보다 좋은 것은 사실이다. 그러나 잘 활용하지 못하면 일회용 종이 기저귀보다 못할 수 있다.
천 기저귀는 흡수력이 없기 때문에 바로 갈아 주지 않으면, 아기가 울음을 터트리는 것은 물론 소변 때문에 요도에 염증을 일으킬 수도 있다.
뿐만 아니라 천 기저귀를 제대로 관리하지 못하면 세균이 번식해 아기에게 해를 입힐 수도 있다. 천 기저귀를 세탁할 때 식초를 조금 넣으면 세균을 중화시킬 수 있다.

종이 기저귀 관리법

천 기저귀뿐 아니라 일회용 종이 기저귀도 관리가 필요하다. 종이 기저귀도 잘못 관리하면 습기가 차 딱딱해질 수 있으며 세균이 번식할 수도 있기 때문에 보관 장소나 관리가 중요하다. 종이 기저귀는 가능한 한 포장 상태에서 외부에 노출되지 않게 그때그때 조금씩 꺼내서 사용하는 것이 좋지만 불가피하게 포장이 풀어진 경우 습기에 노출되지 않게 보관한다.

종이 기저귀 보관 시 피해야 하는 장소

- 직사광선에 직접 노출되는 장소
- 습하고 먼지 있는 장소(예 : 부엌, 하수구 근처 등)
- 에어컨, 히터 등 기온이 높거나 기온 변화가 큰 곳
- 밀폐된 자동차 안(여름철 필히 삼가)
- 아기 손이 닿는 곳

육아★

모유의 영양

모유는 임신 후반기와 분만 후 여성의 유선에서 분비되는 유즙을 말한다. 모유 수유를 하면 아기의 생명 유지 및 성장 발달에 필요한 영양분을 가장 적절한 농도와 소화 흡수가 잘되는 형태로 아기에게 전달할 수 있다.

자연의 선물, 초유

아기는 열달 동안 엄마의 자궁 속에서 안전하게 보호받고 탯줄을 통해 영양 공급을 받고 있었지만, 이제는 스스로 젖을 빨고, 외부의 다양한 유해물질과도 스스로 싸워 이겨야 한다. 이러한 아기를 위해 준비한 자연의 선물이 바로 '초유'이다.

생후 2~4일에 나오는 엄마 젖을 초유라고 하며, 초유에는 아기에게 필요한 각종 영양 성분 외에도 건강하게 자라는 데 필요한 면역 성분, 잘 자라도록 도와주는 성장 인자와 똑똑하게 자라도록 도와주는 두뇌 발달 성분 등 각종 기능성 성분이 풍부하게 함유되어 있다. 모유 수유가 어려운 엄마라도 초유는 꼭 먹일 수 있도록 노력하는 것이 좋다.

Mom's 클리닉

초유의 영양과 성분

- **면역 성분** ⇨ IgA, IgG, 락토페린 등
- **성장 인자** ⇨ IGF, TGF 등

모유 수유를 할 수 없을 때

아기에게 가장 먼저 권장되어야 할 영양식은 당연히 모유지만, 엄마에게 패혈증, 활동성 결핵, 장티푸스나 유방암, 말라리아 등 특정 질환이 있다면, 모유 수유 대신 분유 수유를 권장한다.

에이즈는 수유를 통한 감염이 보고되지는 않았으나, 모유에서도 에이즈 바이러스가 발견되었기 때문에 우리나라를 비롯한 여러 나라에서는 모유 수유를 권장하지 않는다.

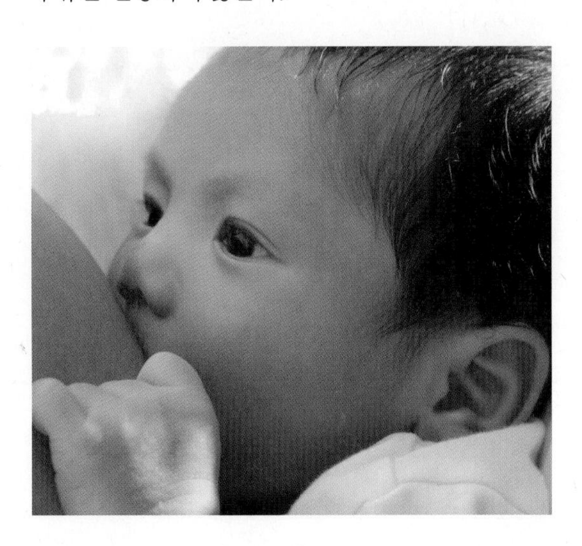

또한 알코올이나 카페인 등은 모유를 통해 아기에게 전달될 수 있으므로, 당연히 섭취하면 안 된다. 만약 섭취했을 때는 최소 2시간이 경과된 이후 수유할 것을 권장한다. 카페인을 섭취하면 아기가 잠을 자지 못하거나 보채는 경우가 있다.

모유량 체크

아기는 온몸으로 많은 열량을 소모하고 있기 때문에 신진대사에 많은 에너지가 필요하다. 그러나 신생아의 위장 크기는 성인의 1/15 크기로 매우 작아 2~3시간에 한 번씩 수유를 해야 아기가 필요한 영양분을 충분히 섭취할 수 있다.

아기가 충분한 양을 섭취하는지 확인하려면 체중 증가 외에도 하루 6개 이상의 기저귀를 적실 정도로 충분한 소변을 보는지를 살펴본다.

만약 모유가 부족하면 혼합 수유나 분유 수유를 고려할 필요가 있으며, 어떤 모유 대용품(분유)을 선택할 것인지 신중하게 판단한다. 분유 선택 시, 모유 수준의 영양을 충분히 공급하면서 소화 흡수가 잘 되는지, 연약하고 민감한 아기를 위해 안전한 원료를 사용하고 있는지를 고려해야 한다.

심야 수유

처음 태어나 신기하고 행복한 마음으로 아기를 돌보던 엄마도 점차 심야 수유에 스트레스를 받을 수 있다. 생후 2개월경에는 4~5시간, 생후 3개월경에는 6~8시간을 안 먹고 잘 수 있다.

아기가 잠자는 시간을 감안해서 수유 시간을 잘 조절하면, 분유 수유는 4개월, 모유 수유는 소화가 잘되므로 5개월 무렵부터 자연스럽게 심야 수유를 중단할 수 있다.

하지만 강제적으로 심야 수유를 중단하는 것은 바람직하지 않다. 대신 아기가 잠들기 전에 충분히 수유하여 재우고 아기가 새벽에 깨서 배고파 하면 바로 수유하지 말고, 보리차 등을 먹여 20~30분 정도 시간을 늦춘다. 점차적으로 수유 간격을 늘리면 약 1~2주일 후에는 밤중에 깨지 않고 푹 자는 습관이 생긴다.

심야 수유 끊기

심야 수유는 엄마에게도 번거로운 일이지만, 아기의 깊은 잠을 위해서도 끊는 것이 좋다. 마지막 수유를 한 후 기저귀와 잠자리까지 점검해 아기가 중간에 깨지 않도록 한다. 잠과 수유는 습관이므로 젖을 물고 잠이 든다거나 밤에 필요에 따라 수유할 때도 낮처럼 불을 다 켜고 밝게 한 상태에서 수유하는 것은 바람직하지 못하다.

심야 수유를 끊지 않으면 젖에 포함된 당분 때문에 치아가 부식되며, 깊은 수면을 방해해서 성장 호르몬이 충분히 분비되지 않는다. 어른처럼 낮에 충분한 양을 섭취하는 훈련도 자연히 더디게 된다.

심야 수유를 끊으려면 낮에 아기를 충분히 놀려 배고프고 피곤하게 만드는 것도 한 가지 방법이다. 배고픈 아기는 충분한 양을 섭취하게 되고, 포식한 아기는 포만감으로 쉽게 잠들 수 있다.

분유, 제대로 알기

아기에게는 엄마의 모유가 제일 좋겠지만, 여건이 되지 않는다면 선택해야 하는 차선책은 분유 수유이다. 분유 역시 아기의 영양 공급원으로써 기능이 충분하도록 조제되어 있어서 안심하고 먹여도 된다. 분유 수유의 기초 정보부터 성분 분석, 엄마들의 궁금증까지 모두 살펴보자.

분유 제대로 고르기

엄마에게 특정 질환이 있거나 모유량이 늘지 않아 아기가 보챌 때, 엄마가 직장을 다녀서 모유를 짜고 보관하기 어려울 때 등 모유 수유를 할 수 없는 경우가 많다. 이때 엄마들은 모유 대용으로 분유를 선택하는데, 월령에 따른 분유 선택법, 분유와 조제식의 차이점을 알면 내 아기에게 좋은 분유를 줄 수 있다.

안전한 원료로 만든 분유를 고른다

청정 지역에서 자란 젖소는 건강하고 질병이 적어 항생제나 성장 호르몬 등을 사용하지 않는다. 그래서 안전하고 우수한 원유를 생산할 수 있다.

소화 흡수가 잘 되는 분유를 고른다

모유처럼 소화 흡수가 잘되어야 아기들이 편안함을 느껴 잘 자란다. 이를 위해서는 소화를 방해하는 성분들, 단백질의 한 종류인 α 카제인, 포화지방산, 덱스트린 등을 줄이거나 사용하지 않은 분유를 고른다.

아기 소화에 영향을 줄 수 있는 요인

❶ α-s1 카제인

우유 단백질로 아기 위에서 단단하게 응고되어 아기들이 소화하기 어렵다.

❷ 포화지방산

모유 지방과 구조가 달라 소화율이 떨어지고 칼슘과 결합해 칼슘 흡수를 저하시키고 변을 단단하게 한다.

❸ 덱스트린

이유식을 먹기 전 생후 4~6개월의 아기들은 모유 탄수화물인 유당은 매우 잘 소화하지만, 덱스트린 등 다른 탄수화물은 소화 효소가 없거나 활성이 떨어져서 유당보다 잘 소화되지 않는다.

월령에 따른 분유 선택법

6개월 미만▶ 조제분유

· 태어나서 6개월 미만의 아기들이 먹는 모유 대용품
· 주원료인 유성분(우유, 산양유) 60% 이상 함유

6개월 이상▶ 성장기용 조제분유

· 6개월 이상 아기들이 먹는 모유 대용품
· 주원료인 유성분(우유, 산양유) 60% 이상 함유

6개월 이상▶ 성장기용 조제식

· 6개월 이상 아기들이 먹는 이유기 영양 보충용 유아식
· 주원료인 유성분 60% 미만

월령에 따른 분유 및 조제식(유아식)의 차이점

분류	대상	특징
조제분유	· 생후 6개월 이전 아기에게 모유를 먹일 수 없을 때, 반드시 조제분유를 먹인다.	· 모유 대용으로 적합한 영양 설계
성장기용 조제분유	· 6개월 이후 아기를 위한 모유 대용품 · 12개월 이후라도 아기의 성장이 늦거나 소화가 잘되지 않는다면 성장기용 조제분유를 더 먹이는 것도 좋다.	· 6개월 이전 조제분유와 비교할 때 아기가 성장함에 따라 대부분의 영양 성분이 증가된다.
성장기용 조제식	· 6개월 이상 아기들이 먹는 이유기 영양 보충용 유아식. · 분유를 먹기 전 또는 분유와 함께 먹이면 좋은 영양 보충식이지만 모유 대용식은 아니다.	· 모유 대용품은 아니지만 일반 분유보다 소화 흡수가 잘되고, 아기의 성장 발달에 필요한 철분 등 영양 성분과 각종 기능 성분이 풍부하다.

분유 먹이기

분유의 양

아기에 따라 먹는 양이 다르지만, 일반적으로 체중 1kg당 100kcal 정도의 열량, 즉 분유량으로는 150cc 정도 먹는다. 생후 1개월 이전 신생아는 평균 3~4시간마다 60~90cc를 먹지만, 아직 수유 리듬이 생기지 않은 상태라 아기가 원하는 만큼 먹이는 것이 좋다. 생후 한 달이 지나면 수유에 리듬이 생기고 100일 전까지는 3~4시간에 한 번씩 먹고, 밤에도 3~4시간 간격으로 일어나 분유를 먹는다. 하지만 생후 3개월이 지나면 밤에 수유하는 일이 점점 줄어든다.

분유 계량법

분유를 계량할 때는 항상 분유통에 있는 계량 스푼을 사용한다. 항상 스푼을 수평이 되도록 깎아서 계량하는 것이 중요하다. 스푼에 수북히 뜨거나 여분으로 더 담는 일이 없도록 한다.

만약 아기에게 더 많은 양을 먹여야 한다면 물과 분유량을 비례하여 탄다. 또한 분유 회사마다 계량 스푼 용량이 다르니 분유통에 적힌 가이드를 확인한다. 분유의 농도가 너무 짙으면 아기의 소화를 방해해 설사를 일으킬 수 있고, 반면 너무 묽으면 아기가 필요한 영양을 다 채우지 못해 빨리 배가 고프거나 성장이 지연될 수 있기 때문에 농도를 적당하게 맞춰야 한다. 간혹 아기에게 더 좋은 것을 주고 싶은 마음에 수유 시 미음이나 차, 한약, 사골 국물 등을 주는 경우가 있는데 이는 모유 농도에 맞춘 분유의 조유 농도를 깨뜨려 오히려 아기에게 부담이 될 수 있다.

분유 타기

분유 수유 준비

❶ 손을 씻고 살균된 젖병과 젖꼭지를 준비한다.

❷ 젖병에 팔팔 끓인 물을 식혀 먹일 양의 1/2이나 1/3 정도를 붓는다.

❸ 분유를 계량 스푼으로 정확하게 재서 젖병에 담는다. 계량 스푼은 항상 위를 깎아서 정확하게 계량하고, 더럽혀지지 않도록 잘 보관한다.

❹ 젖병을 잡고 가볍게 흔들어 분유를 잘 녹인다.

❺ 필요한 분량까지 나머지 물을 마저 부은 다음, 마개를 닫고 분유가 녹을 때까지 흔든다.

❻ 분유를 손목 안쪽에 떨어뜨려 온도가 적당한지 체크한다. 따뜻하게 느껴질 정도면 아기가 먹기에 적당한 온도이다.

*WHO, 식약청 분유 수유 권장 가이드

6개월 미만 아기가 먹는 조제분유를 탈 때는 사카자키균 등의 오염 방지를 위해 반드시 70℃ 정도의 물에서 조유할 것을 권장한다.

분유 탈 때 유의점

❶ 손을 깨끗이 씻는다. 아기가 먹는 것이므로 무엇보다 청결이 우선이다. 엄마가 감기 등 질병에 걸렸다면 세균이 전염되지 않도록 신경 쓴다.

❷ 맹물을 끓였다가 식혀서 사용한다. 물을 끓여서 바로 분유를 탄 다음 찬물로 온도를 맞추면 영양소가 파괴된다.

❸ 체온이나 상온 정도를 유지한다. 분유를 찬물에 타 먹이면 아기의 장에 좋지 않고 체온이 떨어질 수 있다. 특히 아기가 설사를 하거나 감기에 걸렸을 때 찬 분유를 먹이면 더욱 좋지 않다. 또한 분유는 열에 약한 영양소가 들어 있으므로 너무 뜨거운 물에 타면 영양소가 파괴될 수 있다.

분유 먹이는 간격과 시간

아기는 젖병의 젖꼭지를 빠는 것이 엄마의 젖을 빠는 것보다 수월하기 때문에 모유보다 먹는 양이 많고 소화가 늦는다. 아기가 배고파할 때 먹이는 것이 가장 좋기 때문에, 적당한 간격은 정해져 있지 않지만 보통 3~4시간이 알맞다.

백일 이후에는 수유 리듬을 맞춰서 아기에게 일정한 식사 시간을 정해 주는 것이 좋다. 특히 심야 수유를 줄일 수 있기 때문에 일정한 간격을 맞추는 것이 효과적이다.

월령	1회 수유량(ml)	1일 섭취 횟수
출생~1주	60~90	6~10
1주~1개월	120~140	6~8
1~3개월	140~180	5~6
4~5개월	180~210	4~5
6~8개월	210~240	3~4
9~12개월	210~240	2~3
1~2세	210~240	1~2

일정한 간격이 있더라도 아기가 배고파할 때는 분유를 먹인다. 분유를 주자마자 다 먹는 아기가 있는 반면 아주 느리게 먹는 아기도 있다. 한 번에 먹는 양이 적어 하루 종일 젖병을 물고 있는 아기도 있다.

하지만 어떤 상황에서도 엄마가 짜증을 내지 말고 사랑의 마음으로 먹이는 것이 중요하다.

분유 수유 자세

분유는 모유보다 아기와 엄마의 정서적 교류가 적다는 단점이 있다. 그래서 분유를 먹일 때는 아기를 품에 안고 엄마의 체온을 전하며 먹여야 한다.

아기를 껴안고 눈을 보면서 어르고 속삭인다. 먹는 시간이 오래 걸리기 때문에 넓적다리로 아기의 몸을 받쳐서 안정된 자세를 취하면 엄마와 아기 모두가 편안하다.

아기가 누워 있을 때 분유를 먹이면 기도로 넘어가거나 귀로 들어갈 수 있으므로 비스듬히 안고 먹인다.

젖병의 선택과 관리법

젖병을 통해 질병을 옮길 수 있기 때문에 젖병의 선택과 관리가 중요하다.

특히 한국 엄마들은 젖병을 주로 열탕에 소독하므로 환경 호르몬인 비스페놀 A가 들어 있지 않은 BAP-Free 마크를 확인하고 유리, 폴리프로필렌, 폴리에스테르설폰, 폴리페닐설폰, 실리콘, 트라이탄 같은 친환경 소재로 만든 것을 선택한다.

젖꼭지는 아이의 월령에 맞춰 한 단계씩 단단한 젖꼭지로 바꿔야 한다.

분유 먹일 때 주의사항

- 인공 젖꼭지를 입술 위에 대고 입을 벌리는 순간 혀 위에 얹어 준다. 그리고 젖병의 젖꼭지를 충분히 입속에 넣어 아기가 빠는데 힘이 들지 않도록 해 준다.
- 분유의 기울기가 너무 완만하면 공기가 들어가므로 주의한다.
- 분유를 다 먹은 후에도 계속 젖꼭지를 물고 있으면 무리하게 젖병을 빼내지 말고, 아기의 아랫입술을 살짝 잡아당기면서 젖병을 빼거나, 잇몸 사이에 손가락을 넣어 젖병을 빼낸다.
- 아기가 분유를 다 먹으면 아기를 엄마의 어깨에 기대게 하고 등을 가볍게 두드려 트림을 시킨다. 가장 편하게 트림을 시키는 방법은 엄마와 얼굴을 마주 보도록 왼손으로 등을 받쳐서 무릎에 앉히고 오른손으로 아기의 등을 위에서 아래로 쓸어 주는 것이다.

❶ 열탕 소독법

깨끗한 물에 한 번 씻고, 미지근한 물에 세정제를 풀어 전용 솔로 젖병과 젖꼭지를 깨끗이 씻는다. 흐르는 물에 세정제를 깨끗이 씻은 후 끓는 물에 젖병을 3분 정도 담갔다 뺀다(젖병을 처음부터 넣지 말고 물이 끓기 시작하면 넣는다). 이때 집게로 젖병이 물속에 완전히 잠기고 젖병 안까지 소독될 수 있게 굴려 준다. 젖꼭지는 30초 정도 후에 건진다.

❷ 자외선 소독기

가격이 부담이 있지만 사용이 편리하고 소독 효과가 좋다.

모유에서 분유로 바꾸는 시기

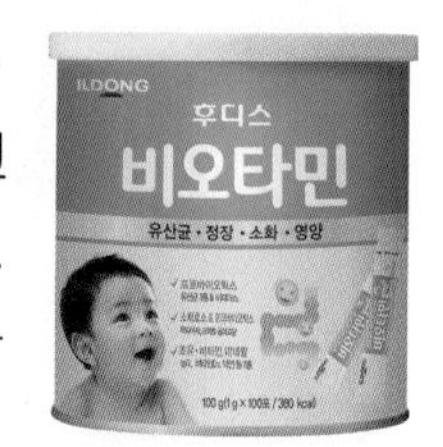

처음부터 무조건 바꾸기 보다는 적당한 혼합 수유 기간을 가지면서 아기가 적응하도록 도와준다. 모유를 먹다가 분유를 먹으면 분유에 있는 카세인이라는 단백질 성분 때문에 아기가 변비에 걸리는 경우가 많다. 변비가 심하다면 소아청소년과를 찾아간다.

위생적인 분유 관리

아기가 먹다 남기면 바로 버리는 것이 가장 좋고, 다시 먹이려면 냉장고에 보관한 지 20분 내에 먹이는 것이 가장 안전하다. 1시간 정도만 지나도 아기의 침 속에 있는 소화 효소와 세균이 섞여 변질될 수 있다. 개봉한 분유는 뚜껑을 잘 덮어 직사광선을 피해 건조하고 시원한 곳에 보관한다. 더운 여름이나 습한 공기의 실내에서는 변질될 수 있으니 개봉한 뒤 3주 내에 먹는 것이 가장 좋다.

또한 분유 스푼은 이물질이 들어가지 않도록 청결하게 관리하다.

Q&A

Q 약을 타서 먹여도 괜찮나요?

A 아기가 어려서 약을 먹기 힘들어하면 분유에 약을 타서 먹이기도 한다. 하지만 분유와 약을 섞으면 약의 효과가 떨어질 수 있고, 아기가 분유 먹기를 거부할 수 있으므로 주의한다.

Q 분유를 바꿀 때는 어떻게 해야 하나요?

A 우선 한 스푼씩 바꾸면서 변을 살펴본다. 아기의 변이 정상적이고 이상을 보이지 않는다면 날마다 한 스푼씩 더하는 식으로 분유를 바꾼다.

Q 분유는 언제까지 먹이는 것이 좋을까요?

A 모유는 면역 성분의 구성 및 함량, 영양 · 심리적인 면에서 많은 장점이 있다. 그러나 여러가지 이유로 장기간 모유를 수유할 수 없어서 많은 엄마가 생후 6개월 정도부터 모유 수유를 중단한다.

WHO 세계보건기구는 최대 24개월까지 모유수유를 권장하는 바, 아기의 정상적인 성장 발달을 위해 최소 12개월까지, 모유의 영양을 공급할 수 있는 모유 대용품(성장기용 조제분유)를 먹이는 것이 좋다.

Q 아기가 젖병을 문 채로 잠이 드는데, 놔둬도 될까요?

A 젖병을 문 채로 잠이 들면, 입 안에 분유 찌꺼기가 남아서 치아에 세균이 번식되고 유치 발달을 방해할 수 있다. 6개월 이전의 아기는 깨끗한 거즈 수건에 물을 묻혀 입을 닦아 주고 입 속을 헹궈 준다.

Q 분유를 많이 넣어 먹여도 괜찮은가요?

A 무조건 분유를 많이 탄다고 영양이 늘어나는 것은 아니다. 경우에 따라 양이 달라질 수 있지만, 일부러 분유를 많이 넣는 것은 좋지 않다. 대부분 분유에 적힌 양이 최대한 모유에 가깝게 하는 농도이기 때문에 이를 따르는 것이 좋다.

Q 분유를 탈 때 나는 거품은 무엇인가요?

A 분유는 우유를 주성분으로 하는데, 우유 중에서도 특히 우유단백(유청단백)은 거품이 잘 생성된다. 이러한 우유단백의 기포성(거품을 잘 생성하는 특성)은 적당한 온도나 고함량의 미네랄 성분이 있을 때 더욱 증가될 수 있다.

조유 시 나타날 수 있는 거품은 우유단백이나 칼슘 등의 성분으로 이루어져 아기가 먹어도 건강상의 문제를 유발하지 않는다. 그러나 거품이 덜 나게 하려면 조유 시 위 아래로 강하게 흔들지 말고, 젖병의 윗부분을 잡고 아랫부분을 돌리듯이 조유하면 거품이 덜 생성되고 빠르게 잘 녹는다.

Mom's 가이드

유단백 알레르기가 있는 아기의 분유 선택

모유는 소화 흡수가 잘되는 단백질로 구성되어 있어서 알레르기가 있거나 알레르기 가능성이 높은 아기에게 가장 좋은 수유 방법이다. 하지만 모유를 수유하기 어렵다면 대용품을 선택할 수 있다.

종류	알레르기 가능성이 낮은 이유	기타
대두 조제식	알레르기를 유발하는 유단백 성분 대신 식물성 콩 단백 사용.	우유단백에 알레르기 있는 아기들이 콩 단백질에도 알레르기를 일으킬 수 있다.
산양분유 	유성분에서 대표적인 알레르기 유발 원인인 α-s1 카제인이 적고, β 락토글로블린의 소화가 잘되어 알레르기 유발 가능성이 낮다.	젖소 우유로 만든 분유보다 맛이 진하다고 느낄 수 있다.
단백질 가수분해 분유	알레르기를 유발할 수 있는 단백질 성분을 미리 분해하여 알레르기 가능성을 낮춘다.	유단백 알레르기가 있는 아기들에게 비교적 안전하지만, 맛이 좋지 않아서 아기들이 잘 먹지 않는다.

육아★

신생아 돌보기

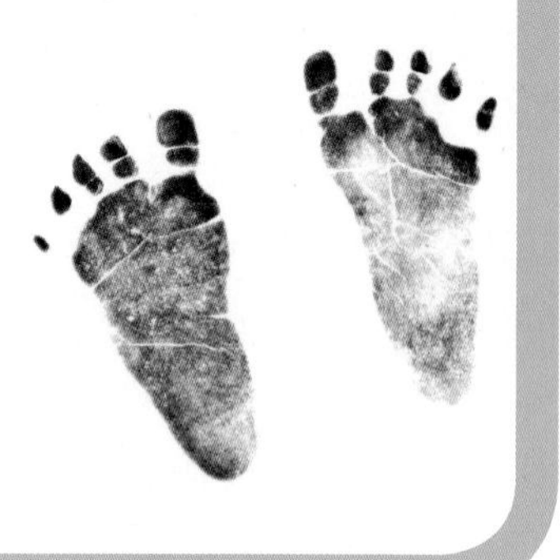

출산 후 엄마의 대열에 합류하게 된 초보 엄마들. 자신의 몸 회복도 중요하지만 신생아를 어떻게 돌봐야 할지 걱정이 앞선다. 누구에게 물어보기도 난감한 신생아 돌보기, 출산 전부터 미리 예습하자.

아기 안기

신생아를 안을 때 가장 중요한 점은 목과 등을 꼭 지지해 주는 것이다. 신생아를 지나서(생후 3개월 이후) 목을 가누어도 두 손으로 엉덩이와 등을 함께 고정시켜 안아야 안전하다. 아기들은 몸을 갑자기 뒤로 젖히는 일이 잦기 때문에 몸을 잘 받쳐 주지 않으면 다칠 수도 있다.

신생아는 특히 목을 가누지 못하기 때문에 고개가 떨어지지 않도록 잘 받쳐야 한다.

❶ 한 손을 다리 사이로 넣어 엉덩이를 받쳐 올린다. 천천히 엄마의 팔꿈치가 수직이 되도록 아기의 몸을 받치고, 다른 팔로는 아기의 머리를 받친 후 가슴 안쪽까지 들어 올리는 것이 아기 안기의 포인트이다.

❷ 아기를 들어 올릴 때는 아기 몸과 수평이 되도록 몸은 굽힌 후 허리를 펴면서 들어 올린다.

아기 눕히기

3개월 이전의 아기는 눕힐 때도 주의를 기울여야 한다.

❶ 기대어 있던 아기의 머리와 목을 한 손으로 받치고, 다른 한 손은 엉덩이 밑에 두어 가로로 안은 후 서서히 내려놓는다.

❷ 바닥에 아기의 몸이 닿으면 엉덩이를 받쳤던 손을 뺀다.

❸ 뺀 손으로 아기의 머리를 조금 들어 머리를 받쳤던 다른 손을 빼면서 베개에 누인다.

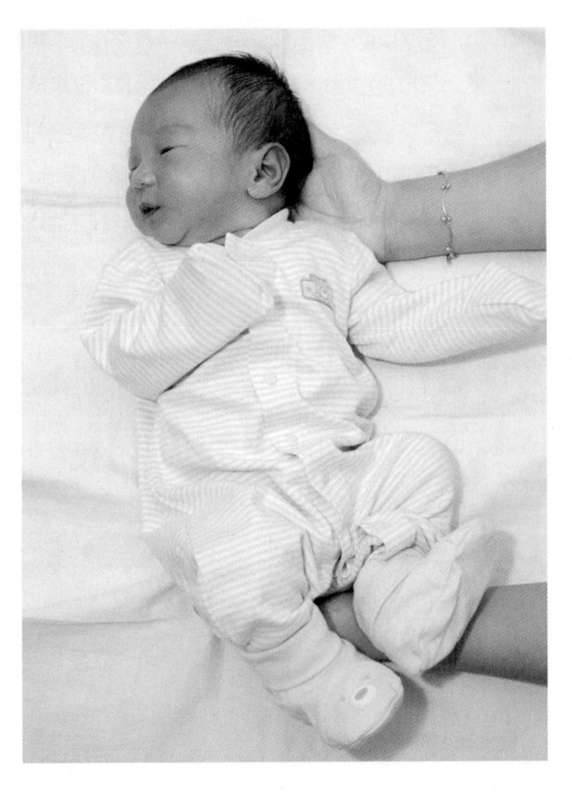

포대기로 업기

아기를 포대기로 업으면 엄마의 등에 밀착되어 따뜻함을 느끼고 정서적 안정감도 느낄 수 있다. 또 시야가 넓어져 아기가 좋아한다. 포대기는 부드러운 면으로 7부 정도의 사이즈가 적당하다.

뻣뻣한 원단의 포대기는 피한다. 아기에게 자극이 없고 잘 흘러내리지 않는 면 재질이 세탁도 쉽고 잘 흘러내리지 않는다. 흘러내림을 방지하기 위해서는 끈 한쪽을 어깨 위로 올려 고정시키는 것도 좋은 방법이다.

❶ 아기를 업을 때는 아기의 몸을 목까지 감싸서 안전하게 업어야 한다. 아기 띠로 엉덩이만 감싸서 업는 것은 매우 위험하다.

❷ 목을 가누지 못하는 아기를 포대기로 업을 때는 포대기 끝선으로 아기의 목을 감싸 업는다. 아기의 머리까지 씌우면 호흡이 곤란할 수도 있으니 주의한다.

❸ 아기를 업고 포대기를 두른 뒤 포대기 끈으로 아기 엉덩이를 받친 후 끈을 묶는다. 포대기 끈은 엄마의 가슴 위까지 올려서 매 주어야 흘러내리지 않는다.

아기가 우는 이유

울음은 아기가 뭔가 불편할 때 유일하게 할 수 있는 의사 표현 수단이다. 아기가 울면 불편해하는 원인을 찾아서 적절하게 해소시켜 주어야 한다.

배고플 때

신생아는 소화관이 크지 않기 때문에 한 번에 먹을 수 있는 양이 적고, 자주 배고픔을 느껴, 울음으로 의사 표현을 한다. 젖을 먹은 지 2시간 이상 경과했거나 평소보다 적게 먹고 잠들었을 때 갑자기 깨어나 우는 경우를 흔히 볼 수 있다.

아기가 우는 이유는 일반적으로 배고픔 때문이지만, 우선 온도와 습도, 기저귀 등을 확인하고 수유한다. 점차 한 번에 먹는 양이 증가하고 수유 간격이 넓어지면서 배고파 우는 경우도 줄어든다.
배가 고파서 울 때는 곧바로 수유한다. 아기가 배고픔을 표현했을 때 엄마는 빨리 반응해 주어야 엄마에 대한 신뢰를 높일 수 있다.

기저귀가 젖었을 때

기저귀가 젖은 채로 오래 방치하면 기저귀 발진이 발생하기 쉽기 때문에 아기가 울지 않아도 용변 간격을 고려하여 가끔 기저귀 상태를 살펴봐야 하고, 기저귀 발진이 생기면 적절한 치료를 받는다.

몸이 불편할 때

옷이 배기거나 몸을 찌르는 물건이 있을 때, 너무 춥거나 더울 때, 자세가 불편할 때도 울음으로 표현한다. 뒤집기를 하면서도 땀을 뻘뻘 흘리거나 우는 경우가 많다.
적절한 원인을 찾았으면 이를 해소해 주면 된다. 또한 등이나 목을 만져 봐서 축축하거나 차가우면 실내 온도가 너무 높거나 낮은 건 아닌지 확인한다.

통증이 있을 때

상처가 생겼거나 설사, 소화불량, 감기 등의 질병이 있을 때 운다. 열이 있거나 외상이 있는지는 겉모습만으로도 알 수 있지만, 특별한 원인을 발견할 수 없고 울음을 그치지 않을 때는 소아청소년과 전문의의 진찰을 받는 것이 좋다.

피곤할 때

피로하면 쉽게 잠들지 못하고 짜증을 부린다. 잠을 잘 때마다 잠투정하여 우는 아기도 있지만 외출이 길었거나 특별한 경험으로 인한 심리적 긴장감으로 평소와 달리 잠을 이루지 못하고 우는 경우도 있다. 보통 소리는 크게 내지만 눈물은 흘리지 않을 때가 많다. 이럴 때는 아기를 안고 가볍게 얼러 주거나 햇빛을 쬐면 도움이 된다.

심심할 때

엄마에게 안기고 싶을 때도 울음으로 표현한다. 안아 주거나 손, 발, 팔다리 등을 간단하게 움직여 가벼운 체조를 시키면 좋다.

수유하기

모유 수유하기

❶ 옆으로 안아서 젖을 먹일 때는 양반 다리를 하고 앉아 베개를 1~2개, 또는 쿠션을 준비해서 무릎 위에 놓고 아기를 받친 후 팔꿈치 안쪽에 아기의 머리를 올리고 젖을 먹인다.
아기의 가슴이 엄마의 가슴 쪽으로 향하는 자세가 좋다.
❷ 아기의 아랫입술을 살짝 건드려 입을 벌리게 한 후 아기가 입을 유륜 부위까지 물 수 있도록 한다. 베개나 쿠션을 한쪽 다리 밑과 옆구리 쪽에 놓아 엄마 팔과 아기를 받친다.

분유 수유하기

❶ 엄마의 왼쪽 팔꿈치 안쪽에 아기의 머리를 두고 왼쪽 팔로 아기의 등을 받친 다음 왼손으로 아기의 엉덩이를 잡고 아기의 자세를 고정한다. 이때 아기 몸은 45도 정도 기울이는 것이 좋다.
오른손으로 젖병을 잡고, 아기의 입과 젖병의 각도는 90도를 유지하면서 공기가 들어가지 않도록 주의하면서 먹인다.

❷ 왼손으로 아기의 목 뒤를 받쳐서 잡고 왼팔은 아기의 등을 수직으로 지지한다. 왼쪽 팔꿈치를 왼쪽 다리에 대고 오른손으로 젖병을 잡고 먹인다. 먹이는 방법은 ①과 동일하다.

왼쪽 다리 밑에 쿠션 등을 대면 엄마의 자세가 훨씬 편해진다. 분유는 15~20분간 먹이고, 아기가 먹을 의사가 없을 때는 먹이지 않는 것이 좋다.

분유가 잘 안 나오고, 시간이 너무 오래 걸릴 때는 인공 젖꼭지의 구멍이 너무 작지 않은지를 확인한다. 젖병에 분유를 가득 타서 거꾸로 세웠을 때 1초에 1방울씩 떨어지는 정도가 제일 적당하다. 구멍이 작으면 칼을 소독해서 젖꼭지를 열십자 모양으로 자르거나 이쑤시개를 구멍에 끼우고 젖꼭지를 살짝 끓인다.

또한 생후 한 달이 지나면 100일까지는 3~4시간에 한 번 먹이지만, 3개월 이후부터는 밤중에 수유하는 일도 점점 줄어든다.

트림 시키기

엄마들이 자주 잊게 되는 일이 바로 트림 시키기이다. 수유 후에는 꼭 트림을 시켜야 한다. 젖이나 분유를 먹으면서 함께 들이마신 공기를 뱉어 내야 분유를 토하지 않는다.

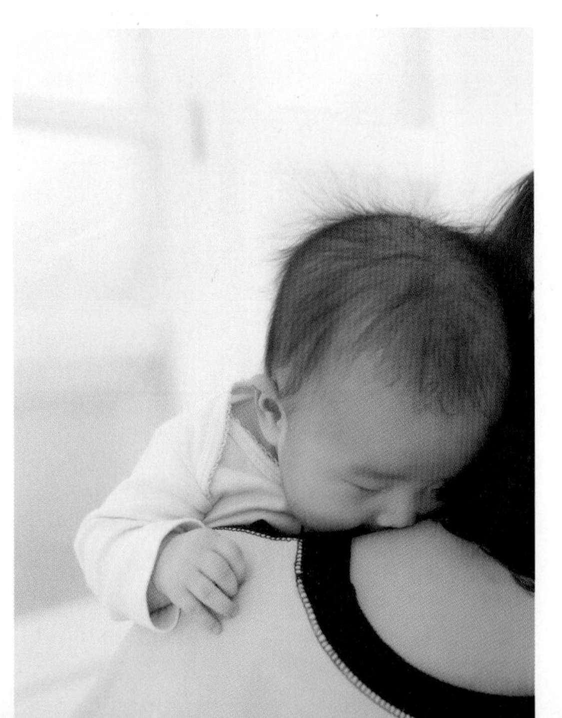

❶ 아기가 분유를 다 먹으면 아기의 가슴을 엄마의 어깨까지 들어 올린 후 등을 토닥토닥 쓰다듬듯이 트림을 시킨다.

❷ 아기가 목이나 허리를 제대로 가누지 못하면 편안히 엎드리게 한 후에 등을 쓰다듬어 주는 것도 좋다. 만일 젖병을 물고 잠들면 아기를 살짝 안아 등을 토닥여 트림을 시키는 게 좋다.

보행기와 흔들침대

보행기

안전사고의 위험이 있고 운동 발달이 늦어지므로 자주 태우지 않는 것이 좋다.

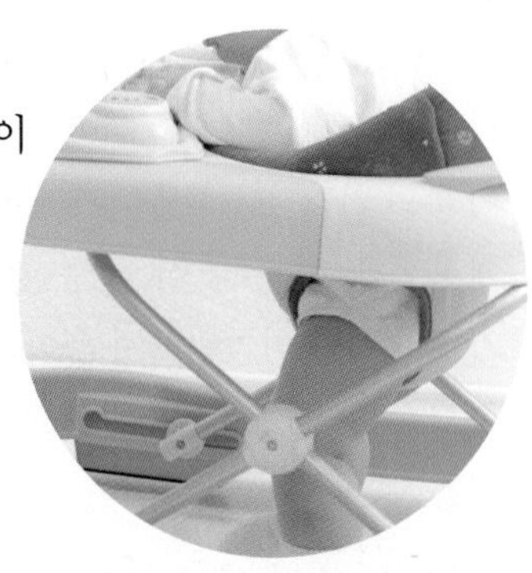

흔들 침대

오래 사용하는 육아 용품이 아니기 때문에 다른 아기가 쓰던 것을 물려받거나 대여하기에 적당한 아이템이다. 흔들 침대를 구입하거나 대여하려고 할 때는 다음 사항을 고려한다.

❶ 안전벨트가 튼튼한지 확인한다. 허리와 가랑이 부분에 모두 벨트가 있어야 하며 원터치 벨트가 사용하기 편리하다.

❷ 흔들림과 관계 있는 스윙 레버, 높낮이 조절 레버, 등받이 각도 조절 레버 등이 견고한지 확인하고 식판, 멜로디 기능, 흔들림 속도 조절 기능, 타이머 등의 부수적인 기능 여부를 확인하여 쓰임이 다양하고 오래 사용할 수 있는 것을 고른다.

흔들 침대는 반드시 평평한 곳에 설치하고 아기가 누워 있는 상태에서 이동하지 않는다. 목을 잘 가누지 못하는 백일 이전의 아기를 세워 앉혀 태우거나, 수유 직후에 태우는 것은 좋지 않다.

여러 가지 돌보기 방법

기저귀를 채울 때

아기의 발목을 잡고 들어 올려 기저귀를 채우는 경우가 종종 있는데, 이 방법은 아기의 목에 무리가 가는 자세이다. 또한 아기의 몸무게가 엄마의 팔에 실려 손목에 통증과 무리가 따르게 된다.

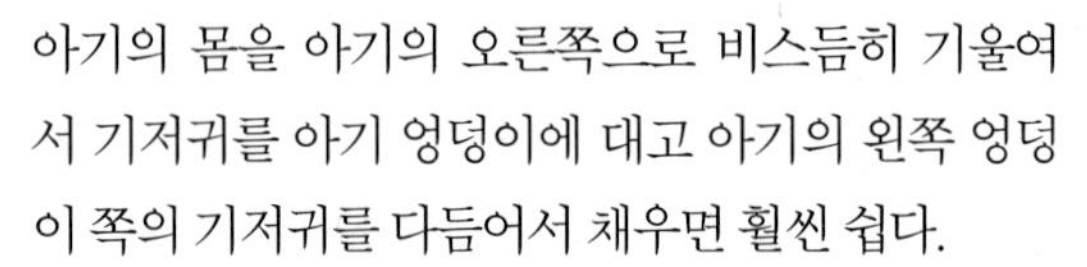

아기의 몸을 아기의 오른쪽으로 비스듬히 기울여서 기저귀를 아기 엉덩이에 대고 아기의 왼쪽 엉덩이 쪽의 기저귀를 다듬어서 채우면 훨씬 쉽다.

기저귀를 채울 때 아기 엉덩이가 짓무르지 않게 가제 수건을 미지근하게 축여서 물기를 짠 후 닦아 주고, 손바닥으로 톡톡 두드려서 건조시킨 후 기저귀를 채운다.

종이 기저귀 채우기

❶ 기저귀를 편 후 아기 엉덩이 밑에 둔다.
❶ 다리 사이로 기저귀를 올린다.
❶ 양 옆을 채우면 끝이다.

천 기저귀 채우기

❶ 기저귀 커버 위에 천 기저귀를 겹쳐 놓는다.
❷ 기저귀 커버와 천 기저귀를 엉덩이 밑에 놓는다.
❸ 천 기저귀를 놓는다.

아기가 토할 때

아기가 토할 때는 무조건 안고 흔들면 안 된다. 아기가 분출성으로 토할 때는 아기의 수유량이 너무 많아 과식으로 인한 소화불량인지 점검해서 조절해 준다. 대부분의 원인은 트림을 잘 시키지 않을 때이다.

❶ 바로 누운 자세에서 아기의 얼굴을 옆으로 돌려 토사물이 기도로 들어가는 것을 방지한다. 토사물이 기도로 들어가면 폐렴, 천식, 식도염 등을 유발할 수 있다.
❷ 가제 수건을 미지근한 물에 꼭 짜서 아기 얼굴에 묻은 토사물을 닦아 주고 아기를 곧추세워 안아서 등을 위에서 아래로 쓸어 주면서 트림을 시킨다.

아기가 더울 때

❶ 아기가 있는 방은 간접적으로 자주 환기한다.
❷ 목욕 이외에도 미지근한 가제 수건으로 아기의 몸을 수시로 닦는다. 옷을 너무 두껍게 입히지 않는다.

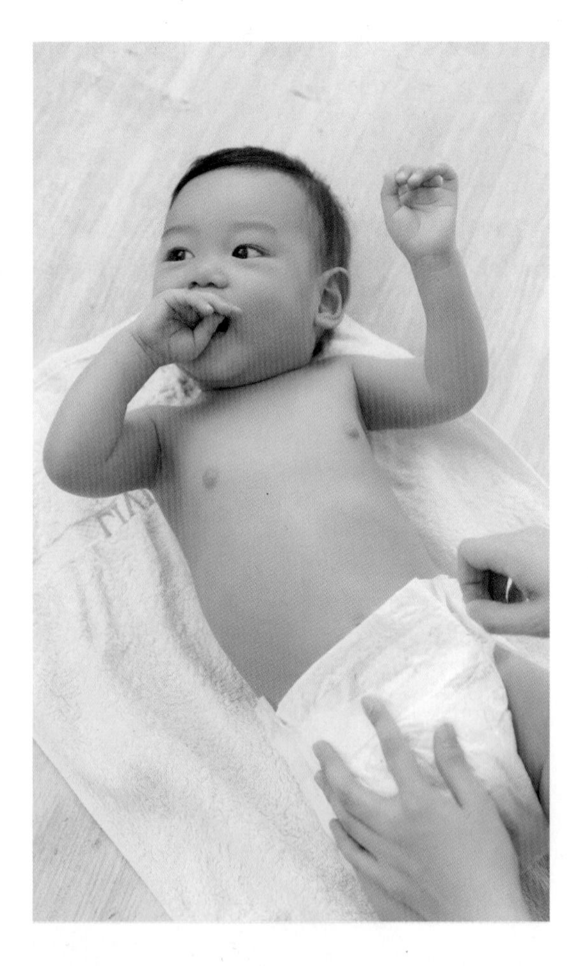

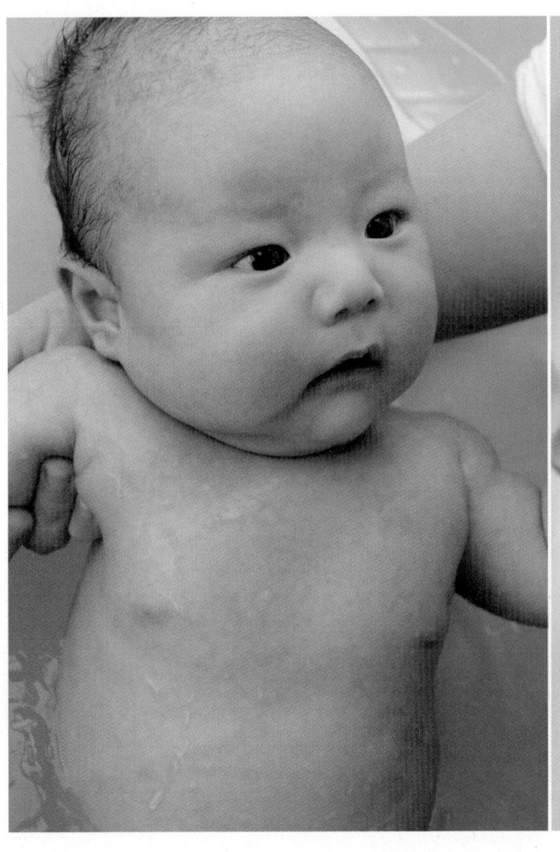

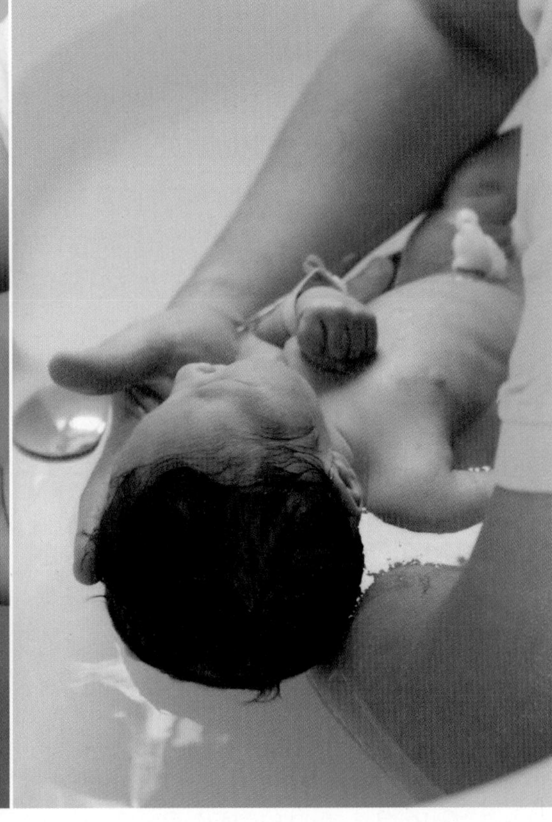

목욕시키기

배꼽이 떨어지기 전 부분 목욕

❶ 새로 갈아입힐 옷을 속싸개 ⇨ 배냇저고리 ⇨ 기저귀 커버 ⇨ 기저귀의 순으로 준비하고 배꼽 소독약도 옆에 준비한다.

❷ 아기 전용 욕조 2~3개에 목욕물을 준비하고 아기를 싸고 있던 속싸개는 옆에 깔아 놓는다.

❸ 엄지와 셋째 손가락으로 아기의 양쪽 귓바퀴를 잡아 귓구멍을 아기를 옆으로 안아서 머리를 비누로 감긴다.

❹ 헹굼 물에서 얼굴을 닦는다. 가제 수건을 물에 꼭 짜서 눈⇨입 주위 ⇨ 이마 ⇨ 코 ⇨ 볼 ⇨ 귀 ⇨ 목의 순으로 닦는다. 눈을 앞머리에서 눈꼬리 쪽으로 한 번에 문질러 닦는다.
머리를 헹구어서 가제 수건을 꼭 짜서 물기를 닦는다.

❺ 아기의 머리를 왼쪽 팔꿈치 안쪽에 두고 아기의 엉덩이를 손으로 잡아서 엉덩이를 구석구석 닦고 헹군다.

❻ 옆에 깔아 놓은 속싸개 위에 아기를 눕히고 가제 수건을 헹굼 물에 짜서 가슴 ⇨ 배꼽 주위 ⇨ 손과 팔 ⇨ 어깨 등의 순서로 골고루 닦아 준다.

❼ 준비해 둔 옷 위에 아기를 눕힌 후 저고리에 팔을 끼우고 속 끈을 묶는다. 배꼽을 소독하고 기저귀를 배꼽 아래로 채운 후 속싸개를 꼼꼼하게 싸서 마무리한 후 모유나 따뜻한 물을 먹인다.

통 목욕

❶ 갈아입힐 옷을 준비한다.

❷ 아기 욕조에 물을 준비하고 헹굼 물도 준비한다.

❸ 왼쪽으로 아기를 안고 머리를 감긴다.

❹ 헹굼 물에서 가제 수건을 짜서 얼굴을 닦은 후 머리를 헹구고 물기를 닦는다.

❺ 아기 욕조에 아기의 발부터 담그고 엉덩이를 자연스럽게 축이면서 욕조 받침에 눕힌다.

❻ 왼손으로 아기의 두 손을 잡고 위에서 아래로 내려오면서 닦는다.

❼ 아기를 뒤로 돌려서 등을 닦아 주고 헹굼 물을 골고루 뿌린다.

❽ 아기를 다시 앞으로 돌려서 왼손으로 아기의 왼쪽 팔꿈치를 잡고 목을 지탱하면서 물을 살살 뿌려서 헹굼으로 마무리한다.

❾ 두 손으로 아기를 조심스럽게 안아서 큰 타올에 꼭 싸서 손가락으로 구석구석 누르면서 물기를 제거한다.

❿ 옷을 갈아입히고 속싸개로 싸서 젖이나 따뜻한 물을 먹인다.

Q&A

Q 목욕은 얼마 동안 해야 하나요?

A 돌 이전의 아기는 일주일에 2~3회가 좋다. 목욕을 자주하면 아기의 피부가 오히려 건조해질 수 있으므로 매일 목욕을 시킬 필요는 없다.

단, 엉덩이는 쉽게 지저분해지므로 하루에도 몇 번씩 자주 닦아 주어야 한다. 목욕은 햇빛이 따뜻한 오전 10시에서 오후 3시 사이가 좋으며, 너무 오랫동안 씻기면 아기가 지칠 수 있으므로 5~10분간만 한다.

Q 아기 목욕을 시킬 때 비누를 사용해도 될까요?

A 생후 3개월 이전의 아기에게 자극이 강한 비누를 쓰면 아기 피부에 자극을 줄 수 있기 때문에 되도록 쓰지 않는 것이 좋다.

얼굴은 특히 비누를 사용하지 않는 것이 좋다.

Q 목욕 후에 아기용 화장품이나 파우더를 발라도 될까요?

A 파우더를 꼭 발라 줄 필요는 없다. 보습제를 바르는 정도로 충분하지만 파우더를 꼭 발라 주고 싶다면 아기의 몸에 직접 바르지 말고 엄마의 손에 약간만 덜어 묻혀 주는 것이 좋다.

분말 파우더는 아기의 호흡기에 들어가면 호흡기 질환을 유발할 수 있으므로 주의한다.

또한 파우더는 땀띠가 나기 전 예방 차원에서 사용하는 것으로 반드시 몸의 물기를 제거한 후 발라야 한다. 몸이 젖은 상태에서 바르면 오히려 땀구멍을 막아서 땀띠를 더 많이 생기게 할 수 있다.

목욕 용품 준비하기

욕조

생후 3~4개월이면 어른 욕조에서도 목욕시킬 수 있지만, 생후 1개월까지는 아기 전용 욕조를 준비하는 것이 좋다. 아기 전용 욕조는 받침대가 있어서 목을 가누지 못하는 아기들을 눕히기 편리하고, 감염 예방을 위해서도 좋다. 미끄럼 방지 틀이 있는 욕조를 구매하면 아기가 미끄러질지 모르는 위험을 차단할 수 있다.

목욕 세제

베이비 샴푸나 세정제가 많지만 신생아는 비누만으로도 충분하다. 또한 기름기가 많지 않은 경우 머리를 감길 때도 물로만 감기고 몸을 씻겨도 좋다.

목욕 타월

여름이라도 아기의 몸을 모두 감쌀 수 있는 큰 타월을 준비하는 것이 좋다. 아기는 쉽게 체온이 떨어지기 때문에 목욕을 하면 바로 타월로 닦는 것이 좋다. 또한 모자가 있는 타월이나 목욕 가운을 입히면 보온이 잘된다.

면봉

목욕 후 면봉에 생리 식염수를 묻혀서 귀와 코, 눈과 배꼽 주위의 물기를 닦는다.

갈아입힐 옷

욕조 옆에 속싸개와 배냇저고리, 기저귀를 미리 준비해 두고 목욕이 끝나면 바로 물기를 제거하고 옷을 입힌다. 기저귀는 통기성과 흡수성이 좋은 천 기저귀를 사용하면 더욱 좋다.

육아★

아기와 외출

어린 아기일수록 외출을 위해서는 꼼꼼하게 준비물을 챙겨야 당황하지 않는다. 엄마의 욕심으로 아기가 고생하지 않도록 백일 전에는 무리한 장거리 외출은 삼가야 한다.

외출 시기

생후 1~2개월에 예방 접종을 하기 위해 외출하는 경우도 있지만, 꼭 필요한 경우가 아니라면 외출은 백일 이후로 미루는 것이 좋다. 본격적인 외출 시기는 6개월 이후가 좋다. 이때는 목도 가누고 등과 허리 근육도 발달하여 외출에서 오는 피곤도 잘 견딜 수 있다.
하지만 6~7개월의 아기는 태중에 있을 때 엄마에게서 받은 면역력이 떨어져 질병에 걸리기 쉬운 시기이기도 하다. 따라서 감기, 홍역 등의 감염 질환이 유행하는 시기에는 외출을 자제하는 것이 좋다.

성장 단계별 외출 준비

먹을 것과 기저귀 갈 것을 대비해서 준비물을 챙긴다. 사실 준비물만큼 중요한 외출 준비는 일기 예보를 확인하는 일이다. 바람이나 온도, 비 올 가능성을 충분히 고려해야 무리 없는 외출이 가능하다.

걷지 못하는 아기

젖병과 분유, 끓인 물, 수유 용품을 챙겨야 한다. 이유식을 시작한 아기라면 나가서 간단하게 먹일 수 있는 이유식도 준비한다. 날씨가 더울 때 집에서 만든 이유식은 상할 염려가 있으므로, 인스턴트 이유식이 더 유용하다.
기저귀와 물티슈, 휴지, 손수건도 챙기고 갈아입을 수 있는 여벌의 옷과 아기가 좋아하는 장난감도 챙겨 나간다.

걷기 시작한 아기

순간의 방심으로 사고가 일어날 수 있는 시기이므로 이름, 연락처 등이 적힌 미아 방지용 팔찌를 채우는 것이 좋다. 컵, 빨대, 스푼 등 이유식 섭취 도구를 챙기고 우유, 과자, 주스 등의 간식거리를 챙긴다.
오래 걷지 못하기 때문에 유모차나 포대기를 가지고 나가야 한다. 아직 기저귀를 떼지 못한 시기이므로 기저귀, 물티슈, 휴지, 여벌의 옷, 손수건 등은 늘 가지고 다녀야 한다.

자유롭게 걷는 아기

아기가 좋아하는 과자, 과일, 음료수 등을 준비하고 여벌의 옷, 장난감, 그림책 한두 권이 필요할 때이다. 가벼운 손수건, 휴지 등은 아기 배낭에 넣고 메게 하면 책임감을 키우는 데 도움이 된다. 장시간 걸어야 한다면 유모차나 포대기 등을 챙긴다.

외출 후에 목욕하기

아기는 환경 변화에 민감하다. 외출 후에는 목욕을 시키고 입던 옷을 갈아입히며, 장난감도 먼지를 털어 주거나 가볍게 닦아 주는 것이 좋다.
감기 기운이 있을 때는 손과 발을 깨끗이 닦아 주고 양치를 시킨다. 목욕 후에는 미지근한 보리차나 수유로 수분을 보충하고 충분히 수면을 취한다.

Step 2

월령별 육아

초보 엄마 아빠들은 아기를 돌보는 게 어색하고 당황스러워서 실수하는 경우가 많다. 소중한 내 아기를 만나 가장 먼저 할 일은 아기의 특성에 대해 공부하고 관찰하기이다. 월령별로 아기가 어떻게 자라고 변하는지, 언제 병원에 가고 언제 무엇을 먹여야 하는지, 처음부터 차근차근 알아가고 익히다 보면 어느새 능숙한 엄마 아빠가 되어 있을 것이다.

육아★0~4주

출생 시~1개월

생후 4주 이내에 BCG 예방 접종을 하고 출생 직후 B형 간염 1차 접종을 한 아기는 만 1개월 내에 2차 접종을 해야 한다. 수유량과 시간, 수면 상태, 배변 상태 등을 꼼꼼히 살펴 육아 일지를 쓰면 전문가의 도움을 받을 때 중요한 정보로 이용할 수 있다.

남자 아기 평균
체중 3.41kg
신장 50.12cm
머리 둘레 34.70cm

여자 아기 평균
체중 3.29kg
신장 49.35cm
머리 둘레 34.05cm

아기의 성장

출생 시 남아의 평균 체중은 3.41kg, 신장은 50.12cm이고, 여아의 평균 체중은 3.29kg, 신장은 49.35cm이다. 신생아는 하루 이틀 정도는 태어날 때의 몸무게보다 10% 내에서 감소할 수 있다. 수유 훈련이 덜 되어 먹는 양이 충분하지 않고 소변, 대변, 피부, 폐 등을 통해서 소실되는 수분량이 많기 때문이다. 하지만 일주일 내에 출생 시 체중으로 회복된다.
출생 1주일에서 열흘 사이에 탯줄이 떨어지는데 탯줄이 떨어지기 전까지는 목욕할 때 물이 닿지 않도록 하며, 알코올 소독이나 건조에 신경 써야 한다.
하루에 100~300cc의 소변을 보며, 간혹 기저귀가 붉게 물드는 경우가 있는데 소변 속에 요산염(혈액, 체내, 관절 내에서는 요산염의 형태로 존재) 증가에 따른 일시적인 현상인 경우가 많다. 하지만 혈뇨 가능성도 있으므로 기저귀를 가지고 소아청소년과를 방문해서 확인을 받는 것이 안전하다.
생후 1~10시간에 끈적하고 검푸른 태변을 보는데 24시간 내에 태변을 보지 않으면 장폐색을 의심해 볼 수 있다. 이때는 보통 퇴원하기 전이므로 의료진의 도움을 받을 수 있다. 모유 수유 아기는 하루에 1~5회, 분유 수유 아기는 1~3회 변을 본다.

생후 1주

갓 태어난 아기는 하루 20시간 이상 잠을 잔다. 그리고 엄마 배 속에서처럼 몸을 웅크리고 주먹도 꼭 쥐고 있다. 아직 눈앞의 물건이나 사람의 얼굴이 잘 보이지는 않지만 청각은 어느 정도 완성되어 있기 때문에 큰 소리에 깜짝 놀라기도 한다.
아기가 아파 병원에 갈 때는 미리 증상을 메모해 두었다가 의사에게 전달하는 것이 좋다. 또한 육아 수첩은 되도록 한 권을 계속 활용하는 것이 좋다. 육아 수첩에는 출생 시 아기의 몸무게와 키, 출생 병원, 예방 접종의 종류 등 의사가 알고 있어야 하는 중요한 정보가 기록되어 있기 때문이다.

생후 2주

아기는 자주 몸을 움직이지만 아직은 반사적인 동작이 대부분이다. 일반적으로 소변은 하루 6~10회, 대변은 2~3회 보지만 아기에 따라 다르므로 개인차를 고려하여 상태를 판단한다.

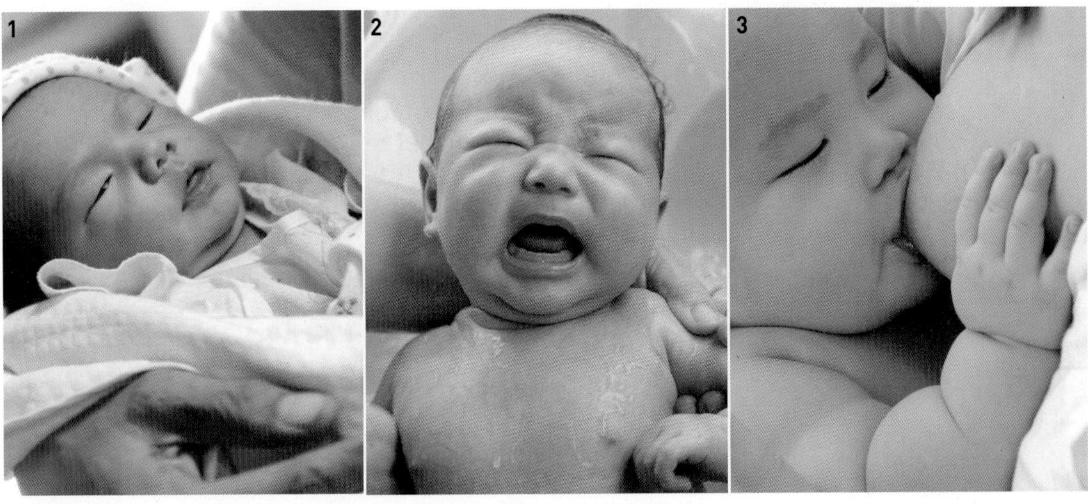

1. 얼굴을 쳐다본다. **2.** 배가 고프거나 불편하면 울음을 터트린다. **3.** 모유를 먹는다.

생후 3주

잘 자라는 아기는 하루 몸무게 증가량이 30g까지 늘어나기도 한다. 눈은 아직 초점이 정확하지 않아 눈동자가 가운데로 모이거나 따로 움직이기도 한다. 안으면 울음을 그치고 얼굴을 쳐다보기도 한다.

생후 4주

이제 어둡고 밝은 것만 구분하던 시력이 점차 발달하여 희미하게나마 사물을 구분할 수 있게 된다. 목소리를 알아들을 수 있어 엄마 목소리에 기분이 좋으면 손발을 흔들고 버둥거리기도 한다. M자형 다리는 성장하면서 점차 곧아진다.

Mom's 클리닉

건강 체크

- 생후 0~4주에 B형 간염 예방 접종을 해야 한다.
- 예방 접종은 되도록 오전에 하되, 아침에 미리 체온을 재서 열이 있는지 확인해 보아야 한다.
- 생후 2~3일에 신생아 황달이 나타날 수 있다. 7~10일 지나면 자연히 없어지는 것이 일반적이지만, 너무 색이 짙거나 장기간 지속되면 진찰을 받는 것이 좋다.

결핵 예방 주사인 BCG 예방 접종을 해야 한다. BCG는 생후 4주 이내에 맞히는 것이 기본이지만, 주사를 놓을 부위에 아토피성 피부염이 심하거나 화상, 피부 감염, 영양 장애 등이 있을 때는 BCG 예방 접종을 연기해야 하므로, 미리 의사와 상의한다. 예방 접종을 한 뒤 목욕은 시켜도 되지만 접종한 부위에 물이 닿지 않도록 주의한다.

엄마가 할 일

생후 2개월까지는 3~4시간 간격으로 하루 6~7회 수유한다. 생후 처음 한 달 동안 아기들은 낮 동안에 3시간마다 먹는 것을 더 만족해하고 좋아하기도 한다. 따라서 어느 정도 규칙적인시간을 정해서 분유를 먹이는 것이 좋다. 분유 수유 후에는 트림을 시킨다.

머리 모양을 만든다고 엎드려 재우면 돌연사의 위험이 있다. 푹신한 요나 이불을 사용하는 것은 질식사의 위험성을 높이는 요인이 되므로 자제한다.

많이 안고 쓰다듬어 주기, 자주 말 걸기, 조용하고

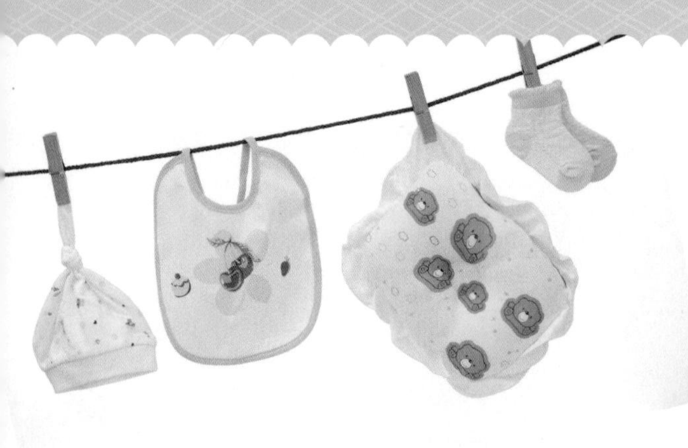

편안한 환경 만들어 주기 등을 통해 아기의 감성과 지능 발달을 도와준다.

1주일에 2~3회 목욕을 시킨다. 이것은 이 달에만 국한되는 것이 아니라 계속적으로 해야 하는 일 중 하나이다.

아기의 영양, 모유

모유는 영양적으로나 면역적으로 그리고 심리적인 면에서 아기에게 최고의 식품이라 할 수 있으며, WHO 세계보건기구에 의하면 6~24개월에는 모유 영양을 충분히 공급해 줄 것을 권장하고 있다.

성공적인 모유 수유를 위해서는 모유량을 충분히 증가시키는 것이 첫 번째 관문이며, 이를 위해서 엄마는 편안하고 스트레스 받지 않는 환경에서 고른 영양을 섭취하며, 젖을 되도록 자주 물려야 한다.

엄마의 음식 관리

모유 수유를 할 때, 엄마가 섭취하는 음식은 당연히 모유에 반영된다. 조심스러웠던 임신기가 지나 자칫 느슨해질 수도 있다.

지나치게 매운 음식이나 향이 강한 향신료, 자극적인 음식을 먹으면 모유의 맛도 변할 수 있으며, 아기의 연약한 위와 장을 자극할 수 있으므로 주의해야 한다.

Q&A

Q 분유를 먹이는데 아기의 변이 녹색이고 몽글몽글한 덩어리가 보여요. 괜찮은가요?

A 신생아의 변 색깔은 다양하므로 녹색 변도 정상이다. 또한 몽글몽글한 덩어리는 분유 성분과 체내 담즙이 반응하여 생기는 것이다.

그러나 변에 피가 섞이거나 점액이 보이면 소아청소년과 전문의에게 보여야 한다.

Q 엎드려 재우면 깊게 자는데 많이 위험한가요?

A 목을 제대로 가누지 못하는 시기이므로 질식할 우려가 있다. 수시로 살피고 잠자리가 너무 푹신하지 않도록 한다. 연구에 의하면 똑바로 재운 아기들이 엎어 재운 아기들보다 영유아 급사 증후군 발생률이 낮고 토하는 경우도 많지 않았다고 한다.

Q 먹다가 잠든 아기도 트림시켜야 하나요?

A 신생아의 위는 자라목을 세운 모양이고, 위 입구의 괄약근이 아직 제 기능을 못 하므로 먹은 젖이 역류하기 쉽다. 반드시 트림시켜 주어야 한다.

트림을 잘하지 않을 때는 옆으로(오른쪽을 밑으로) 기울여 눕히고, 만일 토하였을 경우 토사물이 기도를 막지 않도록 주의한다.

Mom's 톡톡

분유 수유할 때

분유를 탈 때는 항상 손을 깨끗이 씻고 조유 농도에 맞춰 타야 한다. 먹다 남은 분유는 아깝더라도 반드시 버린다. 분유는 멸균 제품이 아니며, 영양이 매우 풍부한 식품이기 때문에 아기가 먹다 남을 경우, 침과 세균이 섞여 들어가서 더욱 상하기 쉬운 상태가 된다.

육아★5~8주

1~2개월

DPT(백일해, 파상풍, 디프테리 예방 백신)와 소아마비 1차 예방 접종을 한다. Hib(뇌수막염)와 폐구균, 로타 바이러스 장염 접종도 한다. 아기는 청각이 예민해지고 노는 시간도 조금씩 늘어난다. 웃거나 옹알이를 하기도 해 엄마 아빠에게 기쁨을 준다. 피부 트러블도 생기기 쉽다.

남자 아기 평균
체중 5.68kg
신장 57.70cm
머리 둘레 38.30cm

여자 아기 평균
체중 5.37kg
신장 56.65cm
머리 둘레 37.52cm

아기의 성장

아직 목을 가누지 못하지만 엎어 놓으면 머리를 들기도 하고 얼굴을 옆으로 돌릴 수도 있다. 청각이 예민해져 반응을 보인다. 문을 여닫는 소리가 크면 깜짝 놀라기도 한다.

수유 시간과 간격, 수유량 등이 일정해지는데 한 번에 섭취하는 양은 대략 120~160cc이다. 30분 정도는 깨어서 놀기도 하고 30cm 정도 떨어진 사물을 자세히 보기 때문에 엄마와 눈을 마주치며 웃기도 한다.

생후 1~3개월의 아기들은 피지선 발달이 활발하여 지루성 피부염에 걸릴 위험이 있다. 지루성 피부염은 머리나 얼굴, 목 등에 누런색 딱지가 생기는 습진으로 몇 달 만에 자연 치유되기도 하지만 잘 낫지 않는다면 소아청소년과에 방문하여 문의한다.

1

2

3

1. 엄마와 눈을 마주치면 웃는다. **2.** 소리가 나는 쪽으로 고개를 돌린다. **3.** 모빌을 달아 주면 좋아한다.

기저귀 발진에 걸릴 가능성이 큰 시기이므로 용변 후 부드러운 가제 수건으로 닦고 잠시 기저귀를 벗기고 건조시킨다.

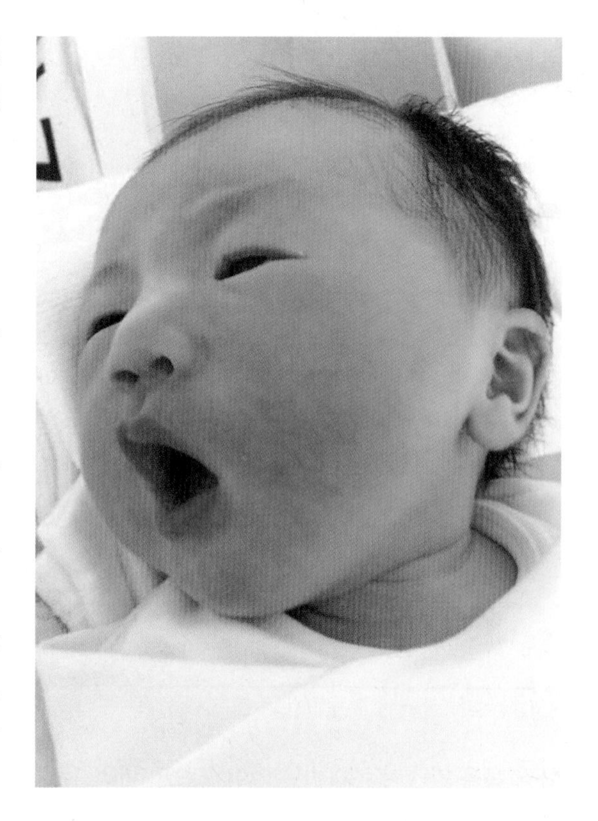

생후 5주

처음엔 잠만 자는 것 같던 아기는 조금씩 낮에 깨어 있는 시간이 늘어난다. 이때부터 모빌을 달아 주면 좋다. 모빌의 위치는 아기의 가슴 주변, 높이는 아기 눈에서 약 30cm 간격을 두고 살짝 비껴 다는 것이 좋다. 목을 가누지는 못하지만 힘이 생겨 팔을 잡고 끌어 올리면 목이 따라 온다.

생후 한 달이 되었으므로, 소아청소년과에 가서 아기의 건강 상태는 물론 기본적인 성장 발달이 잘 이루어지고 있는지 확인해 보아야 하는 시기이다. 간단하게라도 육아 일기를 쓰는 습관을 들여 먹는 양, 대소변을 보는 횟수, 수면 시간, 신장, 체중, 특이 사항, 컨디션 등을 적어 놓으면 도움이 된다.

생후 6주

이 시기의 아기는 소리가 나는 쪽으로 얼굴을 돌리고 사물을 보려고 애를 쓴다. 엎어 놓으면 머리를 들어 올리려고 애를 쓴다. 아직도 아기는 병에 대한 면역력이 약하므로, 잦은 외출이나 입을 맞추는 것도 삼가는 것이 좋다.

코가 막히면 젖도 잘 못 먹고 숨 쉬기도 곤란해지며 잠도 잘 자지 못하므로, 공기가 건조해지지 않도록 신경 써야 한다.

가습기를 쓰는 것도 좋지만 잘 관리하지 않으면 오히려 해롭다. 물통은 물론 본체까지 매일 물로 깨끗이 청소하고 햇빛에 말려(일광 건조 소독) 세균 증식을 방지하는 것이 중요하다.

건조한 공기를 들이마시면 코가 더 말라붙기 쉬워 코딱지가 생기고, 코 안의 점막이 자극을 받아 부으면서 코가 막히기도 한다. 코가 막혔을 때는 가습기를 틀어 적절한 습도(40~60%)를 유지한다.

생후 7주

아기는 이제 울음소리로 엄마 아빠와 의사 소통을 한다. 무언가 불편하거나 부족하면 울음을 터트린다. 생후 1개월이 넘으면 수유 후 만족해서 웃는 듯한 표정을 짓기도 하고 옹알이를 하기도 한다. 옷은 얇은 옷을 여러 개 겹쳐 입히고, 땀에 젖으면 바로 갈아입힌다.

3개월 이내의 아기는 피지 분비가 왕성하여 지루성 피부염이 생기기도 한다. 유전적 요인과 관련이 깊으며, 완전히 낫기까지 오랜 시간이 걸리기도 한다. 피부염이 생기는 부위는 청결히 하고 의사의 지시에 따라 연고 등을 적절하게 사용한다.

특히 아기들에게 많이 생기는 지루성 피부염은 머리, 안면, 겨드랑이 등 피지선이 잘 발달되고 피지의 분비가 많은 부위에 생기는 습진이다. 가슴의 앞 부위나 등 한가운데에 생기는 경우도 있다. 증상으로는 붉은 기가 있고 경계가 뚜렷한 피진으로 피부가 비듬처럼 잘게 벗겨진다. 겨드랑이, 사타구니 등 몸이 서로 마찰되는 부분에서는 붉은 기가 있는 습한 피진(피부에 나타나는 모든 발진)이 된다.
비듬이 심해도 피부병의 한 증상으로 나타난다. 대부분 머리에 생기는 비듬은 지루성 피부염이 원인이 된다. 증상은 머리 전체나 일부에서 쌀겨 모양의 인설이 떨어지는 현상이 나타나고 가렵기도 하다. 증상이 심해지면 두피에 발진과 두터운 딱지가 앉게 되며 머리뿐만 아니라 이마, 귀, 눈썹까지 퍼질 수 있다.

생후 8주

사람의 얼굴 모양에 관심이 많아지므로 가장 익숙한 엄마 얼굴과 눈을 맞추고 웃을 수 있다. 운다고 무조건 안아서 얼르면 습관이 될 수 있다. 아기를 눕힌 상태에서 어르는 것에 적응하게 해야 한다.
생후 8주에는 열이 없는 기침에도 주의가 필요하다. 장기간 기침이 지속되면 기관지 폐렴으로 발전할 수도 있다.
일회용 종이 기저귀는 소변 흡수량이 좋지만, 장기간 채워 두면 아기 엉덩이에 자극이 날 수 있으므로 자주 확인하여 젖은 것은 바로 갈아주고 미지근한 물을 적신 가제 수건으로 닦아 준다.

엄마가 할 일

예방 접종을 하러 갈 때는 육아 수첩을 꼭 가지고 가서 다음 번 예방 접종일을 기록한다.
모유 수유 시 30분 이상 젖을 빨거나 수유한 지 1시간 내에 다시 먹을 것을 찾는 경우, 몸무게가 늘지 않은 경우에는 모유가 부족한 것이 아닌지 상담해 볼 필요가 있다.

간단한 마사지와 체조로 아기의 감각을 발달시킨다. 5~20분까지 점차 시간을 늘려 가면서 바깥 공기를 쏘인다. 단, 햇볕에 노출되는 것은 피한다.
클래식 음악이나 말 걸기, 자극적이지 않은 노래 부르기 등으로 아기의 감각을 발달시켜 준다.
모빌을 달아 준다. 4개월 이전의 아기는 가시거리가 짧아 30cm 이내에 달아야 형태를 인식한다.

아기의 영양

수유 후 꼭 필요한 트림

태어난 지 얼마 안 되는 아기는 위와 식도의 경계 부위의 괄약근이 미숙하고, 또한 이 부위가 흉곽 쪽으로 치우쳐 있어, 음식물을 자주 올리게 된다. 더욱이 위의 모양이 성인과 같은 주머니 모양이 아닌 타원형의 통 모양이기 때문에 더욱 잘 토하게 된다.
특히 분유 수유 시 분유와 함께 공기를 마시게 되므로, 수유 후에는 아기를 세워 안고 등을 토닥여 트림을 시키거나 엎어 뉘여 놓는 것이 토하는 것을 방지하는 좋은 방법이다.

아기가 자주 토하는 것 같아도 성장 발달이나 체중 증가가 꾸준히 되고 있다면 큰 문제가 되지 않는다. 하지만 수유를 심하게 거부하거나 설사 등의 다른 증상들과 구토가 같이 병행되면 위장관이나 대사적 문제 또는 식품 알레르기 등의 문제가 있는 것은 아닌지 전문가와 상담해야 한다.
자주 토하는 아기는 식후에 머리 쪽을 받쳐서 30도 가량 경사지게 세워 눕힌다.

Mom's 클리닉

유당의 기능

- 유당은 장내 비피더스 균의 번식을 도와주고 칼슘, 인, 마그네슘, 철 등의 미네랄 흡수를 증가시킨다.
- 유당의 분해물인 갈락토오스는 뇌 신경 조직의 구성물인 세레브로사이드의 합성에 이용되어 유아기 성장 발달에 꼭 필요한 성분이다.

아기의 소화 흡수

엄마 배 속에 있는 열 달 동안, 태아는 태반을 통해 모체로부터 포도당을 받아 사용하지만, 출생 후에는 주요 에너지원이 포도당에서 유당으로 전환된다. 따라서 모유 탄수화물의 95% 이상이 유당으로 구성되어 있으며, 출생 후 3~4개월까지 아기는 유당 이외의 다른 탄수화물을 소화할 수 있는 능력이 없다.
모유 수유는 모유 탄수화물의 대부분이 유당이므로 아기가 소화 흡수하는 데 전혀 문제가 되지 않는다. 하지만 분유 수유를 할 때는 탄수화물 성분으로 유당 외에 덱스트린 등 다른 탄수화물 성분이 섞일 경우 소화 흡수율이 떨어질 수 있다.

신체 조직과 면역 시스템을 구성하는 단백질

아기에게 단백질은 매우 중요한 영양 성분으로, 근육 등 각종 신체 조직을 구성하는 체구성 성분일 뿐만 아니라, 연약한 아기를 각종 질병으로부터 보호하는 면역 시스템을 구성하는 기본 구성 물질이다. 따라서 단백질을 충분히 섭취하지 못하면 아기가 잘 자랄 수 없고, 면역력이 저하되어 잔병치레가 잦아질 수 있다. 심하면 면역 발달에 가장 중요한 역할을 담당하는 신체 기관(흉선) 자체의 위축을 유발하기도 한다.

반면에 아기가 잘 소화하지 못하는 단백질은 오히려 알레르기 등을 유발할 수 있으므로 모유 수유가 어려울 경우 단백질 조성이 모유와 가장 가까운 분유를 선택하는 것이 좋다. 특히 알레르기나 아토피 등이 있는 아기에게 부득이하게 분유 수유를 해야 할 때는 더욱 많은 주의가 필요하다.

두뇌 발달을 돕는 불포화 지방산

아기에게 지방은 농축된 형태의 매우 중요한 에너지원이다. 단백질과 당질이 1g당 4kcal의 열량만을 낼 수 있는 반면 지방은 1g당 9kcal의 열량을 낼 수 있다.
또한 지방 중에서도 필수 지방산으로 불리는 오메가-3 지방산은 뇌신경 세포와 망막에 다량 함유되어, 두뇌 발달과 시력 유지에 아주 중요한 역할을 담당하고 있다. 이러한 이유로 최근 모유에 많이 함유된 오메가-3 지방산의 일종인 DHA를 분유에 첨가하고 있으나, DHA 성분만을 공급하는 것보다는 체내 생리적 기능을 고려하여 오메가-6 지방산과의 균형 섭취도 반드시 고려해야 한다.
모유 수유를 하는 경우에는 불포화 지방산이 풍부한 식품을 더 많이 섭취하는 수유부의 모유에 불포화 지방산 함량이 높은 것으로 보고되고 있으므로, 이러한 식품들의 섭취가 아기 두뇌 발달 등에 도움이 될 수 있다.

Q&A

Q 체온은 높은데 땀을 흘리지 않아요. 정상인가요?

A 생후 2개월까지는 땀샘 발달이 완전하지 않기 때문에 땀을 흘려 체온 조절이 잘 이루어지지 않는다. 이 시기에는 엄마가 실내 온도나 옷, 침구 등으로 체온 조절을 도와줘야 한다.

아기에게는 20~24℃의 실내 온도와 50~60%의 습도를 유지하여 다소 선선하고 쾌적한 환경을 만들어 주는 것이 좋다. 아기가 주로 있는 방에 온습도계를 이용할 것을 권장한다. 여름에 에어컨이나 선풍기로 온도 조절을 할 경우에는 바람에 직접 노출되지 않도록 풍향을 조절하고, 실외와 온도 차가 5℃ 이상 나지 않도록 한다.

옷이나 침구류는 모두 흡수성이 좋은 면 소재가 좋다. 너무 두꺼운 옷이나 이불로 아기를 덥게 하면 땀띠가 나기 쉬우니 어른보다 한 겹 덜 입힌다고 생각하고 겨울에도 두꺼운 옷 한 벌보다 얇은 소재의 옷을 껴입히는 것이 좋다.

Q 외기욕(신선한 외부 공기에 적극적으로 노출하는 것)이나 일광욕은 언제부터 하는 것이 좋나요?

A 일광욕은 뼈를 튼튼하게 하고 피부의 저항력을 키우게 하므로 중요하다. 그러나 6개월까지는 피부가 매우 연약하기 때문에 머리나 얼굴에 직접적인 직사광선을 피하고 3분 정도에서 시작해 점차 시간을 늘린다.

Q 심야 수유 너무 힘들어요. 언제까지 해야 하나요?

A 모유 수유아와 분유 수유아는 여러 가지 요인 때문에 수유 간격이 다르다. 분유 수유아는 생후 6주 이내에 심야 수유가 현저히 줄어들며 1회 수유량이 증가한다. 분유가 모유보다 소화가 잘 안 되기 때문에 분유 수유아는 밤에 더 오래 잔다.

심야 수유는 4개월까지는 4시간 이상 수유 간격이 벌어지면 안 되므로 아기를 깨워서라도 먹인다. 그러나 5개월이 되면 심야 수유를 중단한다. 5개월이 되면 밤중에 깨지 않고 자야 성장 호르몬 분비도 늘고 엄마도 숙면을 취할 수 있다. 밤중 수유를 중단할 때는 단번에 끊어야 한다.

자기 전에 되도록 늦게 먹이고 아침에 일찍 먹인다. 약 1주일만 아기와 엄마가 고생하면 된다.

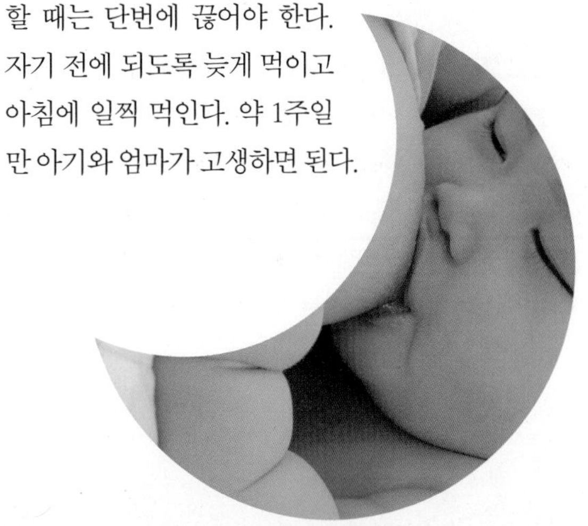

위식도 역류증

신생아의 위는 성인과 달리 식도와 위가 만나는 부분을 조여 주는 괄약근이 제대로 발달하지 않아 쉽게 위의 내용물이 역류할 수 있다. 따라서 분유를 먹는 중간이나 직후에 마치 흘리듯이 토하는 증상을 보이는 것이다.

토하는 양은 한두 모금 정도로 입가에 주르륵 흘러내리는 경우가 많다. 신생아 때와 다르게 6개월이 지나 앉아서 노는 경우가 더 많은 아기들은 자연적으로 토하는 횟수가 줄어든다.

성인과 다르게 신생아의 위는 많은 양의 위산을 포함하고 있는 것이 아니므로 식도가 크게 상하지는 않지만, 식도와 기도가 붙어 있는 관계로 토한 음식물이 호흡기를 자꾸 자극하면 반복해서 폐렴을 일으킬 수 있으며 천식, 식도염 등의 질병으로 발전할 가능성이 있으므로 소아청소년과 의사와 상담하는 것이 좋다.

육아★9~12주

2~3개월

예방 접종은 없다. 다만, 출생 직후 B형 간염 예방 주사를 접종하지 않은 아기는 만 2개월쯤에 1차 접종을 하고 그로부터 한 달 후에 2차 접종을 실시한다.

남자 아기 평균
체중 6.45kg
신장 60.90cm
머리 둘레 39.85cm
여자 아기 평균
체중 6.08kg
신장 59.76cm
머리 둘레 39.02cm

아기의 성장

놀랐을 때 팔다리를 허우적거리거나 걸음마 반사 등의 무의미한 반사적 행동이 사라지고 자율적인 통제 능력이 생겨 움직이는 물건에 흥미를 보인다. 옹알이와 웃음으로 엄마 아빠를 행복하게 하는 시기로 엄마와 눈을 맞추게 된다. 만약 눈을 맞추지 못하면 소아청소년과 진료가 필요하다.

서서히 목을 가누기 시작한다. 움직임도 활발해진다.

생후 9주

목을 조금씩 가눌 수 있고, 손발의 움직임도 활발해진다. 손바닥에 닿는 물체를 잡으려는 반사 행동이 점차 없어진다. 낮과 밤의 구분이 가능해져 차츰 밤에는 많이 자고 낮에 깨어 있는 시간이 길어진다.

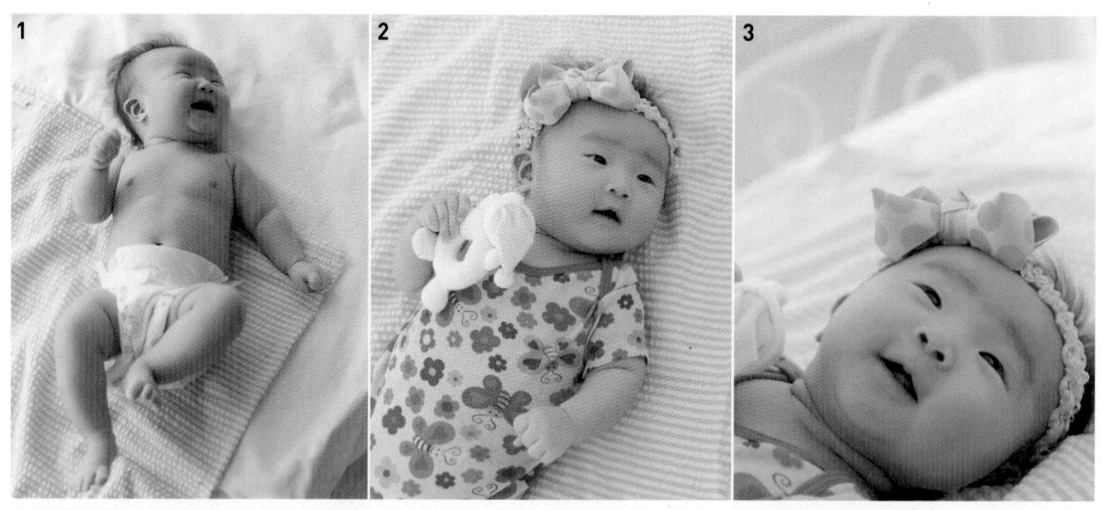

1. 손발을 활발하게 움직인다. **2.** 이 기간에는 흔들면 소리 나는 장난감을 준다. **3.** 엄마와 눈을 맞추고 옹알이를 한다.

생후 10주

이제 큰 소리뿐만 아니라 작은 소리에도 뚜렷이 반응할 수 있으므로, 흔들면 소리가 나는 장난감이 아기 발달에 도움이 된다. 후각은 청각과 함께 가장 빨리 발달하는 감각 중 하나로, 아기는 엄마의 냄새도 잘 구분할 수 있다.

부모와 아기 모두를 위해서 밤에 자고 낮에 주로 활동하는 생활 습관을 길러 준다.

누워 있는 위치를 바꿔 주거나 아기의 옹알이에 답하는 방법으로 아기의 감각을 발달시킨다.

딸랑이, 젖병, 풍선 등 눈앞의 사물을 잡으려고 손을 뻗는 시기이므로 안전한 물건들을 아기의 시선과 손이 닿는 곳에 배열한다.

생후 11주

처음 태어나 빨갛고 주름진 모습이던 아기는 이제 피하 지방이 많아지며 전체적으로 통통하게 살이 붙는다. 흐느적거리는 듯한 느낌도 사라지고 몸도 점차 단단해진다.

생후 1~2개월에 실시한 예방 접종 후 나타날 수 있는 증상들(주사 부위의 통증, 부종, 발열 등)은 예방 접종의 효과 자체를 저하시키는 것은 아니다.

생후 12주

뇌신경계의 발달로 목적 있는 활발한 움직임이 가능해진다. 아기가 목을 완전히 가눌 수 없는 상태라면 업지 않는 것이 좋다.

엄마가 할 일

아기의 요구에 맞춰 일일이 반응을 해야 엄마에 대한 신뢰가 쌓인다. 아기가 왜 웃고 우는지를 잘 알아야 한다.

6개월 이전에는 직사광선에 노출되지 않게 한다. 과다한 자외선 노출로 피부암의 위험이 증가한다. 6개월 이전에 외출할 때는 다른 아기들이 있는 집이나 사람들이 많은 곳은 피하고, 첫나들이 때는 10~15분 정도부터 시작하여 점차 시간을 늘려 나간다.

 영양 섭취

일반적으로 만 2개월이 지나면 점차 수유 간격이 규칙적으로 정해지게 되는데, 한 번에 먹는 양이 많으므로 낮에는 3~4시간 간격으로 6~7번 정도를 먹인다. 아기가 점차 먹는 양이 증가하게 되므로, 모유가 부족하면 분유 수유로 보충 또는 대체를 해야 한다.

혼합 수유

모유와 분유를 함께 수유하는 혼합 수유 시에는 먼저 모유를 먹이고 부족한 양을 분유로 수유하는 방법과 모유 1회, 분유 수유 2회 등 시간을 각각 정해 두고 보통 한 번씩 바꾸어 수유를 하는 방법이 있다. 아기가 보다 잘 적응하는 방법을 선택하는 것이 좋다.

설사 때 영양 공급

아기는 성인과 달리 하루 약 1~12회(분유 수유아의 경우 1~7회)까지 잦고 묽은 변을 본다. 급성 설사는 증세가 확실해서 대처를 신속히 할 수 있다. 반면, 만성적인 설사는 묽고 잦은 영유아 변의 특성과 구분이 어려워 적절한 대응을 하지 못하고 방치하면, 아기의 영양 상태가 저하되어 아기 성장 발달에 나쁜 영향을 줄 수 있다.

설사가 지속되면 탈수와 영양 손실을 방지하기 위한 적절한 영양 공급이 매우 중요하다. 일반적으로 모유나 일반 분유 중의 유당은 매우 필수적인 영양 성분이지만, 설사 중에는 증세를 더욱 심하게 할 수 있으므로, 전문가의 지도에 따라 유당이 배제된 설사 전용 분유를 수유하는 것도 도움이 될 수 있다.

건강한 수분 공급

아기는 성인에 비해 체표면으로 증발되는 수분량이 많고 호흡수가 많을 뿐만 아니라, 새로운 조직을 합성하고 체액이 증가해야 하기 때문에 더욱 많은 수분을 필요로 한다. 따라서 잦은 설사나 구토, 질병 등으로 수분 손실이 증가되면 아기는 수분 균형이 깨져 위험할 수 있다.

건강한 아기는 평소에 모유나 분유 외에 별다른 수분 공급을 필요로 하지 않는다. 그러나 날씨가 덥거나 열이 날 때, 지속적으로 설사를 하는 등의 경우에는 조금씩이라도 모유나 분유 외에도 별도의 수분 공급을 하는 것도 도움이 될 수 있다.

아기에게는 세균 등 위생적인 면을 고려하여, 생수나 약수보다는 끓인 물, 보리차 또는 아기 전용 음료를 주는 것이 좋다.

Q&A

Q 아기 머리에 비듬같이 하얀 게 있어요.

A 대부분 각질이 일어난 경우이므로 목욕을 하면 떨어져 나가고, 억지로 떼어서 상처를 내지 않도록 주의한다. 오랫동안 지속되면 의사와 상담한다.

Q 귓바퀴가 구겨지고 찌그러져서 양쪽 귀 모양이 달라요.

A 아기 귀의 연골이 점차 발달하게 되면 엄마의 배 속에 있을 때 눌려 있던 것이 팽팽해지면서 펴져 점차 모양이 갖춰진다.

Q 아기가 무릎을 펴면 '뚝' 소리가 납니다. 관절에 이상이 있는 걸까요?

A 아기에게 무릎이나 팔꿈치, 손목, 발목 등 관절에서 뚝 소리가 나는 것은 흔히 있는 경우로 문제는 없다. 아기가 자신의 힘으로 걸을 수 있게 되면 자연히 소리가 나지 않는다. 단, 엉덩이에 있는 다리와 연결된 관절에서 소리가 날 경우는 선천성 고관절 탈구가 있을 수 있으므로 소아청소년과 전문의의 진료를 받는다.

3~4개월

DPT와 소아마비 2차 접종을 실시한다. 2개월에 뇌수막염 1차 접종을 한 아기는 4개월에 2차 접종이 필요하다. 4개월에 1차 접종을 할 수도 있다. 심야 수유는 대개 백일 무렵에 서서히 줄여 나간다.

남자 아기 평균
체중 7.04kg
신장 63.47cm
머리 둘레 41.05cm

여자 아기 평균
체중 6.64kg
신장 62.28cm
머리 둘레 40.18cm

아기의 성장

대뇌와 신경이 급속도로 발달해 감정 표현을 한다. 소리 내어 웃기도 하고 화를 내며 우는 경우도 있다. 손에 대한 관심이 많아져 관찰도 열심히 하고 빨거나 주먹을 쥐기도 한다. 팔을 뻗어 물건을 잡으려 하고 손에 잡히는 모든 물건은 일단 빨고 보는 것이 이 시기에 나타나는 현상이기도 하다. 빠는 것으로 만족감을 얻고 대뇌가 발달할 수 있는 시기이므로 고무로 만든 노리개 젖꼭지를 준비한다.

체중은 출생 시의 약 두 배이며, 키도 12~13cm나 자란다. 영양 필요량이 증가하므로 모유가 부족하지 않은지 발육 수준을 확인하고 수유는 4~5회, 수유량은 하루 960cc를 넘지 않도록 한다. 한 번에 수유하는 양이 증가하므로 밤에 하는 수유를 끊을 수 있다. 침을 많이 흘리므로 턱받이가 필요하다.

1. 팔을 뻗어 물건을 잡으려고 한다. **2.** 목을 가눌 수 있다. **3.** 다양한 표정을 짓는다.

아기의 백일

백일은 아기가 출생한 지 백일째 되는 날로 '백날'이라고도 한다. 이 '백'이라는 숫자는 전통적으로 완전과 성숙을 의미하는 수이다. 때문에 백일 잔치는 아기가 백일을 무탈하게 넘김을 축하하는 동시에 앞으로도 건강하게 자라기를 축복하기 위한 자리이다.

생후 13주

체중이 출생 시의 두 배, 신장은 10cm 이상 자란다. 얼굴 생김새가 점차 또렷해지며, 아기마다 성장 발달 정도에 점차 개인 차가 나타나고 체형의 차이가 나기 시작한다.

생후 14주

무엇이든 입으로 가져가려 하는 시기이다. 손가락이나 주먹을 쭉쭉 빨기도 한다. 일으켜 세우면 다리에 힘을 주고 쭉 펼 수 있지만 너무 자주 세우면 뼈와 관절에 무리가 갈 수 있다.

생후 15주

침이 많아지는 시기이다. 아기 피부에 자극이 가지 않도록 부드러운 면 소재의 턱받이를 하는 것이 좋다. 점차 표정이 풍부해지고, 기분이 좋을 때는 얼러 주면 소리 내 웃기도 한다.

생후 16주

아기가 스스로 목을 가눌 수 있으므로, 안아 주기도 훨씬 편하고 업어도 되지만 너무 오래 업지 않도록 한다. 활동량이 많아서 급격히 증가하던 체중 증가 속도가 비교적 완만해지는 편이다.

이유식을 시작하는 시기로(대개 생후 4~5개월경), 아기의 상태에 따라 다소 차이가 있다. 이 시기에는 평균적으로 아기의 체중이 출생 시의 약 2배가 된다. 이유식이 너무 빠르면 소화 불량, 장염, 식품에 대한 알레르기 등을 일으킬 수 있다. 반면 이유식이 너무 늦으면 아기들이 새로운 음식을 거부할 뿐만 아니라 새로운 식습관을 형성하기가 어려워 고형식에 적응하기 어려워진다.

엄마가 할 일

까꿍 놀이를 한다. 손이나 수건 등으로 얼굴을 가렸다가 내리면서 '까꿍'하는 놀이를 말한다. 아기에게 호기심을 길러 주고 감각 발달에 도움이 된다. 아기에게 엄마가 잠시 보이지 않아도 아주 없어지는 것이 아니라는 것을 알게 해 주는 효과도 있다.

부드러운 것, 딱딱한 것, 까끌까끌한 것, 미끈한 것 등 다양한 물체를 만지게 해 주면 지능 계발에 효과적이다.

영양 섭취

일반적으로 아기들은 생후 3개월까지는 장 점막의 기능이 아직 성숙하지 못하여 단백질이 그대로 흡수되는 경우가 있다. 이러한 아기들의 신체 특성상 유해한 균이나 박테리아 및 소화가 덜 된 단백질 덩어리의 침투도 유발할 수 있다.

모유나 분유에 함유된 면역 단백질인 락토페린이나 면역 글로블린 IgG, IgA 등은 외부 유해균이나 박테리아 등의 침입을 방지하여 면역력 강화를 도와줄 뿐만 아니라, 성장 호르몬 인자 IGF, TGF 등은 미숙한 아기의 소장 점막의 성숙을 도와 외부의 유해 물질이나 소화가 덜 된 단백질 덩어리의 침투를 방지할 수 있다.

아기들 중에는 가끔 유단백질에 대한 알레르기 증상을 보이는 경우가 있다. 이런 경우에는 모유나 우유를 원료로 한 분유 모두에 이상 증상을 보일 수 있으니, 식물성 콩 단백질을 이용한 조제식을 활용하는 것도 대처 방법이 될 수 있다. 그러나 엄마 혼자 주관적으로 판단해서 변경하기는 것보다는 전문가의 판단에 따라 변경하는 것이 좋다.

콩 제조식을 선택할 때는 우유 단백질 성분이 완전히 배제된 것을 고른다. 콩 단백질에 부족한 아미노산(메티오닌)이 보강되고, 그 밖에도 모유에 풍부한 모유의 기능성 성분들이 보강되었는지 확인해 보아야 한다.

이유식 시작 시기

생후 4개월이 지나고 아기가 목을 완전히 가눌 수 있으면 이유식을 시작해도 좋다. 아기가 기분이 좋을 때, 수유 전 공복 시에 주는 것이 좋다. 한 숟가락 정도 주고 점차 양을 늘리면서 아기의 상태를 관찰한다.

알레르기나 아토피가 있으면 이유식 시작 시기를 늦추고 식품 선택을 신중하게 해야 하지만, 너무 늦게 시작하면 빈혈 등 아기의 영양 및 건강 상태에 영향을 줄 수 있으므로 주의가 필요하다.

4개월 돌보기 포인트

약을 먹을 때

아기에게 약을 먹일 때 분유에 타서 주는 것은 좋지 않다. 약의 종류에 따라 분유와 같이 먹으면 흡수가 잘되지 않아 약의 효과가 떨어질 수 있으며, 분유 맛에 영향을 주어 아기가 분유를 싫어하게 될 수도 있다.

엎어 재우기

아기를 엎어 재우면 자칫 아기의 코가 막혀 질식할 염려가 있고 영아 돌연사 증후군의 위험도가 증가하므로 삼가야 한다.

Q&A

Q 턱받이를 해도 옷이 다 젖을 정도로 침을 많이 흘려 걱정이에요.

A 침샘이 발달해 침이 많이 분비되기 시작하는데 아직 제대로 삼키지 못해 침을 흘리는 것이다. 이가 나면 침을 더 많이 흘리게 된다. 보통 만 두 살 정도가 되어야 나아진다. 수건이나 턱받이를 너무 꽉 매지 말고 자주 갈아 주며, 피부를 청결하게 해 준다.

Q 아기가 손가락을 많이 빠는데요. 못 빨게 하면 우는데 어떻게 하면 좋을까요?

A 아기가 빨고 싶어 하는 것은 본능이므로 이를 못 하게 하는 것보다는 젖이나 젖병을 빨 수 있는 기회를 주거나 놀아 주면서 관심을 돌린다. 여의치 않으면 차라리 빨게 내버려 두는 것이 낫다.

쓴 약을 손가락에 발라서 못 빨게 하는 등의 강제적인 방법은 아기에게 좌절감을 줄 수 있다. 또한 유치 관리를 잘해야 영구치가 나는데, 손가락을 빠는 행동 때문에 유치가 다소 미워질 수도 있다. 하지만 큰 영향은 없다.

Q 아기를 크게 흔들어 얼르면 위험하다는데 왜 그런 것인가요?

A 아기를 심하게 흔들면 외상이나 시력 상실, 뇌 손상으로 불구가 될 수도 있고 심하면 사망할 수도 있다. 생후 2~4개월은 가장 위험한 때이므로 절대로 심하게 흔들어서는 안 된다.

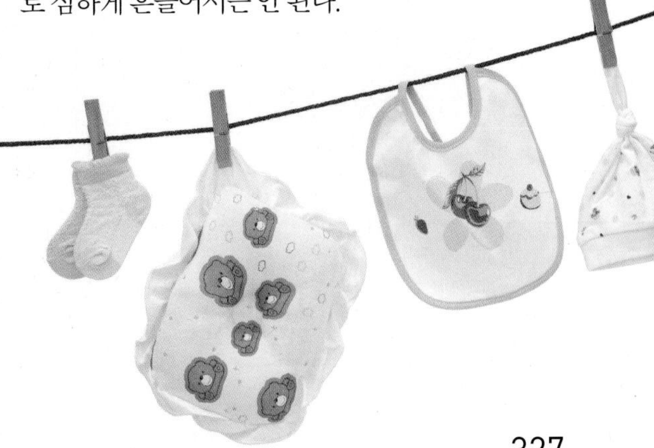

육아★17~20주

4~5개월

4~5개월에는 쌀미음으로 이유식을 시작한다. 아기는 활동량이 증가하면서 체중이나 신장이 크게 늘지는 않는다. 또한 2개월경에 실시했던 DTP와 소아마비에 대한 2차 예방 접종을 실시한다.

남자 아기 평균
체중 7.54kg
신장 65.65cm
머리 둘레 42.02cm
여자 아기 평균
체중 7.10kg
신장 64.42cm
머리 둘레 41.12cm

아기의 성장

활동량이 많아서 체중 증가 속도는 완만해진다. 이제부터는 아기들마다 발육 상태에 개인 차가 많이 보이기 시작한다. 옆집 아기와 비교하며 괜한 불안감을 갖지 않는다.
아기가 능숙하게 뒤집기를 선보이는 시기이다. 빠른 아기는 4개월, 늦은 아기는 7개월 무렵에 뒤집기를 시작한다. 따라서 침대에서 떨어질 위험성도 커진다.
백일 무렵부터 6개월까지 배냇머리가 빠진다. 아기가 빠진 머리카락을 입에 넣지 않도록 자주 치운다.

생후 17주의 아기

손의 움직임이 비교적 자유로워 딸랑이나 장난감을 주면 두 손으로 잡으려 하고, 꼭 쥐고 있던 주먹도

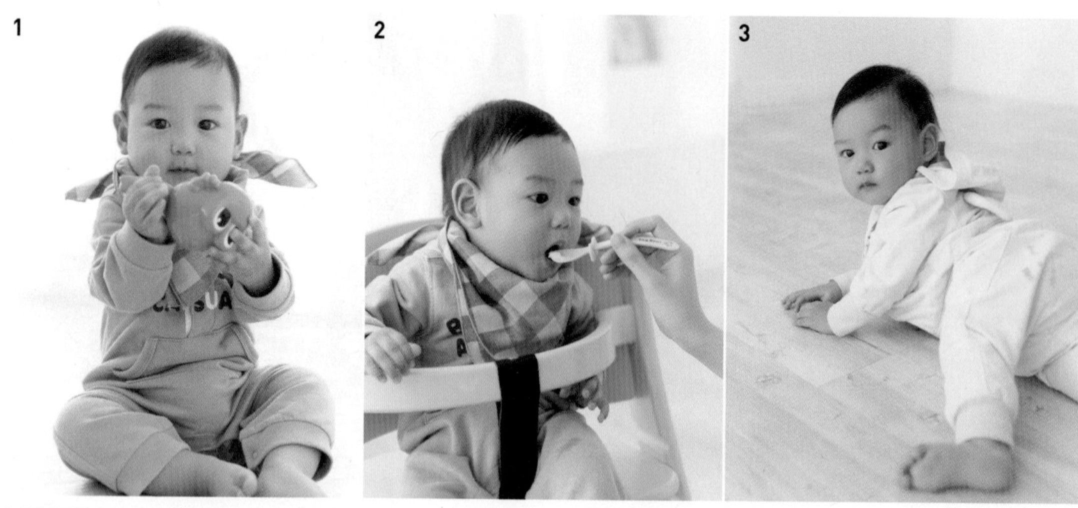

1. 장난감을 두손으로 잡는다. 2. 숟가락을 넣어도 밀어내지 않는다. 3. 뒤집기를 할 수 있다.

펴고 있는다. 숟가락이나 음식을 입에 넣어도 혀로 밀어내지 않는다.

이유기가 시작되면서 아기의 성장 발육은 더욱 왕성해진다. 더 이상 모유나 분유만으로는 아기가 필요로 하는 영양소와 칼로리를 충분하게 공급할 수 없다. 영양소와 칼로리가 농축된 음식을 주어 필요한 영양을 충족시켜 줄 수 있어야 한다.

생후 18주

앉혀 놓으면 목을 가눌 수 있을 정도로 힘이 생긴다. 엄마의 화난 목소리와 상냥한 목소리를 구분하고 화난 목소리를 들으면 울기도 한다.

생후 19주

아기도 이제 혼자 있으면 지루해할 정도의 사회성이 발달하여, 엄마나 아빠의 시선을 끌려고 한다. 비교적 목과 팔, 어깨 등에 힘이 생긴 아기들은 이제 뒤집기를 한다.

2개월경에 실시했던 DTP와 소아마비, Hib(뇌수막염), 폐구균, 로타 바이러스 장염에 대한 2차 예방 접종을 실시한다. 예방 접종을 하는 시기 및 간격은 접종 후에 면역이 가장 잘 생기는 시기를 선택해서 정하기 때문에 되도록 정해진 날짜를 지키되, 아기의 상태를 감안하여 접종하고 너무 늦어지지 않도록 주의한다.

생후 20주

아기는 이제 뭔가 불편하거나 요구 사항이 있을 때 울기도 하는데, 너무 오래 울리면 성격 형성에 좋지 않다. 또한 아기에게 스트레스를 주어 두뇌 발달을 저해할 수 있다.

5개월 돌보기 포인트

사시 체크

아기가 4~5개월이 지나도 사팔눈을 뜨거나 늘 초점이 맞지 않으면 사시를 의심해 볼 수 있다. 방치 시 약시가 될 수도 있으므로, 정기 검진 시 전문가와 상담하거나 정확한 안과 검사를 받는 것이 바람직하다.

아기 안을 때 주의사항

아기를 장시간 업으면 아기의 배나 가슴이 압박되고 혈액순환이 잘되지 않을 수 있으므로 잠깐씩만 업는다.

아기를 번쩍 들어 올리거나 흔드는 것은 아기의 두뇌나 망막에 충격을 줄 수 있으므로 삼간다.

엄마가 할 일

모유나 분유만으로는 영양 필요량을 만족할 수 없기 때문에 이유식을 시작한다. 쌀미음부터 한 숟가락씩 시작하는데, 아기가 거부하면 일주일 정도 미룬다. 매일 같은 시간대에 주어 리듬이 생기도록 한다.

이유식은 4~5개월은 1회, 6~9개월은 1~3회(잘 먹으면 3회를 시도하며 가능한 한 3회)를 준다. 이유식을 주는 시간은 1회만 줄 때는 오전 10시쯤, 2회일 때는 오전 10시와 저녁 6시, 3회일 때는 오전 10시, 오후 2시, 오후 6시에 준다.

유모차를 이용해서 가까운 곳을 산책한다.

봉제 인형과 나무 기차처럼 다양한 재질의 장난감을 주고 손으로 느끼게 한다. 처음에는 손 전체로 장난감을 잡지만 점차 손가락으로 잡을 수 있게 된다.

거울 보기 놀이도 계속하고, 그림책을 읽어 준다. 엄마도 알록달록한 옷을 입고 아기의 인지 발달을 자극하는 게 좋다.

영양 섭취

아기에게 이유기는 균형 잡힌 영양 섭취는 물론 새로운 음식을 접하고, 씹는 훈련을 통해 치아를 발달시키며, 좋은 식습관을 형성해야 하는 아주 중요한 시기이다.
아기는 생후 3~4개월이 지나면, 성장이 왕성해지고 운동량이 증가하면서 더 높은 열량과 양질의 단백질, 충분한 철분 공급 등 영양의 요구가 점차 높아진다. 따라서 모유나 분유만으로는 아기가 필요로 하는 만큼의 영양소를 제공할 수 없게 되고, 배 속에서 엄마로부터 받아 저장했던 무기질(철분, 칼슘) 등도 생후 5~6개월이면 모두 소모된다. 정상적으로 만삭아는 4~6개월, 미숙아는 2개월이면 모체로 받은 철분이 고갈되므로 보충해 주어야 한다. 또 태어나면서 아기가 저장해 가지고 있던 철분도 고갈되어 간다.
아기의 순조로운 성장 발육을 위해 단백질도 곡류, 전분 등과 함께 주어 원활한 단백질 대사를 유도해야 한다. 아기가 먹고 싶은 만큼 모유를 충분히 먹이며, 보충식을 강요하지는 않아야 한다. 모유만으로도 6개월간의 영양은 충분하다.

이유식의 특징

이유식은 엄마가 먹어서 맛있는 음식이 아니다. 아주 단순하고 식품 고유의 맛을 살릴 수 있는 간단한 조리법이 가장 좋은 방법으로, 강한 향신료나 지나친 염분은 사용하지 않는 것이 좋다.
이유 초기는 되도록 무염식을 주고 알레르기 유발 가능성이 가장 낮은 곡류(쌀미음)부터 시작하여 차츰 다른 곡류를 먹인다. 쌀미음은 쌀 1 : 물 10의 비율로 묽게 끓여서 처음에는 미음 물부터 시작한다.

이유 준비기

이 시기에는 이유식을 통한 영양 보충보다는 새로운 음식과 숟가락에 익숙해지도록 하는 것이 중요하다. 모유 또는 조제유, 곡류 미음 이외에는 아직 권장하지 않는다.
곡류 미음(쌀미음)으로 이유식을 시작한다. 4~5개월에는 주르륵 흐르는 미음 형태를 준다. 만 4개월은 이유식 초기로 걸쭉한 상태의 음식이 아니고, 아주 묽게 먹이므로 따로 물이 필요하지 않다.
처음에는 쌀미음으로 이유식을 시작하고, 일주일 후에 채소를 갈아서 쌀과 같이 미음을 쑨다. 또 일주일 뒤에는 고기(쇠고기, 닭고기)와 쌀을 갈아서 준다. 일주일 동안 아기가 잘 적응하면 쌀, 채소, 고기 세 가지를 섞어서 미음을 쑨다.

초기 이유식 방법

초기 이유식에는 숟가락을 사용해서 형태가 있는 음식을 삼키는 연습을 함으로써, 보다 농도 있는 음식과 숟가락의 사용에 익숙해지며 동시에 이것들을 실수 없이 먹게 하는 것이 목표이다.
이유식 농도는 숟가락으로 떠서 기울일 때 음식이

밑으로 주르륵 흐르는 정도가 알맞으며, 주스나 미음의 농도에서 점차 떠먹는 플레인 요구르트 정도로 진하게 한다.

아기가 받아먹는 상태를 보면서 일주일 단위로 물의 양을 조금씩 줄여 가며 죽을 먹이면 자연스럽게 넘어갈 수 있다. 너무 성급해서는 안 되며, 오후 2시 정도 아기가 활발하게 움직여 배가 고픈 시간을 택해 낯선 음식이라도 잘 받아먹을 수 있도록 하는 것이 요령이다.

한 번에 먹는 양은 처음에는 1작은술(약 5g)에서 시작해서 1큰술까지 점차 늘리고, 아직은 이유식으로 아기의 배를 채워 주기는 어려우므로 이유식 이후에 바로 충분히 수유한다.

초기 이유식에 알맞은 식품

이유기에 맛보는 식품들은 아기 월령에 따라 단계적으로 선택해야 한다. 이유 초기에 선택해도 좋은 식품으로는 소화가 잘되고 단맛이 강하지 않은 곡류와 브로콜리, 고구마 등의 채소류가 적당하다.

간혹 생과일을 갈아서 그대로 아기에게 주는 경우가 있는데, 아기가 단맛에 익숙해지면 나중에 채소를 잘 먹지 않을 수 있으므로 과즙은 채소보다 늦게 시작하는 것이 좋다. 과즙을 줄 때는 물에 적당히 희석하거나 아기 전용 과일 주스를 먹인다.

Q&A

Q 아기가 살이 너무 찐 거 같아 걱정입니다. 수유량을 줄여야 할까요?

A 아기 때 비만 세포가 많이 생기면 성장해서도 비만이 되기 쉽다. 그러나 성장 발육과 두뇌 발달이 왕성한 이 시기에 살을 뺀다고 적게 먹이는 것은 위험한 일이다. 키가 크면서 자연스럽게 과체중을 줄일 수 있는 식단을 짠다.

Q 아기의 장난감은 어떤 것을 준비하면 좋은가요?

A 아기의 정서와 사회성 발달을 위해 장난감을 줄 때이다. 크고 둥근 모양의 원색 모빌이나 오뚝이, 소리 나는 시계나 거울은 좋은 장난감이 될 수 있다. 단, 한꺼번에 너무 여러 개를 주거나 자주 바꾸는 것은 아기의 정서를 불안하게 만들 수도 있다.

간단한 미음 준비

가정에서 이유식을 만들 때는 소량을 매일 준비하기보다는 한꺼번에 일정량을 만들어 놓고 얼음 얼리는 틀 등을 활용하여 냉동 보관하고, 필요할 때마다 한 개씩 녹여 데워 주면 좋다. 이렇게 하면 아기가 먹는 양을 정확히 체크할 수 있다.

육아★21~24주

5~6개월

DPT와 소아마비 3차 접종을 실시하고 만 2개월과 4개월에 뇌수막염 접종을 한 경우에는 3차 접종을 실시한다. 홍역이 유행할 때는 홍역 예방 주사를 접종할 수 있다. 독감 예방 주사를 접종할 수 있으므로 전문의와 상의한다.

남자 아기 평균
체중 7.97kg
신장 67.56cm
머리 둘레 42.83cm

여자 아기 평균
체중 7.51kg
신장 66.31cm
머리 둘레 41.90cm

아기의 성장

뒤집기가 수월해지고 앉아 있는 것도 안정되는 시기이다. 앉은 상태에서 소리 나는 방향으로 상체를 돌리기도 한다.

기억력이 발달하여 엄마가 아닌 사람을 알아본다. 장난감을 갖고 혼자 놀기도 하며, 전화벨 소리, 초인종 소리 등에 관심을 보이고, 엄마 아빠의 목소리도 구분한다. 불완전하지만 몇 가지 단어를 따라 하기도 한다.

식탁보를 잡아당기거나 얼굴에 수건을 씌워 주면 손으로 걷어 낼 수 있다.

잠잘 때 몸부림이 심해져서 엎드려 자거나 옆으로 누워 자기도 하며 몸을 뒤척이기도 한다.

1
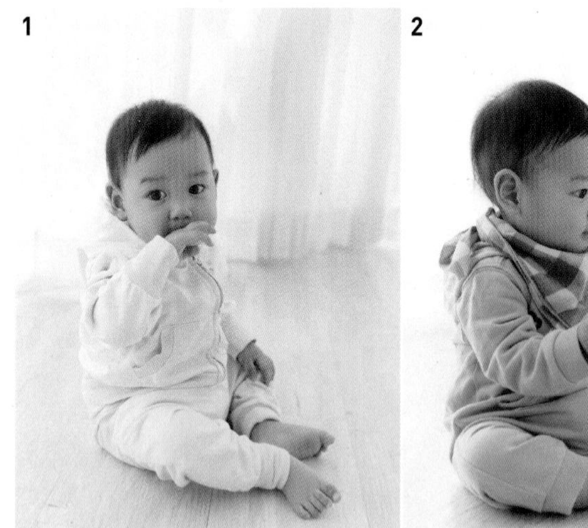
2

3

1. 상체를 들기도 한다. **2.** 장난감을 주면 잡고 휘두른다. **3.** 걸음마를 하듯 발을 뗀다.

생후 21주

몸무게의 증가 속도는 느리지만 운동 능력이 눈에 띄게 발달하는 시기이다. 끊임없이 버둥거리고 손과 발의 활동이 매우 활발해지는 시기이다.

아기가 외부 환경에 대해 왕성한 호기심을 보이는 시기이므로, 하루 1~2번은 가볍게 엄마와 아기가 산책을 하는 것이 좋다. 엄마의 두 손이 자유롭도록 아기띠나 유모차를 활용하고, 중간에 수분 보충을 위해 보리차 등을 준비하는 것이 좋다.

생후 22주

자신이 낸 소리를 듣고 즐거워하며, 옹알이가 많아진다. 바로 눈앞에 있는 물체도 볼 수 있으며, 색깔을 구별할 수 있을 정도로 시력이 발달하여 알록달록한 장난감에 더욱 관심을 갖는다.

아기는 잠들기 전에 쉽게 흥분하는 경향이 있으므로, 지나친 자극으로 아기를 흥분시키지 않도록 한다. 아기가 충분히 잠을 자지 못하면 성장 호르몬이 제대로 분비되지 않아 성장이 지연될 뿐만 아니라, 성장기의 두뇌 발달에 지장을 줄 수 있다.

생후 23주

손발이 더욱 튼튼해져 손으로 몸을 지탱하여 상체를 들기도 하고, 눈앞에 보이는 사물을 쥐고 휘두르기도 한다. 가까이 있는 장난감을 붙잡고 놓치지 않을 만큼 힘이 세진다.

생후 24주

다리에 힘이 생겨 손을 잡고 세우면 걸음마를 하듯 발을 떼기도 한다. 자신이 가지고 있던 장난감을 빼앗으면 저항하고 울음을 터뜨리기도 한다.

6개월 돌보기 포인트

잠들지 못하는 아기

낮에 장시간 외출하거나 주변 환경이 너무 소란스러웠다면 밤에 갑자기 깨어 울음을 터트리기도 한다. 혹은 낮잠 시간이 길어도 밤에 쉽게 잠들지 못할 수 있다. 따라서 밤 시간에 칭얼대는 아기라면 낮 시간의 환경을 점검해 보는 것도 좋다.

보행기 사용 시

보행기는 추락 사고의 위험이 있고, 운동 발달이 늦어질 수 있으므로 사용하지 않는 것이 좋다.

엄마가 할 일

손가락을 많이 움직이면 두뇌 발달이 촉진되므로 작은 과자 등을 손가락으로 집어 먹게 하거나 손가락을 이용하는 장난감을 갖고 놀게 해 준다.
다리에 힘을 기르는 연습을 시킨다. 자주 겨드랑이에 손을 넣고 일으켜 세워서 바닥에서 높이뛰기 연습 등을 하게 한다.
이유식 재료를 다양하게 사용한다. 현재 주식은 분유나 모유지만 덩어리 없는 걸쭉한 상태로 여러 식품을 시도한다.
식사 일기를 쓴다. 아토피가 있는 아기는 음식에 따라 반응이 다르므로 먹은 식품을 꼼꼼히 메모한다.
색종이를 이용해서 찢기 놀이를 하며, 타악기를 갖고 놀게 한다. 놀이하면서 종이를 삼키지 않는지 잘 관찰한다.

영양 섭취

이유식을 시작하면서 잠재적으로 알레르기 성향을 가진 아기들이 일부 식품에 반응하여 알레르기 증상이 나타나는 경우가 있다. 알레르기 증상은 설사, 구토, 복통과 같은 위장관 증상 외에도 피부 발진이나 천식, 비염 등과 같은 호흡기 증상도 나타날 수 있다.

알레르기를 일으키는 원인

식품 알레르기는 아기들의 미숙한 장 점막을 통해 발생하기 때문에, 알레르기 성향이 있는 아기의 이유식 재료 선별은 매우 중요하다.
농약 등에 비교적 안전한 유기농이나 친환경 식품을 이용하면 좋다. 특히 알레르기 유발 가능성이 높은 글루텐, 새우, 메밀, 땅콩 등 견과류, 꿀 등은 돌 이후에 먹여야 한다. 시판 이유식을 먹이는 경우 알레르기 유발 재료가 함유되어 있는지 확인한다.

알레르기 증상이 있는지 확인하는 법

알레르기가 있는 아기는 한 가지가 아닌 여러 가지 식품에 알레르기 증상을 보이는 경우가 많다. 따라서 알레르기 또는 다른 문제점이 발생하는지를 알기 위해서는 한 가지 식품을 적어도 5일은 먹여 보고 알레르기 증상이 있는지 확인하며, 조심스럽게 이유식을 진행한다.

Mom's 클리닉

알레르기 증상 체크법

- ◯ 아기에게 설사, 방귀 같은 위장관의 변화가 생기지 않는지 확인한다.
- ◯ 아기에게 부스럼, 습진, 두드러기 등 피부 계통에 변화가 생기지 않는지 확인한다.
- ◯ 아기에게 기침, 콧물 등의 호흡기 증상이 나타나지 않는지 확인한다.
- ◯ 아기가 뭔가 불편하여 산만하거나 잠을 잘 못 자는지 확인한다.

알레르기를 방지하는 방법

이유 초기에는 모유 탄수화물인 유당 외의 다른 탄수화물에 대한 소화 능력이 점차 발달하여 곡물 섭취가 가능하다. 하지만 아직 지방에 대한 소화 능력은 많이 발달하지 못하였으므로, 이 시기에는 곡물을 위주로 한 이유식을 기본으로 하고, 지방 함량이 높은 동물성 식품이나 지방 식품은 조심스럽게 추가해 주는 것이 좋다.

쌀과 찹쌀은 큰 부담 없이 먹일 수 있지만 섬유소가 다량 함유된 잡곡류는 조금 더 천천히 먹이는 것이 좋으며, 특히 메밀은 알레르기를 유발할 가능성이 높으므로 위장관 점막이 더욱 튼튼해지는 이유기 후기로 미루는 것이 좋다.

Q&A

Q 뒤집기를 잘하게 되더니 침대에서 떨어지거나 자꾸 벽에 부딪혀요. 혹시 머리가 나빠질 수도 있나요?

A 대개는 별 이상이 없다. 하지만 예기치 못한 사고가 발생할 때를 대비하는 것이 좋다. 충격을 완화시켜줄 수 있는 매트 등을 깔아, 혼자 앉거나 일어서다가 넘어질 때를 대비하는 것이 좋다.

Q 이유식을 먹이고 있는데 장염에 걸려 설사를 합니다. 어떤 것을 먹이면 좋을까요?

A 우유는 장을 자극하므로 설사를 할 때는 먹이지 않는다. 이런 경우 영양과 수분을 보충할 수 있는 쌀 미음을 먹이는 것이 가장 좋다. 또한 보리차나 병원에서 처방한 전해질 용액을 먹여 아기가 탈진하지 않도록 유의한다.

이온 음료는 장을 자극해서 오히려 설사를 악화시킬 수 있으므로 피한다. 장염이 회복되면 바로 전에 먹이던 우유나 분유를 먹인다.

Q 자고 일어나면 아기 눈에 눈곱이 자꾸 낍니다. 닦아 주기만 줘도 되나요?

A 아기의 결막은 민감해서 작은 자극으로도 눈곱이 낄 수 있다. 속눈썹에 찔리거나 목욕할 때 눈에 물이 들어가도 눈곱이 생기는 경우가 있다. 그러나 아침에 일어났을 때 눈꺼풀 전체에 노란 눈곱이 꼈다면 세균성 결막염일 수도 있으므로 소아청소년과 전문의의 진료를 받는 것이 좋다.

육아★25~28주

6~7개월

젖니가 나고 간단한 유아어를 말하게 된다. 뒤집기를 수월하게 한 뒤 배밀이를 시작한다. 면역력이 약해져 감기에 걸리기 쉽다. 이 시기에는 약간 된 이유식을 먹어 보고, 숟가락과 컵 사용을 훈련시킨다.

남자 아기 평균
체중 8.36kg
신장 69.27cm
머리 둘레 43.51cm
여자 아기 평균
체중 7.88kg
신장 68.01cm
머리 둘레 42.57cm

아기의 성장

젖니가 나기 시작한다. 이가 나오기 시작할 때 감기처럼 열이 날 수도 있고 침을 유난히 많이 흘리거나 잇몸이 근질거려 보채는 아기도 있다. 치아 발육기를 사용하고 찬물로 마사지를 해 준다.
엄마에게서 얻은 면역력이 감소하는 시기로 사람이 많이 모이는 곳에 가는 건 좋지 않다.
아기는 '어마', '마마' 등 간단한 유아어를 말한다. 엄마 아빠가 말을 많이 해야 아기의 언어 능력이 발달한다.
아기의 활동 영역이 넓어지는 시기이므로 아기가 위험할 수 있는 요소를 제거하고 아기가 노는 것을 꼭 지켜본다.

생후 25주

뒤집기를 수월하게 할 정도로 힘이 생긴 아기는 다음 단계로 배밀이를 시도한다. 배밀이를 시작하면,

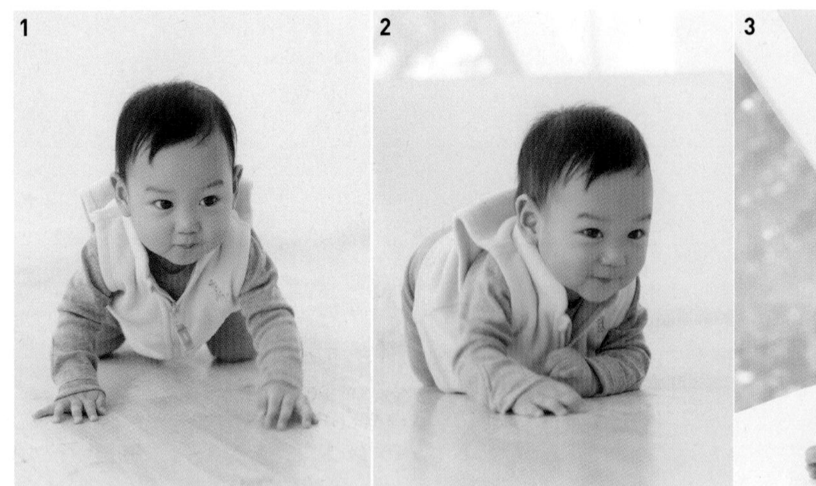

1, 2 배밀이를 한다. **3.** 잇몸이 근질근질하여 물건을 입으로 가져가 물어뜯는다.

방향 감각이 발달하고 시야가 점차 넓어지며, 두뇌 활동이 활발해진다. 처음에는 뜻대로 되지 않아 앞으로 나아가지 못하고 뒤로 가는 경우도 종종 있다. 아기가 마음껏 기어 다닐 수 있도록 옷을 너무 두껍지 않게 입히고, 미끄러지지 않게 양말도 벗긴다.

생후 26주

아기에게 이제 첫 번째 이가 나기 시작한다. 이가 나기 시작하면 잇몸이 근질근질하여 잇몸을 손으로 문지르고 눈에 보이는 것은 모두 입으로 가져가 씹거나 물어뜯기도 한다.

이가 나는 시기는 아기들마다 약간씩 차이가 있다. 또한 이가 나는 순서도 반드시 같지는 않고 개인 차가 있다. 보통 태어난 지 6~7개월부터 이가 나기 시작해서 2년 반 내지 3년이 되면 20개의 치아가 모두 난다.

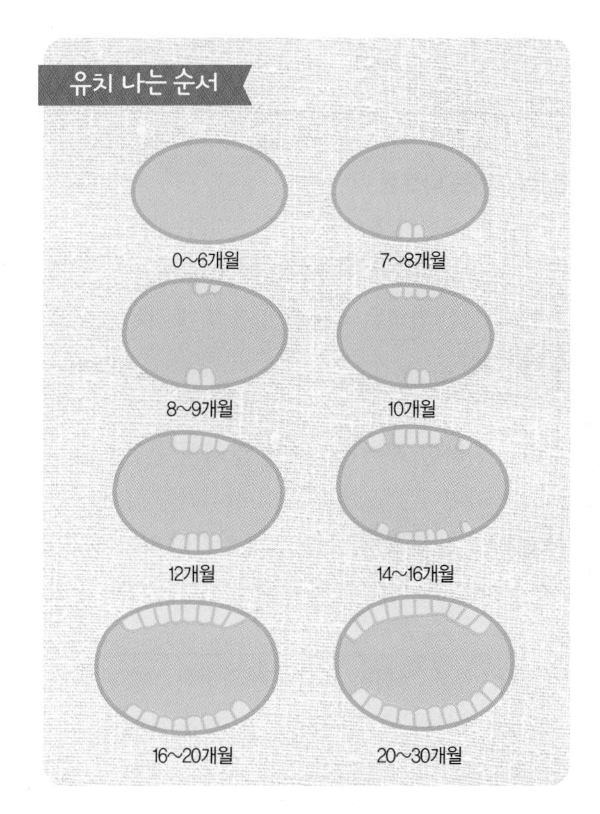

생후 27주

아기는 이제 태내에서 엄마로부터 받은 면역력이 점차 저하되면서, 튼튼했던 아기도 자주 병에 걸리고 열이 오르기도 한다. 한손에서 다른 한손으로 장난감을 옮겨 쥐려고 하지만, 아직 많이 서툴고 놓치게 된다.

생후 28주

아주 잠깐이지만 바닥에 손을 짚고 잠깐 동안 앉는 자세를 취할 수 있다. 이 시기가 지나면 한동안 혼자 앉을 수 있는데, 처음에는 바닥에 손을 짚고 등을 둥그렇게 앞으로 굽힌 상태에서 1~2분 흔들면서 앉아 있는다.

7개월 돌보기 포인트

안전사고 위험

아기가 뒤집기, 배밀이 등을 하고 물건들을 입에 넣기 시작하면서 여러 가지 안전사고가 부쩍 늘어난다. 아기 주변의 위험한 물건을 다 치우고, 아기가 보다 자유롭게 활동할 수 있도록 도와주는 것이 좋다.

엄마가 할 일

물기를 다소 줄여 이유식을 만든다. 숟가락과 컵을 사용하게 하는데, 처음에는 장난감처럼 시도하고 점차 훈련시켜 컵 사용에 익숙하도록 해야 젖병 떼기가 쉽다. 손으로 집어먹는 이유식(finger food)도 시도한다.

쌓기 놀이나 장난감 전화 놀이가 적절하다. 늘 쓰던 물건을 반만 보이게 가려서 물건이 눈에 보이지 않아도 계속적으로 존재할 수 있다는 것을 가르친다.

영양 섭취

모유를 먹이던 대부분의 엄마들도 생후 6개월이 지나면서 점차 모유 수유를 중지하기 시작한다. 그러나 세계보건기구 WHO는 아기가 24개월이 될 때까지 모유로 영양을 최대한 공급할 것을 권장하고 있으므로, 가능하다면 모유를 좀 더 오래 수유하는 것이 좋다.

특히 아기는 체내에 저장된 면역 성분이 점차 고갈되어 이전보다 자주 아플 수 있으므로, 면역 성분이 풍부한 모유의 지속적 공급은 아기 건강을 위해 매우 중요하며, 그렇지 못할 경우라면 모유나 초유의 면역 성분들을 공급할 수 있는 모유 대용품인 성장기용 분유를 아기에게 수유한다.

아기에게 줄 수 있는 과일

비타민과 미네랄, 수분 공급에 중요한 과일은 곡류, 채소류와 더불어 이유 초기부터 아기들에게 줄 수 있는 식품 중의 하나이다. 일반적으로 과일류는 대부분 모두 이유식의 재료로 좋지만, 과일에서 우선 껍질이 있는 과일은 껍질을 벗겨서 무난한 과일(사과, 배, 바나나)만 먼저 먹인다.

이유식과 수유는 함께

이유식은 모유 수유를 중단한 후에 시작하는 것이 아니다. 이유식과 모유를 적절히 병행하여 영양 공급이 이루어져야만 영양의 빈틈이 없어져 아기의 성장과 건강 발달이 원만하게 이루어질 수 있다.

그 외 토마토, 딸기, 복숭아, 포도 등은 이유 후기까지 주지 않는 것이 좋다. 포도는 한꺼번에 삼켜 질식할 수 있는 위험이 있기 때문에 이유 후기에 잘라서 준다. 다른 이유식을 먹일 때와 마찬가지로 한 스푼부터 천천히 아기 상태를 보아 가며 먹인다. 사과와 배는 가장 무난하게 이유 초기부터 줄 수 있으며, 점차 바나나, 참외 등으로 아기가 다양한 과일의 맛을 볼 수 있게 한다.

짠맛을 내는 나트륨

나트륨은 아기의 체내 대사를 조절하는 등 신체 내 다양한 생리 기능을 담당하는 중요한 영양소 중 하나이다. 또한 짠맛은 식품의 맛을 좋게 하는 감미료이기도 하다.

그러나 엄마가 이유식을 만들 때 자신의 입맛에 맞추어 조리하면, 아기가 나트륨을 과잉 섭취할 가능성이 높아진다. 나트륨을 과잉 섭취하면 아기 신장에 부담이 될 뿐만 아니라, 체내 칼슘이 빠져나가기 때문에 되도록 아기의 이유식에는 간을 하지 않도록 한다.

영유아기부터 싱거운 음식을 섭취하는 식습관을 길러 주면 성인이 된 이후에도 나트륨을 과잉 섭취하는 것을 예방할 수 있다.

Mom's 클리닉

독감 예방 주사

생후 6개월이 지난 아기는 면역력이 저하될 수 있으므로, 독감 예방 주사를 맞히는 것이 좋다. 보통 접종 후 약 한 달 정도 있어야 예방 효과가 나타나므로, 독감이 유행하기 한 달 전에 접종하는 것이 바람직하다.

임신 | 태교 | 출산 | 육아

Q&A

Q 이가 나기 시작했습니다. 치아 관리는 어떻게 해야 하나요?

A 수유 후에 소독한 가제 수건을 손가락에 감아 잇몸과 치아를 문질러 닦아 준다. 이가 나지 않은 잇몸은 가제 수건과 물로 닦아 주고 이가 난 곳은 실리콘 칫솔과 물로 닦는다. 시판하는 어린이용 치약도 불소가 성인 치약의 1/2이 들어 있으므로 2세(아기가 뱉을 수 있을 때)가 지나면 사용한다.

이 시기의 칫솔질은 이를 닦는 의미 외에도 잇몸 마사지 효과도 있으므로 세심하게 한다.

Q 이유식을 먹으려 하지 않습니다. 아직 분유만 먹여도 될까요?

A 이유식은 액체가 아닌 고형식을 하는 전 단계로써 매우 중요하다. 이유식을 너무 늦게 시작하면 턱 관절의 발달이 늦어지고 나아가 두뇌 발달에도 좋지 않다. 아기가 이유식을 싫어할 때도 포기하지 말고 조리법을 바꿔 본다.

아기들은 새로운 음식을 평균 11번 거부한다고 한다. 최소 10번은 시도해 본다.

Q 생후 7개월인데 아직 젖니가 나지 않습니다. 너무 늦는 게 아닐까요?

A 대체로 6개월이 지나면 젖니가 나기 시작한다. 그러나 젖니는 빠르면 3개월, 늦으면 10개월에 나는 등 개인 차가 크므로 조급해할 필요는 없다.

이가 날 무렵엔 침을 많이 흘리고 잇몸이 간지러워 심하게 문지르거나 물건을 물어뜯어 잇몸에 상처가 나기 쉬우므로 치아 발육기를 준비하는 것이 좋다. 치아 발육기는 안전한 것으로 골라 항상 청결하게 관리한다.

유치 관리

아기들의 유치 관리는 매우 중요하다. 이유식을 먹이고 난 다음에는 반드시 거즈나 유아용 칫솔을 이용하여 양치질을 해 주는 것이 좋다.

7~8개월

음식에 대한 호불호가 생기고 낯가림이 점점 심해진다. 아기가 기어 다니기 시작하기 때문에 바닥과 근처의 위험한 물건을 치워 준다. 젖병 뗄 준비를 해야 하므로 노리개 젖꼭지를 끊는다.

남자 아기 평균
체중 8.71kg
신장 70.83cm
머리 둘레 44.11cm

여자 아기 평균
체중 8.21kg
신장 69.56cm
머리 둘레 43.15cm

아기의 성장

기어 다니는 연습을 한다. 기기 시작하면서 방향 감각과 두뇌 활동이 활발해진다.
일반적으로 신체의 모든 기관이 제대로 발달하는 생후 7~8개월이 되면 아기는 두 손과 두 발로 자기 몸을 충분히 지탱할 수 있어서 자유롭게 기어 다닐 수 있다. 하지만 시기는 아기마다 조금씩 차이가 있다. 지금까지 발달이 순조로웠던 아기와 체중이 적은 아기, 무엇을 잡고자 하는 욕구가 많고 활달한 아기가 더 빨리 기게 된다.
아기가 기는 데에는 뇌 신경, 근육, 골격의 성숙과 체중 등 여러 가지 요소가 관계된다. 간혹 전혀 기지 않고, 앉기에서 서기로 바로 나아가는 아기도 있는데, 배밀이를 하고 이제 무언가를 붙잡고 혼자 서려

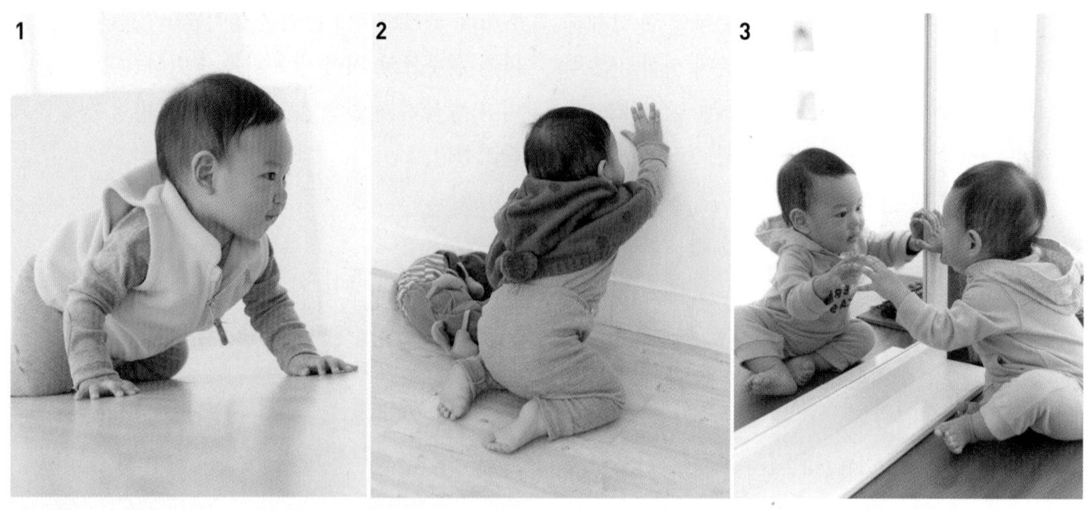

1, 2. 발달이 빠른 아기는 기어다니기도 하고, 벽을 잡고 일어서기도 한다. **3.** 거울을 보여주면 손을 뻗어 만진다.

한다면 설령 아기가 기지 않아도 크게 걱정하지 않아도 된다.

참고로 까꿍 놀이나 잼잼, 곤지곤지 놀이 같은 것은 아기가 생후 10~11개월은 지나야 할 수 있다.

손동작이 발달하여 한 손에 있는 장난감을 다른 손에 옮기기도 한다. 호기심이 왕성한 시기라 냄비 등 모든 생활 도구가 장난감화된다.

맛에 대한 기호가 생기므로 기호를 파악해 두고, 이유식은 1~3회 규칙적으로 준다.

생후 29주

낯가림이 점점 더 심해지는 시기로, 흔히 엄마가 안 보이면 울음을 터트리고 불안해하는 분리 불안 증상이 나타난다. 아직 말을 하지는 못하지만 엄마와 아빠가 하는 말을 조금씩 이해하기 시작한다.

이 시기의 아기들이 많이 보이는 분리 불안은, 엄마와의 애착 관계가 정상적으로 잘 형성된 아기에게서 나타나는 정상적인 증상이다. 자라면서 점차 없어지므로 크게 걱정하지 않아도 된다.

생후 30주

이제는 혼자 앉아서 장난감을 손에 쥐고 놀기도 한다. 발달이 빠른 아기는 이 시기부터 기어 다니거나, 기는 과정을 생략하고 바로 무언가를 붙잡고 일어서기도 한다.

생후 31주

본격적으로 이가 나기 시작하므로, 유치 관리에 더욱 신경을 써야 한다. 좋고 싫은 의사 표현이 점점 더 명확해진다.

생후 32주

거울을 보여주면 웃거나 손을 뻗어 만지거나 입을 대 보기도 한다. 손에 들고 있던 장난감이나 다른 물건을 뺏으면 소리를 지르기도 한다.

엄마가 할 일

젖병 뗄 준비를 위해 컵 사용을 연습하고 심야 수유를 완전히 끊는다. 노리개 젖꼭지도 끊는다.

놀이터에서 기어 다니게 해 주거나 비행기 놀이와 같이 활동량이 큰 놀이를 어른과 함께한다. 까꿍 놀이와 촉각 매트 위를 기어 다니는 등의 자극을 주고, 거울을 보면서 신체 이름을 알려 준다.

영양 섭취

6개월이 지났는데도, 모유만 먹고 아직 이유식을 시작하지 않은 아기는 철 결핍성 빈혈이 생길 가능성이 높다. 모유에는 아기에게 필요한 영양분이 풍부하게 담겨 있지만 일부 영양소, 특히 철분과 비타민 D 등이 부족하여 이들 영양소에 대한 적절한 보충이 이루어지지 않으면, 아기에게 영양 결핍 증상이 나타나게 되는 것이다.

모유와 함께 철분이 강화된 조제분유 또는 조제식, 균형 영양을 맞출 수 있는 시판 이유식 등을 적절히 활용하는 것도 아기의 철분 결핍을 예방할 수 있는 좋은 방법이다.

이유 중기로 넘어갈 때

아기가 한 번에 열 숟가락 정도를 먹을 수 있고, 더 먹으려고 보채거나 음식을 보고 입맛을 다시거나 침을 흘리고, 밥상을 덮치려고 하는 등의 관심을 보이면 이유식 중기 단계로 넘어가도 좋다. 이제는

죽이나 미음보다는 혀나 잇몸, 유치 등으로 으깨어 먹을 수 있는 형태의 식품을 줄 때이다. 아기가 이유식을 잘 먹지 않고 거부하면, 무조건 강요하지 말고 거부하는 식품과 바꿔 먹일 수 있는 아기가 좋아하는 것으로 시도한다.

칼슘을 적극적으로 섭취할 때

칼슘은 뼈와 치아를 구성할 뿐만 아니라, 혈액 응고나 근육의 수축과 이완, 신경 전달 등 각종 생리 기능을 담당하는 아주 중요한 영양 성분이다. 모유에 함유된 칼슘은 소화 흡수가 잘되는 형태이지만, 아기의 성장이 왕성해지고 튼튼한 치아를 만들어야 하는 시기이기 때문에 더욱 많은 칼슘의 공급이 필요해진다.

칼슘 섭취가 장기적으로 부족하면, 성장 발달이 급격히 이루어지는 아기들의 골격 형성과 최대 골질량 형성에 영향을 미쳐 성장 지연 등을 유발할 수 있다. 이유 중기부터는 칼슘이 풍부한 치즈나 달지 않은 요구르트, 미역 등 해조류, 두부 등을 이유식으로 활용한다.

Q&A

Q 낯가림이 심해서 다른 사람과 눈만 마주쳐도 울어요

A 낯가림은 아기의 두뇌와 정서가 잘 발달하고 있다는 증거이다. 낯선 사람과 엄마 아빠 같은 친숙한 사람을 구별하게 되어 경계심을 표현한다는 뜻이다. 자주 만나 다정하게 대하면 낯가림을 안 하게 되고, 좀 더 자라면 낯선 사람에게도 낯가림을 하지 않는다.

Q 변비가 심해 피까지 납니다. 아기가 변을 보기 전부터 힘들어 우는데요. 좋은 방법이 없을까요?

A 이유식을 하면서 섭취량이 줄거나 소화가 잘되는 음식만 섭취하면 변비에 걸리기 쉽다. 이럴 때는 식사량을 늘리거나 섬유질이 많은 채소나 과일을 먹이는 것도 좋은 방법이다. 관장을 자주 시키면 항문과 장의 배변 기능 발달에 지장을 줄 수도 있다.

돌 전까지는 주의해야 할 식품

견과류 주의

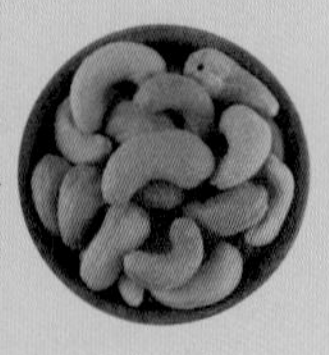

아기들은 아직 삼키는 것이 익숙하지 않기 때문에, 음식을 먹다가 기도로 넘어가는 경우가 종종 있다. 특히 땅콩과 같이 조각이 잘 나고 잘 녹지 않는 견과류는 돌 전에 주지 말고, 아기 손에 잡히는 곳에 두지 않는다.

돌 전에는 꿀을 먹이지 않는다

가끔 설탕을 사용하지 않고 이유식에 꿀을 사용하는 경우가 있는데, 꿀의 10~15%에는 식중독균인 보툴리눔 포자가 들어 있을 수 있다. 포자가 발아해서 성장하면 독소를 생성할 수 있으므로, 돌 이전에는 되도록 사용하지 않다.

8~9개월

발달이 빠른 아기는 가구 등을 붙잡고 설 수 있다. 엄마 아빠의 행동을 곧 잘 따라 한다. 이유식을 혼자 먹도록 유도하고 컵에 액체를 담아 마시기를 연습시킨다. 규칙적인 수면 습관을 기른다.

남자 아기 평균
체중 9.04kg
신장 72.26cm
머리 둘레 44.63cm
여자 아기 평균
체중 8.52kg
신장 70.99cm
머리 둘레 43.66cm

아기의 성장

잘 기어 다니고 빠른 경우 붙잡고 서는 아기도 있다. 젖병을 장기간 물고 있는 아기는 치아 우식증에 걸리기 쉽다. 젖니가 상하면 밑에 있는 간니까지 영향을 미칠 수 있고, 치아가 상하면 음식물을 잘 먹지 못할 수 있으므로 심야 수유를 끊고 가제 수건을 이용하여 이를 닦아 준다. 단맛이 강한 초콜릿, 사탕 등은 가급적 늦게 먹기 시작할수록 좋다. 낯가림이나 변덕 등이 나타난다.

생후 33주

이제 대부분의 아기는 능숙하게 뒤집고 기어 다니게 되는데, 점차 배밀이에서 무릎을 이용할 수 있게 된다. 엄마가 자신의 이름을 부르면 얼굴이나 몸을 돌려 쳐다보기도 한다.

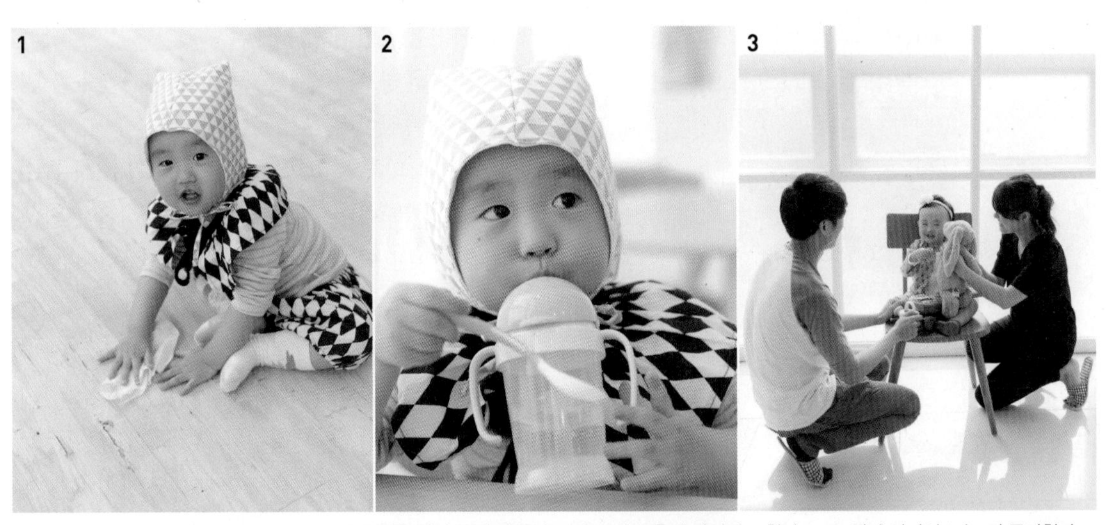

1. 엄마가 부르면 몸을 돌려 쳐다본다. **2.** 컵에 물을 담아 주면 흔들어 보기도 하고 혼자 마시기도 한다. **3.** 엄마 아빠와 노는 걸 좋아한다.

생후 34주

손놀림이 더욱 좋아져 작은 물건도 잘 잡고, 혼자 음식을 집어 먹기도 한다. 손잡이가 있는 컵을 주면 손잡이를 잡고 흔들어 보기도 한다.

생후 35주

엄마 아빠가 한 말을 더욱 잘 이해하고, "바이 바이", "안녕" 등을 말하면서 동작을 보여 주면 아기가 따라 하기도 한다. 엄마가 말하는 것을 듣고 따라하듯이 입술을 붙이고 소리를 내기도 한다.

생후 36주

이전에 가지고 놀던 장난감 2~3개는 다시 보면 알아볼 수 있을 정도로 기억력이 좋아진다. 아기는 혼자 놀기보다 엄마 아빠와 함께 놀고 싶어 하고, 때로는 더 놀아 달라고 보채기도 한다.

엄마가 할 일

수유를 먼저 하면 이유식을 먹지 않을 수 있으므로 이유식부터 먹이고 모자라는 양을 수유한다. 지저분하더라도 밥을 혼자 먹도록 훈련시킨다.

말을 많이 들려주어 언어 자극을 준다.

물건끼리 부딪히며 놀게 한다. 다양한 소리로 청각적 자극이 되며 다소 공격적인 놀이로 흥미를 유발한다. 물놀이를 시작하는 것이 좋다. 도화지에 그림 그리기도 시도한다.

영양 섭취

비교적 다양한 음식을 줄 수 있는 시기라도 다양한 곡물을 섞어 만드는 선식류를 이유식으로 만들어 주는 것은 그다지 바람직한 방법이 아니다. 일반적으로 선식은 영양 균형보다는 단순히 식품의 가짓수를 많게 한 것이 특징이다.

영양 균형을 맞추기 어렵고, 자칫 아기가 소화 흡수를 잘 못 시키거나, 설사 등의 위장관 증상을 유발하는 경우도 보고되고 있다. 특히 알레르기나 아토피가 있는 아기들에게 선식류를 이유식으로 주는 경우가 종종 있는데, 이는 오히려 증상을 악화시킬 수 있으므로 되도록 이유식으로 사용하지 않는 것이 좋다.

또한 가열 처리 등 위생적 공정 과정을 거치지 않고 만들어지는 경우도 있다.

친환경, 제철 식품을 활용

아기들이 먹는 이유식은 조금 비싸더라도 유기농이나 친환경으로 재배된 제철 식품을 활용하는 것이 좋다. 친환경 또는 유기농 식품들은 영양 성분이나 생리 활성 물질이 더 풍부하며, 맛이나 신선도 등이 우수할 뿐만 아니라 농약이나 환경 호르몬 등 각종 유해 물질로부터도 더욱 안전하다.

아기들은 성인에 비해 체내에 들어온 유해한 물질들을 걸러 내는 장치가 미흡하여 외부의 유해 물질에 매우 민감하게 반응하므로, 세심한 배려가 필요하다.

달걀 알레르기

달걀은 우유와 함께 완전 식품으로 불릴 정도로 영양이 매우 풍부하다. 달걀노른자는 철분과 비타민이 다량 함유되어 있으므로, 이유 중기부터는 훌륭한 철분 공급원으로 사용할 수 있다. 그러나 달걀흰자는 좋은 단백질 급원이지만, 또한 아기에게 알레르기를 많이 유발하는 식품으로 알려져 있다. 달걀노른자는 6개월부터 먹일 수 있고, 흰자는 돌 이후에 먹인다.

달걀 알레르기가 있는 아기는 달걀 자체만 피하면 되는 것이 아니라, 달걀이 함유된 튀김, 케이크나 빵류, 전이나 부침류, 마요네즈, 어묵 등에도 증상이 나타날 수 있으므로 엄마는 꼼꼼하게 선별해야 한다.

Q&A

Q 9개월인데 벌써 걷습니다. 관절에 무리가 가서 다리가 휘지 않을까 걱정입니다.

A 일찍 걷는다고 다리가 휘지는 않는다. 아기에 따라 신체 발달 속도가 다르니 걱정하지 않아도 된다.

Q 물건을 잡을 때 왼손만 씁니다. 왼손잡이인가요?

A 두 살 이전에는 한 손만 쓴다고 해서 왼손잡이 혹은 오른손잡이라고 결정짓지 않는다. 양손을 모두 쓸 수 있게 연습시킬 때는 아기가 스트레스를 받지 않도록 유의한다. 다만 안 쓰는 쪽의 손에 운동 기능 장애가 없는지 소아청소년과 의사의 진찰을 받아 보는 것도 좋다.

Q 생후 9개월이 되었는데 아직 혼자 앉지 못합니다. 너무 늦게 발달하는 건 아닌지 걱정됩니다.

A 7개월이 되면 아기는 혼자서 등을 펴고 앉을 수 있다. 물론 살이 아주 많이 쪘거나 오랫동안 아팠던 아기라면 늦어질 수도 있다. 그러나 8개월이 지났는데 몇 초 동안이라도 혼자 앉지 못하거나 허리에 힘이 너무 없거나 머리를 잘 가누지 못한다면 소아청소년과 전문의의 진료를 받아 보는 것이 좋다.

이유 중기 간하기

이유 중기부터는 국내산 멸치, 버섯, 다시마 등 자연 식재료로 육수나 분말 등을 만들어 천연 조미료로 사용하면 감칠맛이 난다.

9~10개월

활동 영역도 증가하고 무엇이든 입으로 가져가 맛을 보는 시기이므로 위험한 물건을 치우도록 한다. 장난이 심해지지만 위험한 것이 아니라면 아기의 지능 발달을 위해 심하게 야단치지 말고 지켜보도록 한다.

남자 아기 평균
체중 9.34kg
신장 73.60cm,
머리 둘레 45.09cm
여자 아기 평균
체중 8.81kg
신장 72.33cm
머리 둘레 44.12cm

아기의 성장

벽을 짚고 일어나 한 걸음씩 떼기 때문에 엄마들의 아기 자랑이 많아지는 시기이다. 활동량이 증가하고 눈에 띄는 체중 증가가 없기 때문에 살이 빠진 것처럼 보일 수 있으나, 실제 체중이 감소한 것이 아니고 아기가 잘 놀면 걱정하지 않아도 된다.
이름을 부르면 정확히 알아듣는다. 이름뿐만 아니라 간단한 질문도 많이 이해한다.
유치가 4~6개 나고 잇몸으로 씹는 것도 잘해서 한 번에 2/3 공기 정도의 이유식을 하루 3회 공급한다.

생후 37주

젖병을 들고 혼자 먹을 수 있을 정도로 손의 움직임이 자유로워진다. 하지만 아기를 눕혀 놓고 젖병을 혼자 들고 먹게 하면 위험하다. 질식의 위험이 있고

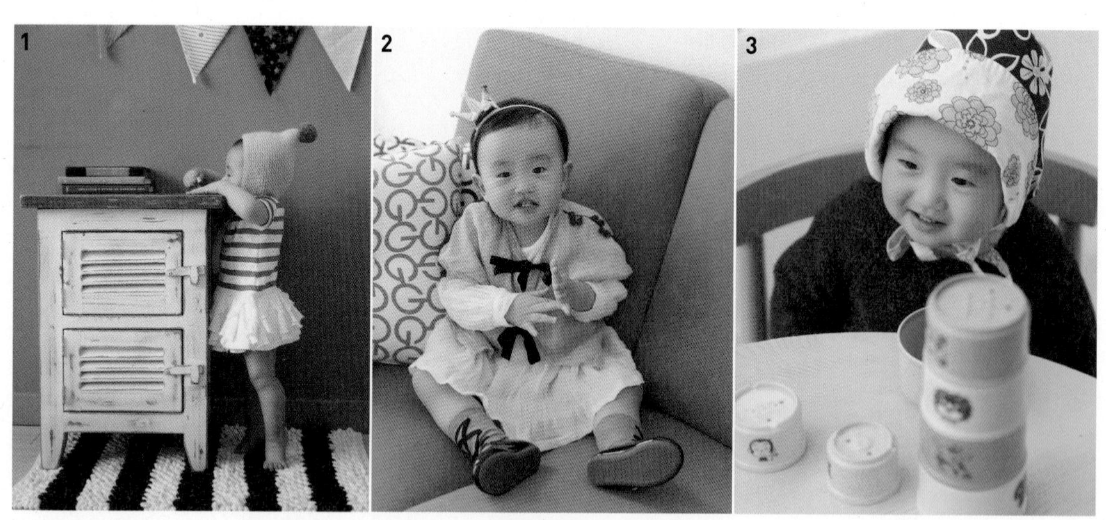

1. 가구 등을 붙잡고 선다. **2.** '잼잼'이나 '곤지곤지' 같은 손동작을 한다. **3.** 다른 사람의 이야기를 가만히 듣는다.

유스타키오관을 통해 분유가 귀로 들어가서 중이염이 생길 수도 있다.
무엇이든 입에 넣으려는 아기들의 성향이 가장 심하게 나타나는 시기이다. 아기들이 이물질을 삼키는 사고가 가장 빈번하게 많아지는 시기이기도 하다. 크기가 조그맣고 삼켜서 위험한 물건들이 아기 주변에 없도록 미리 치워야 한다.

생후 38주

아기들에 따라 월령별 발달 사항에 점차 개인적인 차이가 많이 나타나게 된다. '잼잼'이나 '곤지곤지' 같은 손동작을 따라 하기도 한다.

생후 39주

반복적이고 일상적인 단어들을 이해하고 상황을 파악할 수 있는 지능과 기억력이 발달한다. 다른 사람들이 이야기를 하면 가만히 듣고 있기도 한다.

생후 40주

몸이 기울어도 손을 땅바닥에 짚을 수 있어 넘어지지 않고 균형을 잡는다. 옹알이가 점차 중얼거리는 소리로 발달하고, 소리를 흉내 내기도 한다.

엄마가 할 일

몸 전체로 하는 공놀이가 적당하다.
호기심과 탐구심이 많을 때로 말썽을 피울 때이기도 하다. 안전과 관계된 문제는 분명하게 제재를 해야 하지만 그렇지 않다면 심하게 꾸짖지 않는다.
많은 장난감을 한 번에 꺼내지 말고 잘 가지고 노는 몇 가지 장난감을 꺼내 주고 흥미를 잃으면 바꿔 준다. 생활용품이 장난감이 되는 시기로, 새 장난감을 사 주기보다는 엄마 아빠와 노는 것에 흥미를 붙이거나 크기가 다른 그릇 등을 비교하며 놀도록 한다.

영양 섭취

이제 아기도 이유식으로 식품의 맛을 보는 수준을 넘어 아기 성장 발달에 꼭 필요한 5대 영양소를 고루 섭취할 수 있도록 밥, 고기, 달걀, 우유, 채소 등 5가지 식품으로 균형 잡힌 식사 계획을 짠다. 아기에게 꼭 필요한 영양소의 기능을 살펴보면 다음과 같다.

탄수화물	아기가 생명을 유지하고 놀 수 있는 에너지를 주는 영양소로 아기 이유식에서도 가장 기본이 된다.
단백질	아기의 몸을 구성하는 주요 영양소로, 부족하면 성장이 지연되고 면역력이 저하된다.
지방	아주 좋은 에너지 공급원일 뿐만 아니라 아기 두뇌 발달에 꼭 필요한 영양 성분이다.
비타민 미네랄	뼈와 치아를 구성하고 다양한 생리 기능에 관여하며, 부족 시 각종 결핍증이 나타날 수 있다.

이유식 횟수와 1회 섭취량

이제 아기는 이유식에 비교적 익숙해져서, 하루 3번 정도 규칙적으로 이유식을 먹이는 것이 좋다. 모유나 분유를 수유하는 사이사이, 이유식은 오전 10시와 오후 2~6시에 먹이면 좋다.
이유식도 점차 탄수화물을 섭취할 수 있는 죽류 외에도 단백질을 섭취할 수 있는 쇠고기나 치즈, 비타민과 미네랄 섭취를 위한 과일류, 지방군 등을 고루 섭취할 수 있도록 다양하게 식단을 짠다.

1회 섭취량은 생후 7~8개월에는 죽 2/3~1 그릇으로 조금씩 늘리고, 반면에 1,000ml 전후이던 수유량은 점차 줄여 아기가 이유식도 잘 먹을 수 있도록 유도한다.

혀의 능력이 점차 발달하여 부드러운 연두부나 바나나 정도의 음식은 스스로 으깨어 먹을 수 있다. 처음부터 너무 많은 양을 떠 주면 아기가 익숙하지 않아 으깨어 먹거나 삼키기 어려워하므로, 아주 조금씩 주고 입 밖으로 밀어 내지 않으면 점차 양을 늘린다.

〈월령별 식품 섭취량〉

과일과 과일 주스	두 가지를 합하여 170ml를 초과하지 않는다.
붉은살 고기	· 6~7개월 10g · 7~11개월 20~30g · 1~2세 40g 이상
삶은 달걀 (50g 기준)	· 6~7개월 1/4개 · 7~11개월 1/2개 · 1~2세 1개

이유식을 먹는 아기의 행동 패턴

아기는 손으로 음식을 집어 먹거나 또는 직접 숟가락으로 떠먹으려 하기도 한다. 처음에는 음식을 가지고 주로 장난을 치고 거의 흘리게 되지만 점차 익숙해진다.

혼자서 무언가를 하려는 행동의 시작은 그만큼 아기가 컸다는 것을 의미하므로, 아기가 자꾸 흘리고 느리게 먹는다고 해서 엄마가 무조건 먹이는 것은 좋은 방법이 아니다. 부모가 아기에게 해 줄 수 있는 가장 중요한 일 중 하나가 실패할 기회를 주는 것이다.

어른들이 먹는 주스나 음료, 과자류 등 지나치게 단 음식의 섭취는 아기의 비만 및 충치 유발, 과행동증의 원인으로 지적되고 있을 뿐만 아니라 다른 음식을 잘 먹지 않게 하는 등 올바른 식습관 형성을 방해할 수 있으므로 주의해야 한다.

Q&A

Q 장난감을 갖고 놀다 많이 어지르는데요. 바로 바로 치워 주면 청소하는 훈련이 되지 않을까요?

A 아기에게 정리 정돈을 요구하긴 아직 이르다. 갖고 놀던 장난감을 엄마가 싫어하는 표정을 짓는다든가 쫓아다니며 치우면 아기들은 주눅이 들어 제대로 놀지 못하게 되며 나아가 창의력, 모험심, 상상력을 키우기 힘들게 된다.

Q 아기가 외출을 싫어해요

A 대부분의 아기는 외출을 좋아한다. 만일 싫어한다면 건강 상태가 좋지 않은 경우이다. 아기가 건강하고 식사도 잘하는데 집안에만 있으려 한다면 양육 방법에 문제가 있는지 검토하고 건강 진단을 받는다.

10개월 돌보기 포인트

성장 발달 속도

많은 엄마가 관심을 갖는 〈발달 기준 표〉는 발달 정도를 평가하고 지체 여부를 확인하기 위해 넓은 범위의 평균치를 써 놓은 것에 불과하다. 또래 아기보다 조금 늦게 걷거나 말을 더디게 배우더라도 크게 걱정하지 않아도 된다. 그러나 개인 차를 넘어서 지나치게 늦는 건 아닌지 전문 검사를 해서 확인하는 것이 좋다. 간혹 다른 질병으로 발달이 지연되는 경우, 진단이 빠를수록 치료가 잘되기 때문에 늘 주의를 기울인다.

항생제 치료 시

막연히 항생제가 좋지 않을 거라는 두려움으로 무조건 항생제 치료를 거부하는 것은 옳지 않다. 아기가 세균성 질환에 감염된 경우 항생제는 반드시 사용해야 하며, 엄마 자의로 사용을 중단하지 않는다.

육아★41~44주

10~11개월

아기가 매우 활발하게 움직이는 시기이므로 안전사고를 예방하는 데 주의를 기울여야 한다. 어른 말을 알아듣는 시기가 되므로 보다 다양하고 분명한 표현을 해서 아기의 언어 능력을 키워 준다.

남자 아기 평균
체중 9.63kg
신장 74.85cm
머리 둘레 45.51cm
여자 아기 평균
체중 9.09kg
신장 73.58cm
머리 둘레 44.53cm

아기의 성장

상체가 긴 유아형 몸매가 된다. 손가락 조작 능력이 더욱 발달해 크레용을 쥐고 그림을 그리거나 유아용 블록 놀이가 가능해진다.

기억력이 발달하고 수줍음이 많아지는 시기로 엄마를 계속 따라다니거나 가족들의 얼굴을 모두 구분해 낼 수 있다. 엄마를 따라다니는 아기를 야단치지 말고 자리를 이동하는 이유를 설명해 주어 안심시키도록 한다. 기억력이 발달하여 주사를 맞았을 때 아팠던 것을 기억하거나 본인이 좋아하는 장난감을 찾으러 다니기도 한다.

어른 말을 알아듣게 되면서 의성어, 의태어가 많은 그림책을 읽어 주고 훈련시키기에 적합한 상태가 된다. 말을 할 때 발음이 부정확하더라도 칭찬해 주어 의욕을 살려 준다.

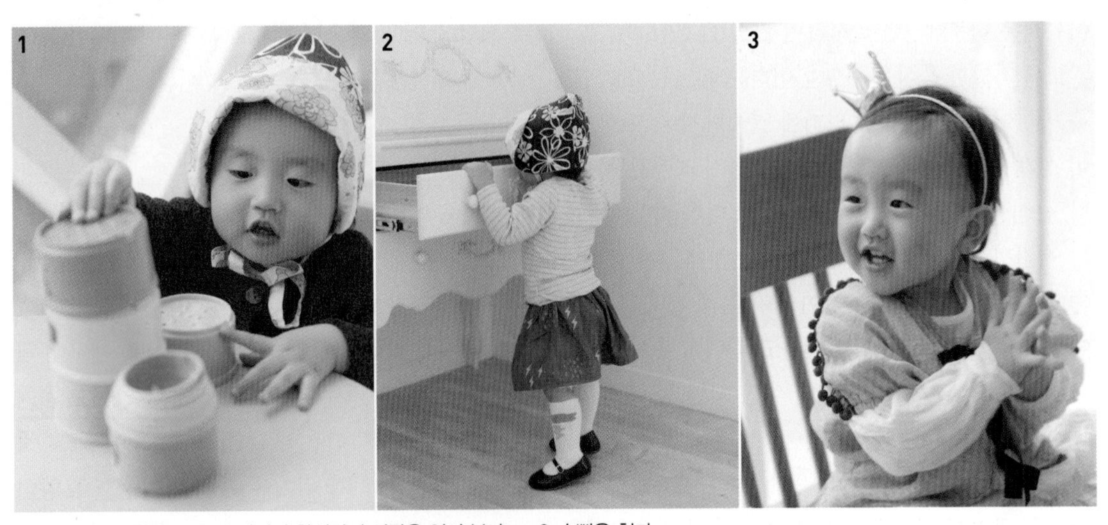

1. 블록 놀이를 한다. **2.** 호기심이 왕성하여 서랍을 열어 본다. **3.** 손뼉을 친다.

생후 41주

'엄마'나 '아빠', '맘마' 등의 간단하고 익숙한 단어들을 어설프게 흉내 내기도 한다. 기억력이 좋아져 장난감을 숨기면 찾는다.

생후 42주

손바닥과 무릎으로 기어 다니는 대신 손바닥과 발바닥을 이용해 기어 다닌다. 엎드린 자세에서 스스로 앉는 자세를 바꿀 수 있다.

생후 43주

점점 다른 물건이나 사람을 붙잡고 설 수 있게 되고, 벽 등을 붙잡고 걷기 시작한다. 손뼉을 치거나 손을 흔들기도 한다.

생후 44주

서랍을 열고, 그 안의 물건들을 뒤지고 놀기도 한다. 호기심이 왕성해져 아기는 모든 사물을 만져 보고 확인하려고 하면서 끊임없이 움직인다.

엄마가 할 일

이유식은 하루에 3번 실시하며 편식 습관이 생기지 않도록 다양한 음식을 주고 싫어하는 재료는 조리법을 바꾸어 먹여 본다. 밥 먹기에 열중하지 않고 장난이 심해 오래 음식을 갖고 있다면 빨리 먹이고 치운다. 음식을 먹는 시간이 길어지면 그 다음 이유식 먹는 시간까지의 간격이 짧아져 먹는 것에 흥미를 잃는다. 식사 시간은 25~30분이 넘지 않게 한다.

이 시기부터 만 2세까지 안전사고의 위험이 가장 높다. 자유롭게 놀게 하되 난방 기구, 계단 등 위험한 요소는 제거해 주어야 한다.

종이를 둥근 모양으로 뭉쳐 던지고 다시 펴기도 하면서 놀게 한다. 손가락 운동과 관찰력 증가에 좋다.

서랍을 놀이 기구로 이용하는 것도 좋다. 아기 손이 닿는 곳에 있는 서랍 속의 위험한 것은 치우고 아기가 서랍을 열고 닫으면서 새로운 물건에 대한 호기심을 충족시켜 준다.

영양 섭취

엄마는 아기가 더 적극적으로 혼자 음식을 먹을 수 있는 상황을 마련해 준다. 식사 때는 손을 깨끗이 닦아 준 후 휴지 등을 준비하고, 인내심을 가지고 지켜본다. 그릇은 아기 전용의 잘 깨지지 않는 소재로 하고, 숟가락은 아기가 쥐기에 가볍고 안전한 모양이 좋다.

아기가 직접 음식을 만져 볼 수 있도록 납작한 그릇에 이유식을 조금 담아 주거나, 다양한 재질의 음식을 만져 보는 것도 음식에 대한 아기의 흥미를 키울 수 있는 방법이다. 손으로 음식을 집는 것이 익숙해지면 숟가락질에도 더 의욕을 갖게 된다.

치아가 날 때 준비하면 좋은 이유식

이제 대부분의 아기는 아래윗니 각각 2개 정도가 나와서, 웬만한 음식은 직접 깨물어 먹을 수 있을 정도가 되므로 건더기가 어느 정도 섞인 된죽으로 넘어갈 수 있다. 다양한 재료를 잘게 잘라 아기가 직접 씹어 먹고 맛을 느낄 수 있도록 조리해 준다.
하루 3번 이유식을 하는 습관을 들이고, 이유식으로 먹는 양을 점차 늘려야 한다. 아기가 이유식을 먹을 시간이 아닌데도 배고파 하면, 모유나 분유 수유를 하기보다는 적당한 간식을 주어 수유량을 줄인다.

10개월 이유식 1회 기준량

달걀노른자	1/4~1/2개
생선	5~6숟가락 (또는 소고기 3~5숟가락, 두부 6~10숟가락)
과일	100g
채소	6~8숟가락
된죽	1그릇(아기 밥그릇 기준, 100g)

적절한 영양 공급 방법

월령보다 활동력이나 운동력이 떨어지는 아기는 지나치게 살이 찌지 않았는지 확인해 보아야 한다. 아기가 잘 먹고 포동포동한 것은 당연하지만 활동성이 떨어질 정도라면 주의가 필요하고, 먹는 양이나 조리법 등을 조절하여 적절히 관리를 해 주어야 한다. 열량이 너무 높은 전이나 튀김류는 피하는 것이 좋고, 달고 열량 높은 과자류 대신 집에서 엄마가 만들어주는 감자, 고구마 등 영양이 풍부한 자연식품을 활용한 간식을 준다.
낮에 충분히 놀고 마음껏 활동할 수 있도록 엄마와 아빠가 시간을 정하여 함께 놀아 주는 것도 좋은 방법이다.

Q&A

Q 10개월이 지난 아기가 낮잠을 거의 자지 않아요. 아기는 자면서 큰다는데 성장에 지장이 없을까요?

A 아기의 수면 시간에도 개인 차가 있다. 아기가 깨어 있는 시간에 지치지 않고 잘 지내면 문제없지만, 고단해하거나 축 처져 있으면 잘 수 있도록 엄마가 옆에 눕거나 해서 잠들 수 있는 환경을 만들어 주는 게 좋다.

Q 아기가 떼를 많이 쓰고 고집을 부려요. 달래기도 하고 야단도 치는데 어떻게 하는 것이 좋을까요?

A 아기의 응석을 모두 받아 주면 아기를 고집쟁이로 만들게 된다. 차분하고 애정 어린 태도로 일관성 있게 아기에게 설명하고 달래서 떼를 쓰는 버릇을 고치도록 하는 것이 좋다.

수면 시간

엄마는 아기를 되도록 밤 10시 이전에 재울 수 있도록 해야 한다. 그래야 수면 시간도 길어지고 중간에 깨지 않고 푹 잘 수 있다. 특히 성장 호르몬은 밤 10시부터 새벽 2시 사이 가장 많이 분비되므로, 이 시간에 숙면을 할 수 있도록 습관을 들여 주는 것이 좋다.

육아★45~48주

11~12개월

성장이 빠른 아기는 걸음마를 시작하기도 한다. 감정 표현이 더욱 확실해져 떼를 쓰기 시작한다. 수두 예방 접종을 실시한다. 돌이 되면 젖병을 끊고 컵에 어른들이 마시는 우유를 넣어 마시도록 한다. 올바른 식사 습관을 길러 주기 위해 노력해야 한다.

남자 아기 평균
체중 9.90kg
신장 76.03cm
머리 둘레 45.88cm
여자 아기 평균
체중 9.35kg
신장 74.76cm
머리 둘레 44.89cm

아기의 성장

능숙하게 걷는 아기가 있는가 하면 이제 붙잡고 일어나는 아기가 있을 정도로 발달 정도가 아기마다 다르게 나타난다.

크레용이나 펜을 잡고 노는 것을 좋아하므로 여기저기 낙서를 하고 돌아다닌다. 엄마가 하는 말을 그대로 흉내 내기 때문에 전화 놀이가 좋다.

생후 45주

아기는 이제 제법 마음대로 자신의 몸을 움직일 수 있게 되면서 점차 독립심이 생기게 된다. 장난이 심해지고, 손에 잡히는 물건을 던지기도 한다.

체력과 운동 능력도 급격히 발달하여 잠시도 가만히 있지 못하고, 엎드려 기거나 혼자 앉아 논다. 가끔은 먹는 것보다 노는 데 정신이 팔려 식욕이 감소하거나 일시적으로 체중이 줄기도 하지만, 아기가

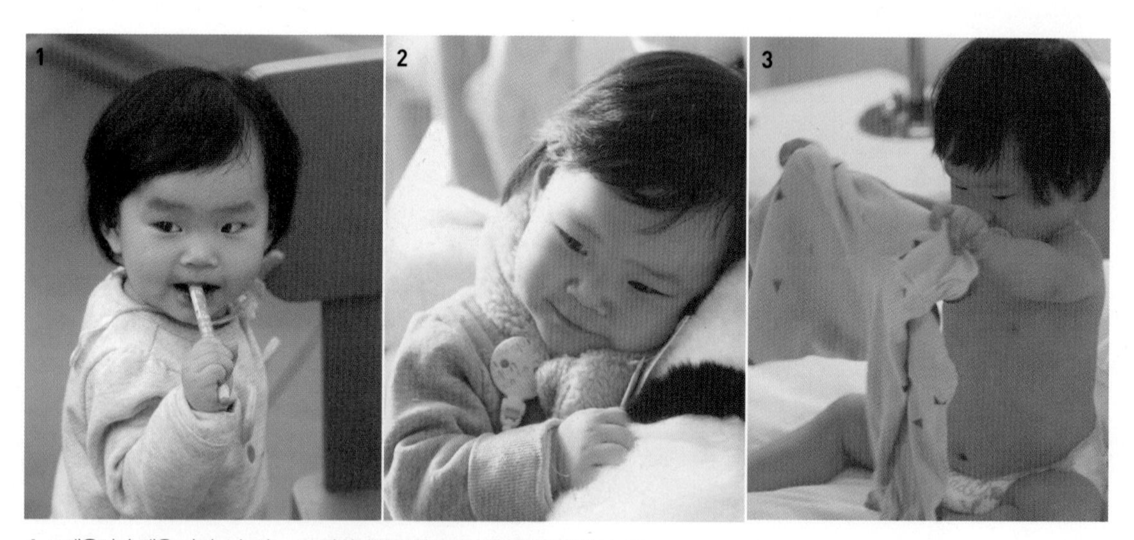

1. 크레용이나 펜을 가지고 논다. 2. 감정이 풍부해진다. 3. 혼자 앉아서 논다.

잘 놀고 건강하다면 문제 되지는 않는다.

생후 46주

대부분의 아기가 혼자서 설 수 있거나 잡고 걸을 수 있게 되고 걸음마를 시작한다. 엄지와 검지로 작은 물건을 집을 수 있게 되고, 손으로 탐색하는 것에 호기심을 보인다.

생후 47주

말을 알아듣고 익숙한 주변 사람들이나 물건을 가리킬 수 있다. 감정이 풍부해지고, 자기 마음대로 되지 않으면 발버둥치고 떼를 쓰기도 한다.

생후 48주

호기심과 식욕도 왕성해지고, 어설프지만 혼자 식사를 할 수도 있다. 또래 아기들에게 관심이 많아지므로, 공원이나 놀이터 등에 데리고 가는 것도 좋다.

12개월 성장 포인트

대천문, 소천문

머리뼈는 처음부터 한 개가 아니라 여러 개의 뼈가 모여 두개골을 이룬다. 신생아 때는 이 뼈들이 아직 완전히 결합되지 않아 틈이 남아 있는데 이를 천문이라고 하며 정수리 앞쪽의 마름모꼴 부분을 대천문이라 하고, 뒷부분을 소천문이라고 한다.
태어날 때부터 열려 있던 대천문은 아기가 성장함에 따라 9~10개월경까지 점점 커지다가, 11개월 이후에 조금씩 닫히기 시작해 1년~1년 6개월에는 완전히 뼈가 결합된다. 그러나 24개월이 지나서 닫히거나 7개월 정도에 빨리 닫히는 경우도 있다. 보편적으로는 12개월 정도에 대천문 자리가 딱딱해짐을 느낄 수 있다.

양말 신기지 않기

양말을 신겨 놓으면 미끄러지기 쉽고 발끝에 힘을 주기가 어려우므로, 기고 서고 걷는 연습이 한창인 이 시기의 아기들은 집안에서는 양말을 신기지 않는 것이 좋다.

엉덩방아

걸음마를 시작하면서 아기들은 자주 엉덩방아를 찧는다. 이 시기 아기들은 뼈가 유연하여 엉덩방아를 찧어도 충격 흡수가 매우 잘 되므로, 아기 뼈에 충격이 가지 않을까 걱정하지 않아도 된다.

 엄마가 할 일

바른 식사 습관을 들여 주는 것이 중요하다. 아기에게 많은 것을 먹이고 싶어서 밥그릇을 들고 따라다니는 것은 좋지 않다. 배가 고프면 스스로 먹도록 하고 한 번의 식사는 30분 이상 하지 않도록 한다. 중간에 배가 고프다고 해도 간식을 미리 주지 않는다. 다음 식사 시간에 충분히 섭취할 수 있도록 하기 위해서이다. 식기를 다루는 것이 익숙하지 않아 어지럽혀도 꾸준히 연습시킨다.
그림책을 보면서 사물을 흉내 내면서 읽어 주면 그림책에 훨씬 더 관심을 보인다.

 영양 섭취

이유식 섭취량을 점차 늘려서 이유식에서 섭취하는 영양 성분이 늘어나야 한다. 그렇다고 해서 모유나 분유 수유를 중단하라는 뜻은 아니다. 또한 이때부터 분유는 젖병보다는 컵에 타 주어 아기가 컵으로 마시는 것에 익숙해지도록 연습시킨다.

소화 기능이 발달되는 시기

엄마는 이유식을 통해 아기가 덩어리 음식을 씹고 삼키고 소화시킬 수 있도록 훈련하는 것에 세심하게 배려해야 한다. 막연하게 돌이 지나면 아기들은 자연스럽게 덩어리 음식을 먹을 수 있다고 생각하지만 실제로 이러한 훈련이 이유기에 제대로 이루어지지 않으면 돌이 지나도 음식 먹기를 거부하거나, 싫어하는 음식을 억지로 삼키다가 모두 토하는 경우가 종종 있다.
소화 기능이 잘 발달되고, 씹고 삼키는 훈련도 어느 정도 진행되어 여러 가지 식품을 먹을 수 있으므로, 아기가 좋아하는 재료를 잘게 썰어 아기가 즐겁고 맛있게 이유식을 먹을 수 있도록 도와준다.

어른과 함께 먹는 이유식

아기가 고형식에 점차 익숙해지고 잘 받아먹게 되면, 이제 이유식도 아기 것만 따로 준비하지 말고 어른들의 식사를 준비할 때 함께 할 수 있다. 이유기는 수유기와는 달리 아기가 독립해 가는 과정이기도 하므로, 안고 먹이기보다는 혼자 앉아서 먹이되 아기가 불안해하지 않도록 즐겁고 편안한 분위기를 조성해 준다.

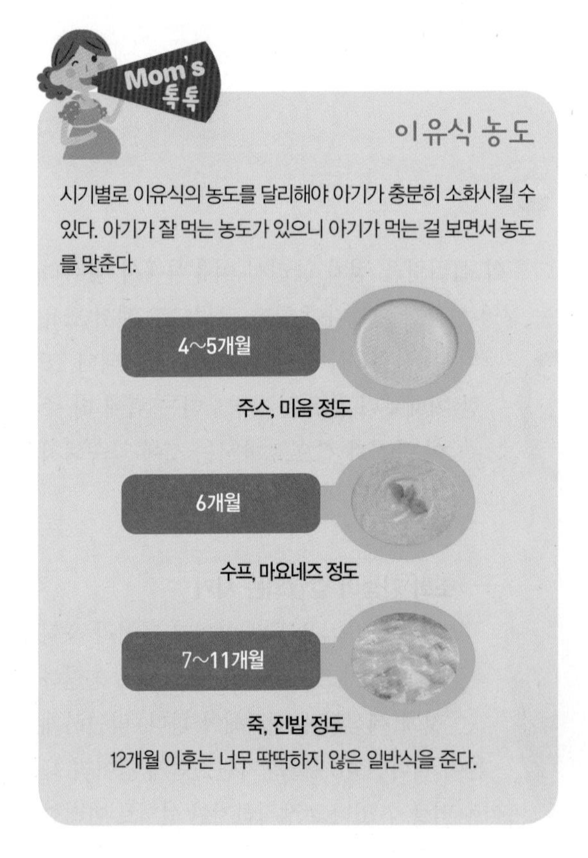

아기의 식습관

아기가 식습관을 들이는 데 있어 중요한 시기이다. 아기들은 왕성한 호기심으로 이리저리 기거나 돌아다니기 때문에, 한 자리에서 음식을 먹이기 어렵다. 또한 그릇 속에 손을 넣고 휘젓거나 그릇을 엎어 버리는 등 장난도 점차 심해진다. 아기가 어느 정도 흘리면서도 스스로 먹도록 유도하고 인내심을 가져야 하지만 무조건 장난치는 것을 방치하는 것은 올바른 식습관 형성에 좋지 않다.
식사와 놀이를 구분할 수 있도록 하고, 일정한 시간에 아기 식탁에 앉혀서 먹는 습관을 길러 준다.

Q&A

Q 어떻게 하면 아기를 식사에 집중시킬 수 있을까요?

A 아기가 쉽게 일어서거나 돌아다니지 못하도록 식탁과 의자를 바꿔 준다. 또한 식사 시간에는 아기의 관심을 끌만한 장난감 같은 것을 치우고 TV를 켜지 않는 것이 좋다. 엄마는 아기가 자리를 뜨면 이제 음식을 주지 않는다는 규칙을 일관성 있게 지켜주어야 한다. 몇 번이고 반복되면 아기도 다 먹을 때까지 자리에서 일어서지 않게 된다.
아기에게 식사를 일종의 놀이로써 접하게 해 주는 것도 방법이 될 수 있다.

Q 돌이 돼서 젖병을 떼고 컵에 분유를 줬더니 분유는 마시지 않고 컵만 던집니다. 젖병으로라도 분유를 계속 먹이는 게 좋을까요?

A 젖병에 분유를 주면 지나치게 많은 양의 분유를 먹고 밥을 잘 안 먹게 된다. 돌이 지났다면 젖병은 떼는 게 좋다. 또한 아기의 컵을 던지는 행위는 불만을 표시하는 것이 아니라 엄마의 반응을 보거나 재미있게 느껴서이다. 떨어져도 깨지지 않는 컵으로 목마르거나 기분 좋을 때 다시 시도한다.

12~13개월

12~15개월 사이에 1차 MMR(홍역, 볼거리, 풍진)을 접종한다. 만 18개월에는 DPT 1차 추가 접종을 실시한다. 일본뇌염 예방 접종은 필수예방 접종으로 일본 뇌염 경보가 없더라도 반드시 맞아야 할 예방 접종이다.

12~15개월

남아 체중 10.41kg, 신장 78.22cm, 머리 둘레 46.53cm
여아 체중 9.84kg, 신장 76.96cm, 머리 둘레 45.54cm

15~18개월

남아 체중 11.10kg, 신장 81.15cm, 머리 둘레 47.32cm
여아 체중 10.51kg, 신장 79.91cm, 머리 둘레 46.32cm

아기의 성장

넘어지지 않고 잘 걸으며 계단을 올라갈 수 있다. 하지만 내려오는 것은 아직 엄마의 도움이 필요하다. 높은 곳에 올라가는 것을 좋아하기 때문에 다칠 위험도 증가한다.
미숙하지만 숟가락을 잡고 혼자 먹는 것이 가능하다. 하루 식사는 3회, 간식은 2회가 적절하다.

1. 그림책을 보여주면 책장을 넘긴다. **2.** 엄마가 청소를 하면 따라 한다. **3.** 물놀이를 좋아한다.

억지로 먹이는 것은 바른 식습관 형성에 좋지 않다.
간식의 양은 식사 시 섭취하는 칼로리의 1/2로 한다. 즉, 하루 섭취해야 할 칼로리를 4등분하여 3번은 식사로 충당하고 나머지 1번은 간식을 2번으로 나눠서 준다.
말로 의사를 표현하고자 한다. 아기들마다 독특한 표현을 사용하기 때문에 그것이 무슨 뜻인지 엄마는 알고 있어야 한다. 아기는 많은 질문을 할 수 있지만 그때마다 지식을 가르치려 들면 역효과가 날 수 있다. 아기의 질문에 최대한 자세히 설명을 해 주며 다음 질문이 자연스럽게 유도되도록 하는 것이 효과적이다. 지식 전달의 의도를 가지고 대하면 아기가 배우는 걸 귀찮아 할 수도 있다.

생후 49주

운동량이 급격이 증가하므로, 체중이 크게 늘지는 않는다. 비틀거리긴 하지만 혼자서 걸음마를 할 수 있는 아기도 있다.
아직 시간 개념이 없어서 엄마가 눈앞에 있지 않으면 엄마가 없어졌다고 생각하고 매우 불안해한다. 아기에게 엄마가 무엇을 하고 있으니 잠깐 기다리라고 말해 주어서 아기가 불안해하지 않도록 한다.

생후 50주

얼굴의 통통하던 살도 점차 빠지고, 유치가 자라면서 얼굴 윤곽도 점차 뚜렷해진다. 그림책을 보여주면 관심을 가지고 책장을 넘기기도 한다.

생후 51주

이 시기의 아기들은 아직 뼈와 뼈를 잇는 인대와 뼈의 위치가 어긋나기 쉬워 탈골도 쉽게 일어난다. 아기 팔을 세게 잡아당기거나 팔꿈치 등에 충격이 가해질 때 탈골이 쉽게 일어나므로 주의해야 한다.
엄마가 화장을 하거나 청소를 하면 아기가 행동을 따라 하기도 한다. 자신이 원하는 것을 손짓 등 행동으로 표현하기도 한다.

생후 52주

아기의 체중은 출생 때의 3배에 가깝고, 신장은 출생 시보다 1.5배가 된다. 눕거나 서 있다가 혼자 앉을 수 있으며, 행동이 더욱 자유로워진다.

엄마가 할 일

이 시기에는 모래놀이, 물놀이 등이 적합하고 넘어져도 혼자 일어날 수 있도록 지도한다.
밤에 깨어도 중간에 놀아 주지 말고 다시 잠을 자게 한다.
공원 등에서 친구 사귀기를 지도하기도 하고 이 닦는 습관을 길러 준다. 빨대나 하모니카로 입을 발달시킨다.

 영양 섭취

이제 아기는 필요한 영양분의 대부분을 이유식을 통해 공급받아야 한다. 아직 아기들은 익숙한 분유나 모유 또는 분유를 찾기도 하지만, 하루 섭취량은 500~700ml가 적당하고 하루 800ml를 넘지 않도록 주의한다. 그렇지 않으면 주식(이유식)을 섭취하는 양이 줄어 아기의 영양 공급에 좋지 못한 영양을 줄 수 있다.

우유를 조금씩 먹여도 좋지만, 철분 등의 부족을 막기 위해 영양분이 강화된 분유와 병행하여 섭취할 수 있도록 하는 것이 아기 건강에 도움이 된다.

두뇌 발달에 좋은 식품의 선택

고등어 같은 등 푸른 생선은 두뇌 발달에 필수적인 불포화 지방산이 풍부하고 단백질을 공급할 수 있는 좋은 식품이다. 하지만, 아기들에게 알레르기를 많이 유발하는 식품으로 알려져 있으므로, 이유 후기부터 조심스럽게 먹이는 것이 좋다. 처음에는 맛만 보이고 아기 반응을 살핀 다음, 점차 양을 늘린다.

아기에게 고등어를 줄 때는 되도록 염분 함량이 높은 자반 고등어보다는 생물 고등어를 선택하는 것이 좋으며, 조리법으로는 지방 함량이 높은 튀김보다는 구이가 좋다.

섬유질이 풍부한 식품

아기 항문은 연약하여 쉽게 헐고 따라서 배변 시 통증을 많이 느끼게 된다. 이런 통증이 반복되면 아기는 더욱 배변에 두려움을 느끼고 변의를 참게 되면서 변이 더욱 딱딱하고 양이 많아지며 변이 잘 나오지 않는 악순환이 일어나게 된다.

식품과 관련된 변비는 식품과 수분 섭취량이 적은 경우가 많다. 또 채소나 과일류의 섭취 부족으로도 일어날 수 있다. 하루 500ml 정도의 충분한 수분 섭취는 변비 증상을 개선시키기 위한 기본적인 방법으로, 일반적인 생수나 보리차 등으로 다 먹이기 어렵다면 아기 주스 등을 함께 먹이는 것도 좋다.

아기가 아플 때의 이유식

아기가 아프면 평소 잘 먹던 아기도 입맛과 소화력이 떨어지게 된다. 따라서 한꺼번에 많은 양을 주고 먹게 하기보다는 조금씩 자주 먹도록 하되, 전체 먹는 양은 평소와 비슷하게 조절한다. 되도록 부드럽고 소화가 잘되는 재료들을 선택하여 볶거나 튀기는 등의 조리법보다는 찌거나 푹 끓이는 등 평소보다 2배 정도 물의 양을 많게 해 주는 것이 좋다.

설사 등 특정 음식을 제한해야 하는 경우가 아니라면, 아기가 좋아하는 재료들로 맛있게 만들어 준다. 소화가 잘되고 영양가가 높은 단백질과 비타민이 필요하므로 단호박, 두부, 사과, 배 등이 좋은 재료가 될 수 있다.

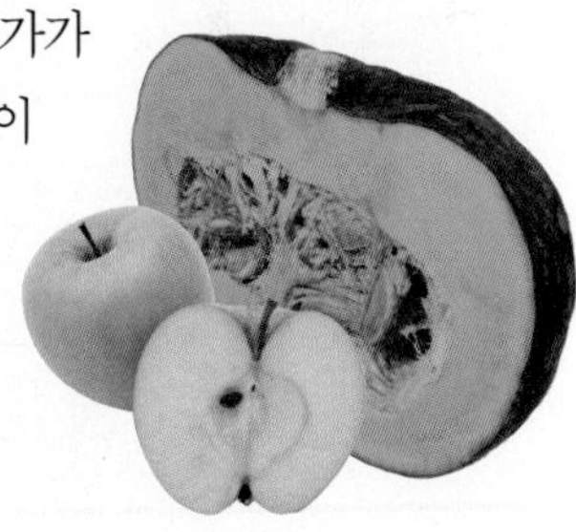

간식 조절

과자나 과일 같은 간식류는 단맛이 강하여 아기들이 금방 배고픔을 잊게 하기 때문에 자칫 밥을 먹지 않게 하는 원인이 될 수 있다.

아기가 단맛 나는 간식을 좋아하는 스타일이라면, 고구마조림이나 멸치조림 등과 같은 달콤한 반찬을 만들어 밥과 더욱 친해질 수 있도록 한다.

이유식과 변

이유기의 변은 아기의 소화 능력과 식품의 종류에 많은 영향을 받는다. 일반적으로 이유식에 지방이 많거나 농도가 너무 진하면 묽은 변을 볼 수 있다. 그러나 수분 섭취가 많다고 해서 변이 묽어지지는 않는다.

Step

3

홈메이드 이유식

어느새 많이 자란 우리 아기, 이유식을 시작할 때가 가까워진다. 이유식은 영양 보충식이면서 장차 식습관의 기초가 되는 훈련식이기도 하다. 이유식에 대한 기본 지식부터 홈메이드 이유식 레시피까지 초보 엄마가 알아야 할 모든 것을 담았다.

우리 아기 이유식

단계별 이유식 식재료

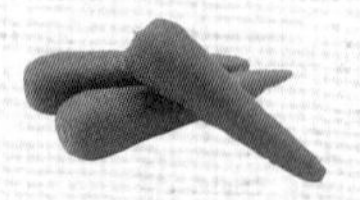

	초기	중기	후기	완료기
곡류군	쌀, 찹쌀, 감자	옥수수, 고구마, 밀, 팥	보리, 메밀	현미, 완두콩, 강낭콩 등 잡곡
어육류군	쇠고기, 멸치, 대두	닭고기, 조기, 명태, 병어, 가자미, 임연수어, 도미, 홍합, 달걀노른자	돼지고기, 참치, 연어, 민어, 갈치, 대구, 녹두, 달걀흰자, 메추리알, 오징어, 새우, 게, 모시, 조개, 굴	양고기, 오리고기, 칠면조, 고등어, 꽁치, 삼치, 기타 생선, 오리알, 가리비, 바지락
채소군	무, 다시마	당근, 시금치, 배추, 양배추, 양파, 호박, 들깻잎, 미역, 김	상추, 양상추, 오이, 콩나물, 표고버섯, 팽이버섯, 파래	미나리, 부추, 피망, 브로콜리 등 기타 채소 느타리버섯, 송이버섯, 양송이버섯, 목이버섯
과일군	사과, 배	바나나, 참외, 수박, 대추	감, 복숭아, 멜론, 오렌지, 귤	자몽, 키위, 파인애플, 앵두, 자두, 살구, 레몬, 포도, 딸기
지방군		들기름, 참기름, 콩기름	면실유, 옥수수기름, 버터	올리브유
우유군	모유, 조제분유	요구르트, 치즈	연유	생우유, 아이스크림

이유식 일기 작성

이유식을 시작하는 초기 단계에서는 오늘 우리 아기가 얼만큼 먹었는지, 특별한 식품에 알레르기 반응을 나타내지는 않는지 등을 살펴 이유식 일기를 작성하면 좋다. 이유식 섭취 횟수 및 시간, 식품 알레르기 여부, 이유식 진도 등을 적는다.

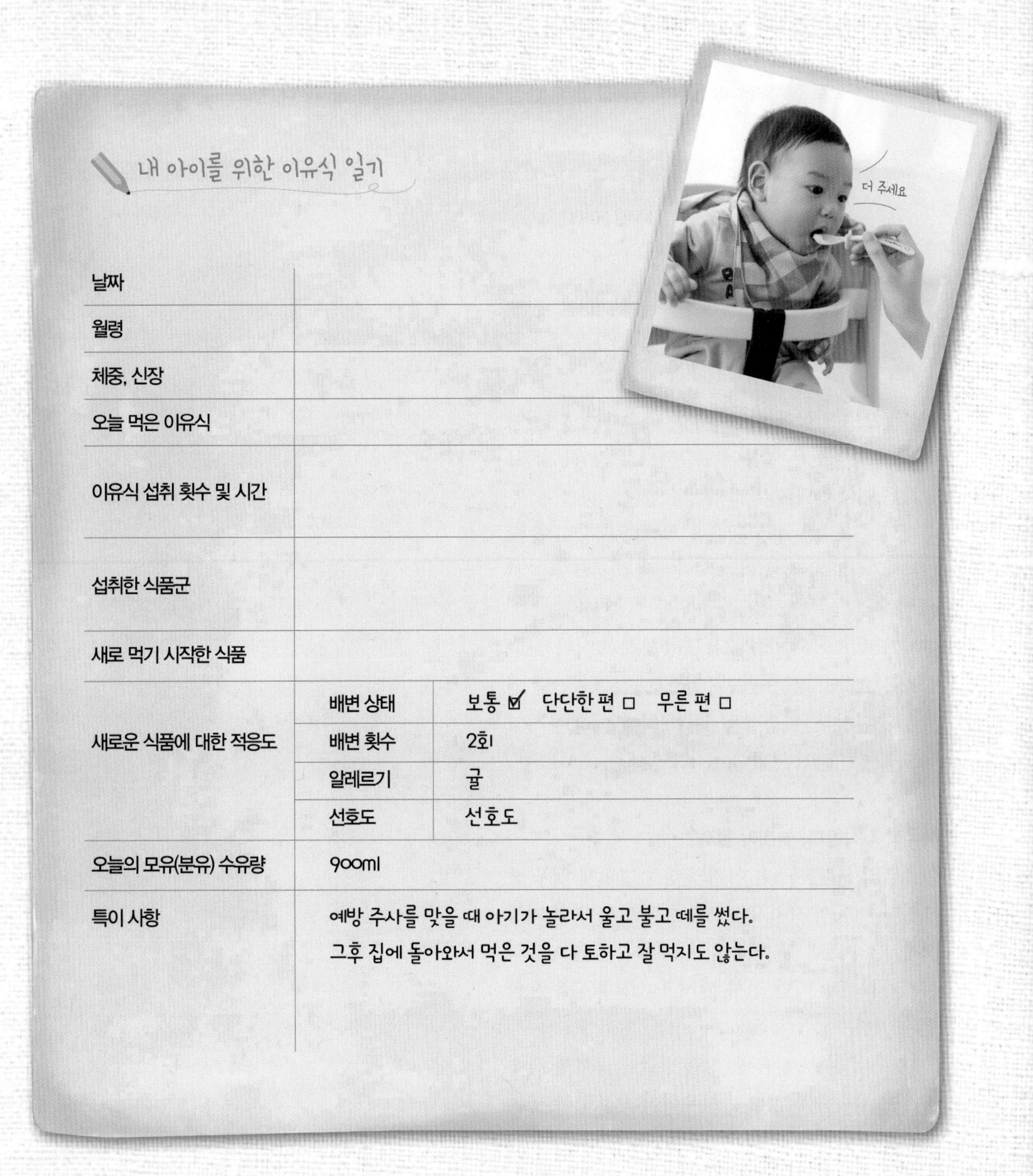

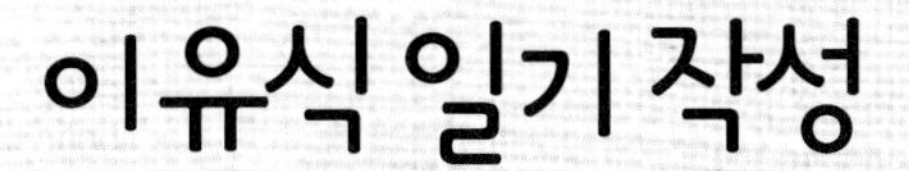

날짜		
월령		
체중, 신장		
오늘 먹은 이유식		
이유식 섭취 횟수 및 시간		
섭취한 식품군		
새로 먹기 시작한 식품		
새로운 식품에 대한 적응도	배변 상태	보통 ☑ 단단한 편 ☐ 무른 편 ☐
	배변 횟수	2회
	알레르기	귤
	선호도	선호도
오늘의 모유(분유) 수유량	900ml	
특이 사항	예방 주사를 맞을 때 아기가 놀라서 울고 불고 떼를 썼다. 그후 집에 돌아와서 먹은 것을 다 토하고 잘 먹지도 않는다.	

육아★

이유식의 필요성

이유기가 시작되면서 아기의 성장 발육은 더욱 왕성해진다. 더 이상 모유나 분유만으로는 필요 영양소와 칼로리를 충분히 공급할 수 없다. 유즙에서 반고형식으로 점차 분량과 음식의 종류를 늘려, 성장에 필요한 영양소를 공급한다.

이유식은 영양 보충식

정상적으로 만삭아는 4~6개월, 미숙아는 2개월이면 모체에서 받은 철분이 고갈되므로 영양분을 보충해 주어야 한다.

아기의 순조로운 성장 발육을 위해 단백질도 곡류, 전분 등과 함께 주어 원활한 단백질 대사를 유도해야 한다.

아기가 먹고 싶은 만큼 모유를 충분히 먹이며, 보충식을 강요하지 않는다. 모유만으로도 6개월간의 영양은 충분하다. 보충식을 4~6개월에 미리 준다고 해도 특별한 장점은 없다.

이유식 시작할까, 늦춰야 할까?

이유식의 시작 시점은 아기의 성장 발달에 매우 중요하다. 이유식 시기가 늦으면 성장 부진, 면역 기능 저하, 영양 결핍, 편식 등을 유발한다. 반면 이유식 시기가 빠르면 비만, 설사, 알레르기 질환 등을 유발할 수 있다.

6개월부터 철분, 칼슘 등 성장 발달에 중요한 필수 영양이 부족하지 않도록 이유식이나 보충식 또는

이유식을 시작해도 좋은 요인	이유식을 늦춰야 하는 요인
· 생후 4개월 이상 · 체중이 출생 시 두 배 이상 또는 6~7kg 이상일 때 · 수유를 충분히 하는데 체중이 늘지 않을 때	· 아기가 알레르기 아토피 증상을 앓는 경우 · 알레르기 아토피 가족력이 있는 경우

혼합 수유 등으로 공급한다.
이유식 시작 시기를 판단하는 요인으로는 아기의 발육 상태, 아토피 증상 등이 있다.

이유식은 훈련식

아기가 젖을 빠는 동작 대신 숟가락으로 음식을 먹고, 씹고, 삼키면서 새로운 맛에 적응해 가는 것은 마치 초등학생이 고등학교 과정을 익히는 것만큼이나 어렵다. 이를 해내기 위해서는 꾸준한 훈련과 노력이 필요하며 이유식은 이러한 훈련에 적합한 음식이다.
곡류, 채소 등으로 만드는 이유식은 성장한 아기의 장 기능을 활성화시키는 역할을 한다. 소화 기능에 문제가 없는 수술 환자도 며칠 동안 금식한 후에는 쉬고 있던 장 기능을 회복시키기 위해 유동식부터 섭취하는 것처럼, 새로운 음식을 접하는 아기의 소화 장관이 이들을 무리 없이 잘 소화시키기 위해서는 이유식을 통한 단계적인 적응이 필요하다.

숟가락 사용과 새로운 음식 경험이 중요

이유식 초기의 이유 목적은 영양 보충이 아니라, 숟가락을 통해 먹는 훈련과 새로운 음식을 경험하는 데 있다. 따라서 먹는 양은 그리 중요하지 않다. 아기에게 떠먹이는 것에 실패했다고 실망하거나 포기해서도 안 된다. 이유 초기에 보이는 아기의 밀어내기 반사는 자꾸 반복하여 떠먹이다 보면 늦어도 1~2주에 자연히 없어지기 때문이다.

느긋하고 꾸준하게

이유식이 꼭 필요한 시기는 생후 6개월 이후이다. 이유 초기 1~2개월은 아기가 이유식을 연습하는 시간이라고 생각하며 느긋하게 마음을 먹어도 된다. 엄마가 너무 서두르거나 조바심을 가지면 오히려 쉽게 이유를 포기하고 결국 올바른 식습관으로 유도하는 데 실패할 수 있다. 이 시기의 꾸준한 이유 훈련이 아기의 평생 건강을 좌우할 수 있다.

단계별 이유식

아기는 어른에 비하여 미각이 몇 배 더 예민하다. 또 이유식을 하는 시기의 아이들은 맛에 대해서 점점 알아 가는 시기이므로 기존에 먹던 음식과 맛이 다르면 거부하거나 잘 안 먹을 수 있다. 적응 기간을 충분히 갖는다.

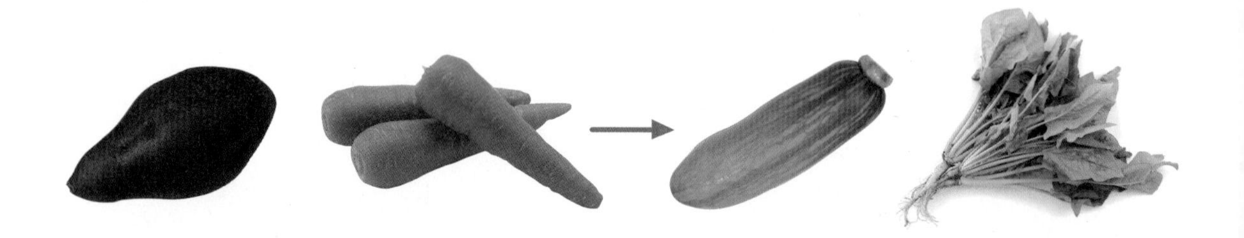

초기 이유식 | 5~6개월

이유식을 시작하는 시기는 대개 생후 5개월경으로, 아기의 상태에 따라 다소 차이가 있다. 이 시기에는 보편적으로 아기의 체중이 출생 시의 약 2배가 된다.

초기 이유식에 맞는 식품

대부분의 채소는 알레르기 등의 문제를 일으키는 식품군이 아니므로, 초기 이유식에도 거의 사용할 수 있다. 단, 채소류에 풍부한 비타민류는 조리 과정에서 파괴될 수 있으므로 주의해 다룬다.

채소는 아이들이 좋아하는 식재료라고 할 수 없으므로, 아기들이 아직 단맛 등에 익숙하지 않을 때 채소류의 맛에 익숙해질 수 있도록 해야 균형 잡힌 식습관을 형성할 수 있다.

당근, 고구마 같은 달콤한 맛이 나는 황색 채소로 시작하여 호박, 시금치 같은 점차 색이 진한 채소류를 먹인다. 제철 채소를 골라 깨끗하게 손질해서 사용한다.

첫 이유식 방법

쌀미음, 감자죽, 암죽 같은 반유동식으로 시작하여 건더기가 있는 죽이나 두부, 진밥 등의 반고형식으로 서서히 진행한다.

❶ 매일 일정한 시간을 정해 놓고 주되, 처음에는 오전 10시경이 좋다. 이유식을 먹은 후 부족한 양은 모유나 분유로 보충한다.

❷ 처음에는 한 번에 1~2숟가락씩 주다가 양을 점차 늘린다. 아기가 새로운 음식을 거부하면 억지로 먹이지 말고 차후에 다시 시도해 본다.

❸ 알레르기나 다른 문제점이 발생하는지를 알기

위해서는 한 가지 식품을 적어도 5일간 먹여 보고, 평상시와 다른 증상이 있는지 확인한다.

❹ 이유식을 주는 횟수와 식품의 수를 점차적으로 늘린다.

❺ 이유식은 중탕하여 체온 정도의 온도로 데우는 것이 좋다. 가정에서 흔히 사용하는 전자레인지는 음식이 너무 뜨겁게 데워지거나 골고루 데워지지 않으므로 이유식을 준비할 때는 되도록 사용하지 않는다.

❻ 한 번에 먹이는 양이 적기 때문에 가족의 식사 준비 중 일부를 미리 덜어서 아기에게 맞게 조리한다.

❼ 아직 소량의 이유식을 먹는 아기를 위해 이유 초기부터 집에서 이유식을 만드는 데 너무 많은 시간을 투자하지 않는다.

❽ 가끔은 과일, 요구르트 등 그냥 먹을 수 있는 식품들도 이용하면서 오히려 아기와 함께하는 시간적 여유를 충분히 갖는 것이 중요하다.

이유 초기 스케줄

- 하루 총 수유량 800~1,000cc
- 이유식 1회 섭취량 30~80g(단계적)

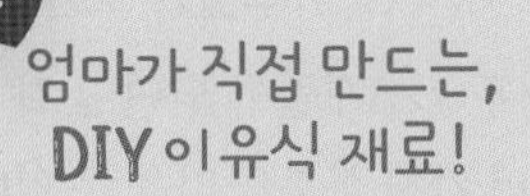

엄마가 직접 만드는, DIY 이유식 재료!

집에서 이유식을 만들 때 가장 고민스러운 부분 중 하나가 바로 영양 균형을 맞추는 일이다. 신문이나 방송에서는 이유식을 만들 때 아기의 성장 단계별 5대 영양소의 균형을 맞추고, 칼슘과 미네랄, DHA가 풍부한 식품을 넣으라고 하는데, 초보 엄마들에게는 모든 것이 낯설다.

영양 균형을 맞추기 어려울 때 사용하면 좋은 게 바로 성장 단계별로 꼭 필요한 영양소가 들어있는 DIY 이유식 재료이다. 믿을 수 있는 국내산 재료를 사용하고 인공첨가물이 없으며 맛과 영양을 최대한 살릴 수 있는 동결 건조 제품을 선택하면 안심하고 먹일 수 있다.

이유식을 만들 때 단계별로 영양 성분을 동결건조하여 만든 DIY 이유식 재료를 함께 넣어 주면 엄마의 사랑은 물론 영양도 고루 갖춘 엄마표 이유식을 만들 수 있다.

중기 이유식 | 7~8개월

이 시기 이유의 주목적은 영양 보충이다. 이제 수분이 많은 모유나 분유만으로 아기는 필요한 영양소와 칼로리를 충당할 수 없다. 모유나 분유의 영양 조성이 일정한 반면, 아기는 성장과 함께 더 많은 양의 영양소를 필요로 하기 때문이다.

수유만으로는 영양 불균형 초래

수유량을 무한정 늘리거나 분유의 농도를 높이는 것은 근본적인 해결 방법이 아니다. 장기적으로 보면 오히려 아기가 고형식을 거부하거나 설사를 하는 등의 부작용을 초래할 수 있다. 이제는 음식 먹기가 잘 훈련된 아기로 키우기 위해 엄마들이 실력 발휘를 할 때가 온 것이다. 다음과 같은 일정으로 이유식을 준다.

- 하루 총 수유량 700~800cc
- 이유식 1회 섭취량 100~120g

이유식의 형태

이유 중기에는 미음이나 즙보다 더 농도가 걸쭉한 죽의 형태가 적당하다. 죽은 일반적으로 강한 열과 긴 조리 시간이 소요되므로, 영양 성분의 변화에 주의한다. 육류는 오래 가열하면 육질이 단단해지고, 채소류는 영양 파괴가 일어나므로, 이들 식품 재료를 별도로 조리하여 나중에 죽에 첨가하는 것이 영양적으로 더 바람직하다. 시판하는 분말 이유식을 활용할 때도 영양적인 면을 고려하여 자연 식재료를 먼저 조리한 후, 분말 이유식을 나중에 첨가한다.

중기 이유식에 맞는 식품, 1회 섭취량

쌀, 잣 등의 곡류, 야채, 과일, 달걀, 두부, 생선, 육류 등 대부분의 자연 식품을 이유식에 사용할 수 있다. 1회 섭취량은 죽 50~60g, 야채 25g, 달걀 2/3개, 생선 또는 육류 20g, 두부 40g 정도가 적당하다.

이유식 진행 방법

작은 덩어리로 준다

생후 6개월이 되면 아기는 음식 맛을 구분하고, 음식을 씹고 삼키는 데 익숙해져 본격적인 이유기가 시작된다. 생후 7~8개월이 되면 소화 기능도 많이 발달되어 여러 가지 식품을 먹을 수 있다.
아기가 질감이 일정한 죽보다는 작고 부드러운 음식 덩어리가 느껴지는 것을 좋아할 수 있으므로 국수나 마카로니를 삶아서 잘게 썰어 주거나 빵 조각을 완전히 으깨지 말고 약간의 덩어리를 섞어서 준다.

억지로 먹이지 않는다

아기는 여러 가지 맛에 관심을 갖게 되지만 새로운 맛에 대해서는 경계할 수 있다. 처음 주는 음식은 우선 혀 끝에서 맛보게 한 다음 계속 먹을 것인지는 아기 스스로가 결정하게 한다. 아기가 싫어하는 음식은 당분간 중지하였다가 맛을 조금 바꾸어 다시 준다.

식품의 종류를 최소화한다

이유식을 손수 만들 때는 각 식품 고유의 맛을 느낄 수 있도록 사용 식품의 종류를 가능한 한 최소화한다. 이유식을 하루에 여러 번 주더라도 새로운 음식을 자주 주지는 않는다. 이미 아기가 맛본 음식을 번갈아 주면서 일주일에 한 번 정도 한두 가지의 새로운 음식을 준다.

후기 이유식 | 9~12개월

생후 9개월이 지나면 모유나 분유의 양과 이유식 섭취량이 역전되면서 이유식을 통해 보다 많은 영양을 공급받는다.

이 시기에는 치아가 4~6개 나고, 치아가 모두 나오지 않아도 잇몸과 혀로 음식물을 부수어 먹을 수 있어, 아기는 작고 부드러운 덩어리의 음식을 오물오물 씹을 수 있다. 총 열량의 50~60%를 이유식으로 준다.

- 하루 총 수유량 600~800cc
- 이유식 1회 섭취량 160g

- 오전 6시 **수유**
- 오전 8시 **이유식**
- 오전 10시 **간식**
- 오전 12시 **이유식**
- 오후 3시 **간식**
- 오후 6시 **이유식**
- 오후 10시 **수유**

진행 방법

❶ 이유식이 잘 진행되면서 생후 9개월이 지난 경우는 수유량과 이유식 섭취량이 역전된다.

❷ 이유식의 양이 늘어나면 늦은 밤에 모유나 분유를 먹이지 말고 젖을 빨면서 자는 습관을 없애야 한다. 이유식의 실패로 젖병에 의존하는 정도가 큰 아기일수록 이러한 습관을 갖는데, 아기의 유치를 건강하게 하는 데 장애가 될 수 있다.

❸ 이유식의 비중이 커지므로 아기가 좋아하는 음식을 알아 두면, 소량의 음식으로도 균형잡힌 이유식 식단을 짤 수 있다.

❹ 어른이 먹는 음식 중 기름기가 적고, 너무 딱딱하지 않으며, 자극성이 적은 대부분의 음식을 아기도 함께 먹을 수 있다.

❺ 여러 종류의 음식을 먹을 수 있으므로 싫어하던 음식을 조금씩 다시 주면 편식을 개선할 수 있다.

❻ 먹는 양이 적거나 일정하지 않은 아기는 고기와 채소 등을 넣어 끓인 진밥이나 된죽으로 영양을 공급한다.

❼ 식사 전에 간식이나 음료를 주는 것은 좋지 않다. 공복에 식사를 주면 아기도 올바른 식생활을 배우게 된다.

이유식 성공 포인트

♥아기가 먹지 않는다고 초조해하지 말고, 꾸준히 그리고 끊임없이 노력한다.

♥매일매일 식단을 바꾸기보다는 부담 없이 2~3일 기준으로 메뉴를 바꾼다.

♥아기가 먹고 싶어 할 때 줄 수 있도록, 미리 재료를 준비해 놓으면 좋다.

♥집에서 만드는 이유식의 단조로움을 피하고 시간 절약을 위해 시판하는 베이비 푸드를 적절히 활용하는 것도 좋다.

완료기 이유식 | 12개월 이후

돌이 되면 먹을 수 있는 음식의 종류가 다양해진다. 맛이 지나치게 자극적이거나 지방이 많은 음식, 너무 딱딱하거나 땅콩이나 호두처럼 작은 알갱이로 되어 있어 기도로 넘어가 호흡 곤란을 일으킬 수 있는 음식을 제외한 거의 모든 음식을 먹을 수 있다. 일반적으로 이유식 공급 패턴은 다음과 같다.

이유식 스케줄

- 하루 총 수유량 500~700cc
- 이유식 1회 섭취량 밥 160g, 국 130g

완료기 이유식 진행 방법

생후 12개월에는 고형식에 가까운 유아식으로 이행할 수 있다. 영양 보충식이었던 이유식의 목적이 이제는 주식으로 자리 잡게 하는 데 있다. 이제 수유량은 절대적으로 줄어들어 하루 500~600ml를 넘지 않게 한다. 다른 가족들과 함께 하루 세 번의 식사를 하고 1~2회의 간식을 먹는다. 조제유나 우유도 가급적 컵을 사용하여 마시면서 젖병 떼기를 시작하는 것이 좋다.

밥을 먹을 수 있으므로 아기 기호에 맞는 반찬을 준비한다. 엄마들은 아기가 밥만 잘 먹으면 잘 자란다고 생각하여 반찬에 소홀해지기 쉽다. 그러나 이 시기는 대부분의 영양을 일반 식사에서 얻어야 하므로 밥을 먹기 시작할 때부터 아기가 잘 먹을 수 있도록 반찬에도 신경 쓴다.

놀이와 식사의 구분

이 시기 아기에게는 스스로 먹으려는 고집이 생기는데, 아직 혼자 먹기는 어렵지만 기분을 맞추기 위해 조금 자유롭게 해 준다. 아기는 숟가락을 쥐고 먹으려 하거나 양 손으로 컵을 들고 마시려 하는 등 혼자 힘으로 먹으려 애를 쓴다. 아기가 침을 흘리며 잘 먹지 못해도 스스로 먹을 수 있도록 배려해 준다.
총 열량의 70~80%를 이유식으로 공급한다. 더 이상 먹지 않고 장난만 치면 적당히 먹이고 치워서 놀이와 식사의 구분을 확실하게 해 준다.

생우유 섭취 가능

아기가 돌이 되기 전까지는 생우유 먹이는 것을 삼가야 하지만, 돌이 지나면서부터는 우유나 분유가 칼슘과 양질의 단백질을 공급해 주는 부식의 기능을 갖게 되므로 생우유를 아기에게 줄 수 있다.
하루 섭취량은 500ml 정도가 적당하다. 그러나 아직 음식물, 특히 육류나 채소류를 충분하게 섭취하기 어려운 아기에게는 철분과 비타민류의 부족을 보충하기 위해 당분간 생우유 대신 철분 등이 강화된 분유를 주는 것이 좋다.

돌부터는 우유 섭취도 제한

첫돌쯤 되면 아기의 영양은 분유나 우유가 아닌, 아기가 먹는 주식에서 해결해야 한다. 따라서 아직도 수유량이 많다면 이 때문에 주식을 덜 먹을 수 있으므로 균형 잡힌 영양을 섭취하는 데 나쁜 영향을 미친다.

수유량이 하루 500ml를 넘으면 안 된다. 수유가 아닌 주식을 충분히 먹어서 영양을 섭취할 수 있도록 한다.

젖병 떼기

젖병을 떼야 하는 이유로는 첫째, 젖병 우식증을 예방하고 둘째, 젖병 무는 아기의 습관을 서서히 고치기 위해서이다. 지금은 단지 습관에 의해 젖병을 물고 있을 뿐이므로 음식은 숟가락으로 먹이고, 우유는 컵으로 마시게 하면서 젖병을 떼도록 해야 한다.

젖병 떼기 ❶ 잠잘 때 물고 자는 젖병

잠잘 때 젖병을 물고 자는 것은 무의식적인 행동이다. 그러나 너무도 익숙해진 습관이라 갑자기 못하게 하면 아기가 심리적인 충격을 받을 수도 있으므로, 서서히 젖병 속의 분유를 희석시키는 방법을 사용한다.

우선 평상시에 분유를 200ml 먹였다면 분유 180ml에 물 20ml를 섞는다. 점차 물의 농도를 높이다가 아기가 여기에 부정적인 반응을 보일 때는 잠시 정지하였다가 다시 희석 강도를 높인다. 그러다 보면 아기는 점차 희석된 분유에 흥미를 잃어 스스로 젖병을 내던지게 될 것이다.

젖병 떼기 ❷ 정서적 불안으로 떼지 못하는 아기

아기에 따라 스스로 정서적 안정을 얻는 습관이 하나씩 있다. 아기 때 덥던 이불을 늘 잡고 있다거나, 엄마의 머리카락을 잡아야 잠을 잔다거나 하는 습관을 고치기는 쉽지 않다. 젖병도 그런 습관의 일종일 수 있다.

아기가 젖병을 물고 있을 때 정서적으로 안정감을 느낀다면 젖병 떼기를 강요하지 않는다. 하루 두서너 번은 젖병을 물고 있게 하다가 점차 아기가 성장하면서 젖병 무는 것이 자신에게는 어울리지 않는다는 것을 엄마가 끊임없이 설득하면 아기 스스로도 자연스럽게 젖병을 멀리하게 된다.

육아★HOME MADE RECIPE

초기 이유식

어느새 많이 자란 우리 아기에게 이유식을 줄 때가 됐다.
쌀 미음을 시작으로 다양한 곡류와 채소를 활용한다.
곡류는 약간 농도가 있는 죽 상태가 좋고, 채소를 활용할 때는
잘게 다져서 고운 체에 거른다.

쌀 미음

불린 쌀 15g, 물 200ml

❶ 믹서에 불린 쌀과 물 50ml를 넣고 곱게 간다.
❷ 냄비에 ①과 나머지 물을 붓고 주걱으로 잘 저어 가며 쌀이 퍼지도록 푹 끓인다.
❸ 고운 체에 거른다.

TIP 쌀은 알레르기가 거의 없어 가장 안전하게 먹일 수 있는 이유식 재료로, 처음 이유식을 시작할 때 좋다. 많이 먹여야겠다는 욕심은 버리고 적은 양으로 시작해서 조금 익숙해지면 양도 늘리고 다른 재료도 첨가하는 것이 좋다.

찹쌀 미음

불린 찹쌀 15g, 물 200ml

❶ 믹서에 불린 찹쌀과 물 50ml를 넣고 곱게 간다.
❷ 냄비에 ①과 나머지 물을 붓고 주걱으로 잘 저어 가며 쌀이 퍼지도록 푹 끓인다.
❸ 고운 체에 거른다.

찹쌀 보리 미음

불린 찹쌀 보리 15g, 물 200ml

❶ 믹서에 불린 찹쌀 보리와 물 50ml를 넣고 곱게 간다.
❷ 냄비에 ①과 나머지 물을 붓고 주걱으로 잘 저어 가며 쌀이 퍼지도록 푹 끓인다.
❸ 고운 체에 거른다.

발아 현미 미음

불린 쌀 10g, 불린 발아 현미 5g, 물 200ml

❶ 믹서에 불린 쌀, 발아 현미와 물을 넣고 곱게 간다.
❷ 냄비에 나머지 물을 붓고 ①을 넣고 주걱으로 잘 저어 가며 푹 끓인다.
❸ 고운 체에 거른다.

당근 미음

불린 쌀 15g, 당근 15g, 물 200ml

1. 믹서에 불린 쌀과 물 50ml를 넣고 곱게 간다.
2. 당근은 껍질을 벗겨 강판에 곱게 간다.
3. 냄비에 나머지 물을 붓고 ①, ②를 넣어 주걱으로 잘 저어 가며 쌀이 퍼지도록 푹 끓인다.
4. 고운 체에 거른다.

바나나 당근 미음

불린 쌀 15g, 당근 5g, 바나나 5g, 물 200mll

1. 믹서에 불린 쌀과 물 50ml를 넣고 곱게 간다.
2. 당근은 잘게 다지고, 바나나는 으깬다.
3. 냄비에 나머지 물을 붓고 ①, ②를 넣어 주걱으로 잘 저어 가며 쌀이 퍼지도록 푹 끓인다.
4. 고운 체에 거른다.

바나나 사과 미음

불린 쌀 15g, 바나나 5g, 사과 5g, 물 200ml

1. 믹서에 불린 쌀과 물 50ml를 넣고 곱게 간다.
2. 바나나는 숟가락으로 으깨고 사과는 잘게 다진다.
3. 냄비에 나머지 물을 붓고 ①, ②를 넣어 주걱으로 잘 저어 가며 쌀이 퍼지도록 푹 끓인다.
4. 고운 체에 거른다.

단호박 미음

불린 쌀 15g, 단호박 5g, 물 200ml

1. 믹서에 불린 쌀과 물 50ml를 넣고 곱게 간다.
2. 단호박은 찜기에 쪄서 으깬다.
3. 냄비에 나머지 물을 붓고 ①, ②를 넣어 주걱으로 잘 저어 가며 쌀이 퍼지도록 푹 끓인다.
4. 고운 체에 거른다.

 차조 바나나 미음

불린 쌀 10g, 불린 차조 5g, 바나나 5g, 물 200ml

1. 믹서에 불린 쌀과 차조, 물 50ml를 넣고 곱게 간다.
2. 바나나는 숟가락으로 으깬다.
3. 냄비에 나머지 물을 붓고 ①, ②를 넣어 주걱으로 잘 저어 가며 쌀이 퍼지도록 푹 끓인다.
4. 고운 체에 거른다.

 브로콜리 미음

불린 쌀 15g, 단호박 5g, 브로콜리 5g, 물 200ml

1. 믹서에 불린 쌀과 물 50ml를 넣고 곱게 간다.
2. 단호박은 찜기에 쪄서 으깨고, 브로콜리는 잘게 다진다.
3. 냄비에 나머지 물을 붓고 ①, ②를 넣어 주걱으로 잘 저어 가며 쌀이 퍼지도록 푹 끓인다.
4. 고운 체에 거른다.

TIP 브로콜리에 함유된 풍부한 베타카로틴은 면역력을 상승시키고, 감기 예방에도 효과가 있다.

 흑미 단호박 미음

불린 쌀 10g, 불린 흑미 5g, 단호박 5g, 물 200ml

1. 믹서에 불린 쌀과 흑미, 물 50ml를 넣고 곱게 간다.
2. 단호박은 찜기에 쪄서 으깬다.
3. 냄비에 나머지 물을 붓고 ①, ②를 넣어 주걱으로 잘 저어 가며 쌀이 퍼지도록 푹 끓인다.
4. 고운 체에 거른다.

 뉴그린 채소 미음

불린 쌀 15g, 뉴그린 5g, 물 200ml

1. 믹서에 불린 쌀과 물 50ml를 넣고 곱게 간다.
2. 뉴그린은 잘게 자른다.
3. 냄비에 나머지 물을 붓고 ①, ②를 넣어 주걱으로 잘 저어 가며 쌀이 퍼지도록 푹 끓인다.
4. 고운 체에 거른다.

비타민 사과 미음

불린 쌀 15g, 비타민 5g, 사과 5g, 물 200ml

❶ 믹서에 불린 쌀과 물 50ml를 넣고 곱게 간다.
❷ 비타민과 사과는 잘게 다진다.
❸ 냄비에 나머지 물을 붓고 ①, ②를 넣어 주걱으로 잘 저어 가며 쌀이 퍼지도록 푹 끓인다.
❹ 고운 체에 거른다.

당근 배 미음

불린 쌀 15g, 당근 5g, 배 5g, 물 200ml

❶ 믹서에 불린 쌀과 물 50ml를 넣고 곱게 간다.
❷ 당근, 배는 잘게 다진다.
❸ 냄비에 나머지 물을 붓고 ①, ②를 넣어 주걱으로 잘 저어 가며 쌀이 퍼지도록 푹 끓인다.
❹ 고운 체에 거른다.

양배추 메조 미음

불린 쌀 10g, 불린 메조 5g, 양배추 5g, 물 200ml

❶ 믹서에 불린 쌀과 메조, 물 50ml를 넣고 곱게 간다.
❷ 양배추는 곱게 다진다.
❸ 냄비에 나머지 물을 붓고 ①, ②를 넣어 주걱으로 잘 저어 가며 쌀이 퍼지도록 푹 끓인다.
❺ 고운 체에 거른다.

고구마 미음

불린 쌀 15g, 고구마 10g, 물 200ml

❶ 믹서에 불린 쌀과 물 50ml를 넣고 곱게 간다.
❷ 고구마는 껍질을 벗겨 삶아 으깬다.
❸ 냄비에 나머지 물을 붓고 ①, ②를 넣어 주걱으로 잘 저어 가며 쌀이 퍼지도록 푹 끓인다.
❹ 고운 체에 거른다.

고구마 시금치 미음

불린 쌀15g, 고구마 5g, 시금치 5g, 물 200ml

① 믹서에 불린 쌀과 물 50ml를 넣고 곱게 간다.
② 고구마는 껍질을 벗겨서 으깬다.
③ 시금치는 데쳐서 잘게 다진다.
④ 냄비에 나머지 물을 붓고 ①, ②, ③을 넣어 주걱으로 잘 저어 가며 쌀이 퍼지도록 푹 끓인다.
⑤ 고운 체에 거른다.

고구마 완두 미음

불린 쌀 15g, 완두 5g, 고구마 5g, 물 200mll

① 믹서에 불린 쌀과 물 50ml를 넣고 곱게 간다.
② 완두콩과 고구마는 삶아서 으깬다.
③ 냄비에 나머지 물을 붓고 ①, ②를 넣어 주걱으로 잘 저어 가며 쌀이 퍼지도록 푹 끓인다.
④ 고운 체에 거른다..

알밤 미음

불린 쌀 15g, 알밤 10g, 물 200ml

① 믹서에 불린 쌀과 물 50ml를 넣고 곱게 간다.
② 밤은 삶아서 으깬다.
③ 냄비에 나머지 물을 붓고 ①, ②를 넣어 주걱으로 잘 저어 가며 쌀이 푹 퍼지도록 끓인다.
④ 고운 체에 거른다..

애호박 미음

불린 쌀 15g, 애호박 10g, 물 200ml

① 믹서에 불린 쌀과 물 50ml를 넣고 곱게 간다.
② 애호박은 곱게 다진다.
③ 냄비에 나머지 물을 붓고 ①, ②를 넣어 주걱으로 잘 저어 가며 쌀이 퍼지도록 푹 끓인다.
④ 고운 체에 거른다.

중기 이유식

미음이나 즙보다 더 농도가 걸쭉한 죽의 형태가 적당하다.
육류는 오래 가열하면 육질이 단단해지고, 채소류는 가열하면 영양이 파괴되므로,
이들 식품 재료들을 별도로 요리하여 나중에 죽에 첨가하면 영양적으로 더 좋다.

새우 달걀죽

불린 쌀 20g, 새우 5g, 달걀노른자 10g, 표고버섯 5g, 물 200ml

1. 믹서에 불린 쌀과 물 50ml를 넣고 살짝 간다.
2. 새우와 표고버섯은 잘게 다진다.
3. 달걀노른자를 잘 풀어 놓는다.
3. 냄비에 나머지 물을 붓고 ①, ②를 넣고 센불에서 주걱으로 잘 저어 가며 끓이다가 달걀노른자 물을 붓고 약불에서 5분 정도 더 끓인다

영양 잣송이 비트 죽

불린 쌀 15g, 잣 5g, 양송이버섯 5g, 비트 5g, 물 200ml

1. 믹서에 불린 쌀과 물 50ml를 넣고 살짝 간다.
2. 흰 종이를 깔고 잣을 얹고 그 위에 흰 종이를 다시 덮고 잣을 다진다.
3. 양송이버섯, 비트는 잘게 다진다.
4. 냄비에 물을 붓고 ①, ②, ③을 넣어 주걱으로 잘 저어 가며 쌀이 퍼지도록 푹 끓인다.

잡곡 닭 가슴살 완두콩 죽

불린 쌀 10g, 불린 찹쌀 5g, 닭 가슴살 5g, 완두콩 5g, 물 200ml

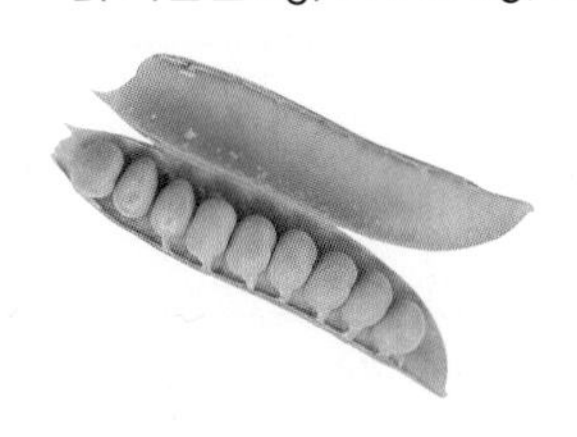

1. 믹서에 불린 쌀과 물을 넣고 살짝 간다.
2. 닭 가슴살은 삶아 잘게 다시고, 닭 육수는 맑게 거른다.
3. 완두콩은 껍질을 벗겨 곱게 다진다.
4. 냄비에 닭 육수를 붓고 ①, ②를 넣어 센불에서 주걱으로 잘 저어 가며 끓이다가 ③을 넣어 약불에서 5분 정도 더 끓인다.

TIP 잡곡은 대장 질환을 예방하고, 완두콩은 콜레스테롤 등 성인병 예방에 도움을 준다.

호두 채소 죽

불린 쌀 20g, 호두 5g, 감자 10g, 두부 5g, 당근 5g, 참기름 5g, 물 200ml

1. 믹서에 불린 쌀과 물 50ml를 넣고 살짝 간다.
2. 호두는 잘게 다진다.
3. 감자는 잘게 다지고 두부는 으깬다.
4. 당근은 채 썰어 곱게 다진다.
5. 냄비에 나머지 물을 붓고 ①, ②, ③, ④를 넣어 주걱으로 잘 저어 가며 쌀이 퍼지도록 푹 끓인다.

달래 닭 안심 죽

불린 쌀 20g, 닭 가슴살 5g, 달래 5g, 양파 5g, 된장 약간, 물 200ml

1. 믹서에 불린 쌀과 물을 넣고 살짝 간다.
2. 닭 가슴살은 삶아 잘게 다지고, 닭 육수는 맑게 거른다.
3. 달래와 양파는 잘게 다진다.
4. 된장은 물에 개어 된장물을 만든다.
5. 냄비에 ②, ③을 볶다가 된장물 ①을 넣어 주걱으로 잘 저어 가며 쌀이 퍼지도록 푹 끓인다.

참나물 미역 죽

불린 쌀 20g, 불린 미역 5g, 쇠고기 5g, 양파10g, 참나물 5g, 들깨가루 약간, 물 200ml

1. 믹서에 불린 쌀과 물 50ml를 넣고 살짝 간다.
2. 불린 미역은 물기를 꼭 짠 후 잘게 다진다.
3. 쇠고기는 핏물을 살짝 닦고 잘게 다진다.
4. 양파는 잘게 다지고, 참나물은 살짝 데쳐서 잘게 다진다.
5. 냄비에 불린쌀과 손질한 재료를 모두 넣고 볶다가 나머지 물을 붓고 주걱으로 잘 저어 가며 쌀이 퍼지도록 푹 끓인다.
6. 쌀이 퍼지면 들깨가루를 넣고 다시 한 번 끓인다.

배추속대 소고기 죽

불린 쌀 20g, 소고기 5g,
배추속대 10g, 표고버섯 5g, 양파 5g,
된장 약간, 물 200ml

1. 믹서에 불린 쌀과 물 50ml를 넣고 살짝 간다.
2. 쇠고기는 잘게 다진다.
3. 배추속대, 표고버섯, 양파는 잘게 다진다.
4. 나머지 물을 붓고 된장을 갠다.
5. 냄비에 ②, ③을 넣고 볶다가 ④의 된장물을 붓고 ①을 넣어 주걱으로 잘 저어 가며 쌀이 퍼지도록 푹 끓인다.

영양 채소 찹쌀 죽

불린 쌀 20g, 불린 찹쌀 5g,
불린 녹두 5g, 대추 5g, 양송이버섯 5g,
청경채 5g, 양파 5g, 당근 5g,
참기름 5g, 물200ml

1. 믹서에 불린 쌀, 찹쌀, 녹두, 물을 넣고 살짝 간다.
2. 대추는 씨를 제거하여 곱게 다진다.
3. 양송이버섯, 청경채, 양파, 당근은 잘게 다진다.
4. 냄비에 참기름을 두르고 ②를 넣어 볶다가 나머지 물을 붓고 ①을 넣어 주걱으로 잘 저어 가며 쌀이 퍼지도록 푹 끓인다.

황기 닭 안심 죽

불린 쌀 15g, 불린 메조 5g, 황기 5g,
닭 가슴살 10g, 대추 5g, 알밤 5g,
물 250ml

1. 믹서에 불린 쌀과 물 50ml를 넣고 살짝 간다.
2. 황기는 물 200ml를 붓고 끓여 우린다.
3. 닭 가슴살은 살짝 데쳐 잘게 다진다.
4. 대추는 씨를 제거하여 잘게 다지고, 밤은 껍질을 벗겨 잘게 다진다.
5. 냄비에 황기 우린 물을 붓고 ①, ③, ④를 넣어 주걱으로 잘 저어 가며 쌀이 퍼지도록 푹 끓인다.

육아★HOME MADE RECIPE

후기 이유식

생후 9개월이 지나면 수유량과 이유식 섭취량이 역전되면서 이유식으로 더 많은 영양을 공급받는다. 이 시기에는 보통 이가 4~6개 나지만 이가 아직 나지 않았어도 잇몸과 혀로 음식물을 부숴 먹을 수 있다. 아기는 작고 부드러운 덩어리 음식을 오물오물 씹을 수 있는 시기이다.

소면말이

소면 20g, 과일 동치미 20ml

1. 소면은 삶아서 물기를 빼고 소쿠리에 건진다.
2. 그릇에 국수를 말아서 넣고 과일 동치미 국물을 붓는다.

TIP 과일 동치미는 각종 과일과 밤 등 다양한 재료가 어우러져 영양이 풍부하고 김치를 먹기 시작할 때 연습용으로 주면 좋다. 시원하게 해서 먹이면 더운 여름철 간식으로 제격이다. 섬유질이 풍부하여 정장 작용이 뛰어나 변비에도 좋다.

냉이 된장 무른밥

불린 쌀 40g, 완두콩 5g, 잔멸치 15g, 양파 5g, 감자 5g, 냉이 5g, 된장 약간, 물 300ml

1. 완두콩은 삶아 잘게 다진다.
2. 잔멸치는 잘게 부순다.
3. 양파, 감자, 냉이는 잘게 다진다.
4. 된장은 물 100ml에 개어 된장물을 만든다.
5. 냄비에 ③을 넣고 볶다가 ④의 된장물, 불린 쌀, 남은 물, ①, ②를 넣고 주걱으로 잘 저어 가며 무르게 끓인다.

새우 참나물 볶음 무른밥

불린 쌀 40g, 새우살 5g, 참나물 5g, 파프리카 5g, 당근 3g, 양배추 5g, 물 300ml

1. 새우는 손질하여 한 번 삶은 후 잘게 다진다.
2. 참나물, 파프리카, 당근, 양배추는 잘게 다진다.
3. 냄비에 ①, ②를 넣고 볶다가 물과 불린 쌀을 넣어 주걱으로 잘 저어 가며 무르게 끓인다.

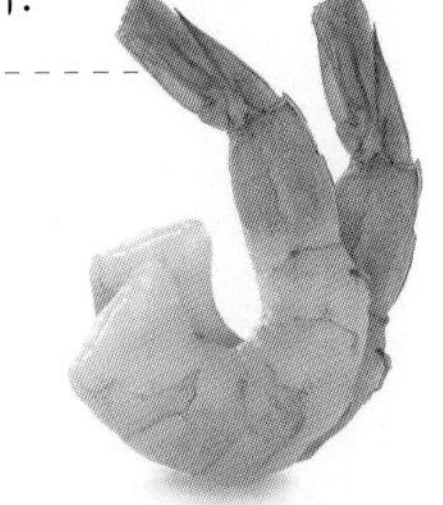

감자 매시드

감자 1개, 치즈 1/2장

❶ 감자는 삶아서 으깬다.

❷ 치즈를 잘게 썰어 ① 위에 얹고 전자레인지에 1분간 돌린다.

TIP 감자에는 탄수화물, 단백질, 비타민 B, C가 풍부하다. 싹이 나거나 껍질이 녹색인 것은 고르지 않는다.

삼계 된장 채소 무른밥

불린 쌀 40g, 닭 가슴살 10g, 시금치 5g, 표고버섯 5g, 감자 5g, 양파 5g, 된장 약간, 물 300ml

❶ 닭 가슴살을 살짝 삶아 잘게 다진다.

❷ 시금치, 표고버섯, 감자, 양파는 잘게 다진다.

❸ 된장은 물 100ml에 개어 된장물을 만든다.

❹ 냄비에 ①, ②를 넣어 볶다가 ③의 된장물과 불린 쌀, 남은 물을 붓고 무르게 끓인다.

대추 채소 찰무른밥

불린 쌀 15g, 불린 찹쌀 5g, 청경채 5g, 당근5g, 대추 · 건포도 약간, 물 300ml

❶ 청경채, 당근, 건포도는 잘게 다진다.

❷ 대추는 씨를 제거하고 잘게 다진다.

❸ 냄비에 ①, ②와 불린 쌀과 찹쌀을 넣어 주걱으로 잘 저어 가며 볶다가 물을 붓고 무르게 끓인다.

TIP 대추는 소화 기관과 면역력 상승, 감기 예방에 좋다.

다시마 감자 무른밥

불린 쌀 20g, 불린 다시마 5g, 양파 5g, 당근 5g, 감자 5g, 물 300ml

1. 불린 다시마는 잘게 다진다.
2. 양파, 당근, 감자는 잘게 다진다.
3. 냄비에 ①, ②를 볶다가 물을 붓고 불린 쌀을 넣어 주걱으로 잘 저어가며 무르게 끓인다.

TIP 해조류인 다시마는 비타민과 미네랄이 풍부해 백혈구 강화에 도움을 준다.

청경채 완두콩 무른밥

불린 쌀 40g, 청경채 10g, 표고버섯 5g, 양파 5g, 청피망 3g, 완두콩 5g, 참기름 5g, 참깨 약간, 물 300ml

1. 청경채, 표고버섯, 양파, 청피망은 잘게 다진다.
2. 완두콩은 데쳐서 잘게 다진다.
3. 냄비에 참기름을 두르고 ①, ②를 넣고 볶다가 불린 쌀과 물을 넣어 무르게 끓인다.

닭 가슴살 토마토 진밥

불린 쌀 40g, 닭 가슴살 10g, 토마토 5g, 청피망 5g, 양파 5g, 물 300ml

1. 불린 쌀로 진밥을 짓는다.
2. 닭 가슴살은 삶아 닭살은 잘게 다지고, 닭 육수는 맑게 걸러 놓는다.
3. 토마토는 씨를 제거한 후 잘게 다진다.
4. 청피망, 양파는 깨끗이 손질한 후 잘게 다진다.
5. 냄비에 ②의 닭 가슴살과 ④를 넣고 볶다가 ③과 닭 육수를 붓고 끓인다.
6. ⑤에 진밥을 넣고 약불에서 고루 섞는다.

불고기 김치 송이 무른밥

불린 쌀 20g, 쇠고기 5g, 표고버섯 약간, 양송이버섯 약간, 아기 김치 5g, 당근 약간, 물 80ml

1. 쇠고기는 잘게 다진 후 양념장(양파, 간장, 참기름)에 잰다.
2. 표고버섯과 양송이버섯, 당근은 잘게 다진다.
3. 아기 김치는 물기를 짜서 잘게 다진다.
4. 팬에 기름을 두르고 ①, ②, ③, ④를 넣어 볶다가 물을 붓고 불린 쌀을 넣어 주걱으로 잘 저어 가며 무르게 끓인다.

빨간 두건 볶음 무른밥

불린 쌀 40g, 홍피망 4g, 청경채 5g, 당근 5g, 감자 15g, 버터 약간, 물 300ml

1. 홍피망, 청경채, 당근, 감자는 깨끗이 손질하여 잘게 다진다.
2. 냄비에 버터를 두르고 ①을 넣어 볶다가 물을 붓고 불린 쌀을 넣어 주걱으로 잘 저어 가며 무르게 끓인다.

사과 호두 무른밥

불린 쌀 40g, 사과 20g, 고구마 10g, 브로콜리 5g, 호두 5g, 물 300ml

1. 사과와 고구마는 깍둑썰기 한다.
2. 브로콜리는 살짝 데쳐 잘게 다지고, 호두는 잘게 다진다.
3. 냄비에 불린 쌀, 고구마, 물을 넣고 불 조절을 하면서 끓인다.
4. ③에 사과를 넣고 한소끔 더 끓인다.

엔젤몬 해물 볶음 무른밥

불린 쌀 35g, 오징어 10g, 생새우 5g, 오이 5g, 당근 5g, 감자 5g, 물 300ml

1. 오징어, 생새우는 손질하여 잘게 다진다.
2. 오이, 당근, 감자는 잘게 다진다.
3. 냄비에 ①, ②를 넣고 볶다가 물을 붓고 불린 쌀을 넣어 주걱으로 잘 저어 가며 무르게 끓인다.

치킨 필라프

불린 쌀 40g, 닭 가슴살 10g, 양파 5g, 청피망 5g, 버터 약간, 참깨 약간, 물 300ml

1. 닭 가슴살은 삶아 잘게 다진다.
2. 양파, 청피망은 잘게 다진다.
3. 냄비에 버터를 두르고 ①, ②를 넣고 볶다가 물을 붓고 불린 쌀을 넣어 주걱으로 잘 저어 가며 무르게 끓인다.
4. ③에 참깨를 뿌린다.

버섯 사과 무른밥

불린 쌀 40g, 팽이버섯 10g, 시금치 5g, 사과 10g, 당근 5g, 물 300ml

1. 팽이버섯, 시금치는 잘게 자른다.
2. 사과, 당근은 잘게 다진다.
3. 냄비에 ①, ②를 넣고 불린 쌀과 물을 넣어 주걱으로 잘 저어 가며 무르게 끓인다.

영양밤 채소 무른밥

불린 쌀 40g, 밤 10g, 대추 5g, 물 300ml

1. 잣은 고깔을 제거하고 잘게 다진다.
2. 밤은 잘게 다진다.
3. 대추는 씨를 제거하고 잘게 다진다.
4. 냄비에 물을 붓고 ①, ②, ③과 불린 쌀을 넣어 주걱으로 잘 저어 가며 무르게 끓인다.

완료기 이유식

돌이 되면 먹을 수 있는 음식의 종류가 다양해진다.
맛이 자극적이거나 지방이 많은 음식, 너무 딱딱하거나 땅콩이나 호두처럼
작은 알갱이로 되어 있어 기도로 넘어가 호흡 곤란을 일으킬 수 있는 음식을 제외한
거의 모든 음식을 먹을 수 있다.

고구마 완두콩 채소 진밥

불린 쌀 60g, 고구마 20g, 완두콩 10g, 당근 5g, 물 50ml

1. 불린 쌀로 진밥을 짓는다.
2. 고구마, 완두콩, 당근은 잘게 다진다.
3. 냄비에 ②를 넣고 물을 부어 약불에서 끓인다.
4. ③에 진밥을 넣고 약불에서 버무린다.

콜리 새우 에그 그라탕

불린 쌀 40g, 콜리플라워 5g, 홍피망 55g, 실파 5g, 생새우 5g, 참기름 · 소금 약간, 달걀노른자 5g, 물 60g

1. 콜리플라워, 홍피망, 실파, 생새우는 잘게 다진다.
2. 달걀노른자는 잘 풀어 놓는다.
3. 냄비에 참기름을 두르고 ①을 볶다가 불린 쌀, 소금, 물을 붓고 끓인다.
4. ③에 달걀노른자를 넣고 잘 저은 후 밥을 짓는다.

TIP 콜리플라워와 피망은 비타민 C가 풍부하며 가열해도 쉽게 파괴되지 않는다.

냉이 순두부 된장 진밥

불린 쌀 60g, 순두부 10g, 청피망 5g, 감자 10g, 냉이 5g, 된장 약간, 물 50ml

1. 불린 쌀로 진밥을 짓는다.
2. 순두부는 으깬다.
3. 청피망, 감자, 냉이는 잘게 다진다.
4. 된장은 물에 개어 놓는다.
5. 냄비에 ②, ③, ④를 넣고 물을 부어 약불에서 끓인다.
6. ⑤에 진밥을 넣고 약불에서 버무린다.

멸치볶음 주먹밥

밥 40g, 볶은 멸치 10g, 올리브유 10g

1. 팬에 올리브유를 두른 후 밥을 볶는다.
2. ①에 볶은 멸치를 넣고 잘 섞이게 볶는다.
3. 밥이 식으면 적당한 크기로 뭉쳐 주먹밥을 만든다.

TIP 멸치에는 글루타민산이 많이 들어 있고, 뼈째 먹을 수 있어 칼슘 등 무기질을 풍부하게 섭취할 수 있다. 아기에게 씹는 훈련도 시킬 수 있어 더욱 좋다.

버섯 채소 치킨 진밥

불린 쌀 35g, 닭 가슴살 5g, 팽이버섯 5g, 시금치 5g, 당근 5g, 양파 5g, 참기름 · 소금 약간, 물 60ml

1. 닭 가슴살을 삶아 살은 잘게 찢고, 닭 육수는 걸러 놓는다.
2. 팽이버섯, 시금치, 당근, 양파는 잘게 자른다.
3. 팬에 참기름을 두르고 ①의 닭 가슴살, ②를 넣고 볶는다.
4. 냄비에 닭 육수를 붓고 ③, 불린 쌀, 소금을 넣어 밥을 짓는다.

삼색 나물 진밥

불린 쌀 60g, 다진 소고기 10g, 시금치 10g, 당근 5g, 무 20g, 참기름 5g, 소금 약간, 물 200ml

1. 불린 쌀로 진밥을 짓는다.
2. 다진 소고기는 소금 간을 하여 볶는다.
3. 시금치는 살짝 데쳐서 잘게 다진다.
4. 당근과 무는 잘게 다져 각각 볶는다.
5. 냄비에 모든 재료와 불린 쌀을 넣고 참기름과 소금으로 간을 한 후 밥을 짓는다.

조각 프렌치 토스트

식빵 2장, 달걀 1개, 브로콜리 10g,
버터 10g

1. 그릇에 달걀을 풀고 식빵을 살짝 적신다.
2. 팬에 버터를 두르고 식빵을 노릇하게 굽는다.
3. 브로콜리는 데쳐서 잘게 자른다.
4. ②의 식빵을 잘라 접시에 담고 ③의 브로콜리를 곁들인다.

새우살 표고 진밥

불린 쌀 60g, 생새우 5g, 표고버섯 5g,
양파 5g, 콜리플라워 5g, 참기름 5g,
물 250ml

1. 새우는 손질하여 잘게 다진다.
2. 표고버섯, 양파, 콜리플라워는 잘게 다진다.
3. 냄비에 참기름을 두르고 ①, ②를 넣고 볶다가 불린 쌀, 물을 넣어 밥을 짓는다.

닭 가슴살 채소 진밥

불린 쌀 60g, 닭 가슴살 10g, 팽이버섯 10g,
시금치 5g, 당근 5g, 양파 5g, 양배추 7g,
물 250ml

1. 닭 가슴살은 삶아 잘게 찢고, 닭 육수는 거른다.
2. 팽이버섯, 시금치, 당근, 양파, 양배추는 잘게 자른다.
3. 팬에 ①, ②를 넣고 볶는다.
4. 냄비에 준비한 닭 육수를 붓고 ③과 불린 쌀을 넣어 밥을 짓는다.

영양콩 채소 진밥

불린 쌀 60g, 감자 10g, 사과 10g,
시금치 10g, 완두콩 5g, 물 250ml

1. 감자, 사과, 시금치는 잘게 다진다.
2. 완두콩은 삶아 잘게 다진다.
3. 냄비에 물을 붓고 ①, ②, 불린 쌀을 넣고 밥을 짓는다.

지중해 해물 진밥

불린 쌀 60g, 흰살 생선 10g, 오징어 5g, 생새우 5g, 불린 미역 5g, 양파 5g, 버터 약간, 물 250ml

1. 흰살 생선은 가시를 제거하여 잘게 다지고 오징어, 생새우도 손질하여 잘게 다진다.
2. 불린 미역, 양파는 잘게 다진다.
3. 냄비에 버터를 두르고 ①, ②를 넣어 볶는다.
4. ③에 물을 붓고 불린 쌀을 넣어 밥을 짓는다.

아기 김치 송이 덮밥

불린 쌀 60g, 아기 김치 20g, 양송이버섯 10g, 양파 10g, 당근 10g, 된장 약간, 버터 5g, 전분 5g, 물 250ml

1. 아기 김치는 물기를 꼭 짜서 잘게 썬다.
2. 양송이버섯, 양파, 당근은 잘게 썬다.
3. 된장에 물 50ml를 개어 된장물을 만든다.
4. 전분에 물 5ml를 개어 녹말물을 만든다.
5. 냄비에 버터를 두르고 ①, ②를 넣어 볶다가 된장물과 녹말물을 넣어 소스를 만든다.
6. 불린 쌀에 나머지 물을 붓고 밥이 완성되면 ④의 소스를 얹는다.

삼색 채소 바나나 볶음 진밥

불린 쌀 60g, 단호박 10g, 바나나 10g, 시금치 5g, 당근 5g, 참깨 약간, 물 250ml

1. 단호박은 껍질을 벗겨 잘게 다진다.
2. 바나나, 시금치, 당근은 잘게 다진다.
3. 냄비에 물을 붓고 ①, ②, 불린 쌀을 넣고 밥을 짓는다.
4. ③에 참깨를 골고루 섞는다.

Yum-yum!

Tag Bear

BABY

Working Mom

부록

워킹맘 특별 코치

- ★임신부의 직장 생활법
- ★출산 후 직장 복귀
- ★육아 휴직
- ★워킹맘의 육아 분담
- ★워킹맘의 아기 돌보기
- ★아이와의 커뮤니케이션

워킹맘 특별코치

1 임신부의 직장 생활법

임신을 했지만 직장에서 해야 할 일은 변함없이 많고 힘들다. 그러나 임신 초기에는 무엇보다 몸과 마음의 안정이 중요하다. 자기 몸을 돌보기 힘들지만 아래 사항을 참고하여 무리하지 말고 일하자.

직장에서 무리하지 않고 일하는 법

● 직장에 임신 사실 알리기

정신적, 신체적 부담이 큰 임신부는 본인의 몸 상태를 체크하기 힘들다. 또한 일에 집중하다 보면 스트레스가 많이 생기고, 조산이나 유산의 위험이 커진다. 가능하면 동료들에게 임신 사실을 알려 양해를 구하고 직장 생활을 하는 게 좋다.

● 고영양 간식 준비

임신부는 열량 소비가 많아서 자주 먹을거리가 생각나고 배가 고파진다. 하지만 고칼로리 간식을 먹는다면 비정상적인 체중 증가로 이어질 수 있다. 간단하게 속을 채울 수 있으면서 아기에게도 영양이 전달될 수 있는 견과류, 떠먹는 요구르트, 신선한 채소와 과일 등의 간식을 준비해 두고 배고픔이 느껴지면 먹는다.

● 30분마다 5분씩 휴식

오랜 시간 같은 자세로 일하면 부종, 정맥류 등이 생긴다. 또한 개월 수가 늘어나며 점점 배가 불러 오면 허리가 아프고 척추가 휠 수 있다. 가능하면 30분 일하고 5분 정도 쉬고, 통풍이 잘되는 곳으로 나가 간단한 맨손 체조를 한다.

컴퓨터 작업이 많은 워킹맘이라면

사무직이라면 대부분 컴퓨터 앞에 앉아 있는 시간이 길고, 같은 자세나 동작을 오랫동안 반복하는 일이 많다. 일하는 것도 힘든데 자세도 좋지 않다면 워킹맘의 부담은 더욱 커진다. 다음 사항을 지키면 보다 건강하게 일할 수 있다.

● 어깨와 손목 풀어 주기

의자에 앉아 같은 자세로 오랫동안 키보드를 치고 모니터를 보면 어깨 결림이 심해진다. 짬이 날 때마다 가벼운 체조로 어깨 결림을 방지하고 긴장된 손목을 풀어 준다.

● 눈 운동으로 피로 풀기

컴퓨터 모니터를 오랫동안 보면 시력이 저하될 수 있고, 근육을 긴장시켜 눈이 쉽게 피곤해진다. 눈의 피로는 바로바로 운동으로 풀어 주는 것이 좋다. 2~3분 눈을 감고 가만히 있거나 눈을 감은 채로 눈동자를 상하 좌우로 움직인다.

● 전자파 차단 장치 부착

컴퓨터 모니터에서는 전자파가 나온다. 특히 옆면과 뒷면에서 전자파가 많이 나온다. 모니터에 특수 화면 필터나 내부 전자파 차단 장치를 부착하면 전자파를 예방할 수 있다. 또한 거리가 멀어지면 전자파도 줄어드니 50cm 이상 떨어져 사용하는 것이 좋다.

● 정해진 시간에 쉬기

점점 배가 불러오면 몸에도 무리가 오기 때문에 중간중간 휴식 시간이 필요하다. 업무에 집중하다 보면 쉬는 타이밍을 넘겨 허리, 배, 어깨 등에 통증이 쌓인다. 오래 앉아 있는 일을 한다면 요통이나 다리 부종으로 고생하는 경우도 많다. 업무 효율에 맞춰 휴식 시간을 정하고 그 시간에는 가벼운 운동을 한다. 휴식할 때는 잠깐 명상을 하는 것도 좋다.

전자파 피하는 방법

전자레인지
사용 시 바로 앞이나 옆에 서 있지 않는다. 조리나 해동 후 최소한 2분 정도 지난 뒤에 꺼낸다.

전기장판
되도록 사용하지 않는 것이 좋다.

휴대 전화 및 컴퓨터
사용을 줄인다.

전자 제품의 플러그
취침 시에는 침실에 있는 전자 제품의 플러그를 빼놓고, 되도록이면 침실에는 전자 제품을 두지 않는 것이 좋다.

출산 휴가와 휴직

임신 중 근속은 법률로 보호된다. 그러나 결혼 후 계속 직장에 다니던 사람이라도 임신하면 퇴직을 심각하게 고려하게 된다. 임신 · 출산 과정을 고스란히 겪으면서 직장 일을 해내기가 쉽지 않기 때문이다.

● 임신으로 해고는 부당하다

여성들의 사회 진출이 활발해지고 사회적 인식도 많이 바뀌어서 임신을 당연한 퇴직 사유로 받아들이는 일은 줄어들었다. 법적으로도 임신으로 인한 해고를 부당한 것으로 간주해 여성의 권리를 보호하고 있다.

● 직장의 휴직 규정 확인

임신 여성 근로자는 법적으로 90일간의 산전, 산후 휴가를 받을 수 있다. 다태아인 경우 120일간 휴가가 가능하다. 임신 기간 중 임산부 정기 건강 진단을 할 수 있는 시간을 청구할 수 있으며, 사용주는 그 이유로 임금을 삭감할 수 없다. 그러므로 검진이 필요할 때는 당당하게 요구하도록 하자.

그리고 자신이 다니는 직장에 출산 휴가와 관련된 어떤 규정이 있는지 확인해 본다. 무급 산후 휴가로 1년을 정해 놓은 곳도 종종 있으므로 아이 키우기에 전념하면서 일정 기간 후 복직하는 방법을 찾을 수 있을 것이다.

임신육아종합포털 아이사랑
www.childcare.go.kr
임신에서 육아까지 다양한 지원 범위와 혜택을 소개한 정부 지원 정책 사이트이다.

워킹맘 스트레칭

임신하고 직장에 다니는 여성들은 오랜 시간 앉아서 일하는 경우가 많은데, 이때는 직장 안에서 수시로 근육을 풀어 주는 것이 좋다. 기지개를 켜는 것처럼 팔을 머리 위로 죽 뻗는 동작은 근육 이완에 도움이 된다. 행동 반경이 작으면서 수시로 할 수 있는 동작을 알아 두자.

● 몸 풀기

① 두 손을 깍지 끼고 온몸을 죽 펴서 기지개를 켠다.

② 2~3시간에 한 번씩 해 주어 온몸의 근육을 풀어 준다.

● 어깨 긴장 풀기

① 숨을 들이마시면서 어깨를 올리고 몇 초간 그 자세를 유지한다.

② 숨을 내쉬면서 긴장을 풀어 준다.

③ 위의 어깨 동작을 두세 번 한 뒤 어깨를 으쓱대는 듯한 동작을 두세 번 반복한다.

● 어깨 통증 없애기

① 주먹을 쥐고 두 팔을 어깨와 직각이 되게 한 후 목을 뒤로 젖힌다.

② 2~3회 실시한 후 어깨를 최대한 움츠렸다가 한번에 이완시킨다.

● 종아리 근육 풀기

① 종아리에 경련이 생기면 다리를 쭉 펴고 발끝을 몸 쪽으로 당겨 종아리를 당긴다. 이때 되도록 의자에 바싹 붙어 앉아야 허리에 부담이 가지 않는다.

② 발목을 돌려 주거나 두세 번 구부렸다 펴면 다리의 혈액순환에 좋다.

● 불편한 속 다스리기

① 휴게실이 있으면 팔다리를 쭉 펴고 엎드린 자세에서 숨을 크게 쉰다. 속이 울렁거리거나 입덧이 심할 때 좋은 자세이다.

입덧 완화법

입덧은 보통 임신 4~8주에 시작되어 16주까지 지속된다. 워킹맘은 직장에서 스트레스를 받는 일이 많고 식사 조절이 어렵기 때문에 입덧이 시작되면 더욱 난감하다.

이럴 때는 조금씩 자주 먹는 것이 해결책이다. 업무 중에 이것저것 사 먹으러 돌아다닐 수 없으므로 간단한 도시락을 준비해 틈틈이 꺼내 먹는다. 비스킷, 바나나, 귤, 배 등이 적당하다.

입덧을 가라앉히는 음식을 골라 먹는 것도 효과적이다. 식초나 레몬 등 신맛이 나는 음식은 피로를 풀어 주고, 차가운 음식은 음식 냄새를 덜 느끼게 하므로 먹기도 좋고 잃었던 식욕도 되찾을 수 있다. 찬 음식은 차갑게, 더운 음식은 따뜻하게 먹는 것이 음식 냄새를 최소화해 입덧을 가라앉히는 데 효과적이다.

직장에서도 당당하게 생활하기

임신했다는 이유로 직장 생활에서 위축되기 쉽다. 하지만 당당한 여성이라면 임신하기 전에 임신과 출산의 의미를 정확히 알고 소신을 가지는 것이 무엇보다 중요하다.

● 임신으로 위축되지 말자

전업주부는 남편과 가족 외에 부딪히는 사람이 많지 않다. 하지만 직장에 다니는 여성은 동료와 상사를 대하거나 업무를 처리하는 데 많은 부담을 갖게 된다. 함께 일하는 동료들 속에서 임신부는 거추장스러운 사람으로 평가받을 수도 있다. 임신 때문에 마음껏 일하지 못하는 자신이 직장에서 걸림돌이 되지나 않을까 노심초사하고 미안하게 여겨지기도 한다. 임신에 뚜렷한 소신을 가지지 못한 임신부라면 이런 상황에서 위축되기 쉽다.

● 임신은 사회적으로 의미 있는 일

많은 직장에 다니는 여성이 위 이야기와 비슷한 고민과 어려움을 겪고 있을 것이다. 하지만 임신 사실을 부끄러워하거나 동료들이 나를 불편해하지 않을까 하는 자격지심을 가질 필요는 없다.

오히려 임신한 여성은 자부심을 가져야 한다. 임신은 여성 개인의 일이나 부부만의 문제가 아니다. 사회를 이끌어 갈 다음 세대를 낳는 일이므로 사회적으로 아주 중요하고 의미 있는 일이다.

● 배려를 받는 것이 당연한 권리

이러한 중요한 임무를 맡은 여성이 사회에서 푸대접을 받을 이유는 없다. 직장에서 함께 일하는 동료나 상사들도 임신의 중요성을 자각한다면 임신한 직원에게 충분한 배려를 해야 한다.

이를 위해서는 우선 임신부가 당당해져야 한다. 임신 사실을 숨기지 말고 자랑스럽게 알린다. 또한 일부러 궂은일을 찾아서 하는 식의 위험한 행동을 하지 않는다. 업무에 태만한 것과는 전혀 다른 상황이다. 할 수 있는 만큼 최선을 다하되 몸에 무리가 가는 일이나 위험한 일에 대해서 배려를 받는 것은 당연한 권리이다.

직장에서 태교하기

태교는 임신부에게 중요한 과제이다. 음악을 듣거나 좋은 그림을 보고 책을 천천히 읽는 것은 태교에 좋다. 그렇다면 직장에 다니는 임신부는 어떻게 태교할까?

● 엄마의 일 알려 주기

먼저 아기에게 엄마가 무슨 일을 하는지 설명해 준다. 일하는 시간과 쉬는 시간을 구분해서 일하는 시간에는 "아가야, 엄마는 지금 전화 업무를 봐야 할 시간이야. 이제 여러 사람과 긴 통화를 할 건데, 어떤 말을 하는지 너도 잘 들어 보렴."이라고 말해 준다.
쉬는 시간은 최대한 태아를 위해서 보낸다. 휴게실 등 한적한 곳에서 짧은 동화를 한 편 읽어 주거나 동요를 불러 주는 것도 좋다.

● 음악 감상으로 스트레스 해소

업무 시간에 스트레스를 받았다면 휴대폰이나 mp3 플레이어로 음악을 들으면서 잠깐 쉬어 주는 것이 좋다. 출퇴근 시간도 태교 시간으로 활용할 수 있다. 아침에 일어나 간단한 체조를 하면서, 화장을 하면서, 식탁을 차리면서, 옷을 갈아입으면서 아이와 대화를 나누어 본다.
조용한 클래식이나 밝고 맑은 동요를 들으면서 아침 식사를 할 수 있다. 출근길에 마주치는 사람들과 주변 풍경을 아기에게 설명해 주기도 한다. 퇴근한 뒤에는 편안한 상태에서 남편과 함께 태교하는 시간을 마련한다.

● 엄마가 머리를 쓰면 아기는 더 똑똑해진다!

전업주부보다 직장에 다니는 임신부가 스트레스에 더 노출되기 쉽고 위험한 상황에 처할 확률이 높다는 단점이 있지만 좋은 점도 많다. 엄마가 만나는 다양한 분야의 사람과 각양각색의 체험은 태아에게 매일 신선한 자극을 줄 수 있다.
또한 엄마가 머리를 써 가며 일에 몰두하는 것, 성취감을 얻는 것도 태아에게 좋은 영향을 줄 수 있는 부분이다. 실제로 학생을 가르치는 교수나 교사가 낳은 아기 가운데 공부 잘하는 아이가 많다는 연구 결과도 있다. 엄마가 매일 공부하는 환경에 있으니 태아도 자연스럽게 학습 환경에 익숙해진 것이다.

이처럼 직장에 다니면서도 얼마든지 태교를 할 수 있다.

출퇴근할 때 주의사항

임신부는 출퇴근할 때도 많은 위험과 스트레스에 노출되기 쉽다. 주의사항을 잘 지켜 건강한 직장 생활을 유지한다.

● **러시아워는 피한다**

출퇴근 시간에 만원 전철이나 버스를 타야 한다면 불안하다. 가능한 한 러시아워를 피해 출퇴근한다. 임신 중 근무 시간 단축제를 활용할 수 있는지 알아본다.

여의치 않다면 일찍 집을 나와서 한산한 시간대에 차를 타거나 근처에 시발역이 있으면 그곳에 가서 앉아서 통근한다. 불가피하게 전철이나 버스를 타야 할 때는 성급하게 타지 말고, 계단에서도 서두르지 않는다. 버스나 전철이 사람이 꽉 낄 정도로 만원이라면 잠시 기다려 다음 차를 이용한다.

● **현기증이 느껴지면 내려서 쉰다**

버스나 지하철을 탔을 때 현기증이 느껴지면 바로 내려서 잠시 쉬도록 한다. 작은 타월이나 비닐 주머니를 준비해 두면 갑작스러운 구토에 대비할 수 있다.

퇴근 후에는 휴식을 취한다. 직장 생활을 하다 보면 저녁 회식도 많고 친구들과의 약속도 으레 저녁 시간으로 잡게 마련이다. 되도록 담배 연기가 많은 곳이나 환기가 잘되지 않는 장소는 피하는 것이 좋다. 가능한 술자리도 피한다. 술자리에 있다 보면 술을 마시고 싶다는 생각이 들 수도 있다.

● **근무 중 입덧이 날 때**

직장에서 입덧으로 흐트러진 모습을 보이면 동료들에게 피해를 주게 될지도 모른다. 임신한 동료를 이해해 주는 분위기라면 도움을 받을 수 있겠지만 그렇지 못한 경우도 많다.

도저히 참을 수 없을 때는 차라리 조퇴를 하는 것이 낫다. 그러나 쉬고 있을 때보다 집중할 일이 있을 때 입덧이 가라앉기도 하므로 업무에 몰입하는 것이 나을 수도 있다.

서랍에 비스킷이나 과일, 껌 등을 준비해 넣어 둔다. 수시로 간식을 먹어 입덧을 달랠 수도 있다.

● 화장실에 갈 때

임신 중에는 화장실에 자주 가게 된다. 소변을 계속해서 참으면 방광염이 되기 쉬우므로 참으려고 하지 않는다. 점심시간이나 휴식 시간에는 5분 정도라도 눕는 것이 이상적이지만, 여의찮다면 의자에 발을 올려놓고 쉰다. 다리의 부종도 없어지고 긴장을 풀 수 있다.

● 장시간 고정된 자세로 있을 때

의자에 같은 자세로 앉아 있다 보면 혈액순환이 나빠진다. 동료에게 피해를 주지 않는 범위에서 자세를 바꾸거나, 사무실에서 할 수 있는 간단한 스트레칭을 한다.

계속 서서 일하면 다리가 붓거나 정맥류 등을 일으킬 수 있다. 자주 휴식을 취한다.

● 냉방 혹은 난방이 되는 곳

냉방이 잘된 공간에서는 카디건을 걸치고 무릎에는 숄이나 옷을 덮어 몸이 지나치게 차가워지는 것을 막아야 한다. 겨울철 따뜻한 공간에서 밖으로 나갈 때는 체온이 급격히 변하지 않도록 보온에 신경을 쓴다.

● 컴퓨터 사용

컴퓨터를 사용할 때는 30분에 5분 정도는 휴식을 취한다. 컴퓨터가 아이에게 유해하기 때문에 고민하는 임신부도 있는데, 컴퓨터 앞에서 하는 작업은 임신부에게 별다른 위험을 일으키지 않는 것으로 알려져 있으니 너무 걱정하지는 않는다.

● 외근과 출장 시

외근이나 하복부에 힘을 주는 일, 서서 하는 일은 가능한 한 하지 않는다. 책상에 앉아서 하는 일이 가장 좋지만, 장시간 같은 자세를 유지하는 것은 좋지 않다. 실외로 나갈 때는 온도 차이에 주의하여 쉽게 입고 벗을 수 있는 카디건 등으로 체온을 조절한다.

임신에 영향을 줄 수 있는 작업 환경

아래와 같은 상황에서는 조산, 저체중아 출산의 위험이 커진다. 힘든 일을 하는 임신부들은 반드시 의사의 진찰을 자주 받는다. 경제적인 이유 등으로 휴직이 어려운 상황이라면, 어떤 일을 얼마만큼 하고 있는지를 상황별로 차근차근 짚어 보고 위험을 예방한다.

· 출퇴근 시간이 하루 4시간 이상으로 긴 경우
· 똑바로 서 있거나, 무릎을 굽히는 등의 힘든 자세로 일하는 경우
· 생산 라인 작업을 하는 경우
· 진동이 심한 기계 작업을 하는 경우
· 계속되는 강한 소음이나 추위, 너무 건조하거나 습한 환경, 유독 물질을 취급하는 경우

영양 만점 점심 식사

직장인들은 대부분 밖에 나가서 점심을 사 먹는다. 외식 메뉴는 대개 칼로리가 높고 염분이 많다. 메뉴를 정하기 전에 영양 밸런스를 생각한다. 가능한 한 백반류, 비빔밥 등의 한식 위주로 먹는다. 자극적인 것보다 담백한 음식을 먹는 것이 속도 편안하다.

직장 근처의 음식점에서 늘 비슷한 음식을 먹다 보면 식욕도 떨어지고 영양 균형도 무너지기 쉽다. 임신부를 위한 식단을 구해 거기에 맞추어 도시락을 준비해 본다. 전날 저녁 식사를 준비할 때 미리 장만해 놓으면 아침에 크게 번거롭지 않다. 하지만 시간이 없거나 힘들다면 무리해서 준비하지 않는다.

입덧 중에 배가 고프면 기분이 나빠진다고 하는 임신부가 많은데, 적은 양의 음식을 자주 먹어서 위장이 비지 않게 하는 것이 좋다. 특히 아침에 잠을 깬 직후에 공복 상태가 유지되면 일과 중에 입덧에 시달리기 쉽다. 잠에서 깨자마자 과일 등을 먹거나 음료를 한 모금 마신다.

워킹맘 특별 코치

2 출산 후 직장 복귀

처음 해보는 육아에 적응하기도 힘든 엄마들에게 또 하나의 과제가 남아 있다. 바로 일터로 돌아가기! 출산을 앞두고 직장을 그만두지 않았다면 대부분의 엄마는 다시 일터로 돌아가 생활을 꾸려야 한다. 직장을 다니면서 어떻게 육아를 계속해 나가야 하는지, 육아 도우미는 또 어떻게 구해야 할지 막막한 엄마들에게 딱 맞는 정보를 소개한다.

출산 전후 휴가

출산 전후 휴가 제도란 여성 근로자가 자녀를 출산하는 경우 출산 전후에 사용할 수 있는 휴가이다. 근로기준법은 임신 · 출산을 준비하고, 임신과 출산으로 소모된 체력을 회복시키기 위해서 출산 전후 90일의 휴가를 보장하고 있다.

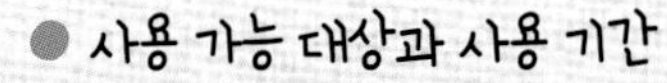

임신한 여성 근로자는 모두 사용할 수 있다. 정규직 근로자뿐만 아니라, 단시간 근로자 등 비정규직 근로자도 사용할 수 있다. 또한 근속기간에 상관없이 사용할 수 있다.

사용 기간은 출산일을 전후하여 90일이다. 다만 출산 후에 받는 휴가가 45일 이상이 되도록 날짜를 배정해야 한다.

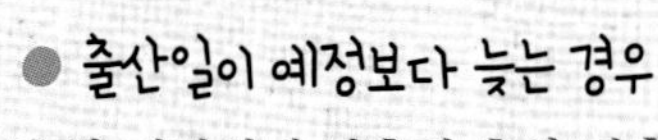

출산 예정일에 맞추어 출산 전후 휴가를 신청했는데, 출산이 늦어져 출산 후 45일을 확보하지 못한 경우에도 사업주는 출산 후 45일이 보장되도록 휴가를 더 부여해야 한다. 다만 추가로 부여한 기간에 대하여 사업주가 임금을 지급할 의무는 없다.

● 휴가 분할 사용

2012년 8월 1일 이전까지는 출산을 전후해 연속하여 90일을 사용해야 했다. 그러나 2012년 8월 2일부터 일부 경우에는 출산 전에 사용할 수 있는 44일의 휴가를 분할하여 사용 가능하다. 다만 출산 전후 휴가를 출산 전 분할하여 사용할 때도 출산 후 휴가 기간은 45일 이상이 되어야 한다.

출산 전후 휴가를 분할 사용 시 횟수 제한은 없다.
출산 전후 휴가를 분할하여 쓸 수 있는 경우는 다음과 같다.

- 임신한 근로자에게 유산 · 사산의 경험이 있는 경우
- 임신한 근로자가 출산 전후 휴가를 청구할 당시 연령이 만 40세 이상인 경우
- 임신한 근로자가 유산 · 사산의 위험이 있다는 의료 기관의 진단서를 제출한 경우

유산 · 사산의 경험 또는 유산 · 사산의 위험 증명

- 유산 또는 사산을 알 수 있는 의료 기관의 진단서 또는 병원 기록
- 유산 또는 사산의 위험이 있다는 의료 기관의 진단서 등

● 출산 전후 휴가 급여

근로기준법에 의하면 사업주는 출산 전후 휴가 기간 최초 60일에 대해서는 급여를 지급해야 한다. 마지막 30일은 임금을 지급하지 않아도 된다. 이 기간은 고용노동부 고용 센터에서 출산 전후 휴가 급여를 지원한다. 다만 일정 규모 이하의 기업이라면 사업주가 지급하는 임금을(60일분) 월 135만 원 한도 내에서 정부가 지원한다. 근로자의 임금이 월 135만 원 이상이라면 사업주가 추가로 지급해야 한다.
모든 여성 근로자가 출산 전후 휴가를 사용할 수 있으나, 출산 전후 휴가 급여는 휴가가 끝난 날 이전에 피보험 단위 기간을 통산하여 180일 이상이어야 한다. 피보험 단위 기간은 현 사업장뿐만 아니라 이전 사업장 경력을 통산하여 계산한다. 단, 구직 급여를 수급한 적이 있는 경우에는 그 이후부터 계산한다.
출산 전후 휴가를 분할하여 쓴 경우에도 출산 전후 휴가 급여를 받을 수 있다. 휴가를 사용할 때마다 나누어서 출산 전후 휴가 급여 신청도 가능하지만, 30일 단위로 기간을 적치하여 신청하면 급여

피보험 단위 기간

피보험 단위 기간은 피보험기간 중 보수 지급의 기초가 된 날을 의미한다. 예를 들어 주 5일 근무를 하고 토요일은 무급 휴무일로 정한 사업장에서 2012월 2월 1일~2012년 2월 29일까지 고용보험에 가입된 근로자가 있다면, 이 근로자의 피보험 기간은 29일이지만, 피보험 단위기간은 보수 지급이 되지 않는 토요일(4일)을 제외한 25일이 된다.

계산 등에 있어 더 간편하다.
또한 우선 지원 대상 기업 근로자가 고용 센터로부터 출산 전후 휴가 급여를 받지 못하는 경우(피보험 단위 기간이 180일이 되지 않은 경우 등)에는 사업주가 임금을 지급해야 한다. 출산 전후 휴가 기간 중 최초 60일에 대하여는 사업주가 유급으로 해야 한다고 규정하고 있기 때문이다.

● 사업주의 휴가 거부

근로자가 출산 전후 휴가를 신청하면 사업주는 반드시 휴가를 부여해야 한다. 이를 위반한다면 2년 이하의 징역 또는 1천만 원 이하의 벌금이 부과될 수 있다.

● 출산 전후 휴가 급여 신청

거주지 또는 사업장 관할 고용 센터에 출산 전후(유산 · 사산)휴가 급여 신청서를 작성하여 제출해야 한다. 신청서는 직접 또는 대리인이 출석하여 제출하거나 우편, 인터넷 등의 방법으로 제출할 수 있다. 단, 인터넷의 경우 사업주가 확인서를 먼저 접수한 후 신청인이 급여 신청서를 접수해야 한다. 신청서를 작성하여 제출할 경우에는 사업주로부터 휴가 부여 기간 등 휴가에 관한 확인서, 통상임금을 확인할 수 있는 자료를 제출해야 한다. 또한 출산 전후 휴가 종료일로부터 1년 이내에 신청해야 한다.

● 사업주의 부당 해고

사업주는 근로자의 출산 전후 휴가 기간과 그 후 30일 동안은 해당 근로자를 해고하지 못한다. 이를 어기면 5년 이하의 징역 또는 3천만 원 이하의 벌금이 부과된다. 만약 출산 전후 휴가를 썼다는 이유로 해고당했다면 부당 해고 구제 신청을 하면 권리 구제를 받을 수 있다.
또한 사업주는 산전 후 휴가 종료 후에는 휴가 전과 동일한 업무 또는 동등한 수준의 임금을 지급하는 직무에 복귀시켜야 한다. 이를 어기면 500만 원 이하의 벌금이 부과된다.
이처럼 법이 정해져 있지만 아직 우리나라에는 임신한 여성에 대한 배려와 존중이 부족한 곳이 많다. 임신을 했다는 이유로 부당한 대우를 받는다면 적절한 대응으로 자신의 권리를 찾아야 한다.

통상임금

근로자에게 정기적, 일률적으로 근로에 대하여 지급하기로 정한 시간급 금액, 일급 금액, 주급 금액, 월급 금액 또는 도급 금액을 말한다. 주로 기본급을 의미한다.

유산·사산 휴가

유산이나 사산을 해도 휴가를 쓸 수 있다. 이는 2005년 5월 31일 근로기준법 개정으로 가능해졌다. 부여 대상은 다음과 같다.

① 유산 · 사산 휴가는 자연 유산인 경우에만 임신 기간에 따라 차등 부여된다.

② 임신 중절인 경우 모자보건법 제14조의 규정에 의하여 허용되는 경우만 보호 휴가의 부여 대상이고, 나머지는 휴가 부여 대상에서 제외된다. 따라서 불가피한 사유라도 모자보건법 제14조에 해당되는 경우가 아니면 보호 휴가를 활용할 수 없다.

④ 근로기준법상 한 명 이상 근로자가 있는 사업장에 종사하는 여성 근로자는 정규직이나 비정규직 관계없이 누구든지 청구하여 사용할 수 있다.

● 휴가 일수

임신 기간에 따른 건강 회복 정도의 차이에 따라 단계별로 보호 휴가가 부여된다.

· **임신 11주 이내**
유산 또는 사산한 날부터 5일까지 보호 휴가 부여

· **임신 12~15주 이내**
유산 또는 사산한 날부터 10일까지 보호 휴가 부여

· **임신 16~21주 이내**
유산 또는 사산한 날부터 30일까지 보호 휴가 부여

· **임신 22~27주 이내**
유산 또는 사산한 날부터 60일까지 보호 휴가 부여

· **임신 28주 이상**
유산 또는 사산한 날부터 90일까지

※ 휴가 일수는 유산·사산한 날부터 세므로 근로자가 유산·사산한 날 이후 일정한 기간이 지나서 청구하면 그 기간만큼 휴가 기간이 단축된다.

배우자 출산 휴가

배우자가 출산했을 때 남성 근로자가 사용할 수 있는 휴가 제도이다. 배우자 출산 휴가는 출산일 전후 3~5일 사용 가능하다. 사업주는 최소한 3일 이상 배우자 출산 휴가를 주어야 하고, 5일의 범위 내에서 근로자가 신청한 일수만큼 부여해야 한다. 만일 근로자가 3일 미만을 신청해도 3일 이상 부여해야 한다.

● 신청 기간

근로자가 사업주에게 배우자 출산 휴가를 신청하는 기간은 출산한 날부터 30일 이내이다. 출산일 이후에 사용하는 것이 일반적이지만, 출산을 위한 준비 과정 등을 고려해 휴가 기간에 출산일이 포함된다면 출산일 전에 시작하는 것도 가능하다.
배우자 출산 휴가는 원칙적으로 연속하여 사용해야 한다. 다만, 단체협약이나 취업 규칙이 분할 사용이 가능하도록 규정되어 있다면 그에 따른다.

● 최초 3일 유급 휴가

배우자 출산 휴가 기간 중 최초 3일은 유급이다. 그러나 근로자가 신청하지 않아 휴가를 사용하지 않으면, 유급 3일에 대하여 별도로 보상할 필요는 없다. 배우자 출산 휴가 시 고용 센터에서 지원되는 급여는 없다.
배우자 출산 휴가는 상시 근로자 300인 이상 사업장은 2012년 8월 2일부터, 300인 미만 사업장은 2013년 2월 2일부터 적용된다. 사업주는 근로자가 배우자 출산 휴가를 신청하면 거부할 수 없으며, 이를 위반하면 500만 원 이하의 과태료가 부과된다.

배우자 출산 휴가 중에 휴일이 포함되어 있다면

배우자 출산 휴가는 달력상 일수를 의미하므로 휴일도 사용 일수에 포함된다. 따라서 금요일에 3일을 신청하였다면, 금 · 토 · 일요일 3일을 부여받는다.

육아 휴직

육아 휴직은 만 8세 이하 또는 초등학교 2학년 이하의 자녀가 있는 경우 최대 1년 동안 휴가를 받을 수 있는 제도이다. 사업주가 육아 휴직을 허용하지 않을 수 있는 경우는 '계속 근로 기간 1년 미만인 근로자'또는 '배우자가 육아 휴직 중인 근로자'이다.
사업주가 허용하면 육아 휴직 급여를 받을 수 있다. 또한 자녀 연령이 8세까지 확대되었으므로 맞벌이 부부는 부부가 교대로 육아 휴직을 할 경우 동일한 자녀에 대하여 2년간 육아 휴직을 할 수 있다.

육아 휴직 급여

육아 휴직을 30일 이상 부여받은 근로자에게는 육아 휴직 급여를 지급한다. 육아 휴직 급여는 육아 휴직 전 통상임금의 40%를 지급하되(상한액 100만 원, 하한액 50만 원), 육아 휴직 급여의 25%는 직장 복귀 6개월 후에 지급한다(단, 실수령액이 월 50만 원 미만이면 50만 원 지급). 다만 육아 휴직 급여를 받기 위해서는 연속적으로 30일 이상의 육아 휴직을 해야 하고 고용보험 피보험 단위 기간이 180일 이상이어야 한다.
2010년 12월 31일 이전 육아 휴직 기간에 대해서는 육아 휴직 급여로 월 50만 원(정액제)을 지급한다. 또한 고용보험법 제70조 제1항 제2호에 의하여 피보험자인 배우자와 동시에 육아 휴직을 부여받은 기간에 대하여는 부부 근로자 중 1인에 대하여만 육아 휴직 급여를 지급한다.

● 육아 휴직 급여 신청과 지급

육아 휴직 개시 예정일 30일전까지 사업주에게 육아 휴직을 신청해야 한다. 구비 서류는 육아 휴직 확인서 1부, 통상임금을 확인할 수 있는 자료(임금대장, 근로계약서 등) 사본 1부이다.

※육아 휴직 급여 신청서 · 확인서 등은 www.ei.go.kr에서 내려 받을 수 있다.

육아 휴직 신청과 급여 신청의 절차는 다음 그림을 참조하면 쉽게 알 수 있다.

● **육아 휴직 급여의 지급 제한**

① 육아 휴직 기간 중에 직장을 퇴사하거나 이직하면 그 전일까지만 육아 휴직 급여를 지급한다.

② 사업주로부터 육아 휴직을 이유로 금품을 받았다면 급여를 감액하여 지급한다.

③ 육아 휴직 급여를 거짓 혹은 부정한 방법으로 받았거나 받으려고 한 자에 대하여는 받은 날 또는 받고자 한 날부터 육아 휴직 급여를 지급하지 않는다(단, 그 이후 새로 육아 휴직 급여 요건을 갖추면 새로운 요건에 의한 육아 휴직 급여는 지급).

*그 외 모성 보호 정책으로 '육아기 근로 시간 단축제', '가족 돌봄 휴직', '임산부의 근로 조건 보호'등이 있다.

*위 정책 내용은 2016년 기준이므로 이후 해당 기관의 정책에 따라 바뀔 수 있다.

보다 자세한 내용은 관련 기관 홈페이지를 참고한다.

· 고용보험 www.ei.go.kr
· 서울특별시 직장맘 지원 센터 www.workingmom.or.kr

워킹맘
특별코치

4 워킹맘의 육아 분담

엄마가 아기를 남에게 맡기고 직장에 나가면 당장은 아기와 떨어져 있게 되고 나아가 향후 육아에도 문제점이 생길 수 있다. 엄마는 집에서 아기를 맡아 키우는 것과 직장에 다니는 것 중 어느 쪽에 더 비중을 둘지를 신중히 생각하고 정해야 한다.

직장 복귀와 육아 방법

전업주부 대신 직장에 나가는 것을 선택했다면, 퇴근 후 시간을 최대한 활용하여 아기에게 관심과 애정을 쏟는다. 하지만 직장 생활의 업무 압박으로 퇴근 후 아기에게까지 그 영향이 미칠 정도라면 다시 생각해 봐야 한다. 이럴 때는 가능하다면 하루 내내 아기와 떨어져 있는 직장보다는 파트 타임 근무나 재택 근무가 가능한 직장에 나가는 것이 더 바람직하다.

엄마는 경제적인 보탬이 되기 위해서 또는 스스로 일하고 싶은 욕망 때문에 직장 생활을 지속할 수도 있다. 직장 생활을 하면 아기와 엄마 사이에 생길지도 모르는 괴리 때문에 걱정될 수도 있다. 하지만 스스로 일하고 싶은 욕구에 정직할 수 있을 때 아기에게도 자랑스러운 엄마가 될 수 있다. 일하고 싶은 욕구를 무시하고 공허한 상태로 지낸다면 사소한 일에도 인내심을 잃고 아이에게 화풀이를 하여 혼란에 빠지게 될 수도 있다. 그렇다면 차라리 직장 생활을 하는 것이 낫다. 아이를 돌보는 사람을 믿고 확신하는 것도 이러한 결정을 도와줄 것이다.

집안 살림을 하며 아기를 맡아 키울지, 직장에 나갈지에 대한 결정은 결국 내면의 목소리에 귀를 기울이고 어느 쪽을 더 원하는지에 따라 결정할 일이다. 어느 쪽으로 결정을 내리든 최선을 다한다면 아이는 엄마를 자랑스러워하게 될 것이다.

남편과 육아 분담

엄마는 입덧을 하고 바로 자신의 몸 안에서 태동을 느끼며 열 달이라는 긴 시간을 보내다가, 출산이라는 엄청난 고통 뒤에 아기를 만나게 된다. 최근에는 남편이 아내와 함께 출산 현장을 공유하기도 하지만, 열 달간 아기를 품은 엄마만큼 아기를 돌보지 못한다.

물론 아빠도 육아로 힘들어하는 아내와 귀여운 아기를 보며 도와줄 수 있는 것이라면 뭐든지 하고 싶다는 생각을 하지만, 어찌할 바를 모르는 경우가 많다. 나날이 엄마가 되어가는 아내와 달리 남편들은 쉽게 '아빠'가 되지 못하는 경우가 많다.

엄마가 "왜 나만 힘들어!"라고 말하면 아빠 역시 "나도 밖에서 힘들어!"라고 감정적으로 말하기 쉽다. 이런 논쟁은 언제까지나 결말을 맺지 못하므로 시작조차 하지 않는 것이 좋다. 남편에게 힘들다고 불평만 하지 말고, 힘들지만 얼마나 기쁜 일인지 육아의 묘미를 가르쳐 주고 같이 참여할 수 있도록 기회를 나눈다.

그리고 남편은 엄마의 몫이 고작 집 지키기나 육아라고 과소평가하지 않는다. 집 지키기라는 가벼운 말로 치부하기에는 그 중요성이 매우 크기 때문이다. 따라서 이를 남편과 아내가 공유할 수 있도록 충분한 대화와 공동 참여로 풀어야 한다.

남편과의 가사 분담이나 육아 분담이 잘되지 않으면 상당수 전업주부는 "시켜도 잘하지 못한다. 힘들어도 차라리 내가 하는 편이 낫다." 또는 "보기에 답답해서 내가 하고 만다. 어차피 내가 다시 한다." 라고 말한다. 하지만 처음부터 잘하는 사람은 별로 없다. 잘하지 못해도 기회를 주고 칭찬하고 격려하며 기다려 줘야 한다.

가정의 일이란 구성원 공동의 일이다. 누구 하나의 일이 아님을 서로 알고 기꺼이 할 때 그 가정이 더욱 원활히 운영될 수 있다. 또한 육아가 얼마나 즐거운 것인지 아빠에게 알게 해 줘야 한다. 아기가 처음 옹알이를 하고, 엄마를 알아보고 웃고, 처음 '엄마'소리를 하게 될 때 얼마나 가슴 설레고 기쁜지 아빠도 알게 된다면, 아기가 한 단계 한 단계 자랄 때마다 가정의 기쁨이 더할 것이다. 때로는 엄마가 조연이 되고 아빠를 주연으로 만드는 것도 좋은 방법이다. 이런 과정은 엄마가 직장을 다니지 않아도 이루어져야 하며 직장을 다니는 경우라면 필수적으로 이루어져야 한다.

● **자기만의 방식 찾기**

일하는 엄마는 '일'과 '육아' 두 마리 토끼를 다 잡을 수 있을까? 이 문제를 해결하려면 엄마와 가족들이 나름대로의 방식을 찾아 문제를 해결하기 위해 노력해야 한다. 다음은 흔하지 않지만 어느 한 가족의 예이다. 바쁜 일정이지만 자기의 일을 해 나가면서 아이와의 시간을 보내려고 애를 쓴 경우이다.

★ 아이를 아침 8시 반까지 어린이집에 데려다 주는 일을 엄마가 맡는다.
★ 6시 이후 엄마 아빠가 집으로 돌아오면 베이비시터는 퇴근한다.
★ 퇴근 후 세 시간 동안 엄마 아빠가 오로지 아이와 함께 놀아준다.
★ 9시가 되면 아빠는 아이를 데려가 재운다.
★ 그동안 엄마는 휴식을 취하거나 남은 잔업을 처리한다.

여기서 알아 두어야 할 것은 우리가 모든 것을 완벽하게 해야 한다고 생각할 필요는 없다는 점이다. 중요도나 우선 순위에 따라 나누어 일을 처리해야 한다. 그러다가 잘되지 않으면 2순위, 3순위 등등의 일은 잊어버려도 된다. 그런 일은 당장 하지 않아도 큰 문제가 되지 않는다. 예를 들어 방 청소를 매일 깨끗하게 하지 못해도 엄마와 아이의 사랑 전선에는 이상이 없다.
최선을 다해 아이를 돌봐 줄 사람을 구했다면 그 사람을 믿고 맡겨야 한다. 그렇게 하면 일과 육아 두 마리 토끼를 잡을 수도 있다. 만약 그렇지 못하다면 차라리 집에서 직접 아이를 돌보는 편이 낫다.

창업을 하는 경우 육아 방법

엄마가 창업 또는 새로운 프로젝트를 시도할 수 있다. 물론 혼자서도 일을 잘해 낼 수 있지만 남편이나 친정 부모님, 시부모님 등 가족들이 격려해 준다면 그 일은 훨씬 더 쉽고 즐거워질 것이다.

● **목표를 수치 등으로 구체적으로**

사업을 하겠다고 하면 가족들은 놀라는 경우가 다반사일 것이다. 가족들에게 "나도 뭔가 하고 싶어요."와 같이 그냥 하고 싶다는 것이 아니라, 구체적으로 "이런 사업을 하려고 한다."라고 말해야 한다. 예를 들어 "오피스텔 근처에 김밥 전문집을 낼 거예요. 내년 1월 3일부터 시작할 계획이고 초기에는 일 평균 150만 원을 벌 생각이에요." 이런 방식으로 구체적인 사업 계획을 알려준다.

● 가족에게 돌아가는 이익

“도와주지 않으면 이혼하겠다.” 이런 식의 위협은 역효과만 가져올 뿐이다. 물량적으로 시간적으로 남편 또는 가족들에게 어떤 이점이 있을지를 긍정적인 측면에서 말해준다. 직장 생활이 아닌 창업을 하면 엄마가 얼마나 가족과 함께할 시간을 많이 가질 수 있으며 아이의 정서에 얼마나 도움이 될지를 말해준다.

● 가족의 지원과 예상 비용

가족들에게 목표로 하는 수입액과 그에 필요한 기본 계획을 보여준다. 예상되는 초기 비용은 얼마인지 그 자금은 어디서 조달할 것인지를 설명한다. 이런 측면을 적나라하게 보여주는 것이 아빠와 가족의 지지를 얻는데 도움이 될 것이다.

● 사업이 완료되기까지 소요 시간

돈을 벌 때까지 얼마나 시간이 걸릴지, 그리고 수익을 내기 전에 필요한 자본금은 어느 정도 될지 그림을 그려 본다. 물론 이런 그림은 정보를 근거로 한 산출식 결과에 불과하므로, 상황이 계획대로 되지 않으면 이에 대해 가족과 다시 의논할 것이라는 사실도 전해야 한다. 가족들은 엄마를 믿고 더 많은 지원을 하고 책임감도 생길 것이다.

● 반대 의견이라도 귀담아 듣는다

가족들이 내놓는 반대 의견은 사실상 엄마의 사업을 지지하는 가장 중요한 방법이다. 반대 의견이 나오면 방어적으로 공격하거나 문제를 빙빙 돌려 얘기하며 무시하려하는 것이 보통이다. 하지만 반대 의견은 정말 반대를 의미하는 것이 아니라, 더 많은 정보와 해결책을 원하는 것이다.

그러므로 반박할 말을 준비하지 말고 마음을 열고 가족의 반대 의견에 귀를 기울인다. 그리고 그들이 하는 말을 이해했다는 의미로 정리해서 다시 말한다. 만약 잘 모르겠으면 솔직하게 얘기한다. 이에 대해 계속 얘기할 수도 있고 나중에 다시 의논할 수도 있다. 무엇보다 모든 것에 동의를 얻을 수는 없다는 점을 이해해야 한다. 양보가 필요할 때도 있다.

워킹맘 특별코치

5 워킹맘의 아기 돌보기

요즘에는 엄마 아빠가 모두 직장 생활을 하는 경우가 많다. 아기를 가장 확실하고 변함없이 사랑하고 보살펴 줄 사람은 엄마지만, 엄마가 직접 돌볼 수 없다면 적당한 사람을 구하거나 탁아 기관을 찾아야 한다.

아기 맡기기

아기를 돌보는 사람을 구할 때는 무엇보다도 아기가 어릴수록 엄마처럼 관심을 가지고 아기의 특성에 맞춰 돌볼 수 있는지, 성격이 밝은지, 건강한지를 잘 살펴야 한다. 그리고 돌보는 사람이 자주 바뀌는 것은 아기의 정서에 좋지 않은 영향을 미치므로 어느 기간 이상 봐줄 수 있는지를 확실히 해두는 것이 좋다.

이런 과정을 거치고 아기를 맡긴 엄마는 주말이나 퇴근 후 아기를 만나게 된다. 아기와 늘 함께 있어 주지 못한다는 미안함과 안타까움으로 과분한 선물을 해 주거나 지나친 응석을 받아 주기 쉽지만, 그것보다는 당당하고 자신 있는 태도를 보이고 짧은 시간이나마 충분히 아기와 엄마가 애정을 나눌 수 있는 시간을 갖는 것이 바람직하다.

다른 가족들은 엄마와 아기가 만났을 때 저녁 준비나 청소 같은 집안일 때문에 아기와 함께하는 시간이 줄어들지 않도록 가사를 분담하는 등 더 배려해야 한다. 특히 가사와 육아의 절반이 남편의 몫임을 분명하게 해 두는 것이 좋다. 마땅히 함께해야 할 공동의 일을 남편이 '도와준다'고 생각하면 부부간에 갈등이 생길 수 있다.

맞벌이 주부는 자신에게 힘든 일이 무엇인지 남편이 미처 생각하지 못한다면, 남편이 가사와 육아에 어떤 방식으로 어떤 일에 참여할지 허심탄회하게 대화하고 그 운영 방법을 찾아야 한다. 이처럼 공동의 삶을 잘 운영하는 모습은 아기를 성 역할에 대한 편견 없이 자랄 수 있게 도와주며, 화목한 가정과 사이좋은 부부의 모습을 보게 함으로써 정서 발달에 좋은 영향을 끼치고 장차 좋은 교육의 장이 되어줄 것이다.

● 친정 또는 시댁에 아기 맡기기

엄마가 직접 아기를 돌보지 못한다면 가족이 돌봐 주는 것이 엄마에게 가장 안심이 된다. 그중에서도 외할머니나 친할머니는 아기를 키운 경험이 있어 당신의 손자 손녀를 엄마 못지않게 돌봐 줄 것이다. 간혹 애정이 지나쳐 아기가 버릇없게 자란다든가 응석받이가 되지 않게 주의한다.

부모님 세대의 육아 방법은 대부분 육아 경험을 바탕에 두기에 안전하지만 과학적 또는 의학적으로 잘못된 것으로 밝혀진 것도 있어 신세대 엄마들의 방법과 다를 수 있다. 이럴 때는 사랑하는 아기를 건강하게 잘 키우겠다는 근본적인 취지가 왜곡되지 않도록 부모님과 대화를 많이 나누고 갈등이 생기지 않도록 노력한다.

특히 시어머니에게 아기를 맡길 때는 불만이 생겨도 쉽게 말을 꺼내지 못해 고부 갈등이 생기기 쉽다. 그러므로 가급적이면 평소에 사소한 일들로 많은 대화를 나눠서 자연스럽게 양육 방법의 차이나 자신의 견해를 얘기하기 쉽게 해야 한다. 또한 시어머니의 방법이 다소 마음에 들지 않더라도 무조건 부정하기보다는 대화로 의견 차이를 줄여 나가는 방법이 좋다.

아무리 손자 손녀를 사랑해도 육아는 육체적, 정신적으로 매우 힘든 일이다. 언제나 감사하는 마음으로 대한다면 아기를 통해 가족끼리 더 깊은 사랑을 나눌 수 있는 기회가 될 것이다.

● 베이비시터 선택

아기가 너무 어리거나 집 주변에 마땅한 탁아 시설이 없다면 베이비시터를 구해야 한다. 보통 베이비시터는 오전 9시에 집으로 와서 오후 6시까지 아기를 돌보게 되며 시간 조절은 가능하다.

서울 YWCA나 태화 기독교 사회복지관, 베이비시터 전문 파견 업체 등에서 일정 기간 교육을 거친 베이비시터는 기초적인 아동 심리, 아이들의 병과 응급 처치법, 놀이 지도, 식단 짜기 등을 이수하고 활동하며 이들에게 탁아를 위탁하기 전에 면접을 보고 결정하면 된다. 최근에는 육아에 경험이 있는 '실버낸니'라는 할머니 보육 도우미도 있다. 전문 기관을 통해 구하는 것은 다른 방법보다 믿고 맡길 수 있는 대신 소요 비용이 조금 더 든다.

기관을 고를 때 베이비시터 선발 기준이나 건강 상태, 신원, 보험

가입 여부를 확인한다. 또한 아기와 종일 같이 있을 사람을 구하는 것이므로 성격이나 연령대 등도 미리 생각해 두었다가 면접 볼 때 참고하면 좋다.

면접으로 베이비시터를 결정한 후에는 출근하기 며칠 전부터 엄마와 베이비시터가 함께 아기와 있는 시간을 만들어야 아기가 잘 적응한다.

기관을 통하지 않고 인근에서 베이비시터를 구할 경우 아기 양육의 경험이 있는지, 집과의 거리는 어떤지, 그 가족의 구성이나 분위기가 어떠한지를 살피고, 그 집에 데리고 가 돌볼 경우 아기가 안전하고 편안하게 있을 만한 환경인지 미리 가 보고 확인한다.

아기를 일단 맡기면 오랜 기간 사람을 바꾸지 않는 것이 좋으므로 미리 육아에 관한 업무 내용을 분명히 하고 아기의 수유량, 수유 시간, 잠버릇, 배변 시간 등을 꼼꼼히 알려 주고 육아 수첩을 만든다. 베이비시터는 수첩에 매일 아기의 기록을 남기고 엄마가 퇴근 후 아기를 돌볼 때 참고하면 좋다.

● 놀이방(어린이집) 선택

놀이방은 규모가 작아 가정적인 분위기가 있고, 교사와의 상호 작용이 쉬워 아이들을 세심히 돌볼 수 있다는 것이 장점이다. 반면 교사들이 단기간의 보육교사 훈련만 받은 경우가 대부분이라 아동 발달에 대해 체계적으로 아는 교사가 적다는 것이 단점이다.

한편 어린이집은 대체로 연령에 따라 반이 나누어지며 일정한 교육 프로그램이 있고 전문적인 유아 교육을 이수한 교사들이 많은 편이다. 그러나 이런 집단 생활과 주어진 일과의 운영 형태는 아기에게 스트레스를 줄 수 있다. 또한 또래 아이들이 많이 모이다 보니 감기 등의 질병에 감염될 확률도 높다. 따라서 아이가 2세 이하라면 어린이집보다는 놀이방이나 베이비시터에게 맡기는 편이 더 좋다.

어린이집은 구청이나 사회복지관, 기업에서 운영하는 것과 사설 어린이집이 있다. 구청이나 사회복지관에서 운영하는 경우는 비교적 적은 보육료와 자질을 인정받은 교사와 좋은 프로그램을 운영하여 믿고 맡길 수 있지만 미리 신청해 놓고 대기해야 하는 경우도 많다. 단점은 정해진 시간에 데려가야 하므로 갑작스러운 일정이 생기면 다소 어려움이 생길 수도 있다.

아파트나 주택 단지 내의 사설 어린이집은 공공 기관의 보육료보다는 다소 비싸지만 규모가 작아 세심하게 아이를 돌볼 수 있고, 늦게까지 아이를 맡겨야 할 때 미리 양해를 구하는 융통성도 발휘해 볼 수 있다.
아래는 놀이방 선택 시 몇 가지 유의할 사항이다.

- 식사와 간식이 잘 짜여 제공되는가?
- 청결하고, 위험한 시설은 없는가?
- 장난감은 충분하게 마련되어 있는가?
- 아이들이 모두 즐겁고 건강하게 놀고 있는가?
- 교사 1인당 돌보는 아이들의 숫자가 적정한가?
  아이들에게 어떤 태도로 대하며 주의 깊게 감독하는가?
- 화재보험 등 안전 보험에 가입되어 있는가?

위의 사항들을 모두 감안하여 시설을 관찰하고 우리 아기에게 맞는지를 판단하여 정한다. 또한 탁아 시설에 아기를 맡길 때는 일상 사용하는 양보다 넉넉하게 여분의 옷과 기저귀, 분유를 준비해 주는 것이 좋다.

워킹맘의 수유법

복직 후 수유 방법은 임신 중에 미리 계획한다. 무엇을 먹일 것인지, 누가 돌봐 줄 것인지, 궁극적으로 직장을 계속 다닐 것인지도 임신 때부터 계획되어야 한다. 모유를 먹일 것인지 분유를 먹일 것인지를 출산 후에 결정하는 것은 수유에서 곤란을 겪을 가능성이 크다.
수유법을 잘 모르면 모유 수유의 경우 젖이 적거나 아기가 물려하지 않아 포기하게 될 수 있고, 분유는 아기가 먹으려 하지 않아 나중에 곤란을 겪을 수 있다.

● 수유 정보처를 알아 둔다

임신 중 모유 수유에 대해 아무리 많은 정보를 숙지해도 실제 상황이 되면 궁금증이 많아지게 마련이다. 그때마다 정보를 얻을 수 있는 곳을 알고 있어야 한다. 모유 수유에 정보를 얻을 수 있는 온라인 사이트가 많다.

● 직장 동료들과 커뮤니티 형성

직장에 또 다른 임신부가 있다면 동료와 함께 수유에 대한 정보를 공유하고 함께한다. 직장에 다니는 여성이 수유 문제에 갖는 가장 큰 고민은 젖을 짤 수 있는 공간이 없고 보관할 곳도 없다는 것이다. 함께 지혜를 모으면 여러 가지가 해결된다. 직장 내에 여직원 휴게실이 있다면 한 모퉁이에 작지만 수유 공간을 마련할 수도 있다.

● 아기 돌봐 줄 사람 관리

직장에 복귀한 후에 수유를 담당하는 사람은 엄마가 아니라 아기를 돌보는 사람이다. 그러므로 아기 돌봐 줄 사람에 대해 임신 때부터 적극적으로 찾아보아야 한다. 출산 후에 그런 일을 하기에는 산모는 육체적으로 너무 힘이 든다.

복직 1주일 전 정도부터 아기를 돌보면서 수유에 관한 정보를 공유해야 한다. 우선 모유 수유를 할 것인지 분유 수유를 할 것인지 또는 혼합 수유를 할 것인지 엄마의 입장을 먼저 분명히 밝혀 두는 것이 좋다. 그러고 나서 아기 돌보는 사람이 직접 아기를 먹이고 돌봐 주는 것을 눈여겨 보면서 수유를 어떻게 하는지 확인한다.

또 몇 시간 간격으로 얼만큼의 양을 먹이는지를 설명해 준다. 그리고 낮잠은 언제 자는지 잠투정은 어떤 식으로 하는지도 미리 말해주면 좋다. 아기가 졸려서 우는 것인데 배고파서 우는 줄 알고 수유를 시도할 수 있기 때문이다. 몇 시에 무엇을 먹었고 몇 시에 잤고 어떤 애로 사항이 있었는지 간단하게 일지를 쓰게 하면, 나중에 아기 돌보는 사람이 돌아가도 엄마는 편하게 아기를 돌볼 수 있다.

퇴근해서 집에 오자마자 한 번, 잠들기 전에 한 번, 또 아기의 성장에 따라 밤 동안 1~3회 수유할 수 있다. 아기를 돌봐 주는 사람에게 퇴근 2시간 전에는 아무 것도 먹이지 않도록 하면 아기도 엄마의 젖이나 엄마가 먹이는 분유를 맛있게 먹고 엄마와 아기의 애착이 잘 형성될 수 있다.

● 수유 스케줄 짜기

워킹맘이 출산 휴가까지 아기에게 분유를 먹였다면 별 문제될 것이 없지만 모유 수유를 하고 있었다면 미리 준비해 둘 사항이 있다.

모유 수유했던 엄마가 젖을 직접 물려 먹였다면 젖병에 유축한 젖을 담아 먹이는 것을 미리 연습해 놓아야 하고, 분유 수유로 바꿀 때도 아기가 적응하도록 미리 연습해야 한다.

직장을 다니면서 모유 수유하기가 쉽지 않지만 모유 수유를 결심하였다면 출근 전 적어도 한 번과 퇴근 직후 등 아기와 함께 있는 시간

❶ 먼저 손을 깨끗이 씻는다.
❷ 유축기에서 직접 모유가 닿는 부분의 용기들은 미리 소독해 온다.
❸ 모유는 일반적으로 보통 아침 시간에 가장 많으므로 아침에 유축을 하면 좋다. 아기에게 수유를 못했을 때나, 평소보다 수유 시간이 짧아서 먹인 쪽의 유방에 젖이 남은 경우나 한쪽만 수유했을 때도 남은 모유를 유축기를 사용하여 짜내서 냉장고에 보관한다.
❹ 유축기를 사용하기 전 먼저 편안하고 이완된 자세를 취하고 유축기의 해당 제품 사용 설명서대로 사용한다.

모유 보관하는 방법

❶ 만약 유축한 젖을 냉동시키려면 냉동 시 부피가 늘어날 것을 감안하여 용기에 가득 채우지 않는다.
❷ 저장 비닐팩을 사용할 때는 위쪽을 여러 번 접은 후 테이프로 막는다.
❸ 모유를 담은 각 모음 팩에는 날짜와 양을 반드시 표시하고 먼저 짠 것부터 먹인다.
❹ 유축기 사용 전 손이나 모음 용기들을 깨끗이 씻으면 20°C 정도의 실온에서 수 시간 보관할 수 있지만, 즉시 냉장하는 것이 좋다.

❺ 신선한 모유는 냉장고(4°C)에서 72시간까지 보관이 가능하다.

❻ 냉동 모유는 냉동실 안쪽에 저장할 경우 6개월까지 보관이 가능하고, 저온 냉동실(-28°C)에서는 12개월까지 저장할 수 있다.

❼ 냉동 상태에 있다가 녹인 모유는 냉장고에서 24시간까지 보관할 수 있지만, 절대로 다시 냉동 보관하지 않는다.

냉동했던 모유를 먹이는 방법

❶ 아기에게 수유하기 전날 밤 냉장실에 넣어두거나 혹은 따뜻한 물을 흐르게 하거나, 따뜻한 물이 담긴 용기 속에 담가 해동한다. 면역 성분이 파괴될 수 있기 때문에 절대로 뜨거운 물을 사용하지 않는다.

※주의사항: 절대로 전자레인지를 사용하지 않는다. 전자파는 모유 성분을 변하게 할 수 있으며 데운 젖의 윗부분과 아랫부분의 온도가 달라 아기의 입에 화상을 입힐 우려가 있다.

❷ 해동시킨 모유는 지방 성분이 분리되어 표면 위로 떠오르게 되므로 층이 생긴다. 이는 변질된 것이 아니니 자연스럽게 용기를 빙빙 돌려 분리되었던 지방 성분이 섞이게 하여 먹인다.

❸ 냉동 상태에서 녹인 모유는 절대로 반복 냉동시키지 않는다.

❹ 아기에게 먹이고 남은 젖은 버린다.

에는 최대한 직접 젖을 물려 수유하고, 직장에 있는 시간에는 유축기를 이용한다. 이 또한 직장으로의 복귀에 자연스럽게 대처하기 위해서 주중 평일 동안에 미리 시도 해보는 것이 좋다.

만일 점심시간을 이용하여 직접 수유할 수 있다면 더 좋겠지만 불가능하다면 근무 시간 중 2~3회 유축한다. 그리고 가능한 귀가하기 전 2시간 이내에는 유축하지 않도록 하여 귀가하자마자 곧바로 수유할 수 있는 상태로 준비해 둔다.

엄마가 도착하기 전에 아기가 배고파하면 아기 돌보는 사람은 아기를 달래기 위해 약간의 물이나 저장된 모유를 주어도 좋다. 모유는 냉장고에서 72시간까지 보관할 수 있으며, 만약 72시간 이상 보관해야 할 경우, 반드시 날짜와 양을 표시한 후 냉동실에서 저장해야 한다. 모유는 냉동실에서 6개월까지 저장할 수 있으며, 냉동된 젖은 따뜻한 물에 녹여 먹인다. 아기 돌보는 사람이 모유의 냉동이나 냉장 저장법, 해동에 대해 확실히 알 수 있도록 해 놓고 엄마가 전날 직장에서 유축하여 냉장고에 넣어 둔 모유를 중탕하여 먹일 때 실수하지 않도록 한다.

만약 직장에서 모유 수유나 유축기 사용을 위한 별도의 장소가 없다면, 가능한 한 편안한 공간을 찾는다. 유축할 때는 아기의 사진을 늘 가지고 다니며 아기에게 젖을 먹이는 것을 상상하면 도움이 된다.

모유 수유는 가능한 한 자주 하는 것이 좋다. 퇴근한 즉시, 저녁 시간 동안 자기 전, 주말 동안 등이다. 유축기의 사용 횟수는 아기가 성장함에 따라서 떨어져 있는 시간의 간격에 따라서 점차 하루에 1~2회로 횟수를 줄여 나갈 수 있게 된다.

워킹맘 특별코치

6 아이와의 커뮤니케이션

엄마가 출근할 때 아이가 우는 모습을 보고 같이 우는 엄마가 많다. 하지만 그런 모습이 안쓰럽다고 아이가 자거나 노는 동안 몰래 집을 나오는 것은 바람직하지 않다. 부모가 아이에게 인사하지 않고 출근을 해 버리면 아이는 하루 종일 엄마 아빠를 찾고 기다리며 안절부절하게 되고 정서가 불안정해진다.

떨어지기 연습

● 몰래 나오지 않는다

아이가 출근 시간에 자고 있어도 깨워서 얼굴을 보고 간단한 인사를 하고 나오는 것이 좋다. 아이가 울고 매달려도 인사하는 습관을 들여 익숙해지도록 하면 아이도 엄마의 출근을 인정하고 저녁 때면 엄마와 다시 만날 수 있다고 믿고 기다릴 수 있다.

● 귀가 후 모든 일을 제치고 놀아 주기

아이와 놀 때 짧더라도 일정 시간을 들여 놀아 주면, 나중에 아이가 십대가 되어서도 기꺼이 엄마와 함께 시간을 보내려 할 것이고 대화의 기회도 더 많이 가질 수 있을 것이다.

아이와 노는 것은 꼭 우리가 흔히 놀이라고 알고 있는 것이 아니어도 좋다. 아이가 해야 할 일, 예를 들어 목욕이라든가 방 치우는 것을 놀이처럼 즐기면서 할 수 있다. 즉 어린 아이가 혼자 다 하기 힘든 것을 엄마가 도와주면서 또 놀이처럼 하는 것이다.

엄마 귀가하면 아이는 기다렸던 엄마와 만나 더 놀고 싶어 하고 엄마도 미안한 마음에 늦게까지 놀아주기 쉬운데, 아이에게 규칙적인 취침 시간을 정해 주는

것이 좋다. 놀아 주는 시간이 짧아도 아이에게 많은 자극과 재미 그리고 친밀감을 안겨 주면 된다.

● 엄마의 일터 보여 주기

엄마가 직장을 다녀야 하기 때문에 엄마와 아이가 떨어져 있어야 한다는 것을 이해시킨다. 그리고 엄마가 일을 한다는 것을 당당하게 인식시키고 직장에 특별히 지장이 없다면 일터를 보여 주는 것도 좋다. 엄마가 일하는 곳에 아기의 사진이 있다면 아기는 더더욱 기분이 좋아질 것이다.

● 엄마가 일하는 것 이해시키기

아이들이 이해할 수 있는 수위에서 엄마는 집에만 있지 않고 직장에서 일을 한다는 사실을 이야기해 준다. 그리고 이에 따른 이점도 같이 설명해 준다. 엄마가 수입이 늘어나 아이가 원하는 것을 더 사줄 수도 있으며, 짜증내는 엄마보다 활기찬 엄마를 볼 수 있고, 엄마와 떨어져 있는 동안 아이 스스로 자유 시간을 가질 수 있다는 점 등 여러 이점을 찾아 설명해 준다.
하지만 아이가 알고자 하는 것 이상의 부담을 주지 않는다. 아이가 어떻게 할 수 없는 것들, 예를 들면 수입이 줄어드니까 긴축 재정을 해야 된다는 사실을 아이에게 설명해 주면 아이는 두려움에 빠질 뿐 아이에게 아무 도움이 되지 않는다.
아이에게는 중요한 변화가 일어나도 엄마가 아이를 사랑하므로 아이들의 욕구가 가장 우선적으로 충족될 것이고, 그 변화로 오히려 즐거워질 거라는 확신을 안겨 줘야 한다.

베이비 페이퍼 액자

Paper Photo Frame

아기와 함께하는 40주간의 행복한 여행이 시작되었어요.
아기와 엄마가 건강하기를 바라는 마음을 담아, 작지만 소중한 추억을 간직할 수 있는 종이 액자를 준비했어요. 건강하게 쑥쑥 자라는 우리 아기의 초음파 사진, 사랑하는 남편이 찍어 준 만삭 사진, 솜털이 보송보송한 우리 아기의 50일 사진, 우리 아기가 처음 걸음마를 뗀 순간을 담은 사진 등 임신부터 육아까지 행복한 순간을 기록하세요.

How to

1. 9.6X8.5cm의 사진을 준비해 주세요.
   (액자를 다 만들고 사진을 붙여도 됩니다.)
2. 도면 중앙에 사진을 붙여 주세요.
3. ①의 자르는 선을 따라 도면 가장자리를 오려 주세요.
4. 자르는 선 ②도 오려 주세요.
5. 접는 선에 자를 대고 칼등으로 아주 살짝만 그어 주세요.
6. 접는 선을 따라 안쪽으로 입체 직사각형 모형을 만들면서 접어 주세요.
7. 사선으로 자른 공간에 서로 만나는 부분을 끼워 넣어 주세요.
8. 양끝을 테이프로 고정시킨 후 완성된 액자를 벽에 붙여 주세요.

자르는 선①
자르는 선②
접는 선

How to

자르는 선① ✂———

자르는 선② ✂- - - - -

접는 선 ··········

❶ 9.6X8.5cm의 사진을 준비해 주세요. 액자를 다 만들고 사진을 붙여도 됩니다.
❷ 도면 중앙에 사진을 붙여 주세요.
❸ ①의 자르는 선을 따라 도면 가장자리를 오려 주세요.
❹ 자르는 선 ②도 오려 주세요.
❺ 접는 선에 자를 대고 칼등으로 아주 살짝만 그어 주세요.
❻ 접는 선을 따라 안쪽으로 입체 직사각형 모형을 만들면서 접어 주세요.
❼ 사선으로 자른 공간에 서로 만나는 부분을 끼워 넣어 주세요.
❽ 양끝을 테이프로 고정시킨 후 완성된 액자를 벽에 붙여 주세요.

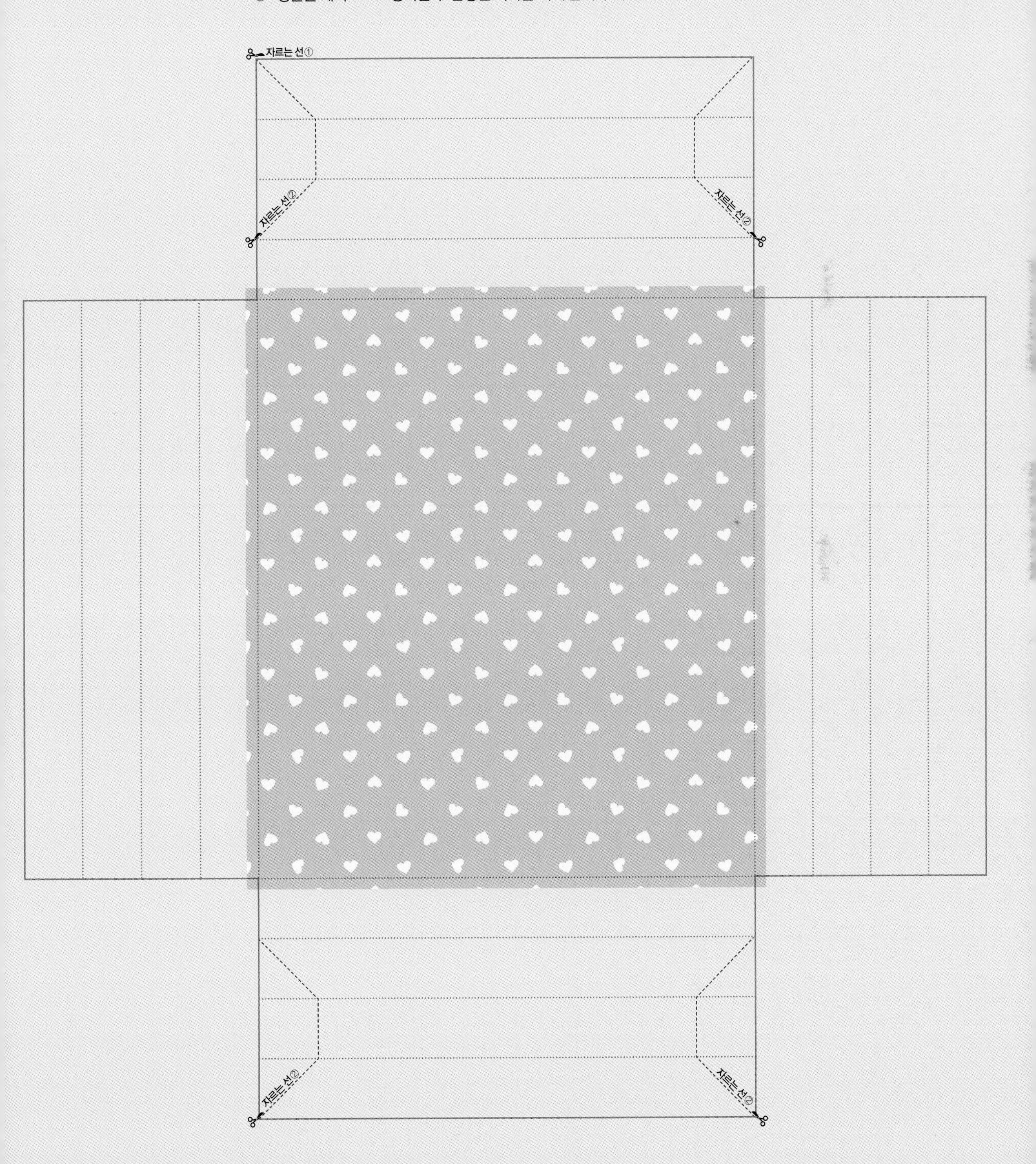

How to

자르는 선① ✂———

자르는 선② ✂- - - - -

접는 선 ··········

1. 9.6X8.5cm의 사진을 준비해 주세요. 액자를 다 만들고 사진을 붙여도 됩니다.
2. 도면 중앙에 사진을 붙여 주세요.
3. ①의 자르는 선을 따라 도면 가장자리를 오려 주세요.
4. 자르는 선 ②도 오려 주세요.
5. 접는 선에 자를 대고 칼등으로 아주 살짝만 그어 주세요.
6. 접는 선을 따라 안쪽으로 입체 직사각형 모형을 만들면서 접어 주세요.
7. 사선으로 자른 공간에 서로 만나는 부분을 끼워 넣어 주세요.
8. 양끝을 테이프로 고정시킨 후 완성된 액자를 벽에 붙여 주세요.

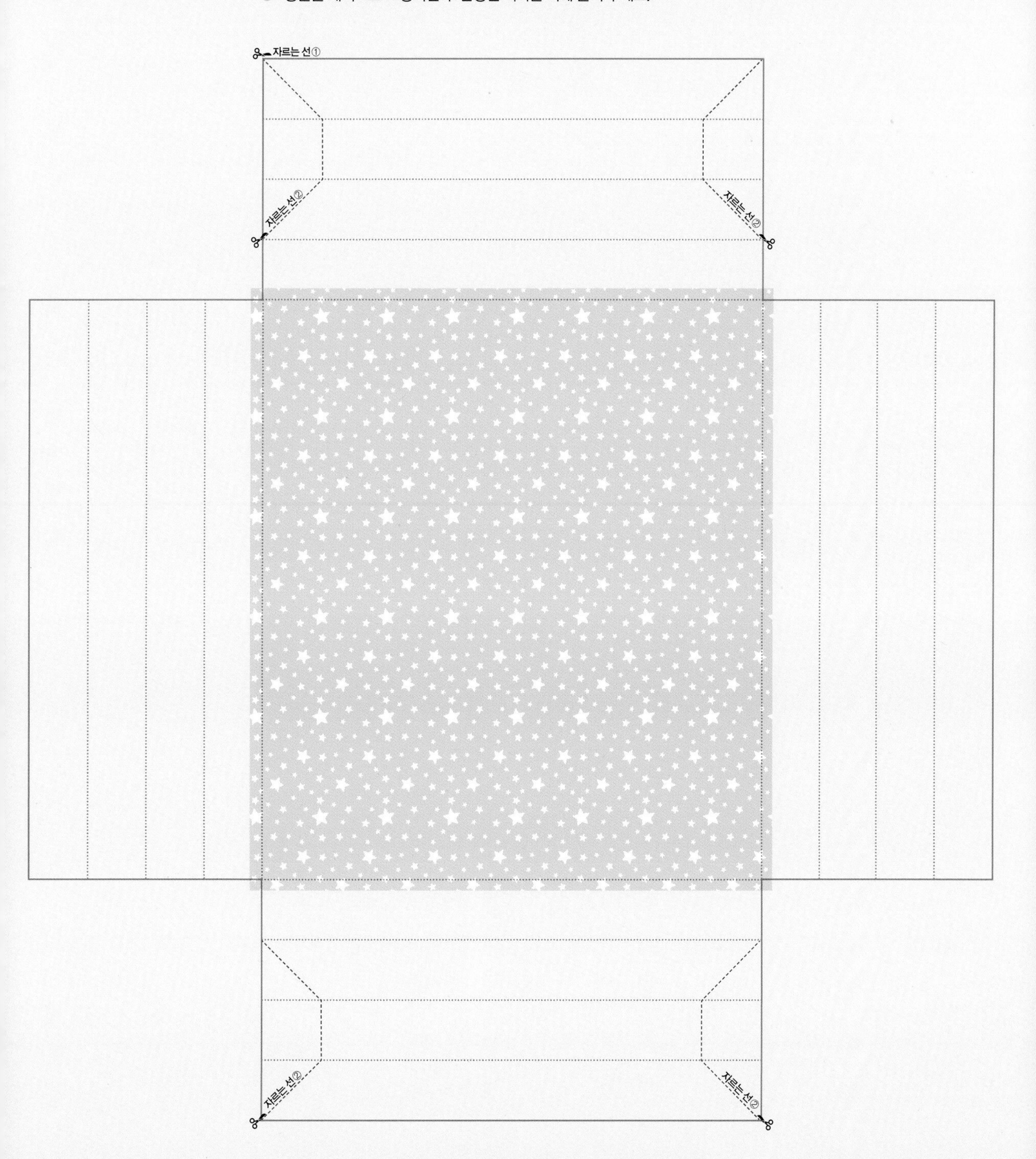